U0270443

工程材料与机械制造基础

主　编　胡　玮　吴　斌

副主编　余凯平　胡立明　张登霞　汝　艳

参　编　沙　琳　严　军　司东亚　罗天放

　　　　张　扬　李　洋　江　奎

主　审　陈　刚

合肥工业大学出版社

内 容 提 要

本书以机械制造工艺过程为主线,比较全面地介绍了零件机械加工过程中所涉及的材料、成形、切削、装备、工艺等基础知识,以及先进制造技术和系统。本书主要包括三个模块:第一模块工程材料,主要介绍金属材料的基本知识;第二模块材料成形技术基础,主要介绍金属材料铸造成形、金属塑性加工、焊接成形及非金属材料成形技术四部分内容;第三模块机械加工技术,主要介绍金属切削基础知识、常用切削加工方法、典型表面加工及机械加工工艺过程等内容。每章结束后均有相应的练习题,锻炼学员对基本理论的理解和运用能力,也为学有余力的学员提供学习研究空间。

本书内容简明扼要,突出实用性,并注重理论与实践的结合,可作为机械工程专业主干技术基础课程教材,也可供有关工程技术人员参考。

图书在版编目(CIP)数据

工程材料与机械制造基础/胡玮,吴斌主编. —合肥:合肥工业大学出版社,2021.9
ISBN 978 - 7 - 5650 - 5147 - 0

Ⅰ.①工… Ⅱ.①胡…②吴… Ⅲ.①工程材料—高等学校—教材②机械制造工艺—高等学校—教材 Ⅳ.①TB3②TH16

中国版本图书馆 CIP 数据核字(2020)第 241557 号

工程材料与机械制造基础

胡 玮 吴 斌 主编   责任编辑 张择瑞

出 版	合肥工业大学出版社	版 次	2021 年 9 月第 1 版
地 址	合肥市屯溪路 193 号	印 次	2021 年 9 月第 1 次印刷
邮 编	230009	开 本	787 毫米×1092 毫米 1/16
电 话	理工图书出版中心:0551 - 62903204	印 张	19.5
	市场营销中心:0551 - 62903198	字 数	460 千字
网 址	www.hfutpress.com.cn	印 刷	安徽昶颉包装印务有限责任公司
E-mail	hfutpress@163.com	发 行	全国新华书店

ISBN 978 - 7 - 5650 - 5147 - 0   定价:48.00 元

如果有影响阅读的印装质量问题,请与出版社市场营销中心联系调换。

前　言

为适应优秀军事指挥人才培养和机械制造基础课程教学改革的需要,根据军队院校自编教材编写规划,依据新修订教学大纲和机械工程专业人才培养方案,我们编写了《工程材料与机械制造基础》教材。全书共8章,主要内容包括:工程材料,材料成形技术基础,金属切削基础知识,金属切削机床,常用切削加工方法,典型表面加工,机械加工工艺过程,先进制造技术。重点内容是工程材料、材料成形技术基础及金属切削基础知识3章。

本教材根据教育部机械基础课程教学指导委员会对该课程的教学基本要求,结合军队院校机械工程专业的实际需要,坚持以理论联系实际为指导,以熟悉原理和掌握应用为原则,旨在创新和实践的基础上进行编写。在教材编写过程中,我们力争体现以下四个特色:

一是充分汲取军队高等教育院校在探索培养优秀指挥人才方面取得的成功经验和教学成果,从职业(岗位)分析入手,依据人才培养方案,确定课程的教学目标。

二是形成"低重心、宽结构、重素质、强实践"的教材结构体系,主要内容包括工程材料、材料成形技术、机械加工技术三个模块,适应了新工科的发展要求。

三是突出机械制造技术的军事应用,本教材在第8章重点介绍了陆战武器中炮管和身管的现代制造工艺,突出了理论知识与装备的结合,军事特色鲜明。

四是体现教材的先进性、系统性和层次性,在精选经典教学内容的基础上,注重紧跟知识前沿,及时更新教学内容。全书贯彻了国家颁布的新标准,增加了超精密加工技术、超高速加工技术、3D打印技术等先进制造技术的内容,较好地体现了教材和课程教学的先进性。

本教材由胡玮、吴斌主编。绪论和第4章由余凯平编写,第1章由胡立明编写,第2、8章由胡玮编写,第3章由吴斌编写,第5、6章由汝艳编写,第7章由张登霞编写。胡玮主要负责组织拟制纲目、分配任务、掌握进度,承担重点内容编写、全书统稿工作。司东亚、罗天放、张扬、李洋、江奎参与了校对工作。

本教材由陈刚教授主审,他结合多年教学经验对教材结构提出了宝贵意见,在此表示衷心感谢。

由于编者水平有限,书中难免有缺点和错误,恳请同行和读者不吝指正。

《工程材料与机械制造基础》编写组

2021年1月

目　　录

绪　　论

机械是由许多零件组成的,要使机械从设计图纸变成实物,需要经过零件的制造、装配,以及零件装配后的试验等过程。本课程就是研究机械零件的常用材料和加工方法,即从选择材料开始,到制造毛坯直到加工出零件的综合性课程。通过对本课程的学习,学员可获得常用工程材料及零件加工工艺的知识,培养工艺分析的初步能力,为专业课程的学习奠定必要的基础。

0.1　材料的发展及其分类

1. 材料及材料科学的发展

材料是人们用来制造各种有用器件的物质。材料和人类社会的关系极为密切,它是人类赖以生存和生活的物质基础。人类所用材料的创新和进步大大推动了社会生产力的发展,它标志着历史发展和人类文明的进程。人类文明的发展史,实际上就是一部学习利用材料、制造材料、创新材料的历史。大约在 25000 年前,人类学会了使用第一种工具材料——石器;公元前 8000 年,人类第一次有意识地创造发明了自然界并没有的新材料——陶器;公元前 2140—公元前 1711 年,人类炼出了第一种金属材料——铜;公元前 770—公元前 475 年,人类发明了生铁冶铸技术;1800 多年前,我国掌握了两步炼钢法技术——先炼铁再炼钢,并一直沿用至今;今天,随着由高纯度、大直径的硅单晶体而发展起来的集成电路的研制成功,出现了先进的计算机和电子设备。正因为如此,历史学家根据制造生产工具的材料,将人类生活的时代划分为石器时代、青铜器时代和铁器时代。当今,人类在发展高性能金属材料的同时,也在迅速发展和应用高性能的非金属材料,并逐渐跨入人工合成材料的新时代。

然而,长期以来,人们对材料本质的认识是表面的、肤浅的,每种材料的发现、制造和使用过程都要靠工艺匠人的经验,如听声音、看火候或者凭借家传秘方等。后来,随着经验的积累,出现了讲述制造过程和规律的"材料工艺学"。18 世纪后,由于工业的迅速发展,人们对材料特别是钢铁的需求急剧增长。为适应这一需要,在化学、物理和材料力学等学科的基础上,产生了一门新的学科——金属学。它明确地提出了金属的外在性能取决于内部结构的理论,并以研究金属的组织和性能之间的关系为主要任务。1863 年,光学显微镜问世,并第一次被用于观察和研究金属材料的内部组织结构,从而出现了"金相学"。1913 年,人们开始用 X 射线衍射技术研究固体材料的晶体结构、内部原子排列的规律。1932 年发明的电子显微镜以及后来出现的各种谱仪等分析手段,把人们对微观世界的认识带入了更深的层次。此外,化学、量子力学、固体物理学等一些与材料有关的基础学科的进展也大大推动了材料研究的深化。陶瓷学、高分子科学等相关应用学科的发展,同样为 20 世纪后期跨越多学科的材料科学与工程学科的形成打下了基础。

材料科学是研究材料化学成分、组织结构和性能之间相互关系及其变化规律的一门科学。它的任务是解决材料的制备问题,合理、有效地利用现有材料及不断研制新材料。其任务的实现实际上是一个工程问题,故在材料科学这个名词出现后不久就提出了材料科学与工程(MSE)的概念。材料科学与工程包括四个基本要素,即合成和加工、成分和结构、性质、使用表现。任何材料都离不开这四个基本要素,这是几千年来人类对材料驾驭过程的总结。材料的合成与加工着重研究获取材料的手段,以工艺技术的进步为标志;材料的成分(材料所含元素的种类和各元素的相对量)与结构(材料的内部构造)反映材料的本质,是认识材料的理论基础;材料的性质(材料在外界因素作用下表现出来的行为)表征了材料固有的性能,如力学性能、物理性能和化学性能等,是选用材料的重要依据;使用表现(材料在使用条件下表现出来的行为)则可以用材料的加工性(工艺性能)和服役条件(使用性能)相结合来考察,它常常是材料科学与工程的最终研究目标。

1957 年 11 月,苏联人造卫星被送入太空,对当时的美国造成极大震动。美国政府的调查表明,美国未能先行发射的主要问题在于其材料科学与工程的研究相对落后于苏联。此后,以美国为代表的西方先进工业国家十分重视对材料的研究与开发,并逐步促使了 MSE 这一新兴边缘学科的形成。能源、材料、信息作为现代科学技术的三大支柱,在我国也形成了相应的三大支柱产业。能源与信息产业的发展在很大程度上要依赖于材料的发展,所以,全世界工业技术先进的国家都十分重视在材料领域内的研究与开发。美国的关键技术委员会在 1991 年确定的 22 项关键技术中,材料占了 5 项:材料的合成与加工、电子和光电子材料、陶瓷、复合材料、高性能金属和合金。日本为 21 世纪选定的基础技术研究项目共涉及 46 个领域,其中有关新材料的基础研究项目就占 14 项之多。

自 20 世纪 80 年代以来,世界各国对新材料的开发都非常重视。光电子信息材料、先进复合材料、先进陶瓷材料、新型金属材料、高性能塑料、超导材料等不断涌现,并被迅速投入使用,给社会生产和人们的生活带来了巨大的变化。材料科学与工程的努力目标是按指定性能来进行材料的设计,未来的新材料将建立在"分子设计"基础之上,改变利用化学方法探索和研制新材料的传统做法。届时,新材料的合成,只要通过化学计算,重新组合分子就行了,人类将完全摆脱对天然材料的依赖,材料的研究和生产将发生根本性变革,人类的物质文明将进入一个新时代。

2. 工程材料及其分类

满足不同工程用途所使用的材料称为工程材料,对本课程而言主要是指固体材料领域中与工程(结构、零件、工具等)有关的材料。现代的工程材料种类繁多。

(1)机械工程材料按其化学成分分为金属材料、非金属材料(有机、无机)和复合材料三大类。

① 金属材料是指化学元素周期表中元素硼 B—元素砹 At 线左侧的全部元素和由这些

元素构成的合金材料,其主要特征是具有金属光泽及良好的塑性、导电性、导热性和较高的刚度、正的电阻温度系数。它是工程领域中用量最大的一类材料,依据其成分可分为由铁和以铁为基的合金构成的钢铁材料及由除铁以外的其他金属及其合金构成的非铁(有色)金属材料两大类,其中钢铁材料因具有优良的力学性能、工艺性能和低成本等综合优势,占据了主导地位,达到金属材料用量的95%,并且这种趋势仍将延续一段时间。

② 非金属材料中的有机高分子材料是由分子量很大的大分子组成,主要含有碳、氢、氧、氮、氯、氟等元素。其主要特征是质地轻、比强度高、弹性好、耐磨耐蚀、易老化、刚性差、高温性能差。工程上使用的高分子材料包括塑料、合成橡胶和合成纤维等。目前全世界每年生产的高分子材料超过2亿吨,其体积是钢铁的2倍,其中塑料约占了75%。高分子材料具备金属材料不具备的某些特性,发展很快,应用日益广泛,已成为工程上不可缺少甚至是不可取代的重要材料。无机非金属材料(陶瓷)主要由氧和硅或其他金属化合物、碳化物、氮化物等组成,主要特征是耐高温、耐蚀、高硬度、高脆性、无塑性。按照习惯,陶瓷一般分为传统陶瓷和特种陶瓷两大类。传统陶瓷主要作日用、建筑、卫生用陶瓷以及工业上应用的电器绝缘陶瓷(高压电瓷)、化工耐酸陶瓷和过滤陶瓷等。特种陶瓷具有独特的力学、物理学、化学、电学、磁学和光学等性能,能满足工程技术的特殊要求,是发展宇航、原子能和电子等高、精、尖科学技术不可缺少的材料,并已成为高温材料和功能材料的主力军。

③ 复合材料是由两种或两种以上不同化学性质或不同组织结构的物质,通过人工复合制成的一种多相固体材料。按增强相的性质和形态,可分为颗粒复合材料、纤维复合材料、层叠复合材料、骨架复合材料及涂层复合材料等。其中最常用的是纤维复合材料,如玻璃纤维复合材料、碳纤维复合材料、硼纤维复合材料、金属纤维复合材料和晶须复合材料等。由于复合材料具有各单纯材料不具备的优点,因此,今后有望得到进一步发展。

当然,上述各种材料之间也存在着交叉关系,如非晶态金属介于金属和非金属之间;复合材料将金属和非金属结合起来。

(2)工程材料按其用途不同分为结构材料和功能材料两大类。

① 结构材料主要是利用它们的强度、硬度、韧性和弹性等力学性能,用于制造以受力为主的构件,是机械工程、建筑工程、交通运输、能源工程等方面的物质基础。它包括金属材料、非金属材料和复合材料。

② 功能材料主要是利用它们所具有的电、光、声、磁、热等功能和物理效应而形成的一类材料。它们在电子、红外、激光、能源、计算机、通信、电子和空间等许多新技术的发展中起着十分重要的作用。

(3)工程材料按其开发、使用时间的长短及先进性分为传统材料和新型材料两类。

① 传统材料是指那些已经成熟且长期在工程上大量应用的材料,如钢铁、塑料等,其特征是需求量大和生产规模大,但对环境污染严重。

② 新型材料是指那些为适应高新技术产业而正在发展且具有优异性能和应用前景的材料,如新型高性能金属材料、特种陶瓷、陶瓷基和金属基复合材料等,其特征是投资强度大、附加值高、更新换代快、风险性大、知识和技术密集程度高,一旦成功,回报率也较高,且不以规模取胜。但传统材料与新型材料并无严格的界限。

0.2 机械制造工艺及其发展

在现代机械制造业中,切削加工是将金属毛坯加工成具有一定尺寸、形状和精度的零件的主要加工方法。切削加工按所选用切削工具的类型可分为两类:一类是利用刀具进行加工,如车削、钻削、镗削和刨削等;另一类是用磨料进行加工,如磨削、珩磨、研磨和超精加工等。目前,绝大多数零件,尤其是精密零件,主要是依靠切削加工来达到所需的加工精度和表面粗糙度的。因此,切削加工是近代加工技术中最重要的加工方法之一,在机械制造业中占有十分重要的地位。

随着科学技术的发展,各种新材料、新工艺和新技术不断涌现,机械制造工艺正向着高质量、高生产率和低成本方向发展。电火花、电解、超声波、激光、电子束和离子束加工等工艺,已突破传统的依靠机械能、切削力进行切削加工的范畴,可以加工各种难加工材料、复杂的型面和某些具有特殊要求的零件。数控机床的出现,提高了单件小批量零件和形状复杂零件的加工生产率及加工精度。计算方法和计算机技术的迅速发展,大大推进了机械加工工艺的进步,使工艺过程的自动化程度达到了一个新阶段。目前,数控机床的工艺功能已由加工循环控制、加工中心,发展到适应控制。加工循环控制可实现每个加工工序的自动化,但不同工序中刀具的更换及工件的重新装夹,仍必须由人工来完成。加工中心是一种高度自动化的多工序机床,又称为自动换刀数控机床,它能自动完成刀具的更换、工件转位和定位、主轴转速和进给量的变换等,使得只需在机床上装夹一次工件就可以完成全部加工。因此,它可以显著缩短辅助时间,提高生产率,改善劳动条件。适应控制数控机床是一种具有"随机应变"功能的机床,它能在加工过程中根据切削条件(如切削力、切削功率、切削温度、刀具磨损及表面质量等)的变化,自动调整切削条件,使机床保持在最佳的状态下进行加工,而不受其他一些参数发生非预料性变化的影响,因而有效地提高了加工效率,扩大了加工品种,更好地保证了加工质量,能获得最大的经济效益。

精密成形技术的快速发展,使毛坯的形状、尺寸和表面质量更接近零件要求。近净成形技术(Near Net Shape Technique)和净成形技术(Net Shape Technique)迅速发展,包括净铸造成形、精密塑性成形、精密焊接与精确连接、精密热处理和表面改性等专业领域,使机械构件具有精确的外形、高的尺寸精度与形位精度和理想的表面粗糙度。国际机械加工技术学会预测,21世纪初精密成形与磨削加工相结合,将逐渐取代大部分中、小零件的切削加工,它所成形的公差可相当于磨削精度。

当今,科学技术迅猛发展,微电子、计算机、自动化技术与制造工艺和设备相结合,形成了从单机到系统,从刚性到柔性,从简单到复杂等不同档次的多种自动控制加工技术;成形加工过程的计算机模拟、仿真与并行工程、敏捷化工程及虚拟制造技术相结合,已成为网络化异地设计与制造的重要内容;应用新型传感器、无损检测等自动监控技术及可编程控制器等新型控制装置可以实现系统的自适应控制和自动化控制;工业机器人更是涉及众多新的领域。现代机械制造系统以提高企业竞争力为目标,把先进技术与经济效果紧密结合,包含自动化技术、计算机控制与辅助制造技术、设计与工艺技术、材料技术,以及财会金融与工商管理,已非传统意义的机械制造。

近年来,科学家们又提出智能结构系统的概念,它以生物界的方式感知结构系统的内部状态和外部环境,并及时做出判断和响应。智能结构系统是在结构中集成传感器、控制器及执行器,赋予结构健康自诊断、环境自适应及损伤自愈合等某些智能功能与生命特征,达到增强结构安全、减轻质量、降低能耗和提高性能总目标的一种仿生结构系统。可以预见,随着该系统的产生和应用,全球制造业将发生巨大变化。

尽管各种新技术、新工艺不断出现,新的制造理念不断形成,但铸造、锻压、焊接、热处理及机械加工等传统工艺至今仍被大量而广泛地应用。因此,不断改进和提高常规工艺,并通过各种途径实现其高效化、精密化、轻量化和绿色化性能,具有重大的经济意义。

0.3　我国材料生产及制造工艺发展

在材料生产及其成形工艺的历史上,我们的祖先曾取得辉煌的成就,为人类文明作出了重大贡献。我国在原始社会后期即开始制作陶器,在仰韶文化和龙山文化时期制陶技术就已经相当成熟。青铜冶炼始于夏代,至商周时期(公元前 16 世纪—公元前 8 世纪)冶铸技术已达到相当高的水平,形成了灿烂的青铜文化。公元前 7 世纪—公元前 6 世纪的春秋时期,我国已开始大量使用铁器,白口铸铁、麻口铸铁和可锻铸铁相继出现,比欧洲国家早 1800 多年。在大约 3000 年前,我国就已采用铸造、锻造、淬火等技术生产工具和各种兵器。大量的历史文物,例如:河南安阳武官村出土的商代后母戊鼎,重 875 kg,在大鼎四周有精致的蟠龙花纹;湖北江陵楚墓中发现的埋藏 2000 多年的越王勾践的宝剑,至今仍异常锋利,寒光闪闪;陕西临潼秦始皇陵出土的大型彩绘铜车马,由 3000 多个零部件组成,综合采用了铸造、焊接、凿削、研搪、抛光及各种连接工艺,结构复杂,制作精美;河南南阳汉代冶金作坊出土的9 件铁农具,有 8 件的材料为是黑芯韧性铸铁,其质量与现代同类产品相当;现存于北京大钟寺内明朝永乐年间制造的大钟,重 46.5 t,其上遍布经文 20 余万字,其浑厚悦耳的钟声至今仍伴随着华夏子孙辞旧迎新……这些都体现出中华民族在材料、成形方法及热处理工艺等方面的卓越成就,以及对世界文明和人类进步所作出的显著贡献。春秋时期的《考工记》中关于钟鼎和刀剑不同的铜锡配比的珍贵记载,是世界上出现最早的合金配比规律;明朝(1368—1644)宋应星所著《天工开物》一书,记载了冶铁、铸钟、锻铁、焊接(锡焊和银焊)和淬火等多种金属成形、改性方法及日用品的生产技术和经验,并附有 123 幅工艺流程图,是世界上有关金属加工工艺最早的科学论著之一。

然而,18 世纪以后,我国科学技术的发展与工业发达国家之间产生了较大的差距。

新中国成立以后,特别是近几十年来,我国工业生产迅速发展,取得了举世瞩目的成就。20 世纪 60 年代,我国自行设计生产的 12000 t 水压机,是制造大型发电机、大型轧钢机、大型化工容器和大型动力轴类锻件的必备设备;我国人造地球卫星、洲际弹道导弹及长征系列运载火箭的研制成功,均与机械制造工艺水平的发展密切相关,我国是世界上少数几个拥有运载火箭和人造卫星发射实力的国家。这些飞行器的壳体均选用铝合金、钛合金或特殊合金材料的薄壳结构,采用胶接(或黏结)和钨极氩弧焊、等离子弧焊、真空电子束焊、真空钎焊和电阻焊等方法焊接而成。我国成功生产了世界上最大的轧钢机机架铸钢件(重 410 t)和长江三峡巨型水轮发电机组特大型零部件;锻造了 196 t 汽轮机转子;进行了 $3×10$ BW 电站锅炉的焊接,并能够制造 150000 t 的超大型船舶。

0.4 本课程的基本任务、学习目的和方法

"工程材料与机械制造基础"是一门综合性的技术基础课,旨在使学员建立生产过程的概念;掌握常用金属切削加工基础理论、基本加工工艺方法、零件的结构工艺性及机械加工工艺过程的基础知识;了解新材料及现代先进的制造技术和工艺知识,培养学员的机械工程的基本素质和零件结构工艺性设计的能力。"工程材料与机械制造基础"在培养工程技术素养的全局中,具有增强学员的工程实践能力、机械技术应用能力和机械结构创新设计能力的作用。

通过本课程的学习,期望学员能达到以下目标:

(1)建立工程材料和材料成形工艺与现代机械制造的完整概念,培养良好的工程意识。

(2)掌握金属材料的成分、组织和性能之间的关系,强化金属材料的基本途径,钢的热处理原理和方法,以及常用金属材料、非金属材料和复合材料的性质、特点、用途和选用原则。

(3)掌握各种成形方法和常用设备的基本原理、工艺特点和应用场合,具有合理选择毛坯成形方法的能力。

(4)掌握零件(毛坯)的结构工艺性,并具有设计毛坯和零件结构的初步能力。

(5)了解与本课程有关的新技术、新工艺。

本课程融多种工艺方法于一体,信息量大,实践性强,叙述性内容较多。首先,在学习中必须重视对生产实践感性知识的积累,这样才能得到预期效果。在教学方式上,以课堂教学为主,同时辅之以电教片、多媒体 CAI、实物与模型、课堂讨论等多种教学手段和形式,以增强学员的感性认识,加深其对教学内容的理解。在教学安排上,一般将本课程教学安排在金工实习之后,所以要求学员重视金工实习教学。在金工实习过程中,应注意积累对产品生产和零件加工过程的感性知识,培养一定的操作技能,在此基础上再来学习本课程的内容,才有助于上升到理性认识的高度。其次,在学习过程中应注意理论联系实际,必须善于联系实习中遇到的各种实际问题,深入领会课程的内容,做到灵活运用和融会贯通,在扎实地掌握本课程的基本理论与知识的同时,努力提高分析和解决工程实际问题的能力。最后,在学习本课程的同时,还要注意了解本学科与相关学科的最新技术成果及发展动态,以便拓宽知识面,不断地探索、发现新的规律和确立新的规范,如此才能较好地掌握本课程的内容,强化课堂教学效果。

第1章　工程材料

本章主要介绍工程材料的基本理论和知识。在工程材料的基本理论方面，主要明确材料的成分、结构、微观组织与使用性能的关系。在材料改性及表面强化工艺中，主要介绍材料在平衡过程中成分、组织及性能之间的关系；热处理是在非平衡过程中，基于基本不变的材料成分，解决材料组织、性能间的关系。

1.1　概　述

工程材料可分为金属材料和非金属材料两大类。近几十年来非金属材料用量的增长速度虽数倍于金属材料的增长速度，但在今后相当长的时间内，机械制造中应用最广泛的仍然将是金属材料。例如，载重汽车钢件约占自重的 70%，铸铁件约占 15%；一般机床铸铁件约占 70%，钢件约占 20%。所以，一个国家金属材料的产量或耗用量体现了其国民经济发展水平。

金属材料之所以获得如此广泛的应用，除因冶炼铸铁和钢的铁矿石在地壳中储量丰富外，主要是其具有制造机器所需要的物理、化学性能，并且还可用简便的工艺方法加工成适用的机器零件，即也具有所需的工艺性能。

机械制造中所用的金属材料以合金为主，很少使用纯金属。原因是合金比纯金属具有更好的力学性能和工艺性能，且价格低廉。合金是以一种金属为基础，加入其他金属或非金属，经过熔炼或烧结制成的具有金属特性的材料。最常用的合金是以铁为基础的铁碳合金，如碳素钢、合金钢、灰铸铁等，还有以铜为基础的黄铜、青铜，以铝为基础的铝硅合金等。

用来制造机械设备的金属及合金，应具有所需的力学性能和工艺性能、较好的化学稳定性和适合的物理性能。因此，学习本章时，必须首先熟悉金属及合金的各种主要性能，以便依据零件的技术要求合理地选用金属材料。

本章主要介绍金属材料的成分、组织、性能及应用之间的关系，使读者了解热处理工艺、常用金属的类别与牌号及材料的选用方法，为学习本课程中铸造、塑性加工、焊接、非金属材料成形和机械加工工艺奠定必要的基础。

1.2 金属材料的主要性能

1.2.1 金属材料的力学性能

金属材料的力学性能是金属材料在力的作用下所表现出来的性能。零件的受力情况有静载荷、动载荷和交变载荷之分。用于衡量金属在静载荷作用下的力学性能指标有强度与塑性、硬度等;在动载荷作用下的力学性能指标有冲击韧度等;在交变载荷作用下的力学性能指标有疲劳强度等。

1. 强度与塑性

金属材料的强度与塑性是通过拉伸试验测定的。

目前金属材料室温拉伸试验方法采用 GB/T 228.1—2010 新标准,由于目前原有的金属材料力学性能数据是采用旧标准进行测定和标注的,因此原有旧标准 GB/T 228—1987 仍然沿用,本教材为叙述方便采用旧标准。关于金属材料强度与塑性的新、旧标准名词和符号对照见表 1-1 所列。

表 1-1　金属材料强度与塑性的新、旧标准名词和符号对照

GB/T 228.1—2010 新标准		GB/T 228—1987 旧标准	
名　词	符　号	名　词	符　号
断面收缩率	Z	断面收缩率	ϕ
断后伸长率	A 和 $A_{11.3}$	断后伸长率	δ_5 和 δ_{10}
屈服强度	—	屈服强度	σ_s
上屈服强度	R_{eH}	上屈服强度	σ_{sU}
下屈服强度	R_{eL}	下屈服强度	σ_{sL}
规定残余伸长强度	R_r,如 $R_{r0.2}$	规定残余伸长强度	σ_r,如 $\sigma_{r0.2}$
抗拉强度	R_m	抗拉强度	σ_b

为进行拉伸试验,必须先将金属材料制成如图 1-1 所示的试样。试验时,将试样装夹在拉力试验机上,在试样两端缓缓地施加载荷,使之承受轴向静拉力。试样随着载荷的不断增加,被逐步拉长,直到拉断。试验机将自动记录每一瞬间的载荷 F 和伸长量 ΔL,并绘出拉伸曲线。

图 1-2 所示为低碳钢的拉伸曲

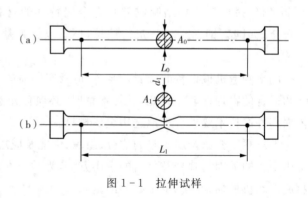

图 1-1　拉伸试样

线。由图可知,当外力小于 F_e 时,试样的变形属
于弹性变形,此时载荷 F 与伸长量 ΔL 为线性关
系,而载荷去除后试样将恢复到原始长度。载荷
超过 F_e 之后,试样除发生弹性变形外,还发生部
分塑性变形,此时外力去除后试样不能恢复到原
始长度,这是由于其中的塑性变形已不能恢复,形
成永久变形。当外力增大到 F_s 以后,拉伸图上出
现了水平线段,这表示载荷虽未增加,但试样仍继
续发生塑性变形而伸长,这种现象称为屈服,s 点

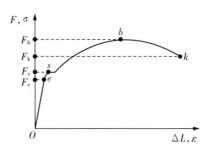

图 1-2　低碳钢的拉伸曲线

称为屈服点。此后,载荷增大,塑性变形将明显加大。当载荷超过 F_b 以后,试样上某部分开
始变细,出现了"缩颈",如图 1-1(b)所示,由于其截面缩小,继续变形所需的载荷下降。载
荷达到 F_k 时,试样在缩颈处断裂。

为使曲线能够直接反映出材料的力学性能,可将纵坐标的载荷改用应力 σ 表示(试样单位
横截面的拉力,$\sigma = \dfrac{F_s}{A_0}$),横坐标的变形量改用应变 ε 表示(试样单位长度的伸长量,$\varepsilon = \dfrac{\Delta L}{L_0}$)。由
此绘成的曲线称为应力-应变曲线。$\sigma - \varepsilon$ 曲线和 $F - \Delta L$ 曲线形状相同,仅是坐标含义不同。

(1)强度

强度是金属材料在力的作用下,抵抗塑性变形和断裂的能力。强度有多种指标,工程上
以屈服强度和抗拉强度最为常用。

1)屈服强度　屈服强度是拉伸试样产生屈服时的应力。屈服强度可按下式计算,即

$$\sigma_s = \frac{F_s}{A_0} \tag{1-1}$$

式中:σ_s——试样产生屈服时的应力,MPa;

　　F_s——试样屈服时所承受的最大载荷,N;

　　A_0——试样原始截面积,mm^2。

对于没有明显屈服现象的金属材料,工程上规定以试样产生 0.2% 塑性变形时的应力,
作为该材料的屈服强度,用 $\sigma_{0.2}$ 表示。

2)抗拉强度　抗拉强度是指金属材料在拉断前所能承受的最大应力,以 σ_b 表示。它可
按下式计算:

$$\sigma_b = \frac{F_b}{A_0} \tag{1-2}$$

式中:σ_b——试样在拉断前所能承受的最大应力,MPa;

　　F_b——试样在拉断前所承受的最大载荷,N;

　　A_0——试样原始截面积,mm^2。

在评定金属材料及设计机械零件时,屈服强度 σ_s 和抗拉强度 σ_b 具有重要意义,由于机械
零件或金属构件工作时,通常不允许发生塑性变形,因此多以 σ_s 作为强度设计的依据。但对
于脆性材料(如灰铸铁),因断裂前基本不发生塑性变形,故无屈服强度可言,在强度计算时

则以 σ_b 为依据。

（2）塑性

塑性是金属材料在力的作用下，产生不可逆永久变形的能力。常用的塑性指标是伸长率和断面收缩率。

1）伸长率　试样拉断后，其标距的伸长与原始标距的百分比称为伸长率，以 δ 表示

$$\delta = \frac{L_1 - L_0}{L_0} \times 100\% \tag{1-3}$$

式中：L_0——试样原始标距长度，mm；

　　　L_1——试样拉断后的标距长度，mm。

必须指出，伸长率的数值与试样尺寸有关，因而试验时应对所选定的试样尺寸作出规定，以便进行比较。如：$L_0 = 10d_0$ 时，用 δ_{10} 或 δ 表示；$L_0 = 5d_0$ 时，用 δ_5 来表示。同一种材料测得的 δ_5 比 δ_{10} 要大一些。

2）断面收缩率　试样拉断后，缩颈处截面积的最大缩减量与原始横截面积的百分比称为断面收缩率，以 ψ 表示

$$\psi = \frac{A_0 - A_1}{A_0} \times 100\% \tag{1-4}$$

式中：A_0——试样的原始横截面积，mm²；

　　　A_1——试样拉断后，断口处横截面积，mm²。

δ 和 ψ 数值愈大，表示材料的塑性愈好。良好的塑性不仅是金属材料进行轧制、拉拔、锻造、冲压、焊接的必要条件，而且在使用中一旦超载，由于产生塑性变形，能够避免零件突然断裂，从而增加零件的安全性。

2. 硬度

材料表面抵抗局部变形，特别是塑性变形、压痕、划痕的能力称为硬度。硬度是衡量材料软硬的指标。硬度直接影响金属材料的耐磨性，因为机械制造所用的刀具、量具、模具及零件的耐磨表面都应具有足够高的硬度，才能保证其使用性能和寿命。但若所加工金属坯料的硬度过高，则会给切削加工或其他工艺带来困难。显然硬度也是衡量金属材料重要的力学性能指标。

金属材料的硬度是在硬度计上测出的。常用的测试方法有布氏硬度法和洛氏硬度法。

（1）布氏硬度（HBW）

布氏硬度的测试原理如图 1-3 所示。它是以直径为 D 的硬质合金球为压头，在载荷的静压力下，将压头压入被测材料的表面，如图 1-3（a）所示，停留若干秒后卸去载荷，如图 1-3（b）所示，然后采用带刻度的专用放大镜测出压痕直径 d，并依据 d 的数值从专门的表格中查出相应的 HBW 值。

布氏硬度法测试值较稳定，准确度较洛氏法高。缺点是测量费时，且压痕较大，不适于成品检验。

传统的布氏硬度计以淬火钢球为压头，以 HBS 表示，这种硬度计在我国已生产和使用

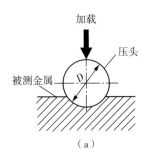 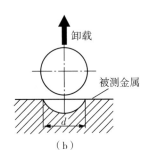

图 1-3　布氏硬度法

达半个世纪之久。可通过改变压头钢球的直径和载荷的大小测试不同材料、不同厚度的试样,常用的钢球直径为 10 mm、载荷为 30000 N。主要用于 450 HBS 以下的灰铸铁、软钢和非铁合金等。2002 年以后,这种硬度计停止使用。

以硬质合金球为压头的布氏硬度计,可测试 650 HBW 以下的淬火钢材。GB/T 231.1—2009 标准中规定了压头直径和载荷范围。

(2)洛氏硬度(HR)

洛氏硬度的测试原理是将压头(金刚石圆锥体、淬火钢球或硬质合金球)按图 1-4 施以 100 N 的初始压力,使压头与试样始终保持紧密接触。然后,向压头施加主载荷,保持数秒后卸除主载荷,以残余压痕深度计算其硬度值。实际测量时,由刻度盘上的指针直接指示出 HR 值。

为了使硬度计能测试从软到硬各种材料的硬度,其压头和载荷可以变更,依照 GB/T 230.1—2009《金属材料洛氏硬度试验》,新型洛氏硬度的压头有:120°

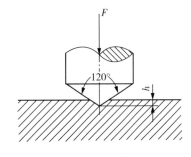

图 1-4　洛氏硬度的测定

金刚石圆锥体、ϕ1.5875 mm 钢球、ϕ3.175 mm 钢球三种;刻度盘上有 A,B,…,K 九种标尺,分别表示 HRA,HRB,…,HRK。表 1-2 给出了几种测试规范,其中以 HRC 应用最广。

表 1-2　洛氏硬度测试规范示例

标尺	压头类型	主载荷	适用测试材料	有效值
HRA	120°金刚石圆锥体	50 kgf(490.3 N)	硬质合金、表面淬火钢等	20～88
HRB	ϕ1.5875 mm 钢球	90 kgf(882.6 N)	退火钢、灰铸铁、有色合金等	20～100
HRC	120°金刚石圆锥体	140 kgf(1373 N)	淬火钢、调质钢等	20～70

洛氏硬度法测试简便、迅速,因压痕小、不损伤零件,可用于成品检验。其缺点是测得的硬度值重复性较差,需在不同部位测量数次。

必须指出,在金属材料中,各种硬度与强度间有一定的换算关系,故在零件图的技术条件中,通常只标出硬度要求。表 1-3 给出了几种硬度与强度的关系。

表 1-3　几种硬度与强度的关系

HRC	HRA	HBS	HBW	σ_b/MPa	HRC	HRA	HBS	HBW	σ_b/MPa
25.0	62.8	251	—	875	40.0	70.5	370	370	1271
30.0	65.3	283	—	989	45.0	73.2	424	428	1459
35.0	67.9	323	—	1119	50.0	75.8	—	502	1710

3. 韧性

许多机器零件,如锤杆、锻模、火车挂钩、活塞销等在工作中承受冲击载荷,因此必须考虑金属材料抵抗冲击载荷的能力。

金属材料断裂前吸收变形能量的能力称为韧性。韧性的常用指标为冲击韧性。

金属材料的韧性通常采用摆锤冲击弯曲试验机来测定。试验时,将方形的标准冲击试样(参见 GB/T 229—2007)放在摆锤冲击弯曲试验机(图 1-5)的支座上,然后抬起摆锤,让它从一定的高度 H_1 自由落下,将试样一次冲断之后,摆锤凭借剩余的能量又上升到 H_2 的高度。冲击韧度可按下式计算

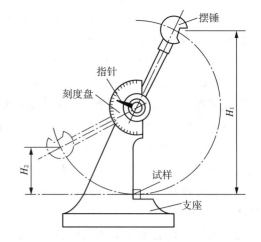

图 1-5　摆锤冲击弯曲试验机

$$a_k = \frac{K}{A} \qquad (1-5)$$

式中:a_k——冲击韧度(冲击值),J/cm²;

K——冲断试样所吸收的能量(在刻度盘上直接读出),J;

A——试样缺口处的横截面积,cm²。

通常情况下,在试样中部开有缺口,以便于冲断。对于脆性材料(如铸铁、淬火钢等),试样一般不开缺口,以防冲击值过低,难以比较不同金属材料冲击性能的差异。

冲击值的大小与很多因素有关。它不仅受试样形状、表面粗糙度及内部组织的影响,还与试验时的环境温度有关。因此,冲击值的大小一般仅作为选择材料时的参考,不直接用于强度计算。

4. 疲劳强度

机器上许多零件,如主轴、曲轴、齿轮、连杆、弹簧等在工作中各点的应力随时间作周期性变化。这种应力称为循环应力或交变应力。承受循环应力的零件在工作一段时间后,有时突然发生断裂,而其所承受的应力往往低于该金属材料的屈服强度,这种断裂称为疲劳断裂。

通过材料的疲劳试验,可得出有些金属材料循环应力 σ 与断裂前的应力循环次数 N 有图 1-6疲劳曲线所示的关系。由图可知,材料所承受的循环应力愈大,则产生断裂的应力

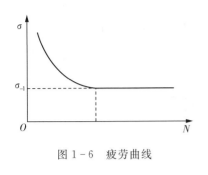

图 1-6　疲劳曲线

循环次数愈少；当循环应力低于某定值时，疲劳曲线呈水平线，表示该金属材料在此应力下可经受无数次应力循环仍不发生疲劳断裂，此应力值称为材料的疲劳强度。对于按正弦曲线变化的对称循环应力，其疲劳强度以符号 σ_{-1} 表示。

由于实际测试时不可能做到无数次应力循环，故在疲劳试验时各种金属材料应有一定的应力循环基数。如钢材以 10^7 为基数，即若循环次数达到 10^7 仍不发生疲劳断裂，就认为不会再发生疲劳断裂。对于非铁合金和某些高强度钢，则常取 10^8 为基数。

一般认为，产生疲劳断裂是由于材料有内部缺陷、表面划痕及其他能引起应力集中的缺陷，导致产生微裂纹，这种微裂纹随应力循环次数的增加而逐渐扩展，致使零件的有效截面积逐步缩小，直至不能承受所加载荷而突然断裂。

为了提高零件的疲劳强度，除应改善其形状结构，减少应力集中外，还可采取表面强化的方法，如提高零件的表面质量、进行喷丸处理和表面热处理等。同时，应控制材料的内部质量，避免气孔、夹渣等缺陷。

1.2.2　金属材料的物理、化学及工艺性能

1. 物理性能

金属材料的物理性能主要有密度、熔点、热膨胀性、导热性、导电性和磁性等。由于机器零件的用途不同，对其物理性能的要求也有所不同。例如，飞机零件常选用密度较小的铝、镁、钛合金来制造；设计电动机、电器零件时，常要考虑金属材料的导电性、磁性等。

金属材料的物理性能有时对加工工艺也有一定的影响。例如，高速钢导热性较差，锻造加热时应采用低的速度来加热升温，否则容易产生裂纹；而材料的导热性对切削刀具温升也有重要影响。又如，锡基轴承合金、铸铁和铸钢的熔点不同，故所选的熔炼设备、铸型材料均有很大的不同。

2. 化学性能

金属材料的化学性能主要是指在常温或高温时，其抵抗各种介质侵蚀的能力，如耐酸性、耐碱性、抗氧化性等。

对于在腐蚀性介质中或在高温下工作的机器零件，由于其受到的腐蚀比在空气中或室温时更为强烈，故在设计这类零件时应特别注意金属材料的化学性能，采用化学稳定性良好的合金。如化工设备、医疗和食品用具常采用不锈钢来制造，而内燃机的排气阀、汽轮机和电站设备的一些零件则常选用耐热钢来制造。

3. 工艺性能

工艺性能是金属材料物理、化学性能和力学性能在加工过程中的综合反映，是指其是否易于进行冷、热加工的性能。按工艺方法的不同，可分为铸造性能、可锻性、焊接性和切削加工性等。

在设计零件和选择工艺方法时,都要考虑金属材料的工艺性能。例如,灰铸铁的铸造性能优良,这是其广泛用来制造铸件的重要原因,但可锻性很差,不能进行锻造,焊接性能也较差。又如,低碳钢的焊接性优良,而高碳钢则很差,因此焊接结构广泛采用的是低碳钢。

1.3 金属和合金的晶体结构、结晶与二元相图

金属材料的优良性能是与金属原子的聚集状态和组织有关的。

固态物质根据其内部原子的聚集状态不同,分为晶体和非晶体两大类。所谓非晶体是指其内部原子杂乱无章地不规则地堆积,如玻璃、松香、沥青和石蜡等;晶体则指其内部原子在空间有规则地排列,如食盐、金刚石和石墨等,所有的固态金属都是晶体。

1.3.1 金属的晶体结构

1. 晶体、晶格、晶胞的概念

用 X 射线结构分析技术研究金属晶体内部原子的排列规律证实,晶体是由许多金属原子(或离子)在空间按一定几何形式规则地紧密排列而成的,如图 1-7 所示。为了便于研究晶体内部原子排列的形式,把每一个原子看成一个小球,把这些小球用线条连接起来,这样就得到一个空间格架,这种空间格架称为晶格,如图 1-7(b)所示。

晶格实质上是由一些最基本的几何单元重复堆砌而成的。因此,只要取晶格中的一个最基本的几何单元进行分析,便能从中找出整个晶格的排列规律,如图 1-7(c)所示。这种构成晶格的最基本的几何单元称为晶胞。晶胞中各棱边的长度分别用 a、b、c 表示,其大小用 $\text{Å}(1\text{Å}=10^{-9}\text{ mm})$ 度量;各棱边之间的夹角分别用 α、β、γ 表示。a、b、c 和 α、β、γ 称为晶格常数。

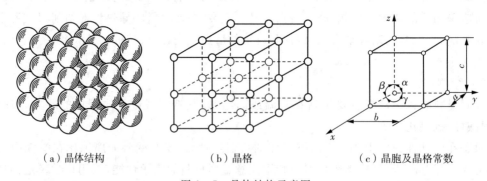

(a) 晶体结构　　　　　　(b) 晶格　　　　　　(c) 晶胞及晶格常数

图 1-7　晶体结构示意图

2. 金属中常见的晶体结构

在已知的 80 余种金属元素中,大多数金属都具有比较简单的晶体结构。最常见的金属晶格有三种类型。

（1）体心立方晶格

体心立方晶格的晶胞是一个立方体,在立方体的八个顶角上各有一个原子,在立方体

的中心还有一个原子,如图 1-8(a)所示。具有体心立方晶格的金属有铬、钨、钼、钒及 α-铁等。

(2)面心立方晶格

面心立方晶格的晶胞也是一个立方体,在立方体的八个顶角上各有一个原子,同时在立方体的六个面的中心又各有一个原子,如图 1-8(b)所示。具有这种晶格的金属有铜、铝、银、金、镍及 γ-铁等。

(3)密排六方晶格

密排六方晶格的晶胞是一个正六棱柱体,在柱体的 12 个顶角上各有一个原子,上下底面的中心也各有一个原子;晶胞内部还有三个呈品字形排列的原子,如图 1-8(c)所示。具有这种晶格的金属有铍、镁、锌和钛等。

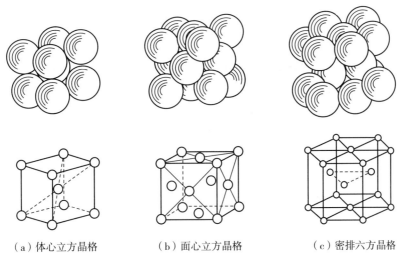

（a）体心立方晶格　　　　（b）面心立方晶格　　　　（c）密排六方晶格

图 1-8　常见的金属晶格

1.3.2　纯金属的结晶

1. 纯金属的冷却曲线及过冷度

金属材料通常经过熔炼和铸造,经历从液态到固态的凝固过程,这个过程称为结晶。这实际是金属原子由不规则排列过渡到规则排列的过程。它可用液态金属缓慢冷却时所得的温度与时间的关系曲线(即冷却曲线)来表示。

纯金属的冷却曲线如图 1-9(a)所示,金属液缓慢冷却时,随着热量向外散失,温度不断下降,当液态金属冷却到 T_0 时,开始结晶。由于结晶时放出的结晶潜热补偿了其冷却时向外散失的热量,故结晶过程中温度不变,即冷却曲线出现了一水平线段,水平线段所对应的温度 T_0 称为理论结晶温度。结晶结束后,固态金属的温度继续下降,直至室温。

实际上液态金属往往在低于 T_0 的 T_1 温度时开始结晶,这一现象称为过冷现象。理论结晶温度与实际结晶温度之差($\Delta T = T_0 - T_1$)称为过冷度,如图 1-9(b)所示,过冷度与冷却速度有关,冷却速度越快,过冷度越大。

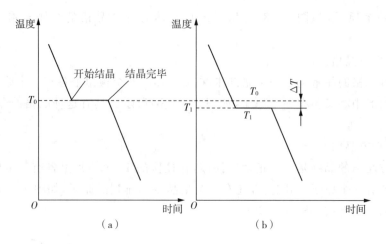

图 1-9 纯金属的冷却曲线

2. 纯金属的结晶过程

实验证明,金属的结晶过程是由两个密切联系的基本过程来实现的。首先在液体金属内部,有一些原子自发地聚集在一起,并按金属晶体的固有规律排列起来,形成规则排列的原子团而成结晶核心,这些核心称为晶核。然后,原子按一定的规律向这些晶核聚集而不断长大,形成晶粒。晶核可能是由金属内部许多类似于晶体中原子排列的小集团形成的稳定晶核,称为自发晶核;也可能以金属液中一些未熔解的杂质作为晶核,这些晶核称为非自发晶核。这两种晶核都是结晶过程中晶粒发展和成长的基础。

在新的晶体长大的同时,金属液中新的晶核又不断地产生并长大。这样发展下去,当全部长大的晶体都相互接触时,金属液体消失,结晶过程也就完成了。由此可见,结晶过程是不断地形成晶核和晶核不断地长大的过程。整个过程如图 1-10 所示。

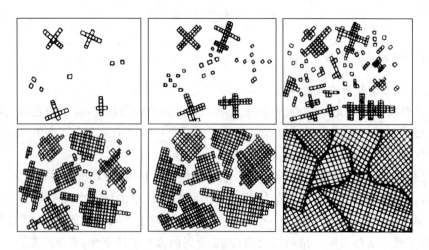

图 1-10 纯金属结晶过程示意图

晶粒在长大过程中,向着散热的反方向,按一定的方式,如树枝一样,先长出枝干,再长出分枝,最后将枝间填满,形成树枝状晶体。

结晶后，每个晶核长成的晶体，称为单晶体，如图 1-11(a)所示。而实际使用的金属大多数为多晶体，它是由许多外形不规则、大小不等、排列位向不相同的小颗粒晶体组成的。在多晶体中，这些小颗粒晶体称为晶粒，晶粒与晶粒之间的界面称为晶界，如图 1-11(b)所示。

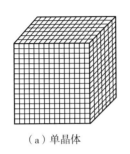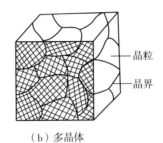

（a）单晶体　　　　　　　　（b）多晶体

图 1-11　单晶体与多晶体结构

金属的晶粒大小对金属材料的力学性能、化学性能和物理性能影响很大。在一般情况下，晶粒越细小，则金属材料的强度和硬度越高，塑性和韧性越好。因为晶粒细小，晶界就多。晶界处的晶体排列极不规则，界面犬牙交错，相互咬合，因而加强了金属之间的结合力。在工业生产过程中，常用细化晶粒的方法来提高金属材料的力学性能，这种方法称为细晶强化。生产中常采用以下措施来控制晶粒的大小。

（1）增加过冷度

金属液的过冷度越大，产生的晶核越多。晶核越多，每个晶核的长大空间就受到限制，形成的晶粒就越细小。

增加过冷度就是要提高凝固时的冷却速度。实际生产过程中，常采用金属型铸造来提高冷却速度。

（2）变质处理

在液态金属结晶前加入一些细小的难熔质点（变质剂），以增加形核率或降低长大速率，从而细化晶粒的方法，称为变质处理。例如，往铝液中加钛、硼；往钢液中加入钛、锆、铝等；往铸铁液中加入硅铁、硅钙合金，都能使晶粒细化，从而提高金属的力学性能。

（3）附加振动

金属结晶时，对金属液附加机械振动、超声波振动和电磁振动等措施，使生长中的枝晶破碎，而破碎的枝晶尖端又可起晶核作用，增加了形核率，达到细化晶粒的目的。

1.3.3　金属的同素异构转变

大多数金属在结晶完之后其晶格类型不再变化，但有些金属如铁、锰、钛、钴等，在结晶成固态后继续冷却，还将发生晶格类型的变化。

金属在固态下随温度的改变，由一种晶格类型转变为另一种晶格类型的变化，称为金属的同素异构转变。

铁是典型的具有同素异构转变特性的金属。图 1-12 所示为纯铁的同素异构转变曲线图，它表示了纯铁在不同温度下的结晶和同素异构转变过程。由图可见，液态纯铁在 1538

℃进行结晶,得到具有体心立方晶格的 δ - Fe,继续冷却到 1394 ℃时发生同素异构转变,δ - Fe 转变为具有面心立方晶格的 γ - Fe,再继续冷却到 912 ℃时又发生同素异构转变,γ - Fe 转变为具有体心立方晶格的 α - Fe。再继续冷却到室温,晶格类型不再发生变化。这些转变可以用下式表示

$$\underset{\text{(体心立方晶格)}}{\delta\text{-Fe}} \xrightleftharpoons[\quad]{1394\,℃} \underset{\text{(面心立方晶格)}}{\gamma\text{-Fe}} \xrightleftharpoons[\quad]{912\,℃} \underset{\text{(体心立方晶格)}}{\alpha\text{-Fe}} \qquad (1-6)$$

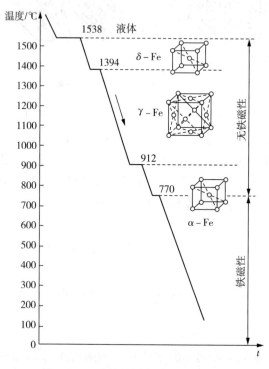

图 1 - 12 纯铁的同素异构转变曲线

此外,纯铁在 770 ℃还发生磁性转变,即在 770 ℃以上纯铁没有铁磁性,在 770 ℃以下具有强的铁磁性。

金属的同素异构转变是通过原子的重新排列来完成的,因此其实质也是一个结晶过程,遵守结晶的一般规律,但其又具有本身特点,即新晶格优先在晶界处形核;转变需要较大的过冷度;晶格的变化伴随金属体积的变化,转变时会产生较大的内应力。如 γ - Fe 转变为 α - Fe 时,铁的体积会膨胀约 1%,这是钢在热处理时产生应力、导致工件变形开裂的重要原因。

铁的同素异构转变是钢材能进行热处理的重要依据。

1.3.4 合金的结构

纯金属虽然得到了一定的应用,但它的力学性能较差,而且价格昂贵。因此,在工业生产上用的大多是合金。

一种金属元素与其他金属或非金属元素通过熔化或其他方法结合成的具有金属特性的物质称为合金。工业上广泛应用的碳素钢和铸铁就是由铁和碳两种元素为主要成分的合金,黄铜则是由铜和锌组成的合金。合金除具有纯金属的特性以外,还具有更好的力学性能,并可以通过调节组成元素的比例来获得一系列性能各不相同的合金,以满足工业生产上提出的众多性能要求。

组成合金的最基本的、独立的单元称为组元。组元可以是金属、非金属(如碳)或化合物(如渗碳体)。按组元的数目,合金可以为二元合金、三元合金或多元合金。

由两个或两个以上的组元按不同的含量配制成的一系列不同成分的合金,称为一个合金系,简称系。如 Cu - Zn 系、Pb - Sn 系、Fe - C 系等。

合金中具有同一化学成分,同一晶格形式,并以界面的形式分开的各个均匀组成部分称为相。如纯铁在不同温度下的相是不同的,它有液相、δ - Fe 相、γ - Fe 相和 α - Fe 相。合金的基本相有固溶体和金属化合物。

所谓组织,是指用肉眼或借助显微镜观察到的具有某种形态特征的微观形貌。实质上它是由一种或多种相按一定的方式相互结合所构成的整体的总称。它直接决定合金的性能。

合金的结构比纯金属复杂,根据组成合金的组元之间在结晶时的相互作用,合金的组织可以形成固溶体、金属化合物和混合物。

1. 固溶体

固溶体是溶质的原子溶入溶剂晶格中,但仍保持溶剂晶格类型的金属晶体。在固溶体中,保持晶格类型不变的组元称为溶剂,而分布于溶剂中的另一组元称为溶质。固溶体一般用 α、β、γ 等符号表示。根据溶质原子在溶剂晶格中所处位置不同,固溶体可分为间隙固溶体和置换固溶体两类。

图 1 - 13(a)所示为置换固溶体,即溶质原子在溶剂晶格中部分地置换了溶剂原子(即占有溶剂原子原来的位置)而形成的固溶体。置换固溶体的溶解度取决于两者晶格类型、电子结构、原子半径及在周期表中的位置。置换固溶体的溶解度可以达到很高,温度越高,溶解度越大。

图 1 - 13(b)所示为间隙固溶体结构示意图,由于溶剂晶格的空隙尺寸小,因此溶质原子的尺寸不能过大,一般原子半径小于 1 Å,如碳、氮、硼等,铁碳合金中的固溶体属于这一类。

由于溶质原子的溶入,溶剂晶格发生畸变,因此合金对塑性变形的抗力增加,材料的强度、硬度提高。这种由于溶入溶质元素形成固溶体,因此材料力学性能变好的现象,称为固溶强化。固溶强化是提高金属材料力学性能的重要途径之一。

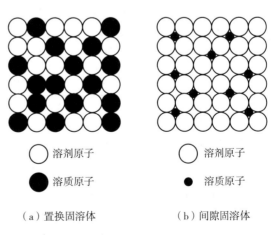

○ 溶剂原子　　　　　○ 溶剂原子

● 溶质原子　　　　　· 溶质原子

(a)置换固溶体　　　(b)间隙固溶体

图 1 - 13　固溶体的两种基本类型

2. 金属化合物

金属化合物是指合金组元之间,按一定的原子数量比相互化合生成的一种具有金属特性的新相,一般可用分子式表示。金属化合物的晶格类型与组成它的任一组元的晶格类型完全不同,一般比较复杂。性质也与组成它的组元完全不同,其熔点高,硬而脆,塑性和韧性差,不能直接使用。金属化合物存在于合金中,可以使合金的强度、硬度、耐磨性提高,但塑性、韧性有所下降。金属化合物是合金的重要组成相。

3. 混合物

混合物是由两种以上的相机械地混合在一起而组成的一种多相组织。在混合物中,它的各组成相仍保持各自的晶格类型和性能。

工业中广泛应用的合金,多数是由两种或两种以上的固溶体组成的机械混合物,或者是由固溶体和金属化合物组成的机械混合物。混合物的性能主要取决于组成它的各相的性能以及各相在混合物中的数量、大小、形状和分布状况。

1.3.5 二元合金相图

纯金属的结晶由于无成分因素的影响,往往在结晶后形成单相组织。而合金在结晶后,由于存在两种以上组元之间的相互作用,可能形成一种多相组织。为全面了解合金组织随成分、温度变化的规律,对合金系中不同成分的合金进行试验,观察分析其在极其缓慢加热、冷却过程中内部组织的变化,绘制成图。这种表示在平衡条件下(平衡:合金相在一定条件下不随时间而改变的状态),合金的成分、温度、合金相之间的关系图解,称为合金相图(又称合金状态图、合金平衡相图)。

依据相图可大致预测合金的性能,是制定铸造、锻造、焊接、热处理等工艺的重要依据。

纯金属由于无成分因素的影响,它的相图可用一根温度坐标轴来表示在不同温度下纯金属所处的组织状态。但两组元合金相图,因合金成分是可变的,所以不能用一个温度坐标来表示,必须加一条合金成分的坐标轴,故二元合金相图是一个以温度轴为纵坐标、合金成分为横坐标的平面图形。

建立二元合金相图最常用的试验方法是热分析法。现以 Cu - Ni 二元合金相图为例,说明用热分析法建立相图的基本过程。

(1)配制一系列不同成分的 Cu - Ni 合金,总计 6 组,见表 1 - 4 所列。

表 1 - 4　不同成分的合金

序号		1	2	3	4	5	6
合金化学成分	$w_{Cu}(\%)$	100	80	60	40	20	0
	$w_{Ni}(\%)$	0	20	40	60	80	100

(2)将 6 组合金分别加热到高温液态,然后以极其缓慢的冷却速度冷却到室温,分别测定它们的冷却曲线,正确标明各相变点。

(3)将冷却曲线上各相变点投影到温度-成分坐标图中相应的合金成分线上,将意义相同的点连接起来就构成了 Cu - Ni 二元合金相图,如图 1 - 14 所示。

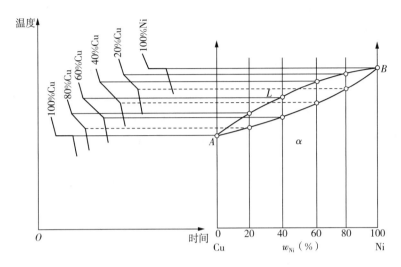

图 1 - 14　测定 Cu - Ni 合金相图

1.4　铁碳合金

铁碳合金是以铁和碳为基本组元组成的合金,是钢和铸铁的统称。由于钢铁材料具有优良的力学性能和工艺性能,在现代工业中被称为应用最广泛的金属材料。

1.4.1　铁碳合金的基本组织及性能

在铁碳合金中,铁和碳在液态时能够相互溶解成为一个均匀的液相。在结晶和随后的冷却过程中,由于铁和碳的相互作用,可以形成固溶体、金属化合物及由固溶体和金属化合物组成的混合物。其中,铁素体、奥氏体和渗碳体为铁碳合金的基本相,珠光体和莱氏体为铁碳合金的基本组织。

1. 铁素体(F)

碳溶入 α - Fe 中的间隙固溶体称为铁素体,用 F 表示。它保持 α - Fe 的体心立方晶格。

碳在 α - Fe 中的溶解度很小,室温下只能溶解 0.0008% 的碳,在 727 ℃ 时溶碳量为 0.0218%。所以,铁素体室温时的力学性能与工业纯铁接近,其强度和硬度较低,塑性、韧性良好。

2. 奥氏体(A)

碳溶入 γ - Fe 中的间隙固溶体称为奥氏体,用 A 表示。它仍保持 γ - Fe 的面心立方晶格。

奥氏体内原子间的空隙较大,碳在 γ - Fe 中的溶解度也较大,1148 ℃ 时溶碳量达 2.11%,在 727 ℃ 时溶碳量降为 0.77%。

奥氏体的存在温度为 727～1495 ℃,是铁碳合金一个重要的高温相。

奥氏体具有良好的塑性和低的变形抗力,易于承受压力加工,生产中常将钢材加热到奥氏体状态进行压力加工。

3. 渗碳体(Fe_3C)

渗碳体是铁与碳的化合物,碳的质量分数为 6.69%,它的晶体是复杂的斜方晶格,与铁和碳的晶体结构完全不同。根据形成条件的不同,渗碳体的显微形态可分为片状、网状、球状和条状等。渗碳体硬度很高,塑性几乎为零。因此,渗碳体不能单独使用,一般在铁碳合金中与铁素体等固溶体构成混合物。钢中含碳量越高,渗碳体越多,硬度越高,而塑性、韧性越低。

渗碳体在适当条件下(如高温长期停留或缓慢冷却)能分解为铁和石墨,这对铸铁的处理有重要意义。

4. 珠光体(P)

珠光体是铁素体和渗碳体的混合物,碳的质量分数为 0.77%,珠光体的显微形态一般是一片铁素体与一片渗碳体相间呈片状存在。由于珠光体是由硬的渗碳体片与软的铁素体片相间组成的混合物,故其力学性能介于两者之间。

5. 莱氏体(Ld)

奥氏体和渗碳体组成的机械混合物称为莱氏体,它是碳的质量分数为 4.3% 的由铁碳合金液相冷却到 1148 ℃时的结晶产物。由于奥氏体在 727 ℃时还将转变为珠光体,因此室温下莱氏体由珠光体和渗碳体组成,此时的显微形态是在白亮的 Fe_3C 基体上分布着粒状的珠光体。

莱氏体的力学性能和渗碳体相似,硬度很高,塑性、韧性很差。

1.4.2　铁碳合金状态图

纯金属的结晶过程可以用冷却曲线或温度坐标来表示组织与温度之间的变化。合金的结晶过程比纯金属复杂,一是纯金属的结晶在恒温下进行,而合金却不一定在恒温下进行;二是纯金属在结晶过程中只有一个液相和一个固相,而合金在结晶过程中,在不同的温度范围内会有不同数量的相,而且各相的成分有时也随温度变化;三是同一合金系,成分不同,其组织也不同,即所形成的相的结构或相的数量也不相同。因此,合金的结晶过程要用状态图才能表示清楚。状态图是表示在平衡状态(极其缓慢冷却或加热状态)下,合金的成分、温度与组织之间关系的简明图表。利用状态图,可以方便地掌握合金的结晶过程和组织变化规律。

铁碳合金状态图表述了在平衡状态下合金的成分、温度与组织之间的关系。目前所应用的铁碳合金,其碳的质量分数不超过 5%,因为碳的质量分数超过 6.69% 的铁碳合金脆性很大,没有实用价值,当碳的质量分数小于 6.69% 时,碳以渗碳体(Fe_3C)的形式存在。因此,铁碳合金只研究 $Fe-Fe_3C$ 部分。铁碳合金状态图又称为 $Fe-Fe_3C$ 状态图。

图 1-15 为简化后的 $Fe-Fe_3C$ 状态图。

1. $Fe-Fe_3C$ 状态图的分析

$Fe-Fe_3C$ 状态图中有四个基本相,即液相(L)、奥氏体相(A)、铁素体相(F)和渗碳体相

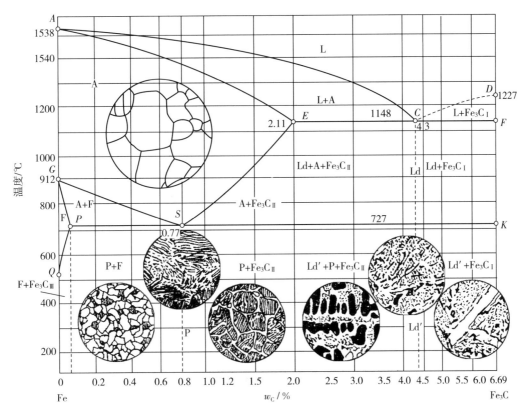

图 1-15　简化后的 Fe-Fe₃C 状态图

(Fe₃C),各有其相应的单相区。

　　状态图中各条线都表示铁碳合金发生组织转变的界限,所以这些线就是组织转变线,又称特性线。现将图 1-15 中的一些主要线的含义简单介绍如下:

　　(1)ACD 线——液相线。此线以上的区域是液相区,以符号 L 表示。液态合金冷却到此线温度时,便开始结晶。

　　(2)AECF 线——固相线。合金冷却到此线温度时,将全部结晶成固态。

　　在液相线和固相线之间所构成的两个区域(ACE 区和 CDF 区)中,都是包含着液态合金和结晶体的两相区,不过这两个区所包含的结晶体不同。因为液态合金沿 AC 线结晶出来的是奥氏体,而沿 CD 线结晶出来的是渗碳体。由液态合金直接析出的渗碳体称为初生渗碳体或一次渗碳体(Fe₃C)。显然,ACE 区包含着液态合金和奥氏体两个相,而 CDF 区包含着的是液态合金和渗碳体两个相。Fe-Fe₃C 状态图中各特性点见表 5-1 所列。

表 1-5　Fe-Fe₃C 状态图中各特性点

特性点	温度/℃	碳质量分数/%	含义
A	1538	0	纯铁的熔点
C	1148	4.3	共晶点

(续表)

特性点	温度/℃	碳质量分数/%	含义
D	1227	6.69	渗碳体的熔点①
E	1148	2.11	碳在 γ-Fe 中的最大固溶度
F	1148	6.69	渗碳体的成分点
G	912	0	α-Fe $\leftrightarrows$ γ-Fe 同素异晶转变点
S	727	0.77	共析点
P	727	0.0218	碳在 α-Fe 中的最大固溶度
Q	600	0.006	600 ℃时,碳在 α-Fe 中的最大固溶度

注:①由于渗碳体在熔化前便已开始分解,其精确的熔点难以测出,因此,图 1-15 中的 CD 线采用虚线。表中的 1227 ℃系计算值。

液态合金只有在 C 点(1148 ℃、碳质量分数为 4.3%),通过共晶反应将同时结晶出奥氏体和渗碳体的机械混合物——莱氏体。其反应式为

$$L_C \xleftrightarrow{1148\,℃} Ld(A+Fe_3C) \qquad (1-7)$$

ECF 线又称共晶线,因为碳质量分数为 2.11%~6.69%的所有合金(即铸铁)经过此线都要发生共晶反应,除 C 点成分合金全部结晶成莱氏体外,其他成分合金都将形成一定量的莱氏体,这是铸铁结晶的共同特征。

(3)GS 线——奥氏体在冷却过程中析出铁素体的开始线。奥氏体之所以转变成铁素体,是 γ-Fe→α-Fe 同素异晶转变的结果。GS 线常以符号 A_3 表示。

(4)ES 线——碳在奥氏体中的固溶度曲线。由图可见,温度愈低,奥氏体的溶碳能力愈小,过饱和的碳将以渗碳体形式析出。因此,ES 线也是冷却时从奥氏体中析出渗碳体的开始线。ES 线常以符号 A_{cm} 表示。

(5)PSK 线——共析线,常以符号 A_1 表示。当 S 点成分的奥氏体冷却到 PSK 线温度时,将同时析出铁素体和渗碳体的机械混合物——珠光体。上述反应称为共析反应,其反应式为

$$A_S \xleftrightarrow{727\,℃} P(F+Fe_3C) \qquad (1-8)$$

各种成分的铁碳合金冷却至 PSK 线温度时都要发生共析反应。除 S 点成分合金全部转变成珠光体外,其他成分的合金都将形成一定量的珠光体,这对莱氏体中的奥氏体也不例外,故在 727 ℃以下的低温莱氏体为珠光体和渗碳体的机械混合物。

(6)PQ 线——碳在铁素体中的固溶度曲线。铁素体冷却到此线,将以 Fe_3C 形式析出过饱和的碳,这种由铁素体中析出的渗碳体称为三次渗碳体(Fe_3C_{III})。由于三次渗碳体数量极少,因此其对钢铁性能的影响一般可忽略不计。为了初学者方便,可将 Fe-Fe_3C 状态图的左下角予以简化,但铁素体这个相不应忽略,并应与纯铁加以区分。

根据碳质量分数的不同,可将铁碳合金分为钢和铸铁两大类。

钢:是指碳质量分数小于 2.11% 的铁碳合金。依照室温组织的不同,可将钢分为如下三类:

亚共析钢——碳质量分数小于 0.77%;

共析钢——碳质量分数等于 0.77%;

过共析钢——碳质量分数大于 0.77%。

铸铁:即生铁,它是指碳质量分数为 2.11%～6.69% 的铁碳合金。依照室温组织的不同,可将铸铁分为如下三类:

亚共晶铸铁——碳质量分数小于 4.3%;

共晶铸铁——碳质量分数等于 4.3%;

过共晶铸铁——碳质量分数大于 4.3%。

2. 钢在缓慢冷却过程中的组织转变

在 Fe－Fe₃C 状态图的实际应用中,常需分析具体成分合金在加热或冷却过程中的组织转变。下面以图 1－16 所示的典型成分的碳素钢为例,分析其在缓慢冷却过程中的组织转变规律。

(1)共析钢

共析钢是指 S 点成分合金,如图 1－16 中的合金 I 所示。合金在 1 点以上温度时全部为液态。当缓慢冷却到 1 点以后,开始从钢液中结晶出奥氏体;随着温度的降低,奥氏体愈来愈多,而剩余钢液愈来愈少,直到 2 点结晶完毕,全部形成奥氏体。在 2 点以下为单一的奥氏体,直至冷却到 3 点(即 S 点)以前,不发生组织转变。当冷却至 3 点温度时,即到达共析温度,奥氏体将发生前述的共析反应,转变成铁素体和渗碳体的机械混合物,即珠光体。此后,在继续冷却过程中不再发生组织变化(三次渗碳体的析出不计),故共析钢的室温组织全部为珠光体。

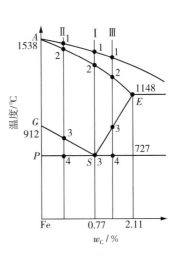

图 1－16　Fe－Fe₃C 状态图的典型合金

图 1－17 为共析钢的结晶过程示意图。

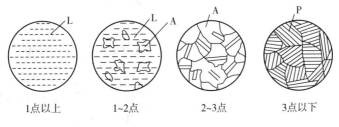

| 1点以上 | 1~2点 | 2~3点 | 3点以下 |

图 1－17　共析钢的结晶过程

(2)亚共析钢

亚共析钢是指 S 点成分以左的合金,如图 1－16 中的合金 Ⅱ 所示。当合金 Ⅱ 冷却到 1

点以后,开始从钢液中结晶出奥氏体,直到 2 点全部结晶成奥氏体。当合金 Ⅱ 继续冷却到 GS 线上的 3 点之前,不发生组织变化。当温度继续降低到 3 点以后,将由奥氏体中逐渐析出铁素体。由于铁素体的碳质量分数很低,因此剩余奥氏体的碳质量分数沿着 GS 线增加。当温度下降到 4 点时,剩余奥氏体的碳质量分数已增加到 S 点的对应成分,即共析成分。到达共析温度 4 点后,剩余奥氏体因发生共析反应转变成珠光体,而已析出的铁素体不再发生变化。4 点以下其组织不变。因此,亚共析钢的室温组织由铁素体和珠光体构成。

图 1-18 碳质量分数为 0.2% 的
碳钢的显微组织

图 1-18 为碳质量分数为 0.2% 的碳钢的显微组织图,其中白色为铁素体,黑色为珠光体,图 1-19 为亚共析钢结晶过程示意图。

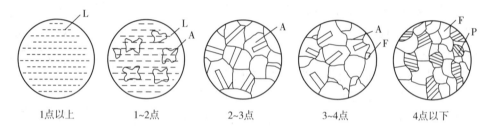

| 1点以上 | 1~2点 | 2~3点 | 3~4点 | 4点以下 |

图 1-19 亚共析钢的结晶过程

随着亚共析钢碳质量分数增加,由于珠光体的含量增多、铁素体的含量减少,因而钢的强度、硬度增加,而塑性、韧性降低。

(3)过共析钢

过共析钢是指碳质量分数超过 S 点成分的钢,如图 1-16 中的合金 Ⅲ 所示。合金 Ⅲ 由液态冷却到 3 点之前,其结晶过程与合金 Ⅰ、Ⅱ 相同。当温度降低到 ES 线上 3 点之后,由于奥氏体的溶碳能力不断地降低,将由奥氏体中不断以 Fe_3C 形式、沿着奥氏体晶界析出多余的碳,这种由奥氏体析出的渗碳体称为二次渗碳体($Fe_3C_{Ⅱ}$)。由于析出含碳较高的 $Fe_3C_{Ⅱ}$,剩余奥氏体的碳质量分数将沿着它的溶解度曲线(ES 线)降低。当温度降低到共析温度的 4 点时,奥氏体达到共析成分,并转变为珠光体。此后继续降温组织不再发生变化。因此,过共析钢的室温组织由珠光体和二次渗碳体组成。图 1-20 为过共析钢的显微组织图。图中黑色的为珠光体,在珠光体晶界上呈白色网状的为二次渗碳体。图 1-21 所示为过共析钢的结晶过程示意图。

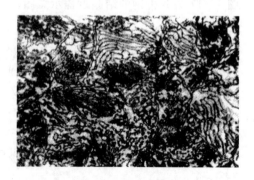

图 1-20 过共析钢的显微组织

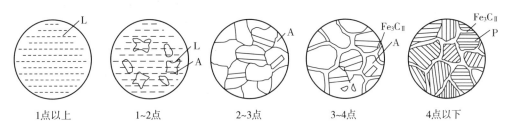

图 1 - 21　过共析钢的结晶过程

除了钢之外,铸铁也是重要的铁碳合金。但依照图 1 - 15 所示的 Fe - Fe₃C 状态图结晶出来的铸铁,由于存有相当比例的莱氏体,因此性能硬脆,难以进行切削加工。这种铸铁因断口呈银白色,故称白口铸铁。白口铸铁在机械制造中极少用来制造零件,因此,对其结晶过程不做进一步分析。机械制造广泛应用的是灰铸铁,其中碳主要以石墨状态存在。

Fe - Fe₃C 状态图不仅为合理选择钢铁材料提供了依据,而且还是制定铸造、锻造、焊接和热处理等工艺规范的重要工具,将为学习本课程其他部分内容奠定必要的基础。

1.5　钢的热处理

钢的热处理是将钢在固态下,通过加热、保温和冷却,以获得预期组织和性能的工艺。热处理与其他加工方法(如铸造、锻压、焊接和切削加工等)不同,只改变金属材料的组织和性能,而不以改变形状和尺寸为目的。

热处理的作用日趋重要,因为现代机器设备对金属材料的性能不断提出新的要求。热处理可提高零件的强度、硬度、韧性、弹性等,同时还可改善毛坯或原材料的切削加工性能,使之易于加工。可见,热处理是改善金属材料的性能、保证产品质量、延长使用寿命、挖掘材料潜力不可缺少的工艺方法。据统计,在机床制造中,热处理件占 60%~70%;在汽车、拖拉机制造中占 70%~80%;在刀具、模具和滚动轴承制造中,几乎全部零件都需要进行热处理。

热处理的工艺有很多,大致可分如下两大类:

(1)普通热处理:包括退火、正火、淬火、回火等;

(2)表面热处理:包括表面淬火和化学热处理(如渗碳、氮化等)。

各种热处理都可用以温度、时间为坐标的热处理工艺曲线(图 1 - 22)来表示。

1.5.1　钢在加热和冷却时的组织转变

1. 钢在加热时的组织转变

加热是热处理工艺的首要步骤。多数情况下,将钢加热到临界温度以上,使原有的组织转变成奥氏体后,再以不同的冷却方式或速度转变成所需的组织,以获得预期的性能。

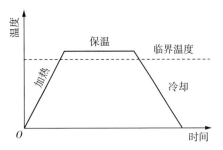

图 1 - 22　热处理工艺曲线示意图

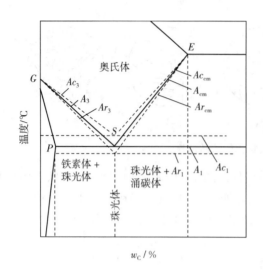

图 1-23　在加热或冷却时各临界点的位置

如前所述,铁碳合金状态图中组织转变的临界温度曲线 A_1、A_3、A_{cm} 是在极其缓慢加热或冷却的条件下测定出来的,而实际生产中的加热和冷却大多不是极其缓慢的,故存有一定的滞后现象,也就是需要一定的过热或过冷转变才能充分进行。通常将加热时实际转变温度位置用 Ac_1、Ac_3、Ac_{cm} 表示;将冷却时实际转变温度位置用 Ar_1、Ar_3、Ar_{cm} 表示,如图 1-23 所示。

显然,欲使共析钢完全转变成奥氏体,必须加热到 Ac_1 以上;对于亚共析钢,必须加热到 Ac_3 以上,否则难以达到应有的热处理效果。必须指出,初始形成的奥氏体晶粒非常细小,保持细小的奥氏体晶粒可使冷却后的组织继承其细小晶粒,使钢的强度提高,且塑性和韧性均较好。如果加热温度过高或保温时间过长,将会引起奥氏体的晶粒急剧长大,冷却到室温后,使钢的性能降低。因此,应根据铁碳合金状态图及钢的含碳量,合理选定钢的加热温度和保温时间,以形成晶粒细小、成分均匀的奥氏体。

2. 钢在冷却时的组织转变

钢经过加热、保温实现奥氏体化后,接着便需进行冷却。依据冷却方式及冷却速度的不同,过冷奥氏体(A_1线以下不稳定状态的奥氏体)可形成多种组织。现实生产中,绝大多数是采用连续冷却方式来进行的,如将加热的钢件投入水中淬火等。此时,过冷奥氏体是在温度连续下降过程中发生组织转变的。为了探求其组织转变规律,可通过科学试验,测出该成分钢的"连续冷却转变曲线",但这种测试难度较大,而现存资料又较少,因此目前主要是利用已有的"等温转变曲线"近似地分析连续冷却时组织转变过程,以指导生产。

所谓"等温转变"是指将奥氏体化的钢迅速冷却到 A_1 以下某个温度,使过冷奥氏体在保温过程中发生组织转变,待转变完成后再冷却到室温。经改变不同温度、多次测试,绘制成等温转变曲线。各种成分的钢均有其等温转变曲线。由于这种曲线类似英文字母"C",故称"C 曲线"。下面以图 1-24 所示共析钢的等温转变曲线为例,作扼要分析。

等温转变曲线可分为如下几个区域:稳定奥氏体区(A_1线以上),过冷奥氏体区(A_1线以下,C 曲线以左),A-P 组织共存区(过渡区),其余为过冷奥氏体转变产物区,它又可分为如下三个区:

(1)珠光体转变区(形成于 Ar_1～550 ℃高温区)。其转变产物为由(F+Fe₃C)组成的片层状机械混合物。依照形成温度的高低及片层的粗细,又可分成三种组织:

① 珠光体(于 Ar_1～650 ℃形成)。属于粗片层珠光体,以符号 P 表示;

② 细片状珠光体(于 650～600 ℃形成)。常称为索氏体,以符号 S 表示;

③ 极细片状珠光体(于 600～550 ℃形成)。常称为托氏体,以符号 T 表示。

（2）贝氏体转变区（形成于 550 ℃～M_s 中温区）。常以符号 B 表示。

（3）马氏体转变区（形成于 M_s 以下的低温区）。钢在淬火时，过冷奥氏体快速冷却到 M_s 以下，由于已处于低温，只能发生 $\gamma\text{-Fe} \rightarrow \alpha\text{-Fe}$ 的同素异晶转变，而钢中的碳却难以从溶碳能力很低的 $\alpha\text{-Fe}$ 晶格中扩散出去，这样就形成了碳在 $\alpha\text{-Fe}$ 中的过饱和固溶体，称为马氏体（以符号 M 表示）。碳的严重过饱和致使马氏体晶格发生严重的畸变，因此中碳以上的马氏体通常具有高硬度，但韧性很差。实践证明，低碳钢淬火所获得的低碳马氏体虽然硬度不高，但有着良好的韧性，也具有一定的使用价值。

图 1-24 中 M_s 是马氏体开始转变的温度线，M_f 是马氏体转变的终止温度线，M_s、M_f 随着钢碳质量分数的增加而降低。由于共析钢的 M_f 为 -50 ℃，故冷却至室温时，仍残留少量未转变的奥氏体。这种残留的奥氏体称为残余奥氏体，以符号 A' 表示。

显然，共析钢淬火到室温的最终产物为 $M+A'$。

图 1-25 所示为共析钢等温转变曲线在连续冷却中的应用：

v_1 示出在缓慢冷却（如在加热炉中随炉冷却）时，根据它与 C 曲线相交的位置，可获得珠光体组织。

v_2 示出在较缓慢冷却（如加热后从炉中取出、在空气中冷却）时，可获得索氏体组织。

v_3 示出快速冷却（如加热后在水中淬火）时，可获得马氏体（包括少量 A'）组织。

v_k 为过冷奥氏体获得全部马氏体（包括少量 A'）的最低冷却速度，称为临界冷却速度。

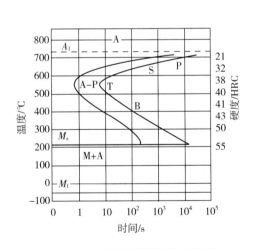

图 1-24　共析钢的等温转变曲线

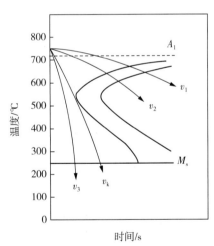

图 1-25　共析钢等温转变曲线在连续冷却中的应用

1.5.2　钢的退火和正火

1. 退火

退火是将钢加热、保温，然后随炉或埋入灰中使其缓慢冷却的热处理工艺。由于退火的具体目的不同，其具体工艺方法有多种，常用的有：

（1）完全退火：将亚共析钢加热到 Ac_3 以上 30～50 ℃，保温后缓慢冷却（图 1-25 中 v_1），以获得接近平衡状态组织。完全退火主要用于铸钢件和重要锻件。因为铸钢件铸态下晶粒粗大，塑性、韧性较差；锻件因锻造时变形不均匀，因此晶粒和组织不均，且存在内应力。完全退火还可降低硬度，改善切削加工性。

完全退火的原理是：钢件被加热到 Ac_3 以上时，呈完全奥氏体化状态，由于初始形成的奥氏体晶粒非常细小，缓慢冷却时，通过"重结晶"使钢件获得细小晶粒，并消除了内应力。必须指出，应严格控制加热温度，防止温度过高，否则奥氏体晶粒将急剧长大。

（2）球化退火：主要用于过共析钢件。过共析钢经过锻造以后，其珠光体晶粒粗大，且存在少量二次渗碳体，致使钢的硬度高、脆性大，进行切削加工时易磨损刀具，且淬火时容易产生裂纹和变形。

球化退火时，将钢加热到 Ac_1 以上 20～30 ℃。此时，初始形成的奥氏体内及其晶界上尚有少量未完全溶解的渗碳体，在随后的冷却过程中，奥氏体经共析反应析出的渗碳体便以未溶渗碳体为核心，呈球状析出，分布在铁素体基体之上，这种组织称为"球化体"。它是人们对淬火前过共析钢最期望的组织。因为车削片状珠光体时容易磨损刀具，而球化体的硬度低，节省刀具。必须指出，对二次渗碳体呈严重网状的过共析钢，在球化退火前应先进行正火，以打碎渗碳体网。

（3）去应力退火：将钢加热到 500～650 ℃，保温后缓慢冷却。由于加热温度低于临界温度，因而钢未发生组织转变。去应力退火主要用于部分铸件、锻件及焊接件，有时也用于精密零件的切削加工，使其通过原子扩散及塑性变形消除内应力，防止钢件产生变形。

2. 正火

正火是将钢加热到 Ac_3 以上 30～50 ℃（亚共析钢）或 Ac_{cm} 以上 30～50 ℃（过共析钢），保温后在空气中冷却的热处理工艺。

正火和完全退火的作用相似，也是将钢加热到奥氏体区，使钢进行重结晶，从而解决铸钢件、锻件的晶粒粗大和组织不均问题。但正火比退火的冷却速度稍快，形成了索氏体组织（图 1-25 中 v_2）。索氏体比珠光体的强度、硬度稍高，但韧性并未下降。正火主要用于：

（1）取代部分完全退火。正火是在炉外冷却的，占用设备时间短，生产率高，故应尽量用正火取代退火（如低碳钢和含碳量较低的中碳钢）。必须看到，含碳量较高的钢，正火后硬度过高，使切削加工性变差，且正火难以消除内应力。因此，中碳合金钢、高碳钢及复杂件仍以退火为宜。

（2）用于普通结构件的最终热处理。

（3）用于过共析钢，以减少或消除二次渗碳体呈网状析出情况。

图 1-26 为几种退火和正火的加热温度范围示意图。

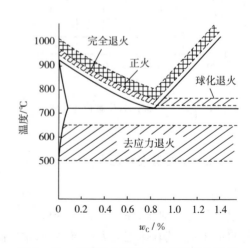

图 1-26 几种退火和正火的加热温度范围

1.5.3　淬火和回火

淬火和回火是强化钢最常用的工艺。通过淬火,再配以不同温度的回火,可使钢获得所需的力学性能。

1. 淬火

淬火是将钢加热到 Ac_3 或 Ac_1 以上 $30\sim50\,℃$(图 $1-27$),保温后在淬火介质中快速冷却(图 $1-25$ 中 v_3),以获得马氏体组织的热处理工艺。

马氏体的形成过程伴随着体积膨胀,造成淬火件产生了内应力,而马氏体组织通常脆性又较大,这些都使钢件淬火时容易产生裂纹或变形。为防止上述淬火缺陷的产生,除应选用适合的钢材和正确的结构外,在工艺上还应采取如下措施:

(1)严格控制淬火加热温度。对于亚共析钢,若淬火加热温度不足,未能完全形成奥氏体,致使淬火后的组织中除

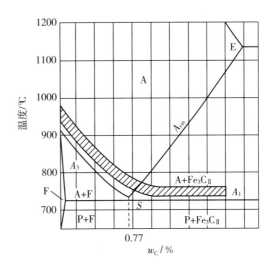

图 $1-27$　碳钢的淬火加热温度范围

马氏体外,还残存少量铁素体,使钢的硬度不足;若加热温度过高,因奥氏体晶粒长大,淬火后的马氏体组织也粗大,增加了钢的脆性,致使钢件产生裂纹和变形的倾向加大。对于过共析钢,若超过图 $1-27$ 所示温度,不仅钢的硬度并未增加,而且产生裂纹、变形倾向加大。

(2)合理选择淬火介质,使其冷却速度略大于图 $1-25$ 中的临界冷却速度 v_k。淬火时钢的快速冷却是依靠淬火介质来实现的。水和油是最常用的淬火介质。水的冷却速度大,使钢件易于获得马氏体,主要用于碳素钢;油的冷却速度较水低,用它淬火的钢件产生裂纹、变形倾向小。合金钢因淬透性较好,以在油中淬火为宜。

(3)正确选择淬火方法。生产中最常用的是单介质淬火法,即在一种淬火介质中连续冷却到室温。由于操作简单,便于实现机械化和自动化生产,故应用最广。对于容易产生裂纹、变形的钢件,有时采用先水后油双介质淬火法或分级淬火等其他淬火法。

2. 回火

将淬火的钢重新加热到 Ac_1 以下某温度,保温后冷却到室温的热处理工艺,称为回火。回火的主要目的是消除淬火内应力,以降低钢的脆性,防止产生裂纹,同时也使钢获得所需的力学性能。

淬火所形成的马氏体是在快速冷却条件下被强制形成的不稳定组织,因而具有重新转变成稳定组织的自发趋势。回火时,由于被重新加热,原子活动能力加强,因此随着温度的升高,马氏体中过饱和碳将以碳化物的形式析出。总的趋势是回火温度愈高,析出的碳化物愈多,钢的强度、硬度下降,而塑性、韧性升高。

根据回火温度的不同(参见 GB/T 7232—2012),可将钢的回火分为如下三种:

(1)低温回火(250 ℃以下),目的是降低淬火钢的内应力和脆性,但基本保持淬火所获得的高硬度(56~64 HRC)和高耐磨性。淬火后低温回火用途最广,如各种刀具、模具、滚动轴承和耐磨件等。

(2)中温回火(350~500 ℃),目的是使钢获得高弹性,保持较高硬度(35~50 HRC)和一定的韧性。中温回火主要用于弹簧、发条、锻模等。

(3)高温回火(500 ℃以上),淬火并高温回火的复合热处理工艺称为调质处理。广泛用于承受循环应力的中碳钢重要件,如连杆、曲轴、主轴、齿轮、重要螺钉等。调质后的硬度为20~35 HRC。这是由于调质处理后其渗碳体呈细粒状,与正火后的片状渗碳体组织相比,在载荷作用下不易产生应力集中,从而使钢的韧性显著提高,因此经调质处理的钢可获得强度及韧性都较好的综合力学性能。

1.5.4 表面淬火和化学热处理

表面淬火和化学热处理都是为改变钢件表面的组织和性能,仅对其表面进行热处理的工艺。

1. 表面淬火

表面淬火是通过快速加热,使钢的表层很快达到淬火温度,在热量来不及传到钢件心部时就立即淬火,从而使表层获得马氏体组织,而心部仍保持原始组织。表面淬火的目的是使钢件表层获得高硬度和高耐磨性,而心部仍保持原有的良好韧性,常用于机床主轴、发动机曲轴、齿轮等。

表面淬火所采用的快速加热方法有多种,如电感应、火焰、电接触、激光等,目前应用最广泛的是电感应加热法。

感应加热表面淬火法是把钢件放在一个感应线圈中,通以一定频率的交流电(有高频、中频、工频三种),使感应线圈周围产生频率相同、方向相反的感应电流,这个电流称为涡流。由于集肤效应,涡流主要集中在钢件表层。由涡流所产生的电阻热使钢件表层被迅速加热到淬火温度,随即向钢件喷水,将钢件表层淬硬。

感应电流的频率愈高,集肤效应愈强烈,故高频感应加热用途最广。高频感应加热常用交流电的频率为 200~300 kHz,此频率加热速度极快,通常只有几秒钟,淬硬层深度一般为0.5~2 mm,主要用于要求淬硬层较薄的中、小型零件。

感应加热表面淬火工艺质量好,加热温度和淬硬层深度较易控制,易于实现机械化和自动化生产。缺点是设备昂贵、需要专门的感应线圈。因此,主要用于成批或大量生产的轴、齿轮等零件。

2. 化学热处理

化学热处理是将钢件置于适合的化学介质中加热和保温,使介质中的活性原子渗入钢件表层,以改变钢件表层的化学成分和组织,从而获得所需的力学性能或理化性能。化学热处理的种类很多,依照渗入元素的不同,有渗碳、渗氮、碳氮共渗等,以适应不同的场合,其中以渗碳应用最广。

渗碳是将钢件置于渗碳介质中加热、保温,使分解出来的活性碳原子渗入钢的表层。渗碳是采用密闭的渗碳炉,并向炉内通以气体渗碳剂(如煤油),加热到 $900\sim950\,℃$,经较长时间的保温,使钢件表层增碳。渗碳件通常采用低碳钢或低碳合金钢,渗碳后渗层深一般为 $0.5\sim2\,mm$,表层碳质量分数 w_C 将增至 1% 左右,经淬火和低温回火后,表层硬度达 $56\sim64$ HRC,因而耐磨;而心部因仍是低碳钢,故保持其良好的塑性和韧性。渗碳主要用于既要承受强烈摩擦,又要承受冲击或循环应力的钢件,如汽车变速箱齿轮、活塞销、凸轮、自行车和缝纫机的零件等。

渗氮又称氮化。将钢件置于氮化炉内加热,并通入氨气,使氨气分解出活性氮原子渗入钢件表层,形成氮化物(如 AlN、CrN、MoN 等),从而使钢件表层具有高硬度(可达 72 HRC)、高耐磨性、高抗疲劳性和高耐腐蚀性。渗氮时加热温度仅为 $550\sim570\,℃$,钢件变形甚小。渗氮的缺点是生产周期长,需采用专用的中碳合金钢,成本高。渗氮主要用于制造对耐磨性和尺寸精度要求均高的零件,如排气阀、精密机床丝杠、齿轮等。

1.6　工业用钢

钢主要由生铁冶炼而成,是机械制造中应用最广的金属材料。

钢的种类繁多,分类方法也不尽相同。随着现代工业的迅速发展,出现了许多新的钢种。我国参照国际标准 ISO 4948/1、ISO 4948/2 制定了 GB/T 13304.1—2008《钢分类第 1 部分:按化学成分分类》国家标准。该标准按照化学成分将钢分为非合金钢、低合金钢、合金钢三大类,每类钢还将按照主要质量等级、主要性能和使用特性分成若干小类。但 1991 年前国家制定的有关标准迄今仍在使用,显然不同标准之间还难以衔接。

《钢分类》标准中以"非合金钢"一词取代传统的"碳素钢",而前期公布的技术标准并未修改。因此"碳素钢"这一名词将继续使用,或与"非合金钢"在一定的时间内并行使用。本书为方便读者与现行资料对照,仍将沿用"碳素钢"这一名称。同时,《钢分类》中具体细节十分繁杂,本书仅按其三大类简述之。

1.6.1　碳素钢

碳素钢即"非合金钢",简称碳钢。

1. 化学成分对碳素钢性能的影响

碳素钢的碳质量分数在 1.5% 以下,除碳之外,还含有硅、锰、磷、硫等杂质。

碳对钢的组织和性能影响很大。图 1-28 所示为碳质量分数 w_C 对退火状态钢力学性能(HBW)的影响。由图可见,亚共析钢随碳质量分数的增加,珠光体增多,铁素体减少,因而钢的强度 σ_b、硬度上升,而塑性、韧性下降。碳质量分数 w_C 超过共析成分时,因出现网状二次渗碳体,随着碳质量分数 w_C 的增加,尽管硬度直线上升,但由于脆性加大,强度 σ_b 反而下降。

钢中杂质含量对其性能也有一定影响。磷和硫是钢中的有害杂质。磷可使钢的塑性、韧性下降,特别是在低温时脆性急剧增加,这种现象称为冷脆性。硫在钢的晶界处可形成低熔点的共晶体,致使含硫较高的钢在高温下进行热加工时容易产生裂纹,这种现象称为热脆性。由于磷、硫的有害作用,因此必须严格限制钢中的磷、硫含量,并以磷、硫含量的高低作为衡量钢的质量的重要依据。

硅和锰是炼钢后期作为脱氧剂加入钢液中残存的。硅和锰可提高钢的强度和硬度,锰还能与硫形成 MnS,从而抵消硫的部分有害作用。显然,它们都是钢中的有益元素。

2. 碳素钢的牌号和用途

碳素钢通常分为如下三类:

(1)碳素结构钢:碳素结构钢的碳质量分数小于 0.38%,而以小于 <0.25%

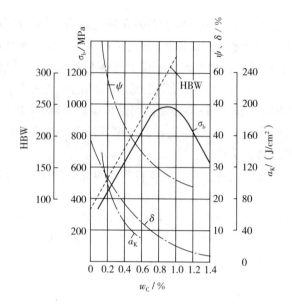

图 1-28 碳对钢的力学性能的影响

的最为常用,即以低碳钢为主。这类钢在使用中一般不进行热处理。尽管其硫、磷含量较高,但性能上仍能满足一般工程结构及一些机件的使用要求,且价格低廉,因此在国民经济各个部门得到了广泛应用,其产量约占钢总产量的 70%～80%。

依据 GB/T 700—2006,碳素结构钢的牌号以代表屈服强度的"屈"字汉语拼音首字母 Q 和后面三位数字来表示,每个牌号中的数字表示该钢种厚度小于 16 mm 时的最低屈服强度(MPa)。在钢号尾部可用 A、B、C、D 表示钢的质量等级,其中 A、B 为普通级别,C、D 为磷、硫含量低的优等级别,可用于较重要的焊接结构。在牌号的最后还可用符号标志其冶炼时的脱氧程度,对未完全脱氧的沸腾钢标以符号"F"标志,对已完全脱氧的镇静钢标以符号"Z"标志或不标符号。表 1-6 所列为部分碳素结构钢的牌号、化学成分、力学性能和用途举例。

表 1-6 碳素结构钢的牌号、化学成分、力学性能和用途举例

牌号	等级	化学成分 w%					力学性能			用途举例
		C	Mn	Si	S	P	σ_s /MPa	σ_b /MPa	δ_s /%	
					不大于					
Q215	A	0.15	1.20	0.35	0.050	0.045	≥215	335～450	≥31	塑性好,通常轧制成薄板、钢管、型材以制造钢结构,也用于制作铆钉、螺钉、冲压件、开口销等
	B				0.045					
Q235	A	0.22	1.40	0.35	0.050	0.045	≥235	375～500	≥26	强度较高,塑性也较好,常轧制成各种型钢、钢管、钢筋等制成各种钢构件、冲压件、焊接件及不重要的轴类、螺钉、螺母等
	B	0.20			0.045					
	C	0.17			0.040	0.040				
	D				0.035	0.035				

（2）优质碳素结构钢：其硫、磷质量分数较小（＜0.035％），供货时既保证化学成分，又保证力学性能，主要用于制造机器零件。

依据 GB/T 699—1999，优质碳素结构钢的牌号用两位数字表示，这两位数字即是钢中平均含碳量的万分数。例如，20 钢表示平均碳质量分数为 0.20％ 的优质碳素结构钢。这类钢一般均为镇静钢。若为沸腾钢或专门用途钢，则在牌号尾部增加符号表示之。

08、10、15、20 等牌号属于低碳钢。其塑性优良，易于拉拔、冲压、挤压、锻造和焊接。其中 20 钢用途最广，常用于制造螺钉、螺母、垫圈、小轴、焊接件，有时也用于渗碳件。

40、45 等牌号属于中碳钢。因钢中珠光体含量增多，其强度、硬度有所提高，而淬火后的硬度提高尤为明显。其中以 45 钢最为典型，它的强度、硬度、塑性、韧性均较适中，即综合性能优良。45 钢常用来制造主轴、丝杠、齿轮、连杆、蜗轮、套筒、键和重要螺钉等。

60、65 等牌号属于高碳钢。它们经过淬火、回火后，不仅强度、硬度显著提高，且弹性优良，常用于制造小弹簧、发条、钢丝绳、轧辊、凸轮等。

（3）碳素工具钢：碳素工具钢的含碳量高达 0.7％～1.3％，淬火、回火后有高的硬度和耐磨性，常用于制造锻工、钳工工具和小型模具。

碳素工具钢较合金工具钢价格便宜，但淬透性和热硬性差。由于淬透性差，只能在水类淬火介质中才能淬硬，且零件不宜过大和复杂。因热硬性差，淬火后零件的工作温度应低于 250 ℃，否则硬度将迅速下降。

依据国家标准 GB/T 1298—2008，碳素工具钢的牌号以符号"T"（"碳"的汉语拼音首字母）开始，其后面的一位或两位数字表示钢中平均碳质量分数的千分数。碳素工具钢一般均为优质钢。对于硫、磷含量更低的高级优质碳素工具钢，则在数字后面增加"A"表示，例如 T10A 表示平均碳质量分数为 1.0％ 的高级优质碳素工具钢。表 1-7 为几种碳素工具钢的牌号、化学成分、热处理及用途举例。

表 1-7　几种碳素工具钢的牌号、化学成分、热处理及用途举例（摘自 GB/T 1298—2008）

牌号	化学成分 $w\%$					淬火温度 /℃	回火温度 /℃	用途举例
	C	Mn	Si	S	P			
			不大于					
T8	0.75～0.84	≤0.40	0.35	0.030	0.035	780～800	180～200	冲头、錾子、锻工工具、木工工具、台虎钳钳口等
T10	0.95～1.04	≤0.40	0.35	0.030	0.035	760～780	180～200	硬度较高、但仍要求一定韧性的工具，如手锯条、小冲模、丝锥、板牙等
T10A	0.95～1.04	≤0.40	0.35	0.020	0.030	760～780	180～200	
T12	1.15～1.24	≤0.40	0.35	0.030	0.035	760～780	180～200	适用于不受冲击的耐磨工具，如钢锉、刮刀、铰刀等

1.6.2 低合金钢

合金钢是为了改善钢的某些性能,在碳素钢的基础上加入某些合金元素所炼成的钢。如果钢中的含硅量大于 0.5%,或者含锰量大于 1.0%,也属于合金钢。

低合金钢是指合金总含量较低(小于 3%)、碳质量分数也较低的合金结构钢。这类钢通常在退火或正火状态下使用,成形后不再进行淬火、调质等热处理。与碳质量分数相同的碳素钢相比,其有较高的强度、塑性、韧性和耐腐蚀性,且大多具有良好的焊接性,广泛用于制造桥梁、汽车、铁道、船舶、锅炉、高压容器、油缸、输油管、钢筋、矿用设备等。依照 GB/T 13304.2—2008,低合金钢分类如下:

(1)可焊接低合金高强钢。包括一般用途低合金结构钢:锅炉和压力容器用低合金钢、造船用合金钢、汽车用低合金钢、桥梁用低合金钢、自行车用低合金钢、舰船和兵器用低合金钢、核能用低合金钢等。

(2)低合金耐候钢。

(3)低合金钢筋钢。

(4)铁道用低合金钢。

(5)矿用低合金钢。

可焊接低合金高强钢(简称低合金高强钢)应用最为广泛。它的碳质量分数低于 0.2%,并以锰为主要合金元素(质量分数:0.8%~1.8%),有时还加入少量 Ti、V、Nb、Cr、Ni、Re 等,通过"固溶强化"和"细化晶粒"等作用,钢的强度、韧性提高,但仍能保持优良的焊接性能。例如,原 16Mn 钢的 σ_s 约为 345 MPa,而碳素结构钢 Q235 的 σ_s 约为 235 MPa,因此,用低合金高强钢代替碳素结构钢,就可在相同载荷条件下,使构件减重 20%~30%,从而节省钢材、降低成本。

低合金高强钢的牌号表示方法与碳素结构钢相同,即以字母"Q"开始,后面以三位数字表示其最低屈服强度,最后以符号表示其质量等级。如 Q345A 表示屈服强度不小于 345 MPa 的 A 级低合金高强钢。表 1-8 所列为一般用途的低合金高强钢的牌号、化学成分、力学性能和用途举例。

表 1-8　低合金高强钢的牌号、化学成分、力学性能和用途举例(摘自 GB/T 1591—2008)

| 牌号 | 相应旧牌号举例 | 化学成分 $w\%$ | | | | | | 力学性能 | | 用途举例 |
		C	Mn	V	Nb	Ti	其他	σ_s /MPa	δ_s /%	
Q295	09Mn2	≤0.16	≤1.50	≤0.15	≤0.06	≤0.20	—	≥295	23	低压容器、输油管道、车辆等
Q345	16Mn	≤0.20	≤1.70	≤0.15	≤0.07	≤0.20	—	≥345	21~22	桥梁、船舶、压力容器、车辆等
Q390	15MnV	≤0.20	≤1.70	≤0.20	≤0.07	≤0.20	Cr≤0.30 Ni≤0.70	≥390	19~20	桥梁、船舶、起重机、压力容器等
Q420	15MnVN	≤0.20	≤1.70	≤0.20	≤0.07	≤0.20	Cr≤0.40 Ni≤0.70	≥420	19	高压容器、船舶、桥梁、锅炉等

1.6.3　合金钢

当钢中合金元素超过低合金钢的限度时，即为合金钢。参见 GB/T 13304.1—2008 中的表 1"非合金钢、低合金钢和合金钢合金元素规定含量界限值"。合金钢中不仅合金元素含量高，且严格控制硫、磷等有害杂质的含量，属于优质钢或高级优质钢。

1. 合金结构钢

指常用于制造机器零件用的合金钢。常采用的合金元素为 Mn、Cr、Si、Ni、W、V、Ti、B 等，这些元素可增加钢的淬透性，并使晶粒细化，这样可使大截面零件经调质处理后，在整个截面上获得强、韧结合的力学性能。同时，因淬透性的提高，可采用冷却烈度较小的油类来淬火，从而减少淬火时产生裂纹和变形的倾向。

低碳合金结构钢用于渗碳件，中碳合金结构钢用于调质件和渗氮件，高碳合金结构钢用于制造较大的弹簧。

合金结构钢的牌号通常以"数字＋元素符号＋数字"来表示。牌号中开始的两位数字表示钢的平均含碳量的万分数，元素符号及其后的数字表示所含合金元素及其平均含量的百分数。当合金元素含量小于 1.5％时，则不标其含量。高级优质合金钢则在牌号尾部增加符号"A"。滚动轴承钢的牌号表示方法与前述不同，在牌号前面加符号"G"表示"滚动轴承钢"，而合金元素含量用千分数表示。

2. 合金工具钢

合金工具钢主要用于制造刀具、量具、模具等，含碳量甚高。其合金元素的主要作用是提高钢的淬透性、耐磨性及热硬性。加入合金元素 Si、Cr、Mn 等可提高钢的淬透性；加入 W、Mo、V 可形成特殊碳化物，提高钢的热硬性和耐磨性。

与碳素钢相比，合金工具钢适合制造形状复杂、尺寸较大、切削速度较高或工作温度较高的工具和模具。如高速工具钢含有大量的 W、Mo、V、Cr 等元素，用这种钢制成的钻头、铰刀或拉刀，在切削温度高达 600 ℃时仍能保持高硬度，故可采用较高的切削速度进行切削。

合金工具钢分为量具、刃具用钢、耐冲击工具用钢、冷作模具钢、热作模具钢等。牌号与合金结构钢相似，不同的是以一位数字表示平均碳质量分数的千分数，若碳质量分数超过 1％，则不标出。例外的是，高速钢的碳质量分数尽管未超过 1％，牌号中也不标出。

3. 特殊性能钢

这类钢包括不锈钢，耐磨钢，耐蚀钢及具有软磁、永磁、无磁等特殊物理、化学性能的钢。其中，不锈钢在石油、化工、食品、医药等工业及日用品、装饰材料中广为应用。

1.7　非铁金属材料

相对于钢铁材料，非铁金属材料有许多优良的特性，是现代工业中不可缺少的材料，在国民经济中占有十分重要的地位。例如，铝、镁、钛等具有相对密度小、比强度高的特点，广泛应用于航天、航空、汽车和船舶等行业;铜有优良的导电性和低温韧性;铅能防辐射,耐稀硫酸等多种介质的腐蚀等。

1.7.1 铝及其合金

纯铝是一种银白色的轻金属,它的密度约为铜的三分之一,质量轻,比强度高,具有良好的导电、导热性。纯铝在低温下,甚至在超低温下都具有良好的塑性和韧性。同时,纯铝的加工工艺性能也较好,易于铸造和切削,也可承受压力加工。

纯铝在氧化性介质中,其表面会形成一层氧化铝(Al_2O_3)保护膜。因此,在干燥或潮湿的大气中,在氧化剂的盐溶液中,在浓硝酸以及干氯化氢、氨气介质中,纯铝都是耐腐蚀的。但含有卤素离子的盐类、氢氟酸以及碱溶液都会破坏铝表面的氧化膜,所以纯铝不宜在这些介质中使用。

工业纯铝的强度虽可经过加工硬化予以提高,但终因强度和硬度都较低,难以作为工程结构材料使用。但在铝中加入适量的合金元素,即可配制成各种成分的铝合金,并通过冷变形加工或热处理提高其力学性能。

根据化学成分和工艺特点的不同,铝合金分为变形铝合金和铸造铝合金。

1. 变形铝合金

根据主要性能特点和用途,变形铝合金分为防锈铝、硬铝、超硬铝和锻造铝等。它们的供应状态是具有各种规格的型材、板材、线材和管材等。防锈铝具有良好的塑性和耐腐蚀性,可用于制造油箱、油管、铆钉及窗框、餐具等结构件。硬铝及超硬铝经过热处理后可以获得较高的硬度和强度,可用于制造螺旋桨、叶片、飞机大梁、起落架和桁架等高强度结构件。锻造铝具有良好的热塑性,可用于制造复杂的大型锻件。

2. 铸造铝合金

依据化学成分,铸造铝合金可分为铝硅铸造合金(如 ZL101、ZL102),铝铜铸造合金(如 ZL201、ZL203)和铝镁铸造合金(如 ZL301)等。铸造铝合金具有良好的铸造性能,适宜于铸造成形,可用于生产形状复杂的零件。常用于制造电动机壳体、气缸体、油泵壳体、内燃机活塞及仪器、仪表零件等。

1.7.2 铜及其合金

纯铜呈紫红色,具有良好的塑性、导电性、导热性、耐腐蚀性及抗磁性,广泛用于制造导电材料及防磁器械等。我国工业纯铜加工产品的代号有 T1、T2、T3 三种。顺序号越大,纯度越低。

铜合金按化学成分可分为黄铜、青铜、白铜三大类。铜与镍组成的合金称为白铜,它是工业铜合金中耐腐蚀性能最优者,是应用于海水冷凝管的理想材料,而黄铜和青铜在工业中应用最广泛。

1. 黄铜

黄铜是以锌为主要合金元素的铜锌合金。它具有良好的耐腐蚀性和加工工艺性,但在中性、弱酸性介质中,因锌易溶解而产生腐蚀。

根据化学成分和加工方法的不同,黄铜又可分为普通黄铜、特殊黄铜和铸造黄铜等。普通黄铜牌号如 H70、H62、H58,数字表示铜的百分含量,常用于制造弹壳、冷凝器管、弹簧、垫圈、螺钉和螺母等;特殊黄铜牌号如 HPb59-1,常用于制造高强度及化学性能稳定的零件;铸造黄铜牌号如 ZCuZn38、ZCuZn33Pb2 等,常用于铸造机械、热压轧制零件及轴承、轴套等。

2. 青铜

工业上把以锡、铝、铍、锰、铅等为主要元素的铜合金称为青铜。根据化学成分,青铜可分为锡青铜(QSn4-3、ZCuSn10P1),铝青铜(QA19-4、ZCuA110Fe3)和铍青铜(QBe2)等。锡青铜是我国历史上最早使用的有色合金,也是最常用的有色合金之一,在大气、海水和无机盐类溶液中有极好耐腐蚀性,同时还具有良好的耐磨性,常用于制造泵、齿轮、蜗轮及耐磨轴承等;铝青铜具有强度高、耐腐蚀性好、铸造性能优良等特点,用于制造弹性零件及耐腐蚀、耐磨件等;铍青铜不仅强度高、弹性好,而且耐蚀、耐热、耐磨等性能较好,主要用于制造精密仪器、仪表的弹性元件和耐磨零件等。

3. 粉末冶金材料

粉末冶金材料是由几种金属粉末与非金属粉末经混合、压制成形和烧结而获得的材料。用粉末冶金方法制造的零件可以不切削或少切削,从而节约金属,降低能耗和生产成本。粉末冶金材料的应用非常广泛。

机械工业中常用的粉末冶金材料有硬质合金和烧结减摩材料。

(1)硬质合金

硬质合金是以碳化钨或碳化钨与碳化钛等高熔点、高硬度的碳化物为基体,并加入钴作为黏结剂的一种粉末冶金材料。

硬质合金不能进行锻造和切削加工,也不需要热处理,其硬度很高(可达 86~93 HRC),并且具有很高的耐热性,故硬质合金制成的刀具比高速工具钢刀具有更高的切削速度。

常用的硬质合金按其成分可分为三类:钨钴类硬质合金、钨钛钴类硬质合金和钨钛钽类硬质合金。

① 钨钴类(YG)。其主要成分为碳化钨(WC)和钴(Co)。这类硬质合金的韧性好,但硬度和耐磨性较差,适用于制作切削铸铁、青铜等脆性材料的刀具。代号:K01、K05、K10、K20。

② 钨钴钛类(YT)。其主要成分为碳化钨(WC)、碳化钛(TiC)和钴(Co)。这类硬质合金的硬度和耐磨性高,但韧性差,加工钢材时刀具表面能形成一层氧化钛薄膜,使切屑不易黏附,适用于制作切削弹塑性材料(如钢等)的刀具。代号:P30、P20、P10。

③ 钨钛钽类(YW)。这类合金也称万能硬质合金。其成分为在钨钴钛类硬质合金中加入碳化钽(TaC)以取代部分碳化钛(TiC),主要用于制造切削高锰钢、不锈钢、耐热钢等难加工材料的刀具。代号:M10、M20。

(2)烧结减摩材料

常用的烧结减摩材料多为多孔轴承材料,主要用于制造滑动轴承。这类零件压制成形以后浸入润滑油中,其空隙可吸附大量的润滑油,从而达到减摩及润滑作用。

习 题 与 思 考 题

1-1 什么是应力？什么是应变？

1-2 布氏硬度和洛氏硬度各有什么优缺点？下列材料或零件通常采用哪种方法检查其硬度？

库存钢材 硬质合金刀头 锻件 台虎钳钳口

1-3 下列符号所表示的力学性能指标名称和含义是什么？

σ_b σ_s $\sigma_{0.2}$ σ_{-1} δ a_k HRC HBW

1-4 金属的晶粒粗细对其力学性能有什么影响？细化晶粒的途径有哪些？

1-5 什么是同素异构转变？室温和 1100 ℃时的纯铁晶格有何不同？

1-6 试绘简化的铁碳合金状态图钢的部分，标出各特性点和符号，填写各区组织名称。

1-7 分析在缓慢冷却的条件下，亚共析钢和过共析钢的结晶过程和室温组织。

1-8 什么是退火？什么是正火？它们的特点和用途有何不同？

1-9 亚共析钢的淬火温度该如何选择？温度过高或过低有何弊端？

1-10 钢在淬火后为什么应立即回火？三种回火的用途有何不同？

1-11 钢锉、汽车大弹簧、车床主轴、发动机缸盖螺钉的最终热处理有何不同？

1-12 下列牌号钢各属于哪类钢？试说明牌号中数字和符号的含义。

15 40 Q195 Q345 CrWMn 40Cr 60Si2Mn

1-13 比较碳素工具钢和合金工具钢，它们的适用场合有何不同？

1-14 仓库中混存三种相同规格的 20 钢、45 钢和 T10 圆钢，请提出一种最为简便的区分方法。

1-15 下列产品该选用哪些钢号？宜采用哪些热处理工艺？

汽车板簧 台钳钳口 坦克履带板 自行车轴挡

1-16 说明纯铝及铝合金的种类、性能及用途。

1-17 说明纯铜的牌号、性能及用途。

1-18 说明铜合金的种类、性能及用途。

第2章 材料成形技术基础

本章介绍了金属液态成形、金属塑性成形、金属焊接成形和非金属材料的成形技术知识。金属液态成形主要介绍以砂型铸造为主的多种液态成形工艺方法；与砂型铸造相关的造型材料及工艺的主要内容。金属塑性成形以锻造成形及冲压成形工艺为主，介绍了金属塑性成形工艺，以及相关的工艺设计方法。金属焊接成形分别从焊接原理、方法、结构及焊接设备的角度介绍了与焊接工艺设计相关的要点问题。非金属材料成形技术主要介绍了高分子材料、陶瓷材料及复合材料的性能特点和成形方法。

2.1 铸 造

将液态金属浇注到铸型中，待其冷却凝固，以获得一定形状、尺寸和性能的毛坯或零件的成形方法，称为铸造。

铸造是历史悠久的金属成形方法之一，直到今天仍然是毛坯生产的主要方法。在机器设备中铸件所占比例很大，如在机床、内燃机中，铸件占总质量的 $70\%\sim90\%$，在压力机中占 $60\%\sim80\%$，在拖拉机中占 $50\%\sim70\%$，在农业机械中占 $40\%\sim70\%$。铸造之所以获得如此广泛的应用，是由于它有如下优越性：

(1)可制成形状复杂、特别是具有复杂内腔的毛坯，如箱体、气缸体等。

(2)适应范围广。如工业上常用的金属材料(碳素钢、合金钢、铸铁、铜合金、铝合金等)件都可铸造成形。铸件的大小几乎不限，从几克到数百吨；铸件的壁厚可由 1 mm 到 1 m；铸造的批量不限，可从单件小批，直到大量生产。

(3)铸造不仅可直接利用成本低廉的废机件和切屑，而且设备费用较低。同时，铸件毛坯上要求的机械加工余量小，节省金属，减少机械加工量，从而降低制造成本。

在铸造生产中，最基本的工艺方法是砂型铸造，用这种方法生产的铸件占总产量的90%以上。此外，还有多种特种铸造方法，如熔模铸造、消失模铸造、金属型铸造、压力铸造、离心铸造等，它们在不同条件下各有其优势。

2.1.1 铸造工艺基础

铸造生产中，获得优质铸件是最基本的要求。所谓优质铸件是指铸件的轮廓清晰、尺寸准确、表面光洁、组织致密、力学性能合格,没有超出技术要求的铸造缺陷等。由于铸造的工序繁多,影响铸件质量的因素繁杂,难以综合控制,因此铸造缺陷难以完全避免,废品率较其他加工方法高。同时,许多铸造缺陷隐藏在铸件内部,难以被发现和修补,有些则是在机械加工时才暴露出来,这不仅浪费机械加工工时、增加制造成本,有时还延误整个生产过程的完成。因此,控制铸件质量,降低废品率是非常重要的。铸造缺陷的产生不仅取决于铸型工艺,还与铸件结构、合金铸造性能、熔炼、浇注等密切相关。

合金铸造性能是指合金在铸造成形时获得外形准确、内部健全铸件的能力。主要包括合金的流动性、凝固特性、收缩性、吸气性等,它们对铸件质量有很大影响。依据合金铸造性能特点,采取必要的工艺措施,对于获得优质铸件有着重要意义。本章对与合金铸造性能有关的铸造缺陷的形成与防止进行分析,为阐述铸造工艺奠定基础。

1. 液态合金的充型

液态合金填充铸型的过程,简称充型。液态合金充满铸型型腔,获得形状准确、轮廓清晰铸件的能力,称为液态合金的充型能力。在液态合金的充型过程中,有时伴随着结晶现象,若充型能力不足,在型腔被填满之前,形成的晶粒将充型的通道堵塞,金属液被迫停止流动,于是铸件将产生浇不足或冷隔等缺陷。影响充型能力的主要因素如下:

1)合金的流动性

液态合金本身的流动能力,称为合金的流动性,是合金主要铸造性能之一。合金的流动性愈好,充型能力愈强,愈便于浇铸出轮廓清晰、薄而复杂的铸件。同时,有利于非金属夹杂物和气体的上浮与排除,还有利于对于合金冷凝过程所产生的收缩进行补缩。

液态合金的流动性通常以"螺旋形试样"(图2-1)长度来衡量。显然,在相同的浇注条件下,浇出的试样愈长,合金的流动性愈好。试验得知,在常用铸造合金中,灰铸铁、硅黄铜的流动性最好,铸钢的流动性最差。

影响合金流动性的因素很多,但以化学成分的影响最为显著。纯金属和共晶成分合金的结晶是在恒温下进行的,此时,液态合金从表层逐层向中心凝固,由于已结晶的固体层内表面比较光滑,对金属液的流动阻力小,故流动性最好。其他成分合金是在一定温度范围内逐步凝固的,此时结晶在一定宽度的凝固区内同时进行,由于初生的树枝状晶

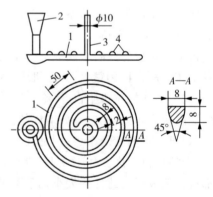

图 2-1 螺旋形试样
1—试样铸件;2—浇口;
3—出气口;4—试样凸点

体使固体层内表面粗糙,因此合金的流动性变差。显然,合金成分愈远离共晶点,结晶温度范围愈宽,流动性愈差。图2-2所示为铁碳合金的流动性与碳质量分数的关系。由图可见,亚共晶铸铁随碳质量分数的增加,结晶温度范围减小,流动性提高。

2)浇注条件

(1)浇注温度

浇注温度对合金充型能力有着决定性影响。浇注温度愈高,合金的黏度下降,且因过热

度高,合金在铸型中保持流动的时间长,故充型能力强;反之,充型能力差。

鉴于合金的充型能力随浇注温度的提高呈直线上升,因此,对薄壁铸件或流动性较差的合金可适当提高其浇注温度,以防止浇不足或冷隔缺陷。但浇注温度过高,铸件容易产生缩孔、缩松粘砂、析出性气孔、粗晶等缺陷,故在保证充型能力足够的前提下,浇注温度不宜过高。

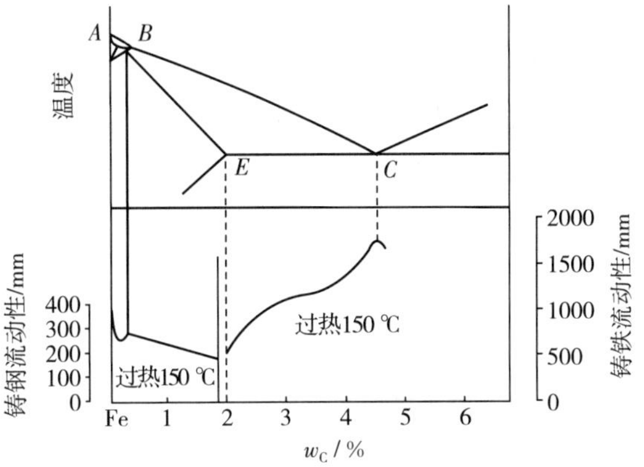

图 2-2　铁碳合金流动性与碳质量分数的关系

(2)充型压力

砂型铸造时,提高直浇道高度,使液态合金压力加大,充型能力可改善。压力铸造、低压铸造和离心铸造时,因充型压力提高甚多,故充型能力强。

(3)铸型填充条件

液态合金充型时,铸型阻力将影响合金的流动速度,而铸型与合金间的热交换又将影响合金保持流动的时间,因此如下因素对充型能力均有显著影响:

① 铸型材料　其导热系数愈大,对液态合金的激冷能力愈强,合金的充型能力就愈差。如金属型铸造较砂型铸造容易产生浇不足和冷隔缺陷。

② 铸型温度　金属型铸造、压力铸造和熔模铸造时,铸型被预热到数百摄氏度,由于减缓了金属液的冷却速度,充型能力显著提高。

③ 铸型中的气体　充型过程也就是液体金属排除型腔中气体的过程。同时,在金属液的热作用下,铸型(尤其是砂型)将产生大量气体,如果铸型的排气能力差,型腔中的气压将增大,以致阻碍液态合金的充型。为了减小气体的压力,除应设法减少气体的来源外,应使铸型具有良好的透气性,并在远离浇道的最高部位开设出气口。

④ 铸件结构　铸件结构复杂,如铸件的壁厚过薄或有大的水平面时,都会使金属液的流动困难。表 2-1 为砂型铸件允许的最小壁厚,在设计铸件时,铸件的壁厚应大于表中规定的最小壁厚值,以防缺陷的产生。

表 2-1　砂型铸件的最小允许壁厚　（单位:mm）

铸件轮廓尺寸	铸造碳钢	灰铸铁	球墨铸铁	可锻铸铁	铝合金	铜合金
<200	5	3~4	3~4	3.5~4.5	3~5	3~5
≥200~400	6	4~5	4~5	4~5.5	5~6	6~8
≥400~800	8	5~6	8~10	5~8	6~8	—
≥800~1250	12	6~8	10~12	—	—	—

2. 铸件的凝固与收缩

浇入铸型中的金属液在冷凝过程中,其液态收缩和凝固收缩若得不到补充,铸件将产生缩孔或缩松缺陷。为防止上述缺陷,必须合理地控制铸件的凝固过程。

1)铸件的凝固方式

在铸件的凝固过程中,其断面上一般存在三个区域,即固相区、凝固区和液相区。其中,对铸件质量影响较大的主要是液相和固相并存的凝固区。铸件的"凝固方式"就是依据凝固区的宽窄来划分的,如图 2-3(c)中 S 所示。

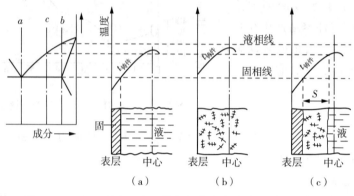

图 2-3 铸件的凝固方式

(1)逐层凝固

纯金属或共晶成分合金在凝固过程中因不存在液、固相并存的凝固区,如图 2-3(a)所示,故断面上外层的固体和内层的液体由一条界线(凝固前沿)清楚地分开。随着温度的下降,固体层不断加厚、液体层不断减少,直达铸件的中心,这种凝固方式称为逐层凝固。

(2)糊状凝固

如果合金的结晶温度范围很宽,且铸件的温度分布较为平坦,则在凝固的某段时间内,铸件表面并不存在固体层,而液、固并存的凝固区贯穿整个断面,如图 2-3(b)所示。由于这种凝固方式与水泥类似,即先呈糊状而后固化,故称糊状凝固。

(3)中间凝固

大多数合金的凝固介于逐层凝固和糊状凝固之间,如图 2-3(c)所示,称为中间凝固方式。

铸件质量与其凝固方式密切相关。一般说来,逐层凝固时,合金的充型能力强,便于防止缩孔和缩松;糊状凝固时,难以获得结晶紧实的铸件。在常用合金中,灰铸铁、铝硅合金等倾向于逐层凝固,易于获得紧实铸件;球墨铸铁、锡青铜、铝铜合金等倾向于糊状凝固,为获得紧实铸件常需采用适当的工艺措施,以便补缩或减小其凝固区域。

2)铸造合金的收缩

合金从浇注、凝固直至冷却到室温过程中,其体积或尺寸缩减的现象,称为收缩。收缩是合金的物理本性。收缩给铸造工艺带来许多困难,是多种铸造缺陷(如缩孔、缩松、裂纹、变形等)产生的根源。为使铸件的形状、尺寸符合技术要求且组织致密,必须研究收缩的规律性。

合金的收缩经历如下三个阶段:

(1)液态收缩

液态收缩是从浇注温度到凝固开始温度(即液相线温度)间的收缩。

（2）凝固收缩

凝固收缩是从凝固开始温度到凝固终止温度（即固相线温度）间的收缩。

（3）固态收缩

固态收缩是从凝固终止温度到室温间的收缩。

合金的液态收缩和凝固收缩表现为合金体积的缩减，常用单位体积收缩量（即体积收缩率）来表示。合金的固态收缩不仅引起合金体积上的缩减，同时，更明显地表现在铸件尺寸上的缩减，因此固态收缩常用单位长度上的收缩量（即线收缩率）来表示。

不同合金的收缩率不同。表 2-2 所列为几种铁碳合金的体积收缩率。

表 2-2　几种铁碳合金的体积收缩率

合金种类	碳质量分数/%	浇注温度/℃	液态收缩/%	凝固收缩/%	固态收缩/%	总体积收缩/%
铸造碳钢	0.35	1610	1.6	3	7.8	12.4
白口铸铁	3.00	1400	2.4	4.2	5.4～6.3	12～12.9
灰铸铁	3.50	1400	3.5	0.1	3.3～4.2	6.9～7.8

铸件的实际收缩率与其化学成分、浇注温度、铸件结构和铸型条件有关。

3）铸件中的缩孔与缩松

（1）缩孔与缩松的形成

液态合金在冷凝过程中，若其液态收缩和凝固收缩所缩减的容积得不到补足，则会在铸件最后凝固的部位形成一些孔洞。按照孔洞的大小和分布，可将其分为缩孔和缩松两类。

① 缩孔　它是集中在铸件上部或最后凝固部位容积较大的孔洞。缩孔多呈倒圆锥形，内表面粗糙，通常隐藏在铸件的内层，但在某些情况下，可暴露在铸件的上表面，呈明显的凹坑。为便于分析缩孔的形成，现假设铸件逐层凝固，其形成过程如图 2-4 所示。液态合金填满铸型型腔后，如图 2-4(a) 所示，由于铸型的吸热，靠近型腔表面的金属很快凝结成一层外壳，而内部仍然是高于凝固温度的液体，如图 2-4(b) 所示。温度继续下降、外壳加厚，但内部液体因液态收缩和补充凝固层凝固收缩，体积缩减、液面下降，使铸件内部出现了空隙，如图 2-4(c) 所示。直到内部完全凝固，在铸件上部形成了缩孔，如图 2-4(d) 所示。已经产生缩孔的铸件继续冷却到室温时，因固态收缩使铸件的外廓尺寸略有缩小，如图 2-4(e) 所示。

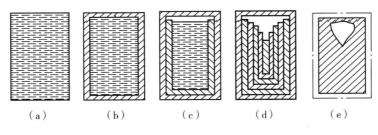

（a）　　　　（b）　　　　（c）　　　　（d）　　　　（e）

图 2-4　缩孔形成过程示意图

总之，合金的液态收缩和凝固收缩愈大，浇注温度愈高，铸件愈厚，缩孔的容积愈大。

② 缩松　分散在铸件某区域内的细小缩孔，称为缩松。当缩松与缩孔的容积相同时，

缩松的分布面积要比缩孔大得多。缩松的形成原因也是铸件最后凝固区域的收缩未能得到补足，或者是合金呈糊状凝固，导致被树枝状晶体分隔开的小液体区难以得到补缩。

缩松分为宏观缩松和显微缩松两种。宏观缩松是用肉眼或放大镜可以看出的小孔洞，多分布在铸件中心轴线处或缩孔的下方（图2-5）。显微缩松是分布在晶粒之间的微小孔洞，要用显微镜才能观察出来，这种缩松的分布更为广泛，有时遍及整个截面。

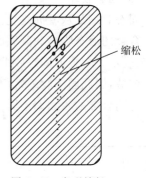

图2-5　宏观缩松

不同铸造合金的缩孔和缩松的倾向不同。逐层凝固合金（纯金属共晶合金或结晶温度范围窄的合金）的缩孔倾向大，缩松倾向小；反之，糊状凝固的合金缩孔倾向虽小，但极易产生缩松。

（2）缩孔和缩松的防止

缩孔和缩松都使铸件的力学性能下降，缩松还可使铸件因渗漏而报废。因此，必须依据技术要求，采取适当的工艺措施予以防止。实践证明，只要能使铸件实现"顺序凝固"，尽管合金的收缩较大，也可获得没有缩孔的致密铸件。

所谓顺序凝固就是在铸件上可能出现缩孔的厚大部位通过安放冒口等工艺措施，使铸件远离冒口的部位（图2-6中Ⅰ）先凝固；然后是靠近冒口部位（图2-6中Ⅱ、Ⅲ）凝固；最后才是冒口本身的凝固。按照这样的凝固顺序，先凝固部位的收缩，由后凝固部位的金属液来补充；后凝固部位的收缩，由冒口中的金属液来补充，从而使铸件各个部位的收缩均能得到补充，而将缩孔转移到冒口之中。冒口是多余部分，在铸件清理时予以切除。

为了使铸件实现顺序凝固，在安放冒口的同时，还可在铸件上某些厚大部位增设冷铁。图2-7所示铸件的金属局部聚集部位不止一个，若仅靠顶部冒口难以向底部凸台补缩，为此，在该凸台的型壁上安放了两个冷铁。由于冷铁加快了该处的冷却速度，厚度较大的凸台反而最先凝固，由于实现了自下而上的顺序凝固，从而防止了凸台处缩孔、缩松的产生。可以看出，冷铁仅是加快了某些部位的冷却速度，以控制铸件的凝固顺序，但本身并不起补缩作用。冷铁通常用钢或铸铁制成。

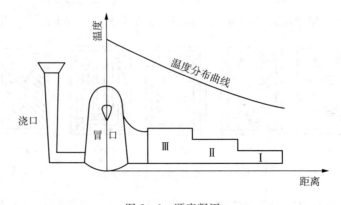

图2-6　顺序凝固

安放冒口和冷铁,实现顺序凝固,虽可有效地防止缩孔和宏观缩松,但却耗费了许多金属和工时,加大了铸件成本。同时,顺序凝固扩大了铸件各部分的温度差,促进了铸件的变形和裂纹倾向。因此,上述措施主要用于必须补缩的场合,如铝青铜、铝硅合金和铸钢件等。

必须指出,对于结晶温度范围较宽的合金,由于倾向于糊状凝固,结晶开始之后,发达的树状晶架布满了铸件整个截面,使冒口的补缩通路严重受阻,因而难以避免显微缩松的产生。显然,选用近共晶成分或结晶温度范围较窄的合金生产铸件是适宜的。

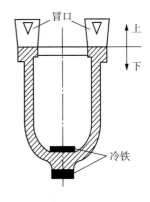

图 2-7 冷铁的应用

3. 铸造内应力、变形和裂纹

铸件在凝固之后的继续冷却过程中,其固态收缩若受到阻碍,铸件内部将产生内应力,这些内应力有时是在冷却过程中暂存的,有时则一直保留到室温,后者称为残余内应力。铸造内应力是铸件产生变形和裂纹的基本原因。

1)内应力的形成

按照内应力的产生原因,内应力可分为热应力和机械应力两种。

(1)热应力

它是由于铸件的壁厚不均匀、各部分的冷却速度不同,因此在同一时期内铸件各部分收缩不一致而引起的。为了分析热应力的形成,首先必须了解金属自高温冷却到室温时应力状态的改变。固态金属在再结晶温度(钢和铸铁为 $620\sim650\ ℃$)以上时,处于塑性状态。此时,在较小的应力下就可发生塑性变形,变形之后应力可自行消除。在再结晶温度以下的金属呈弹性状态,此时,在应力的作用下将发生弹性变形,而变形之后的应力继续存在。

下面用图 2-8(a)所示的框形铸件来分析热应力的形成。当铸件处于高温阶段(图中 $t_0\sim t_1$ 间),两杆均处于塑性状态,尽管两杆的冷却速度不同,收缩不一致,但瞬时的应力均可通过塑性变形而自行消失。继续冷却后,冷速较快的杆Ⅱ已进入弹性状态,而粗杆Ⅰ仍处于塑性状态(图中 $t_1\sim t_2$ 间)。由于细杆Ⅱ冷速快,收缩大于粗杆Ⅰ,因此细杆Ⅱ受拉伸、粗杆Ⅰ受压缩,如图 2-8(b)所示,形成了暂时内应力,但这个内应力随之便因粗杆Ⅰ的微量塑性变形(压短)而消失,如图 2-8(c)所示,Ⅰ、Ⅱ杆保持相同长度。再进一步冷却到更低温度时(图中 $t_2\sim t_3$),粗杆Ⅰ也处于弹性状态,但所处的温度不同。粗杆Ⅰ的温度较高,还将进行较大的收缩;而细杆Ⅱ的温度较低,收缩已趋停止。因此,粗杆Ⅰ的收缩必然受到细杆Ⅱ的强烈阻碍,于是细杆Ⅱ受压缩,粗杆Ⅰ受拉伸,直到室温,形成了残余内应力,如图 2-8(d)所示。由此可见,热应力使铸件的厚壁或心部受拉伸,薄壁或表层受压缩。铸件的壁厚差别愈大、合金线收缩率愈高、弹性模量愈大,产生的热应力愈大。

预防热应力的基本途径是尽量减少铸件各个部位间的温度差,使其均匀地冷却。为此可将浇道开在薄壁处,使薄壁处铸型在浇注过程中的升温较厚壁处高,因而可补偿薄壁处冷速快的现象。有时为加快厚壁处的冷速,还可在厚壁处安放冷铁(图 2-9)。采用同时凝固

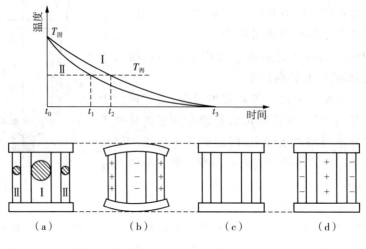

图 2-8　热应力的形成
＋表示拉应力；－表示压应力

原则可减少铸造内应力，防止铸件的变形和裂纹缺陷，又可免设冒口而省工省料。其缺点是铸件心部容易出现缩孔或缩松。同时凝固原则主要用于灰铸铁、锡青铜等，这是由于灰铸铁的缩孔、缩松倾向小；而锡青铜倾向于糊状凝固，采用顺序凝固也难以有效地消除其显微缩松缺陷。

（2）机械应力

它是因合金的固态收缩受到铸型或型芯的机械阻碍而形成的内应力，如图 2-10 所示。机械应力使铸件产生暂时性的正应力或剪切应力，这种内应力在铸件落砂之后便可自行消除。但它在铸件冷却过程中可与热应力共同起作用，增大了某些部位的应力，促进了铸件的裂纹倾向。

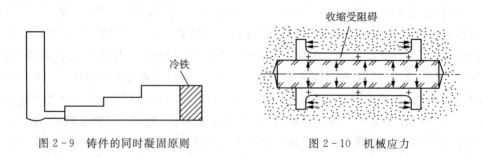

图 2-9　铸件的同时凝固原则　　　　　图 2-10　机械应力

2）铸件的变形与防止

具有残余内应力的铸件是不稳定的，它将自发地通过变形来减缓其内应力，以便趋于稳定状态。显然，只有原来受拉伸部分产生压缩变形、受压缩部分产生拉伸变形，才能使残余内应力减小或消除。图 2-11 所示为车床床身，其导轨部分因较厚而受拉伸，于是朝着导轨方向产生内凹。

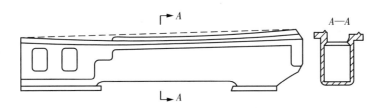

图 2-11 车床床身挠曲变形示意图

为防止铸件产生变形,除在设计铸件时尽可能使铸件的壁厚均匀、形状对称外,在铸造工艺上应采用同时凝固原则,以便冷却均匀。对于长而易变形的铸件,还可采用"反变形"工艺。反变形法是在统计铸件变形规律的基础上,在模样上预先作出相当于铸件变形量的"反变形量",以抵消铸件的变形。

实践证明,尽管变形后铸件的内应力有所减缓,但并未彻底去除,这样的铸件经机械加工之后,由于内应力的重新分布,还将缓慢地发生微量变形,使零件丧失了应有的精确度。为此,对于不允许发生变形的重要件必须进行时效处理。自然时效是将铸件置于露天场地半年以上,使其缓慢地发生变形,从而使内应力消除。人工时效是将铸件加热到 $550\sim650$ ℃进行去应力退火。时效处理宜在粗加工之后进行,以便将粗加工所产生的内应力一并消除。

3)铸件的裂纹与防止

当铸造内应力超过金属的强度极限时,铸件便将产生裂纹。裂纹是严重缺陷,多将使铸件报废。裂纹可分成热裂和冷裂两种。

(1)热裂

热裂是铸件在高温下形成的裂纹。其形状特征是缝隙宽、形状曲折,缝内表面呈氧化色。

试验证明,热裂是在合金凝固末期的高温下形成的。因为合金的线收缩在完全凝固之前便已开始,此时固态合金已形成完整的骨架,但晶粒之间还存有少量液体,故强度、塑性甚低,若机械应力超过了该温度下合金的强度,便发生热裂。形成热裂的主要影响因素如下:

① 合金性质 合金的结晶温度范围愈宽,液、固两相区的绝对收缩量愈大,合金的热裂倾向也愈大。灰铸铁和球墨铸铁热裂倾向小,铸钢、铸铝、可锻铸铁的热裂倾向大。此外钢铁中含硫量愈高,热裂倾向也愈大。

② 铸型阻力 铸型的退让性愈好,机械应力愈小,热裂倾向愈小。铸型的退让性与型砂、型芯砂的黏结剂种类密切相关,如采用有机黏结剂(如植物油、合成树脂等)配制的型芯砂,因高温强度低,退让性较黏土砂好。

(2)冷裂

冷裂是铸件在较低温下形成的裂纹。其形状特征是裂纹细小、呈连续直线状,有时缝内表面呈轻微氧化色。

冷裂常出现在形状复杂铸件的受拉伸部位,特别是应力集中处(如尖角、孔洞类缺陷附近)不同铸造合金的冷裂倾向不同。如塑性好的合金,可通过塑性变形使内应力自行缓解,故冷裂倾向小;反之,脆性大的合金(如灰铸铁)较易产生冷裂。

4. 铸件中的气孔

气孔是最常见的铸造缺陷,它是由于金属液中的气体未能排出,在铸件中形成气泡所致。气孔减少了铸件的有效截面积,造成局部应力集中,降低了铸件的力学性能。同时,一些气孔是在机械加工中才被发现的,这成为铸件报废的重要原因。按照气体的来源,铸件中的气孔主要分为:因金属原因形成的"析出性气孔"、因铸型原因形成的"浸入性气孔"、因金属与铸型发生相互化学作用形成的"反应性气孔"三种。

2.1.2 常用合金铸件

常用合金铸件包括铸铁件、铸钢件及铝合金、铜合金铸件。其牌号、特点和应用见表2-3。

1. 铸铁件生产

铸铁是极其重要的铸造合金,它是碳质量分数超过2.11%的铁碳合金。铸铁件大量用于制造机器设备,其产量占全部铸件总产量的80%左右。

机械制造中广泛应用的铸铁中的碳主要是以石墨状态存在的。铸铁中的石墨一般呈片状,经过不同的处理,石墨还可以呈团絮状、球状、蠕虫状等,使铸铁获得不同的性能。因此,常用的铸铁为灰铸铁、可锻铸铁、球墨铸铁、蠕墨铸铁等。

(1)灰铸铁

灰铸铁是指具有片状石墨的铸铁,是应用最广的铸铁,其产量占铸铁总产量的80%以上。

灰铸铁的显微组织由金属基体(铁素体和珠光体)和片状石墨所组成(图2-12),相当于在纯铁或钢的基体上嵌入了大量石墨片。石墨的强度、硬度、塑性极低,因此可将灰铸铁视为布满细小裂纹的纯铁或钢。由于石墨的存在,减少了承载的有效面积,石墨的尖角处还会引起应力集中,因此,灰铸

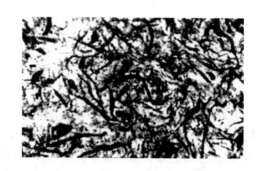

图2-12 灰铸铁的显微组织

铁的抗拉强度低,塑性、韧性差,通常仅120～250 MPa,δ、α_k接近于零。显然,石墨愈多、愈粗大、分布愈不均,其力学性能愈差。必须看到,灰铸铁的抗压强度受石墨的影响较小,并与钢相近,这对于灰铸铁的合理应用甚为重要。

由于灰铸铁属于脆性材料,因此不能对其进行锻造和冲压。灰铸铁的焊接性能很差,焊接区容易出现白口组织,裂纹的倾向较大。

(2)可锻铸铁

可锻铸铁又称玛铁或玛钢,是将白口铸铁坯件经石墨化退火而成的一种铸铁。由于其石墨呈团絮状,大大减轻了对金属基体的割裂作用,因此抗拉强度得到了显著提高,如σ_b一般达300～400 MPa,最高可达700 MPa。

这种铸铁有着相当高的塑性与韧性($\delta \leqslant 12\%$,$\alpha_k \leqslant 30$ J/cm²),可锻铸铁就是因此而得名

的,但其实它并不能真的用于锻造。

按照退火方法的不同,可锻铸铁可分为黑心可锻铸铁(图 2-13)、珠光体可锻铸铁和白心可锻铸铁三种,其中以黑心可锻铸铁在我国最为常用。

(3)球墨铸铁

球墨铸铁是向出炉的铁液中加入球化剂和孕育剂而得到的球状石墨铸铁。

球墨铸铁石墨呈球状(图 2-14),使石墨对金属基体的割裂作用进一步减轻,其基体强度利用率可达 70%~90%,而灰铸铁仅 30%~50%,故球墨铸铁强度和韧性远远超过灰铸铁,并可与钢媲美。如抗拉强度一般为 400~600 MPa,最高可达 900 MPa;伸长率一般为2%~10%,最高可达 18%。球墨铸铁可通过退火、正火、调质、高频淬火、等温淬火等热处理使基体形成不同组织,如铁素体、珠光体及其他淬火、回火组织,从而进一步改善其性能。此外,球墨铸铁还兼有接近灰铸铁的优良铸造性能。

(4)蠕墨铸铁

蠕墨铸铁是近几十年发展起来的一种新型铸铁。由于其石墨呈短片状,片端钝而圆,类似蠕虫,故而得名。图 2-15 所示的图片为以珠光体(黑色)和少量铁素体(白色)构成的基体,而短片为蠕虫状石墨。

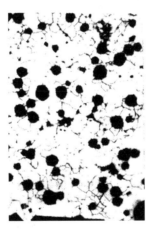
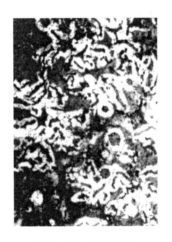

　图 2-13　黑心可锻铸铁　　　　　图 2-14　球墨铸铁　　　　　图 2-15　蠕墨铸铁

蠕墨铸铁的石墨形状是介于片状和球状之间的过渡组织,所以其力学性能也介于基体相同的灰铸铁和球墨铸铁之间。由于其石墨仍然是互相连接的,故强度和韧性低于球墨铸铁,但抗拉强度优于灰铸铁,并且具有一定的塑性和韧性。如 σ_b 为 260~420 MPa、$\sigma_{0.2}$ 为195~335 MPa、δ 为 0.75%~3.0%。

2. 铸钢件生产

铸钢也是一种重要的铸造合金,它的年产量仅次于灰铸铁,约为球墨铸铁和可锻铸铁年产量的总和。

按照化学成分,铸钢可分为铸造碳钢和铸造合金钢两大类,其中铸造碳钢应用较广,约占铸钢件总产量的 80% 以上。

钢的浇注温度高、流动性差,钢液易氧化和吸气,同时,其体积收缩率约为灰铸铁的2～3倍。因此,铸造性能差,容易产生浇不足、气孔、缩孔、缩松、热裂、粘砂等缺陷。为防止上述缺陷的产生,必须在工艺上采取相应的措施。

钢的铸造工艺复杂,要求严格。同时,冒口要消耗大量钢液,常占浇入钢液的25%～60%,这些都使铸件成本增加。暗冒口比明冒口散热慢、补缩效率高、节省钢液,常用于大批生产。

3. 铜、铝合金铸件生产

铜、铝合金具有优良的物理性能和化学性能,因此也常用来制造铸件。

(1)铸造铜合金

纯铜俗称紫铜,其导电性、导热性、耐腐蚀性及塑性均优,但强度、硬度低,且价格较高,因此极少用它来制造零件。机械上广泛应用的是铜合金。

黄铜是以锌为主加元素的铜合金。随着含锌量增加,合金的强度和塑性显著提高,但超过47%之后其力学性能将显著下降,故黄铜的含锌量小于47%。铸造黄铜除含锌外,还常含有硅、锰、铝、铅等合金元素。铸造黄铜的力学性能多比青铜高,而价格却较青铜低。

铜与锌以外的元素所组成的铜合金统称为青铜。铜和锡的合金是最普通的青铜,称为锡青铜,是我国历史最为悠久的铸造合金。锡青铜的耐磨性及耐腐蚀性优于黄铜。锡青铜的线收缩率低,不易产生缩孔,但容易产生显微缩松。锡青铜中常加入锌、铅等元素,以提高铸件的致密性、耐磨性,并节省锡用量,有时还加入磷以便脱氧。

(2)铸造铝合金

铝合金的密度小,熔点低,导电性、导热性和耐腐蚀性优良,切削加工性很好,因此也常用来制造铸件。

表 2 - 3　常用合金铸件的牌号、特点和应用

合金铸件类型	分类	牌号	含义	特点	应用
铸铁件	灰铸铁	HT100 HT150 HT200 HT250 等	"HT"代表灰铸铁,后面的三位数字表示其最低抗拉强度值	流动性好,冷却时收缩率小,强度、塑性、韧性差。具优良的减振性,耐磨性好,缺口敏感性小,切削加工性能好。焊接性能差	机械制造中一般铸件;运输机械中薄壁缸体;承受中等载荷的铸件;承受高负荷,耐磨和高气密性的重要铸件
	可锻铸铁	KTH300 - 06 KTH330 - 08 KTH350 - 10 KTH370 - 12 等	"KTH"表示黑心可锻铸铁,后面用两组数字分别表示其最低抗拉强度和伸长率	铸造性能比灰铸铁差,比铸钢好。耐腐蚀性好,加工性能良好。冲击韧性比灰铸铁高3～4倍	可锻铸铁通常用于制造形状复杂、承受冲击载荷的薄壁小件

（续表）

合金铸件类型	分类	牌号	含义	特点	应用
铸铁件	球墨铸铁	QT400－18 QT400－15 QT500－7 QT700－2 QT900－2 等	QT 表示"球铁"，后面两组数字分别表示其最低抗拉强度和伸长率	铸造性能比灰铸铁差。切削加工性能好。强度和韧性可与钢媲美。耐磨、耐热、耐腐蚀性好	承受冲击、振动的零件。负荷大、受力复杂的零件。高强度齿轮
	蠕墨铸铁	RuT300 RuT350 RuT400 RuT450 RuT500 等	"RuT"表示蠕墨铸铁，后面的三位数字表示其最低抗拉值	蠕墨铸铁耐磨性优于灰铸铁，导热性、耐热疲劳性高于球墨铸铁，其气密性优于灰铸铁	代替高强度灰铸铁，用来制造重型机床、大型柴油机的机体、缸盖，也用于制造耐热疲劳的钢锭模及要求气密性的阀体等
铸钢件	铸造碳钢	ZG230－450 ZG270－500 ZG310－570 等	"ZG"表示铸钢，后面两组数字分别表示钢的屈服强度和抗拉强度最低值	铸钢不仅比铸铁强度高，并有优良的塑性和韧性。铸钢较球墨铸铁质量易控制。铸钢的焊接性能好，因此铸钢在重型机械制造中甚为重要	受力不大、要求韧性高的零件；受力复杂的零件，如连杆、曲轴、联轴器等；受力较大的耐磨零件
	铸造合金钢	ZG1Cr18Ni9 ZG40Mn ZG40Cr 等	"ZG"表示铸钢，合金元素含量以化学元素及其含量的百分比数字表示	钢的浇注温度高、流动性差，铸造性能差。铸钢件铸态晶粒粗大，塑性和韧性不够高	用来制造耐酸泵等石油、化工用机器设备
铸造铜合金	青铜	ZCuSn10P1 ZCuAl10Fe3 等	"ZCu"表示铸造铜合金，数字表示合金元素的百分比数字，余量为铜	极好耐腐蚀性，同时还具有良好的耐磨性；但铸造性、导热性较差	制造泵、齿轮、蜗轮及耐磨轴承等
	黄铜	ZCuZn38 ZCuZn33Pb2 等	"ZCu"表示铸造铜合金，数字表示合金元素的百分比数字，余量为铜	良好的耐腐蚀性和加工工艺性，但在中性、弱酸性介质中，因锌易溶解而产生腐蚀	铸造黄铜常用于制造一般用途的轴瓦、衬套、齿轮等耐磨件和阀门等耐蚀件

2.1.3　砂型铸造

砂型铸造是传统的铸造方法,适用于各种形状、大小、批量及各种合金铸件的生产。掌握砂型铸造是合理选择铸造方法和正确设计铸件的基础。

砂型铸造就是将熔化的金属浇入砂型型腔中,经冷却、凝固后,获得铸件的方法。当从砂型中取出铸件时,砂型便被破坏,故又称一次性铸造,俗称翻砂。

砂型铸造是应用最广的铸造方法。

图 2-16 所示为套筒的砂型铸造过程。其主要工序为:制作模样及型芯盒,配制型砂、芯砂,造型、造芯及合箱,熔化与浇注,铸件的清理与检查等。

模样及型芯箱的尺寸、形状应根据铸件而定。模样、铸件、零件三者是不同的。在尺寸上,铸件等于零件尺寸再加上机械加工余量,模样等于铸件尺寸加收缩量(液态金属凝固时的收缩);在形状上,铸件与模样必须有拔模斜度(便于起模)、铸造圆角(便于造型、避免崩砂);当铸件上有孔时,模样上有型芯头,以便型芯的定位与固定。

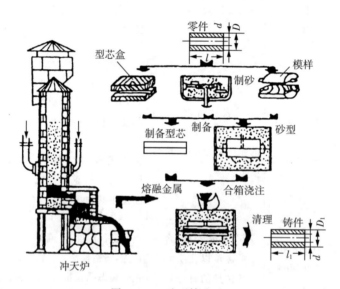

图 2-16　砂型铸造过程

1. 型砂

在造型过程中,型砂在外力作用下成形并达到一定的紧实度或密度而成为砂型。型砂的质量直接影响着铸件的质量,型砂质量不好会使铸件产生气孔、砂眼、粘砂和夹砂等缺陷,这些缺陷造成的废品约占铸件总废品的 50% 以上。中、小铸件广泛采用湿砂型(不经烘干可直接浇注的砂型)铸造,大铸件则用干砂型(经过烘干的砂型)铸造。

1)湿型砂的组成

湿型砂是由原砂、黏结剂和附加物等按一定比例配合,经过混制成为符合造型要求的混合物。原砂是骨干材料,占型砂总质量的 82%～99%;黏结剂起黏结砂粒的作用,以黏结薄膜形式包覆砂粒,使型砂具有必要的强度和韧性;附加物是为了改善型砂所需要的性能,或为了抑制型砂不希望有的性能而加入的物质。砂粒之间的空隙起透气作用。

2)对湿型砂的性能要求

高质量型砂应当具有为铸造出高质量铸件所必备的各种性能。直接影响铸件质量和造型工艺的湿型砂性能有湿态强度、透气性、耐火度、退让性、溃散性、水分干湿程度、紧实率、流动性、韧性等。

(1)湿态强度

型砂必须具备一定的强度以承受各种外力的作用。如果强度不足,在起模、搬动砂型、下芯、合箱等过程中,铸型有可能破损塌落;浇注时铸型可能承受不住金属液的冲刷和冲击,冲坏砂型而造成砂眼缺陷。但是,型砂强度也不宜过高,因为高强度的型砂需要加入更多的黏土,不但增加了水分和降低了透气性,还会使铸件的生产成本增加,而且给混砂、紧实和落砂等工序带来困难。

(2)透气性

紧实的型砂能让气体通过而逸出的能力称为透气性。浇注时,在液体金属的热作用下,铸型产生大量气体,这些气体必须通过铸型排出去。如果型砂、砂芯不具备良好的排气能力,气体留在型砂内,浇注过程中就有可能发生呛火,使铸件产生气孔、浇不到等缺陷。但透气性太高会使型砂疏松,铸件易出现表面粗糙和机械粘砂现象。

(3)耐火度

耐火度是指型砂经受高温热作用的能力。耐火度主要取决于砂中二氧化硅(SiO_2)的质量分数,SiO_2质量分数越高,型砂耐火度越高。对于铸铁件,砂中 SiO_2 质量分数$\geqslant 90\%$就能满足要求。

(4)退让性

铸件凝固和冷却过程中产生收缩时,型砂能被压缩、退让的性能称为退让性。型砂退让性不足,会使铸件收缩受到阻碍,产生内应力和变形、裂纹等缺陷。对小砂型应避免舂得过紧,对大砂型,常在型(芯)砂中加入锯末、焦炭粒等材料以增加退让性。

(5)溃散性

溃散性是指型砂浇注后容易溃散的性能。溃散性好可以减少落砂和清砂的劳动量。溃散性与型砂配比及黏结剂种类有关。

(6)水分、最适宜的干湿程度和紧实率

为得到所需的湿态强度和韧性,湿型砂必须含有适量水分,太干或太湿均不适于造型,也难铸造出合格的铸件。因此,型砂的干湿程度必须保持在一个适宜的范围内。

2. 造型方法的选择

造型是砂型铸造最基本的工序,造型方法的选择,对铸件质量和成本有着重要的影响。

1)手工造型

(1)整模造型

对于形状简单、端部为平面且又是最大截面的铸件应采用整模造型,如图 2-17 所示。整模造型模样是整体的,型腔位于一个砂箱内,分型面是模样的一个平面,不会出现错箱缺陷,主要适用于形状简单、最大截面在端部且为平面的铸件,如轴承座、齿轮坯、罩、壳类零件等。

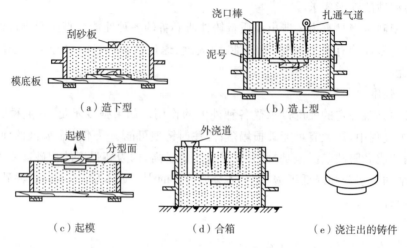

图 2-17 整模造型

（2）分模造型

在模样的最大截面处把模样分为两半，这样模样就分别位于上、下砂箱内，这种造型方法称为分模造型，如图 2-18 所示。分模造型时分模面（模样与模样间的接合面）与分型面位置相重合，型腔位于上、下两个砂箱内，造型方便，但制作模样较麻烦。分模造型广泛应用于最大截面在中部，形状比较复杂的铸件生产，如阀体、套类、管类等有孔铸件。

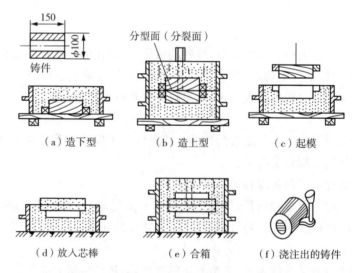

图 2-18 分模造型

（3）挖砂造型

当铸件的外部轮廓为曲面，最大截面不在端部，且模样又不宜分成两个时，应将模样做成整体，造型时挖掉妨碍取出模样的型砂部分，这种造型法称为挖砂造型，如图 2-19 所示。挖砂造型模样为整体模，分型面为曲面，造型麻烦，生产率低。挖砂造型只适用于生产单件小批、模样薄、分模后易损坏或变形的铸件。

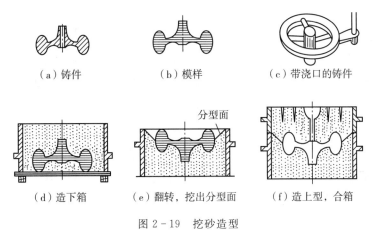

（a）铸件　　　（b）模样　　　（c）带浇口的铸件

分型面

（d）造下箱　　（e）翻转，挖出分型面　　（f）造上型，合箱

图 2-19　挖砂造型

（4）活块造型

将铸件上阻碍起模的部分（如凸台、筋条等）做成活块，用销子或燕尾结构使活块与模样主体形成可拆连接，起模时先取出模样主体，起模后再从侧面取出活块的造型方法称为活块造型，如图 2-20 所示。活块造型和制作模样都很麻烦，生产率低。主要用于生产单件小批量、带有突起部分的铸件。

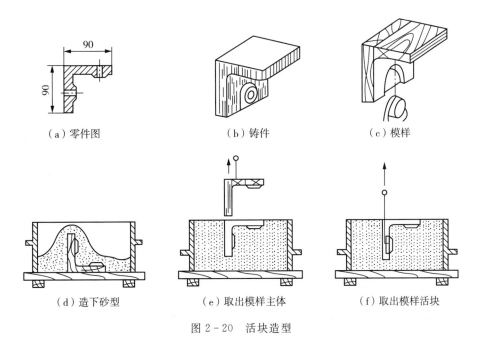

（a）零件图　　　　（b）铸件　　　　（c）模样

（d）造下砂型　　　（e）取出模样主体　　　（f）取出模样活块

图 2-20　活块造型

（5）三箱或多箱造型

如果铸件两端截面尺寸比中间部分大，单靠一个分型面无法起出全部模样的铸件，则可采用三箱或多箱造型，将铸型放在三个砂箱中，组合而成，如图 2-21 所示。三箱或多箱造型不仅可用于生产多个分型面的铸件，而且可用于高大而结构复杂的铸件。但是造型复杂，易错箱，生产率低。主要用于生产单件小批量、具有两个及以上分型面的铸件。

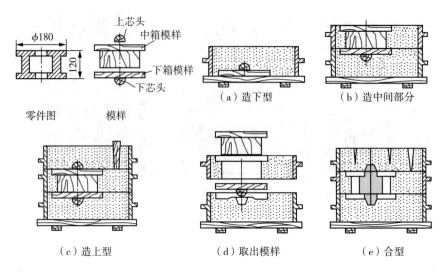

图 2-21　三箱造型

(6)假箱造型

挖砂造型每型都需手工挖砂,操作麻烦,生产效率低,当成批生产铸件时可以采用假箱造型,如图 2-22 所示。假箱造型是利用预先制好的半型当假箱,假箱作为底板,在底板上做下箱的方法,假箱本身不参与浇注。假箱造型可免去挖砂操作,分型面整齐,适用于形状较复杂铸件的批量生产。

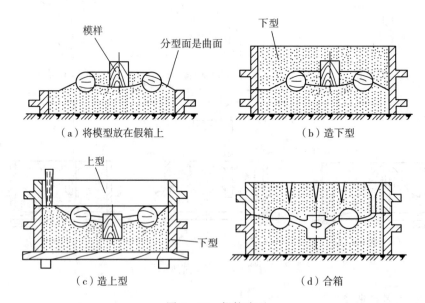

图 2-22　假箱造型

(7)刮板造型

造型时用一块与铸件截面形状相应的刮板(多用木材制成)来代替模样,在上、下砂箱中刮出所需铸件的型腔,如图 2-23 所示。刮板造型只需要刮板而不用模样,节省制模材料和工时,缩短了生产周期。但用这种方法造型时操作复杂,对人工技术要求较高,生产率较低。一般仅用于大、中型回转体铸件的单件、小批量生产。

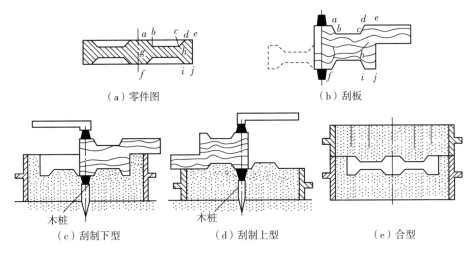

(a)零件图   (b)刮板

(c)刮制下型   (d)刮制上型   (e)合型

图 2-23 刮板造型

(8)地坑造型

单件、小批量生产大型或重型铸件时,常以地坑或地面代替下砂箱进行造型,称为地坑造型,如图 2-24 所示。这种方法利用地坑代替下砂箱,只需配置上砂箱,从而减少了砂箱的投资。但这种方法劳动量大,对工人技术水平要求高,效率低下。一般仅用于大型的机身、底座等铸件的单件、小批量生产。

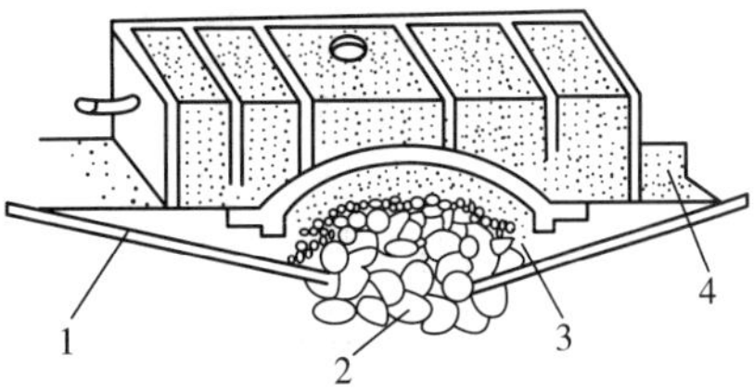

图 2-24 地坑造型

1—通气孔;2—焦炭;3—草垫;4—定位桩

2)机器造型

现代化的铸造车间,特别是专业铸造厂已广泛采用机器来造型,并与机械化砂处理、浇注等工序共同组成机械化生产流水线。机器造型可大大提高劳动生产率,改善劳动条件,铸件尺寸精确、表面光洁,要求的机械加工余量小。尽管机器造型需要的设备、模板、专用砂箱以及厂房等投资大,但在大批量生产中铸件的成本仍能显著降低。应当看到,随着模板的结构不断改进和制造成本的降低,现在生产上百件批量的铸件已开始采用机器来造型,因此机器造型的使用范围日益扩大。

机器造型实现了紧砂和起模等主要工序的机械化。为了适应不同形状、尺寸和不同批量铸件生产的需要,造型机的种类繁多,紧砂和起模方法也有所不同。其中,最普通的是以压缩空气驱动的振压式造型机。图 2-25 所示为顶杆起模式振压造型机的工作过程。

(1)填砂,如图 2-25(a)所示。打开砂斗门,向砂箱中放满型砂。

(2)振击紧砂,如图 2-25(b)所示。先使压缩空气从进气口 1 进入振击气缸底部,活塞在上升过程中关闭进气口,接着又打开排气口,使工作台与振击气缸顶部发生一次振击。如此反复进行振击,使型砂由于惯性被初步紧实。

（3）辅助压实，如图2-25（c）所示。由于振击后砂箱上层的型砂紧实度仍然不足，因此还必须进行辅助压实。此时，压缩空气从进气口2进入压实气缸底部，压实活塞带动砂箱上升，在压头的作用下，使型砂受到压实。

（4）起模，如图2-25（d）所示。当压缩空气推动的压力油进入起模油缸，四根顶杆平稳地将砂箱顶起，从而使砂型与模样分离。

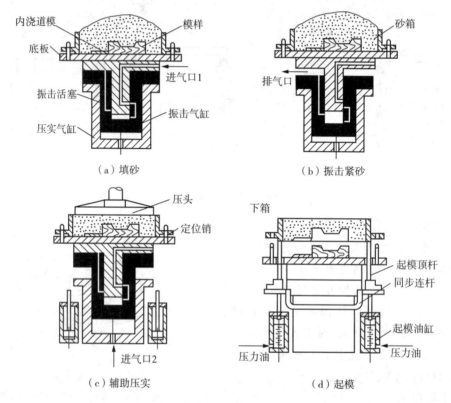

图2-25　振压造型机的工作过程

一般振压式造型机价格较低，生产率为每小时30～60箱，目前主要用于一般机械化铸造车间。它的主要缺点是型砂紧实度不够高、噪声大、工人劳动条件差，且生产率不够高。在现代化的铸造车间，一般振压式造型机已逐步被其他先进造型机所取代。

微振压实造型机是在压实的同时进行微振（振动频率600～800次/min、振幅15～30 mm），因而砂紧实度的均匀性和型腔表面质量均优于振压造型机，且噪声较小。

高压造型机的压实比压（即型砂表面单位面积上所受的压实力）大于0.7 MPa，由于高压造型采用浮动式多触头压头，还可在压实过程中进行微振，因此其生产率高，型砂的紧实度高且均匀，铸件尺寸精度和表面质量大为提高，且噪声更小。高压造型机广泛用于汽车、拖拉机上较复杂件的大量生产。

因机器造型不能紧实中箱，故不能进行三箱造型。同时，机器造型也应尽力避免活块，因为取出活块费时，使造型机的生产率大为降低。为此，在制订铸造工艺方案时，必须考虑机器造型这些工艺要求。图2-26所示的轮形铸件，由于轮的圆周面有侧凹，在生产批量不

大的条件下,通常采用三箱手工造型,以便分别
从两个分型面取出模样。但在大批量生产条件
下,由于采用机器造型,因此应改用图中所示的
环状型芯,使铸型简化成只有一个分型面。尽
管这增加了型芯的费用,但机器造型所取得的
经济效益可以补偿而有余。

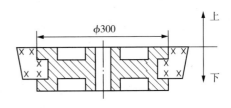

图 2-26　适应机器造型的工艺方案

3. 铸造工艺设计

1)浇注位置和分型面的选择

(1)浇注位置选择原则

浇注位置是指浇注时铸件在型内所处的空间位置。铸件浇注位置的正确性对铸件质量
影响很大,是制订铸造方案时必须优先考虑的。具体原则见表 2-4 所列。

表 2-4　铸件浇注位置选择原则

选择原则		图例	
		(a)不合理	(b)合理
1	铸件重要的加工面应朝下。铸件上表面容易产生砂眼、气孔、夹渣等缺陷,组织也不如下表面细致。如果这些表面难以朝下,则应尽量位于侧面	车床床身	
2	铸件的大平面应朝下。浇注过程中金属液对型腔上表面有强烈的热辐射,型砂因急剧热膨胀和因强度下降而拱起或开裂,致使上表面容易产生夹砂或结疤缺陷	钳工平板	
3	为防止铸件薄壁部分产生浇不足或冷隔缺陷,应将面积较大的薄壁部分置于铸型下部或使其处于垂直或倾斜位置	油盘	
4	若铸件周围表面质量要求高,应进行立铸(三箱造型或平作立浇),以便于补缩。应将厚的部分放在铸型上部,以便安置冒口,实现顺序凝固	卷扬筒	

(2)分型面选择原则

铸型分型面是指铸型组元间的接合面。铸型分型面的选择正确与否是铸造工艺是否合

理的关键之一。如果选择不当,不仅影响铸件质量,而且还会使制模、造型、造芯、合型或清理等工序复杂化,甚至还可增加机械加工工作量。因此,分型面的选择应能在保证铸件质量的前提下,尽量简化工艺,节省人力物力。分型面的选择原则如下:

① 应尽量使分型面平直、数量少。图 2-27 所示为一起重臂铸件,图中所示的分型面为一平面,故可采用简便的分开模造型。如果采用顶视图所示的弯曲分型面,则需采用挖砂或假箱造型。显然,在大批量生产中应尽量采用图中所示的分型面,这不仅便于造型操作,且模板的制造费用低。但在单件、小批量生产中,由于整体模样坚固耐用、造价低,因此仍可采用弯曲分型面。

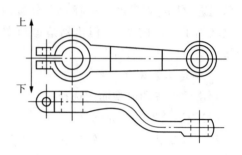

图 2-27 起重臂的分型面

应尽量使铸型只有一个分型面,以便采用工艺简便的两箱造型。同时,多一个分型面,铸型就增加一些误差,使铸件的精度降低。图 2-28所示三通铸钢件,其内腔必须采用一个 T 字型芯来形成,但不同的分型方案,其分型面数量不同。当中心线 ab 垂直时,如图 2-28(b),铸型必须有三个分型面才能取出模样,即用四箱造型。当中心线 cd 处于垂直位置时,如图 2-28(c),铸型有两个分型面,须采用三箱造型。当中心线 ab 与 cd 都处于水平位置时,如图 2-28(d),因铸型只有一个分型面,故仅采用两箱造型即可。显然,后者是合理的分型方案。

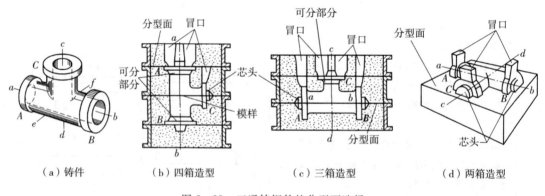

（a）铸件　　　　（b）四箱造型　　　　（c）三箱造型　　　　（d）两箱造型

图 2-28 三通铸钢件的分型面选择

② 应避免不必要的型芯和活块,以简化造型工艺。图 2-29 所示支架分型方案是避免活块的示例。按图中方案Ⅰ,凸台必须采用四个活块方可制出,而下部两个活块的部位甚深,取出困难。当改用方案Ⅱ时,可省去活块,仅在 A 处稍加挖砂即可。

型芯通常用于形成铸件的内腔,有时还可用来简化铸件的外形,以制出妨碍起模的凸台、凹槽等,但制造型芯需要专门的芯盒、芯骨,还需进行烘干及下芯等工序,增加了铸件成本。因此,选择分型面时应尽量避免不必要的型芯。图 2-30 所示为一底座铸件。若按图中方案Ⅰ分开模造型,其上、下内腔均需采用型芯。若改用图中方案Ⅱ,采用整模造型,则上、下内腔均可由砂垛形成,省掉了型芯。

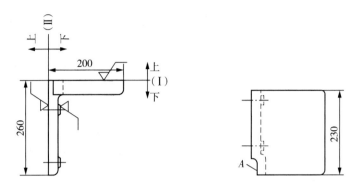

图 2-29　支架的分型方案

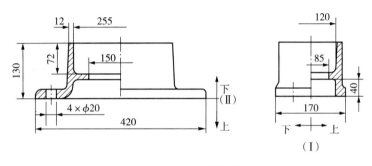

图 2-30　底座铸件

③ 应尽量使铸件全部或大部分置于下箱。这不仅便于造型、下芯、合型,也便于保证铸件精度。图 2-31 所示为一床身铸件,其顶部平面为加工基准面,图中方案Ⅰ在妨碍起模的凸台处增加了外部型芯,因采用整模造型使加工面和基准面在同一砂箱内,铸件精度高,是大批量生产时的合理方案。若采用方案Ⅱ,铸件若产生错型将影响铸件精度,但在单件、小批量生产条件下,铸件的尺寸偏差在一定范围内可用划线来矫正,故在相应条件下方案Ⅱ仍可采用。

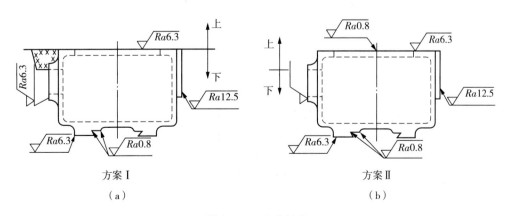

图 2-31　床身铸件

上述诸原则,对于生产具体铸件来说多难以全面满足,有时甚至互相矛盾。因此,必须抓住主要矛盾、全面考虑,至于次要矛盾,则应从工艺措施上设法解决。例如,对质量要求很高的铸件(如机床床身、立柱、钳工平板、造纸烘缸等),应在满足浇注位置要求的前提下考虑造型工艺的简化。对于没有特殊质量要求的一般铸件,则以简化工艺、提高经济效益为主要依据,不必过多地考虑铸件的浇注位置。

2)工艺参数的选择

为了绘制铸造工艺图,在铸造工艺方案初步确定之后,还必须选定铸件要求的机械加工余量、起模斜度、收缩率、型芯头尺寸等工艺参数。详情见 JB/T 5101—1991 规定。

3)综合分析举例

在确定某铸件的铸造工艺方案时,首先应了解合金品种、生产批量及铸件质量要求等。分析铸件结构,以便确定铸件的浇注位置,同时,分析铸件分型面的选择方案。在此基础上,依据选定的工艺参数,用红、蓝色笔在零件图上绘制铸造工艺图(包括型芯的数量和固定、冷铁、浇冒口等),为制造模样、编写铸造工艺卡等奠定基础。

图 2-32 所示为支座,材料为 HT150,大批量生产。支座属于支承件,没有特殊的质量要求,故不必考虑浇注位置的特殊要求,主要着眼于工艺上的简化。该件虽属简单件,但底板上四个 φ10 mm 孔的凸台及两个轴孔的内凸台可能妨碍起模。同时,轴孔如若铸出,还必须考虑下芯的可能性。根据以上,分析该件可供选择的分型方案如下:

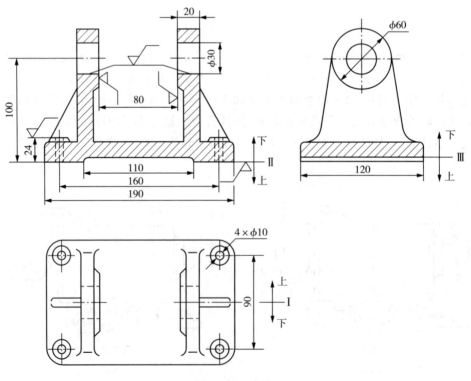

图 2-32 支座

（1）方案Ⅰ　沿底板中心线分型，即采用分开模造型。其优点是底面上 110 mm 凹槽容易铸出，轴孔下芯方便，轴孔内凸台不妨碍起模。缺点是底板上四个凸台必须采用活块，同时，铸件易产生错型缺陷，飞翅清理的工作量大。此外，若采用木模样，则加强筋处过薄，木模样易损坏。

（2）方案Ⅱ　沿底面分型，铸件全部位于下箱，为铸出 110 mm 凹槽必须采用挖砂造型。方案Ⅱ克服了方案Ⅰ的缺点，但轴孔内凸台妨碍起模，必须采用两个活块或下型芯。当采用活块造型时，$\phi 30$ mm 轴孔难以下芯。

（3）方案Ⅲ　沿 110 mm 凹槽底面分型。其优缺点与方案Ⅱ类似，仅是将挖砂造型改用分开模造型或假箱造型，以适应不同的生产条件。

可以看出，方案Ⅱ、Ⅲ的优点多于方案Ⅰ。但在不同生产批量下，具体方案可选择如下：

（1）单件小批量生产　由于轴孔直径较小、无须铸出，而手工造型便于进行挖砂和活块造型，因此此时依靠方案Ⅱ分型较为经济合理。

（2）大批大量生产　由于机器造型难以使用活块，因此应采用型芯制出轴孔内凸台。同时，应采用方案Ⅲ从 110 mm 凹槽底面分型，以降低模板制造费用。图 2-33 为其铸造工艺图（浇注系统图从略），由图可见，方型芯的宽度大于底板，以便使上箱压住该型芯，防止浇注时上浮。若轴孔需要铸出，采用组合型芯即可实现。

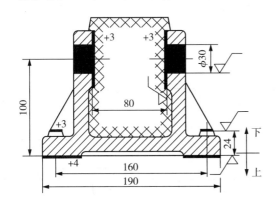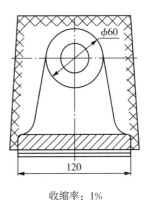

收缩率：1%
非加工表面起模斜度：30′~1°

图 2-33　支座的铸造工艺图

4. 铸造结构设计

设计师在进行铸件（或零件）结构设计时，不仅要保证其力学性能和工作性能的要求，还必须考虑铸造工艺和合金铸造性能对铸件结构的要求，即考虑结构工艺性。

（1）铸件结构与铸造工艺的关系

铸件结构应尽可能使制模、造型、造芯、合型和清理过程简化，减少铸造缺陷，并为实现机械化生产创造条件。铸造工艺对铸件结构的要求见表 2-5 所列。

（2）铸件结构与合金铸造性能的关系

铸件的一些主要缺陷，如缩孔、缩松、变形、裂纹、浇不足、冷隔等，有时是由于铸件的结构不够合理，未能充分考虑合金的铸造性能（如充型能力、收缩性等）要求所致。因此，设计铸件时，必须考虑表 2-6 所列的诸方面。

表 2-5　铸造工艺对铸件结构的要求

对铸件结构要求	图　例	
	(a)不合理	(b)合理
1. 尽量避免铸件起模方向存有外部侧凹,以便于起模 (1)图(a)存有上下法兰,通常要用三箱造型;图(b)去掉上部法兰,简化了造型 (2)图(a)需增加外部圈芯,才能起模;图(b)去掉了外部圈芯,简化了制模和造型工艺	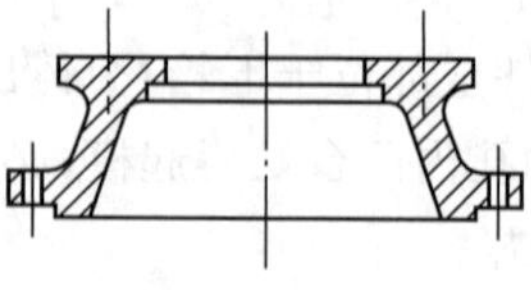 (1) 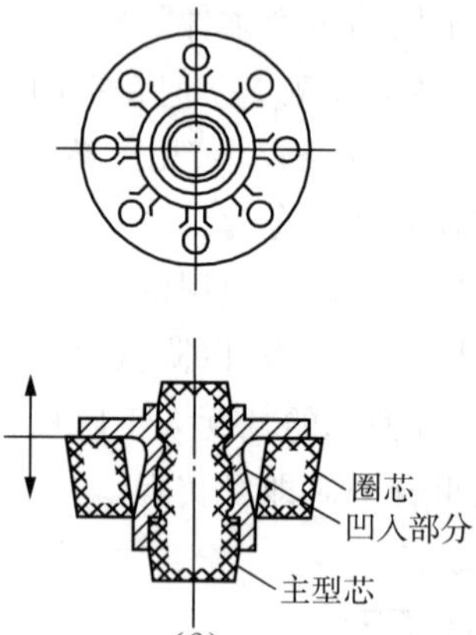　圈芯　凹入部分　主型芯　(2)	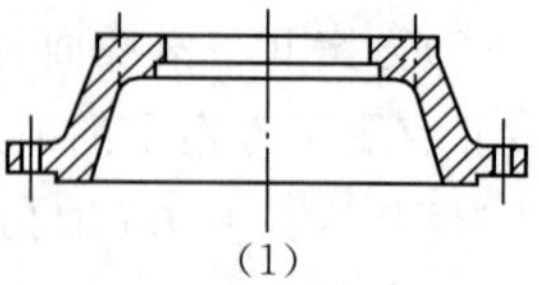 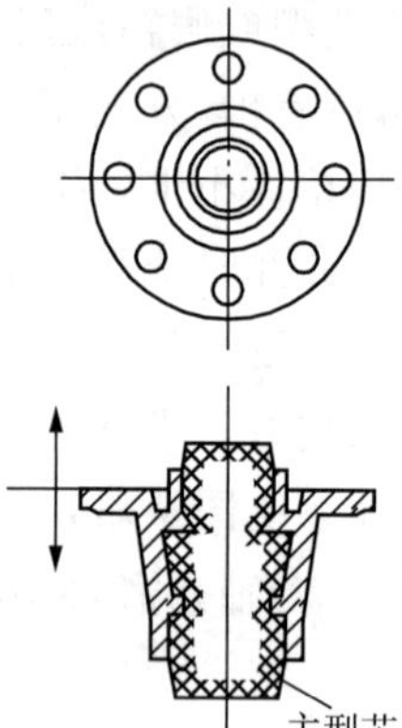 (1)　主型芯　(2)
2. 尽量使分型面为平面 图(a)分型面需采用挖砂造型;图(b)去掉了不必要的外圆角,使造型简化	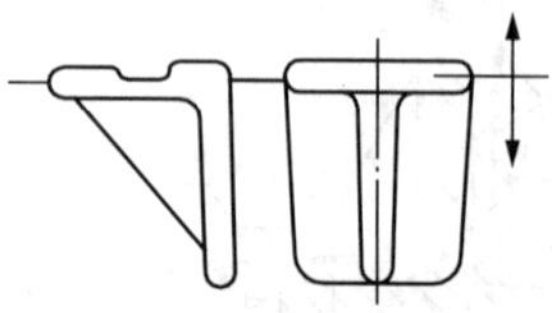	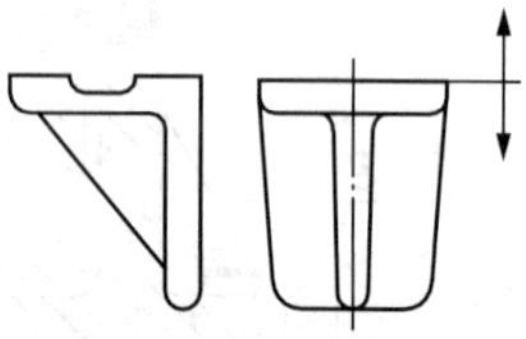
3. 凸台和筋条结构应便于起模 (1)图(a)需用活块或增加外部型芯才能起模;图(b)将凸台延长到分型面,省去了活块或型芯 (2)图(a)筋条和凸台阴影处阻碍起模;图(b)将筋条和凸台顺着起模方向布置,容易起模	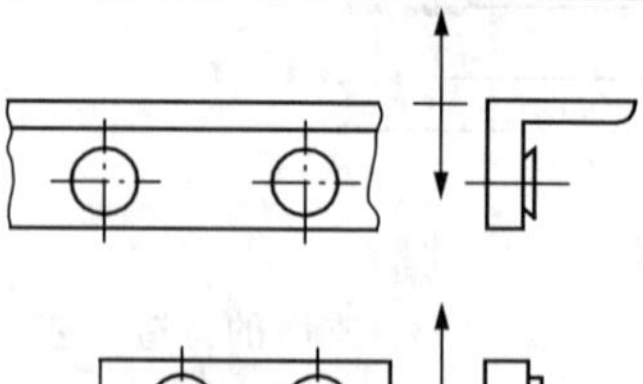 (1) 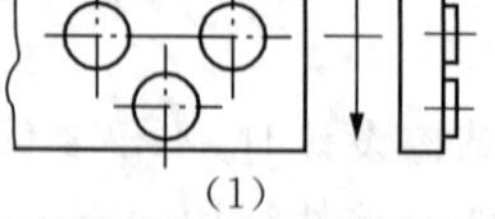　(2)	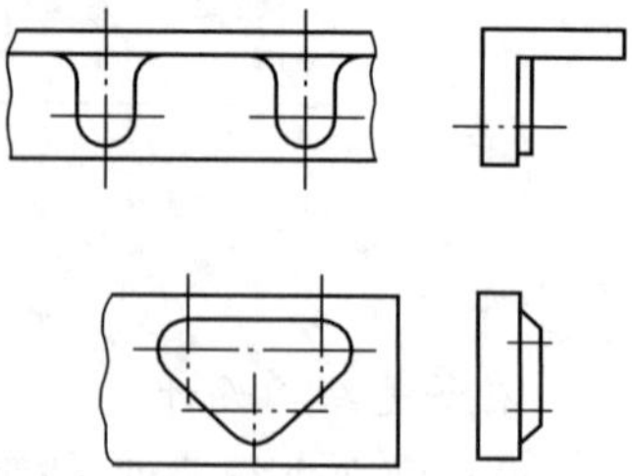 (1) 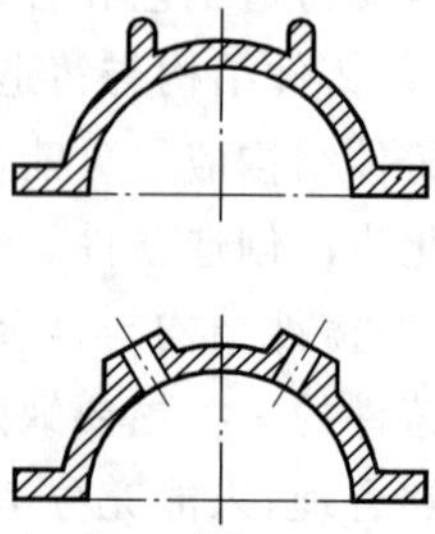　(2)

（续表）

对铸件结构要求	图　例	
	（a）不合理	（b）合理
4. 垂直分型面上的不加工表面最好有结构斜度 （1）图（b）具有结构斜度便于起模 （2）图（b）内壁具有结构斜度，便于用砂垛取代型芯	（1） （2）	（1） （2）
5. 尽量不用和少用型芯 （1）图（a）采用中空结构，要用悬臂型芯和型芯撑加固；图（b）采用开式结构，省去了型芯 （2）图（a）因出口处尺寸小，要用型芯形成内腔；图（b）扩大了出口，且 $D > H$，故可用砂垛（自带型芯）形成内腔，从而省掉型芯	$A-A$ A　A （1） 型芯 （2）	$B-B$ B　B （1） 自带型芯 H　D （2）
6. 应有足够的芯头，以便于型芯的固定、排气和清理。图（a）采用悬臂型芯，需用型芯撑加固，下芯、合型和清理费工夫，对于薄壁件、加工表面和耐压铸件均不宜采用型芯撑；图（b）增加两个工艺孔，因而避免了型芯撑，并使型芯定位稳固，有利于排气和清理。工艺孔在加工后可用螺钉堵住	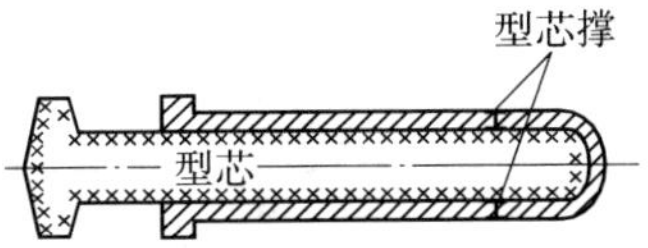 型芯撑 型芯	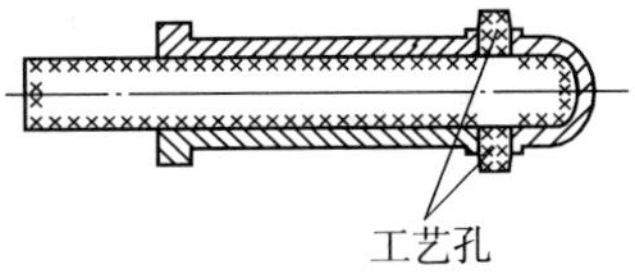 工艺孔

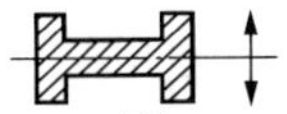

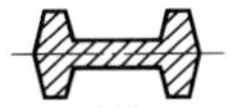

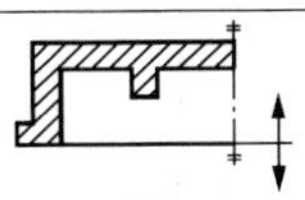

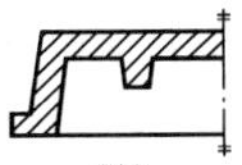

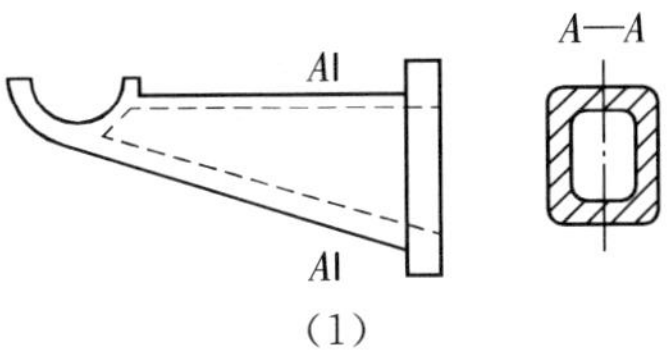

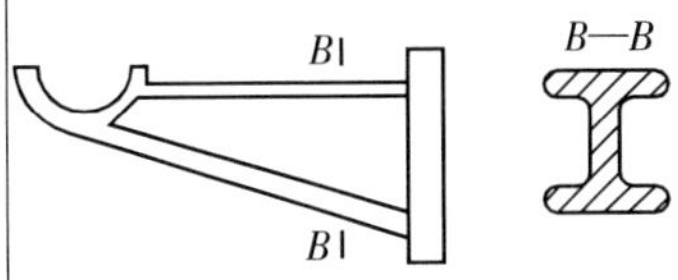

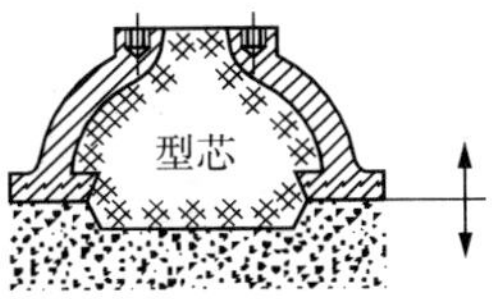

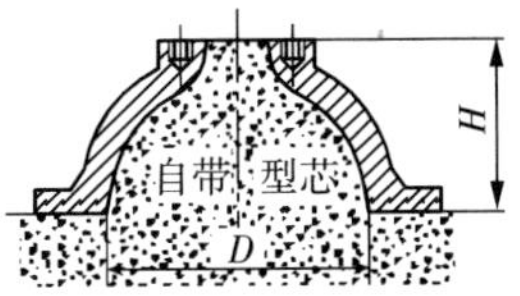

表 2-6　铸件结构与合金铸造性能的关系

类别	对铸件结构的要求	图　例	
		（a）不合理	（b）合理
1.铸件的壁厚	（1）铸件应有适合的壁厚。壁厚过厚时，铸件晶粒粗大，内部缺陷多，导致力学性能下降。为此，应选择合理的截面形状或采用加强筋，以便采用较薄的结构	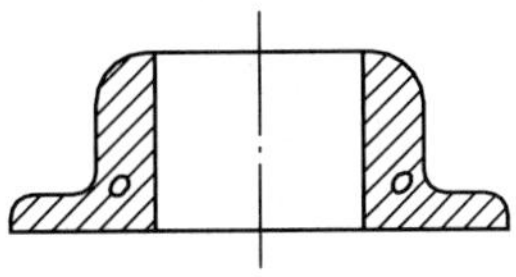	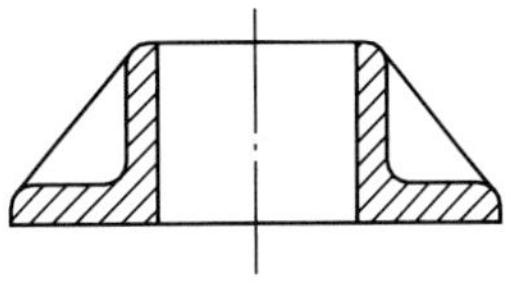

（续表）

类别	对铸件结构的要求	图 例	
		(a)不合理	(b)合理
1.铸件的壁厚	（2）铸件的壁厚也应防止过薄，应大于表2-1所规定的最小壁厚，以防浇不足、冷隔缺陷		
	（3）铸件的内壁散热慢，故应比外壁薄些，这样才能使铸件各部分冷却速度趋于一致，以防缩孔及裂纹的产生		
	（4）铸件的壁厚应尽可能均匀，以防厚壁处金属聚集，产生缩孔、缩松等缺陷。厚度差过大时，易在薄厚交接处引起热应	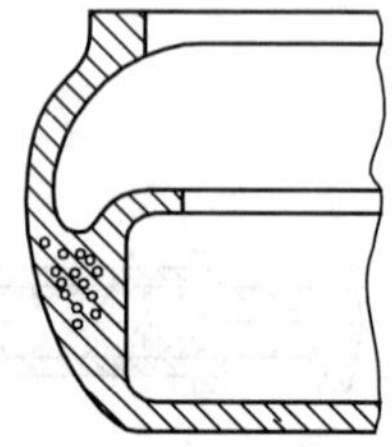	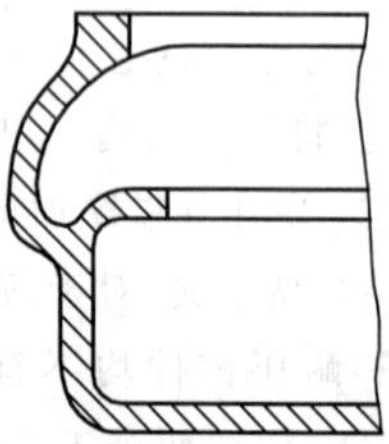
2.壁的连接	（1）铸件壁间转角处一般应具有结构圆角，因直角连接处的内侧较易产生缩孔、缩松和应力集中。同时，一些合金由于形成与铸件表面垂直的柱状晶，使转角处的力学性能下降，较易产生裂纹 结构圆角的大小应与壁厚相适应。通常使转角处内接圆直径小于相邻壁厚的1.5倍	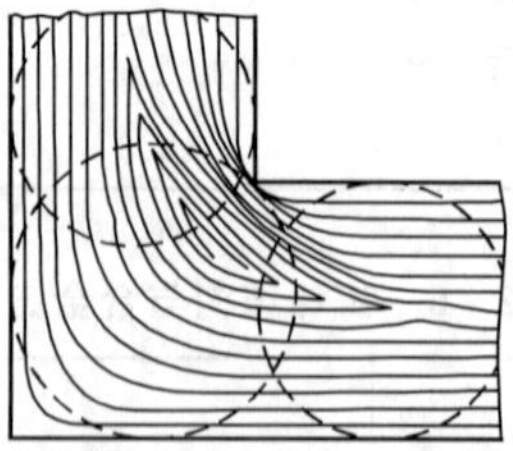 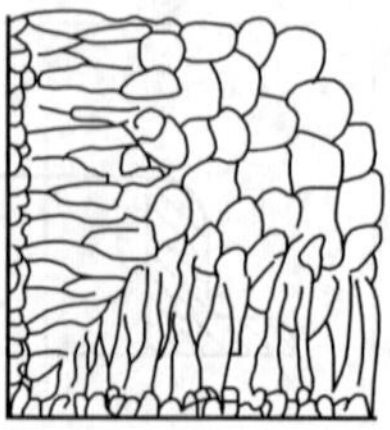	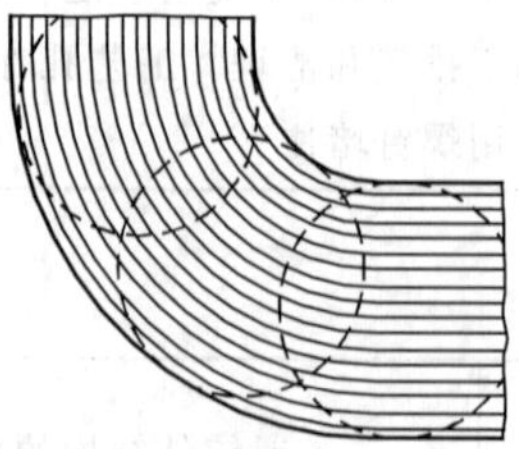 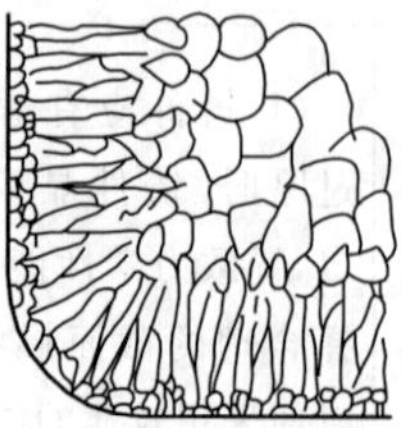

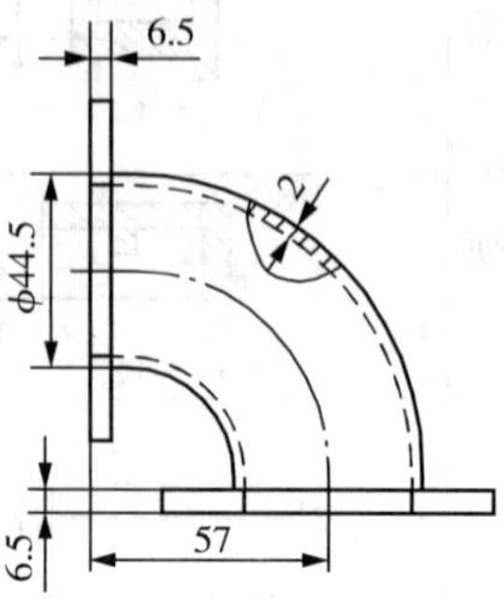

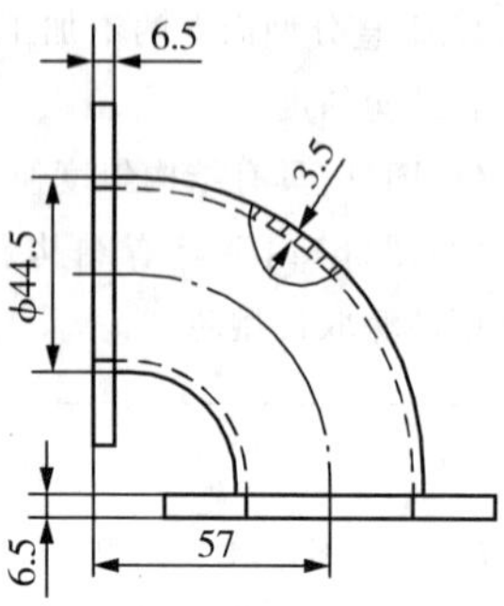

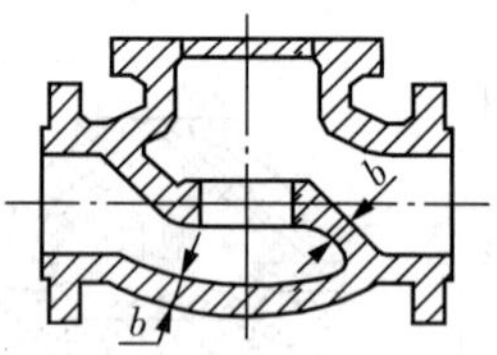

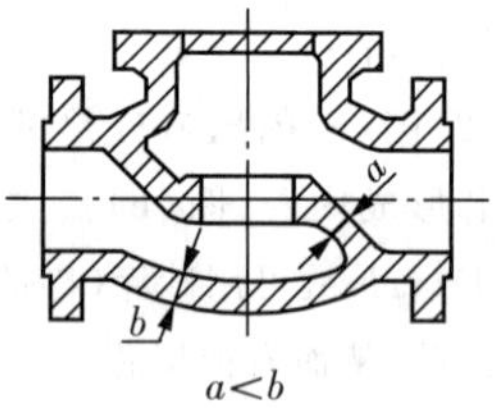

（续表）

类别	对铸件结构的要求	图　例	
		（a）不合理	（b）合理
2.壁的连接	（2）为减小热节和内应力，应避免铸件壁间中锐角连接，而改用先直角接头后再转角的结构 　当接头间壁厚差别很大时，为减少应力集中，应采用逐步过渡方法，防止壁厚的突变	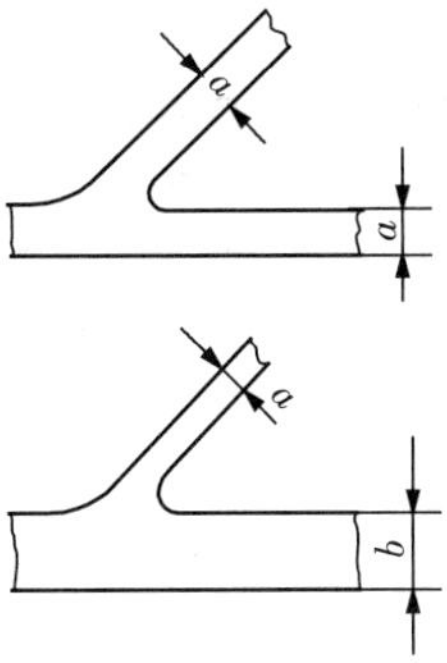	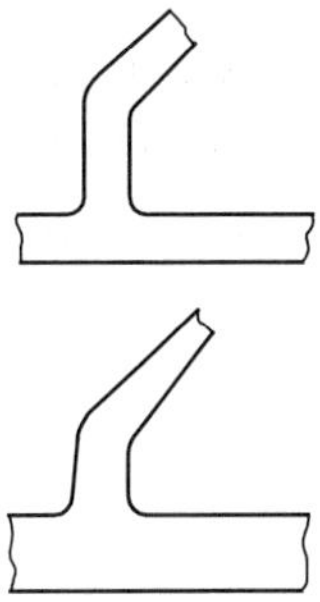
3.轮辐和筋的设计	（1）设计铸件轮辐时，应尽量使其得以自由收缩，以防产生裂纹 　当采用直线形偶数轮辐时，会因收缩不一致产生过大内应力，使轮辐产生裂纹。而奇数轮辐可通过轮缘的微量变形自行减缓内应力。同理，弯曲的轮辐可借轮辐本身的微量变形而防止裂纹的产生	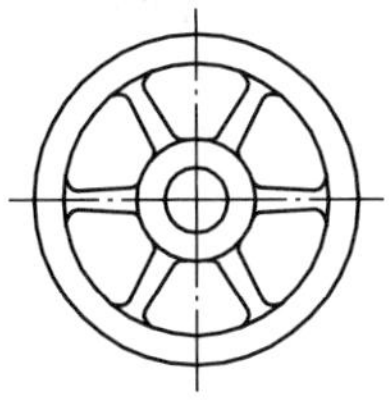	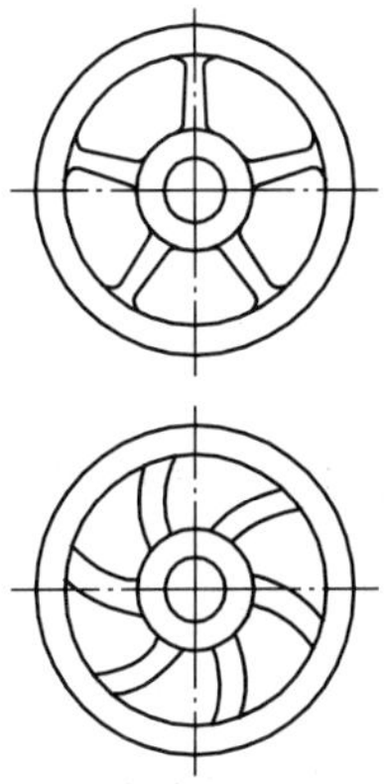
	（2）筋的布置有不同的形式。交叉接头因交叉处热节较大，内应力也难以松弛，故较易产生裂纹。交错接头和环状接头的热节都较小，且都可通过微量变形缓解内应力，因此抗裂性能都较好	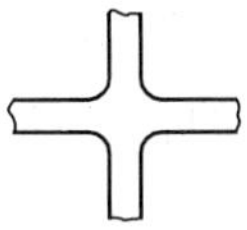	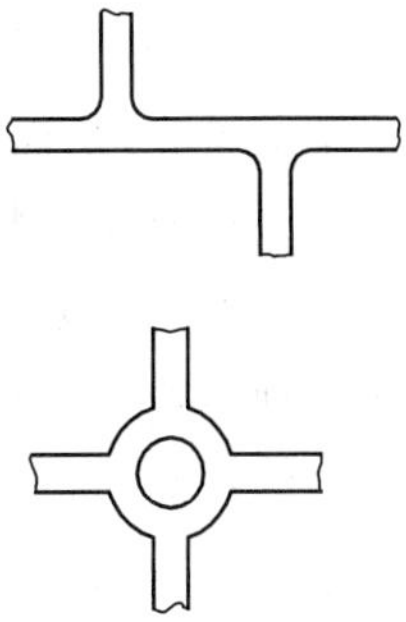
	（3）防裂筋的应用。为防止热裂，可在铸件的易裂处增设防裂筋。为达到防裂效果，筋的方向必须与机械应力方向相一致，且筋的厚度应为连接壁厚的 1/4～1/3。由于防裂筋很薄，故可优先凝固而具有较高强度，从而增大了壁间连接力。主要用于铸钢、铸铝等易热裂合金。防裂筋铸后应切除	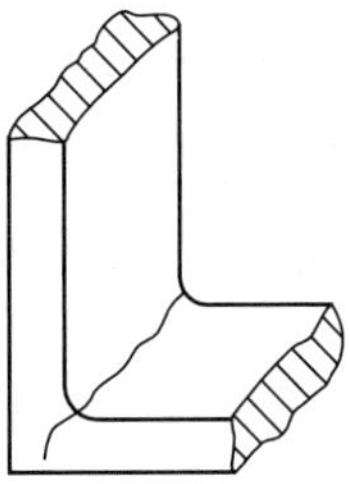	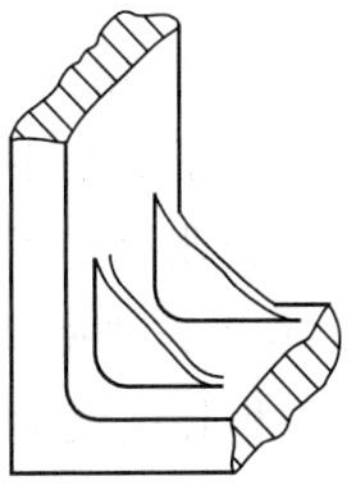

（续表）

类别	对铸件结构的要求	图　例	
		(a)不合理	(b)合理
4.防止变形的设计	(1)细而长、易变形的铸件,应尽量设计成对称截面。冷却过程产生的热应力互相抵消,从而使铸件的变形大为减小	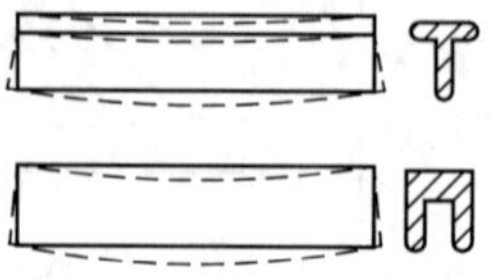	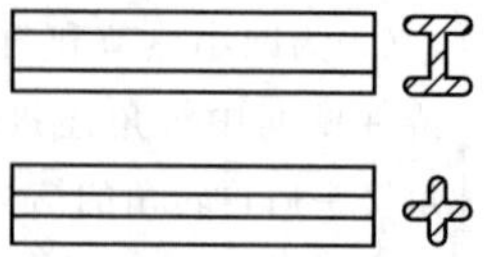
	(2)为防止平板类铸件的翘曲变形,可增设加强筋,以提高铸件的刚度	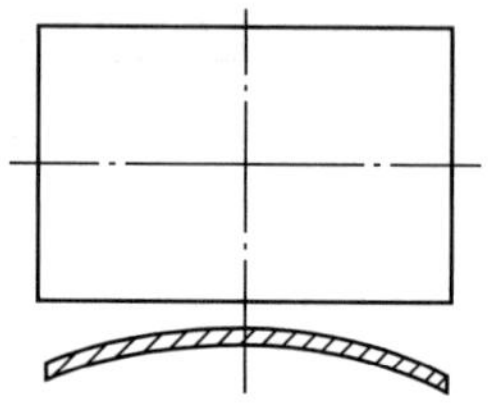	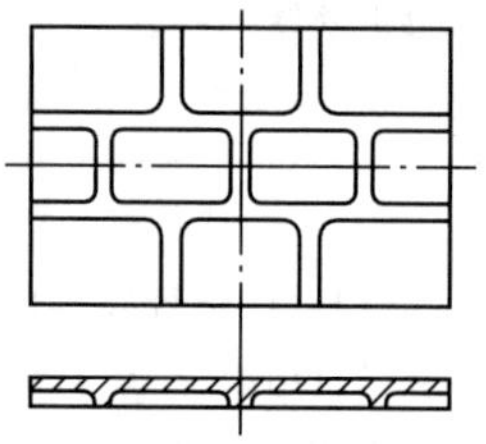

2.1.4　特种铸造

特种铸造是指与普通砂型铸造不同的其他铸造方法。特种铸造方法很多,各有其特点和适用范围。本章仅介绍应用较多的熔模铸造、消失模铸造、金属型铸造、压力铸造等。

1. 熔模铸造

熔模铸造是指用易熔材料制成模样,在模样表面包覆若干层耐火涂料制成型壳,再将模样熔化排出型壳,从而获得无分型面的铸型,经高温焙烧后即可填砂浇注的铸造方法。由于模样广泛采用蜡质材料来制造,故常将熔模铸造称为"失蜡铸造"。

熔模铸造的主要优点如下:铸件的精度高、表面质量好,是重要的无、少切削加工工艺。可制造砂型铸造难以成形或机械加工的形状很复杂的薄壁铸件。适用于各种合金铸件。尤其适用于铸造高熔点、难加工的高合金钢铸件。生产批量不受限制。

其主要缺点是生产工艺复杂且周期长,机械加工压型成本高,所用的耐火材料、模料和黏结剂价格较高,铸件成本高。由于受熔模及型壳强度限制,铸件不宜过大(或过长),仅适于铸造质量从几十克到几千克的小铸件,一般不超过 45 kg。

综上所述,熔模铸造最适于高熔点合金精密铸件的大批大量生产,主要用于形状复杂、难以切削加工的小零件。目前熔模铸造已在汽车、拖拉机、机床、刀具、汽轮机、仪表、航空、兵器等制造业得到了广泛的应用,成为少、无屑加工中重要的工艺之一。

2. 消失模铸造

消失模铸造又称气化模铸造或实型铸造,是用泡沫塑料制成的模样制造铸型,之后,模样并不取出,浇注时模样气化消失而获得铸件的方法。

消失模铸造与传统的砂型铸造最大的区别在于采用可发性塑料制造模样,采用无黏结剂的干砂来造型,模样不取出,铸型没有型腔、分型面和单独制作的型芯。由于这些差别,消失模铸造具有如下优越性:它是一种近乎无余量的精密成形技术,铸件尺寸精度高,表面粗糙度值低,接近熔模铸造水平。无需传统的混砂、制芯、造型等工艺及设备,故工艺过程简化,易实现机械化、自动化生产,设备投资较少,占地面积小。为铸件结构设计提供了充分的自由度,如原来需要加工成形的孔、槽等可直接铸出。铸件清理简单,机械加工量减少。铸造成本可下降 20%～30%。

消失模铸造的主要缺点是浇注时塑料模气化有异味,对环境有污染,铸件容易出现与泡沫塑料高温热解有关的缺陷,如铸铁件容易产生皱皮、夹渣等缺陷,铸钢件可能稍有增碳,但对铜、铝合金铸件的化学成分和力学性能的影响很小。

消失模铸造的应用极为广泛,如铸造单件、小批生产冶金、矿山、船舶、机床等一些大型铸件,以及汽车、化工、锅炉等行业的大型冷冲模具等。消失模铸造的大批量生产在很多领域也得到了应用,但以汽车制造业为主。典型的铸铁件有球墨铸铁轮毂、差速器壳、空心曲轴及灰铸铁发动机机座、排气管等;典型的铝合金铸件有发动机缸体、缸盖、进气管等。

3. 金属型铸造

金属型铸造是将液态金属浇入金属的铸型中,并在重力作用下凝固成形以获得铸件的方法。由于金属铸型可反复使用多次(几百次到几千次),故有永久型铸造之称。

按照分型面的不同,金属型可分为整体式、垂直分型式、水平分型式和复合分型式。其中,垂直分型式便于开设浇道和取出铸件,也易于实现机械化生产,所以应用最广。

金属型一般用铸铁制成,也可采用铸钢。铸件的内腔可用金属型芯或砂芯来形成,其中金属型芯用于非铁金属件。为使金属型芯能在铸件凝固后迅速从内腔中抽出,金属型还常设有抽芯机构。对于有侧凹的内腔,为使型芯得以取出,金属型芯可由几块组合而成。图2-34为铸造铝活塞金属型典型结构简图,由图可见,它是垂直分型和水平分型相结合的复合结构,其左、右两半型用铰链相连接,以开、合铸型。由于铝活塞内腔存有销孔内凸台,整体型芯无法抽出,因此采用组合金属型芯。浇注之后,先抽出 5,然后再取出 4 和 6。

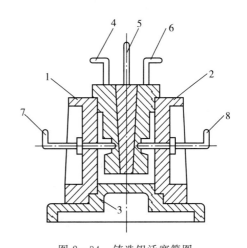

图 2-34 铸造铝活塞简图
1、2—左右半型;3—底型;
4、5、6—分块金属型芯;7、8—销控金属型芯

金属型铸造可"一型多铸",便于实现机械化和自动化生产,从而可大大提高生产率。同时,铸件的精度和表面质量比砂型铸造显著提高。由于结晶组织致密,铸件的力学性能得到显著提高。此外,金属型铸造还使铸造车间面貌有了改观,劳动条件得到显著改善。

金属型铸造的主要缺点是金属型的制造成本高、生产周期长。同时,铸造工艺要求严格,否则容易出现浇不到、冷隔、裂纹等铸造缺陷,而灰铸铁件又难以避免白口缺陷。此外,金属型铸件的形状和尺寸还有着一定的限制。

金属型铸造主要用于铜、铝合金不复杂中小铸件的大批生产,如铝活塞、气缸盖、油泵壳体、铜瓦、轻工业品等。

4. 压力铸造

压力铸造简称压铸。它是在高压下(比压为 5～150 MPa)将液态或半液态合金快速(充填速度可达 5～50 m/s)地压入金属铸型中,并在压力下凝固以获得铸件的方法。

压铸是在压铸机上进行的,所用的铸型称为压型。压型与垂直分型的金属型相似,其半个铸型是固定的,称为静型;另半个可水平移动,称为动型。压铸机上装有抽芯机构和顶出铸件机构。

压铸机主要由压射机构和合型机构组成。压射机构的作用是将金属液压入型腔;合型机构用于开合压型,并在压射金属时顶住动型,以防金属液自分型面喷出。卧式压铸机的工作过程如图 2-35 所示。

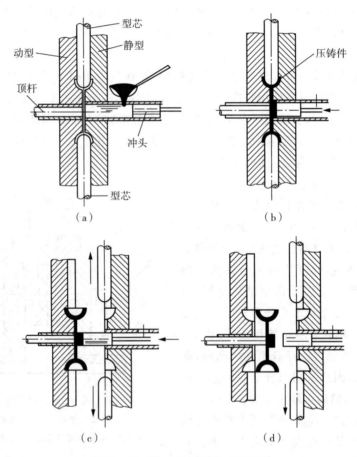

图 2-35 卧式压铸机的工作过程

压力铸造的主要优点是:铸件的精度及表面质量较其他铸造方法均高(尺寸公差等级 IT4～IT8,表面粗糙度值 Ra 为 1.6～12.5 μm)。可以不经过机械加工直接使用,互换性好。可压铸形状复杂的薄壁件,或直接铸出小孔、螺纹、齿轮等。还能压铸镶嵌件。铸件的强度和硬度都较高。由于铸件的冷却速度快,又是在压力下结晶的,因此其表层结晶细密,如抗拉强度比砂型铸造提高了 25%～30%。压铸的生产率较其他铸造方法均高,可实现半自动化及自动化生产。

压铸虽是实现少、无屑加工非常有效的途径,但也存有许多不足。主要是:压铸设备投资大,制造压型费用高、周期长,只有在大量生产时经济上才合算。压铸的速度极高,型腔内气体很难排除,厚壁处的收缩也很难补缩,致使铸件内部常有气孔和缩松。因此,压铸件不宜进行较大余量的机械加工。压铸高熔点合金(如铜、钢、铸铁)时,压型寿命很低,难以适应。

目前,压力铸造已在汽车、拖拉机、航空、兵器、仪表、电器、计算机、轻纺机械、日用品等制造上得到了广泛应用,如气缸体、箱体、化油器、喇叭外壳等铝、镁、锌合金铸件的大批量生产。

5. 常用铸造方法的比较

各种铸造方法均有其优缺点及适用范围,不能认为某种方法最为完善。因此,必须依据铸件的形状、大小、质量要求、生产批量、合金的品种及现有设备条件等具体情况,进行全面分析比较,才能正确地选出合适的铸造方法。

表 2-7 列出了几种常用铸造方法的综合比较。可以看出,砂型铸造尽管有着许多缺点,但它对铸件的形状和大小、生产批量、合金品种的适应性最强,是当前最为常用的铸造方法,故应优先选用,而特种铸造仅是在相应的条件下,才能显示其优越性。

表 2-7 常用铸造方法的比较

比较项目　　　铸造方法	砂型铸造	消失模铸造	熔模铸造	金属型铸造	压力铸造
铸件尺寸公差等级(IT)	8～15	5～10	4～9	7～10	4～8
铸件表面粗糙度 Ra 值/μm	12.5～200	6.3～100	3.2～12.5	3.2～50	1.6～12.5
适用铸造合金	任意	各种合金	不限制,以铸钢为主	不限制,以非铁合金为主	铝、锌、镁低熔点合金
适用铸件大小	不限制	几乎不限	小于 45 kg,以小铸件为主	中、小铸件	一般小于 10 kg,也可是中型铸件
生产批量	不限制	不限制	不限制,以成批、大量为主	大批大量	大批大量
铸件内部质量	结晶粗、中	同砂型铸件	结晶粗	结晶细	表层结晶细,内部多有孔洞
铸件加工余量	大	小	小或不加工	小	小或不加工
铸件最小壁厚/mm	3.0	3～4	0.3	铝合金 2～3,灰铸铁 4.0	铝合金 0.5,锌合金 0.3
生产率(一般机械化程度)	低、中	低、中	低、中	中、高	最高

2.2 金属塑性加工

利用金属的塑性,使其改变形状、尺寸和改善性能,获得型材、棒材、板材、线材或锻压件的加工方法,称金属塑性变形。它包括锻造、冲压、挤压、轧制、拉拔等。

通过金属塑性加工,可以改善金属组织,提高力学性能;提高材料利用率,减少切削工时,效率高。但金属塑性加工成形率比铸造低,设备和模具投资较高。

一般常用的金属型材、板材、管材和线材等原材料,大都是通过轧制、挤压、拉拔等方法制成的,机械制造业中的许多毛坯或零件,特别是承受重载荷的机件,如机床主轴、重要齿轮、连杆、炮管和枪管等,通常采用锻造方法成形。冲压广泛用于汽车、电器、仪器零件及日用品工业等方面。

2.2.1 金属的塑性变形

金属材料经过塑性加工之后,其内部组织发生了很大变化,金属的性能也得到了改善和提高。为了正确选用塑性加工方法,合理设计塑性加工成形的零件,必须了解金属塑性变形的实质、规律和影响因素等内容。

1. 金属塑性变形机理

金属在外力作用下,其内部必将产生应力。此应力迫使原子离开原来的平衡位置,从而改变了原子间的距离,使金属发生变形,并引起原子位能的增高。但处于高位能的原子具有返回原来低位能平衡位置的倾向。这种除去外力后,金属完全恢复原状的变形,称为弹性变形。当外力增大到使金属的内应力超过该金属的屈服点后,即使作用在物体上的外力取消,金属的变形也不完全恢复,而产生一部分永久变的结果。单晶体内的滑移变形如图 2-36 所示。

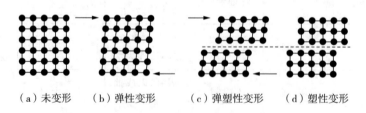

(a)未变形　（b）弹性变形　（c）弹塑性变形　（d）塑性变形

图 2-36　单晶体滑移变形示意图

在切向应力作用下,晶体的一部分与另一部分沿着一定的晶面产生相对滑移(该面称为滑移面),从而造成晶体的塑性变形。当外力继续作用或增大时,晶体还将在另外的滑移面上发生滑移,使变形继续进行,因而得到一定的变形量。

上述理论所描述的滑移运动,相当于滑移面上、下两部分晶体彼此以刚性整体做相对运动。要实现这种滑移,所需的外力比实际测得的数据大几千倍,这说明实际晶体结构及其塑性变形并不完全如此。

近代物理学证明,实际晶体内部存在大量缺陷。其中,位错,如图 2-37(a)所示,对金属塑性变形的影响最为明显。由于位错的存在,部分原子处于不稳定状态。在比理论值低得多的切应力作用下,处于高能位的原子很容易从一个相对平衡的位置移动到另一个位置,如图 2-37(b)所示,形成位错运动。位错运动的结果,就是实现了整个晶体的塑性变形,如图 2-37(c)所示。

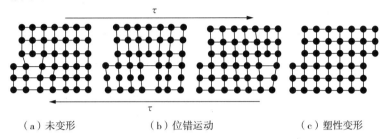

（a）未变形　　　　　（b）位错运动　　　　　（c）塑性变形

图 2-37　位错运动引起塑性变形示意图

通常使用的金属都是由大量微小晶粒组成的多晶体,其塑性变形可以看成是由组成多晶体的许多单个晶粒产生变形(称为晶内变形)的综合效果。同时,晶粒之间也有滑动和转动(称为晶间变形),如图 2-38 所示。每个晶粒内部都存在许多滑移面,因此整块金属的变形量可以比较大。低温时,多晶体的晶间变形不可过大,否则将引起金属的破坏。

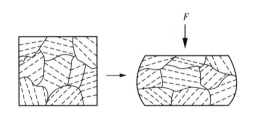

图 2-38　多晶体塑性变形示意图

由此可知,金属内部有了应力就会发生弹性变形。应力增大到一定程度后使金属产生塑性变形。当外力去除后,弹性变形将恢复,称为"弹复"现象。这种现象对有些塑性加工件的变形和工件质量有很大影响,必须采取工艺措施来保证产品的质量。

2. 塑性变形对金属组织和性能的影响

金属在常温下经过塑性变形后,内部组织将发生变化:晶粒沿最大变形的方向伸长;晶格与晶粒均发生扭曲,产生内应力;晶粒间产生碎晶。

金属的力学性能随其内部组织的改变而发生明显变化。变形程度增加时,金属的强度及硬度升高,而塑性和韧性下降(图 2-39)。其原因是滑移面上的碎晶块和附近晶格的强烈扭曲,增大了滑移阻力,使继续滑移难于进行。在冷变形时,随着变形程度的增加,金属材料的所有强度指标(弹性极限、比例极限、屈服极限和强度极限)和硬度都有所提高,但塑性和韧性有所下降,这种现象称为冷变形强化或加工硬化。

冷变形强化是一种不稳定现象,将冷变形后的金属加热至一定温度后,因原子的活动能力增强,原子回复到平衡位置,晶内残余应力大大减小,这种现象称为回复(或称恢复)。回复时不改变晶粒形状,如图 2-40(b)所示。这一温度称为回复温度,即

$$T_{回}=(0.25\sim0.3)T_{熔} \tag{2-1}$$

式中：$T_{回}$——金属回复温度，K；

　　　$T_{熔}$——金属熔点温度，K。

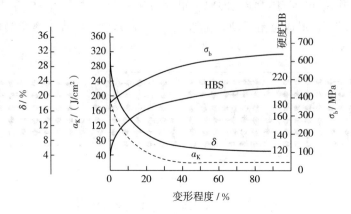

图 2-39　常温下塑性变形对低碳钢力学性能的影响

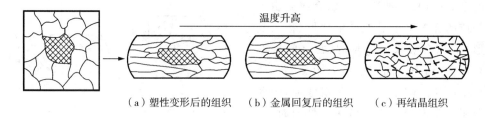

（a）塑性变形后的组织　　（b）金属回复后的组织　　（c）再结晶组织

图 2-40　金属的回复和再结晶示意图

当温度继续升高到该金属熔点（开氏温度）的 0.4 倍时，金属原子获得更多的热能，使塑性变形后金属被拉长了的晶粒重新生核、结晶，变为与变形前晶格结构相同的新等轴晶粒，这一过程称为再结晶。再结晶可以完全消除塑性变形所引起的冷变形强化现象，并使晶粒细化，改善力学性能。纯金属的再结晶温度为

$$T_{再} = 0.4 T_{熔} \tag{2-2}$$

式中：$T_{再}$——金属再结晶温度，K。

利用金属的冷变形强化可提高金属的强度和硬度，这是工业生产中强化金属材料的一种重要手段。但在塑性加工生产中，冷变形强化给金属继续进行塑性变形带来困难，应加以消除。在实际生产中，常采用加热的方法使金属发生再结晶，从而再次获得良好塑性。这种工艺操作称为再结晶退火。

当金属在大大高于再结晶的温度下受力变形时，冷变形强化和再结晶过程同时存在。此时，变形中的强化和硬化现象随之被再结晶过程所消除。

由于金属在不同温度下变形对其组织和性能的影响不同，因此金属的塑性变形分为冷变形和热变形两种。在再结晶温度以下进行的变形称为冷变形。此种变形过程中无再结晶现象，变形后的金属具有冷变形强化现象，所以冷变形的变形程度一般不宜过大，以避免产生破裂。冷变形能使金属获得较高的强度、硬度和低表面粗糙度值，故生产中常用它来提高

产品的性能。金属在再结晶温度以上进行的变形过程称为热变形。变形后,金属具有再结晶组织,而无冷变形强化痕迹。金属只有在热变形情况下,才能以较小的功耗达到较大的变形,同时能获得具有高力学性能的细晶粒再结晶组织。因此,金属塑性加工生产多采用热变形来进行。

金属塑性加工生产采用的最初坯料是铸锭,其内部组织很不均匀,晶粒较粗大,并存在气孔、缩松、非金属夹杂物等缺陷。铸锭加热后经过塑性加工,由于塑性变形及再结晶,从而改变了粗大、不均匀的铸态结构,如图 2-41(a) 所示,获得细化了的再结晶组织。同时可以将铸锭中的气孔、缩松等压合在一起,使金属更加致密,力学性能得到很大提高。

此外,铸锭在塑性加工中产生塑性变形时,基体金属的晶粒形状和沿晶界分布的杂质形状发生了变化,它们都将沿着变形方向被拉长,呈纤维状,这种结构称为纤维组织,如图 2-41(b) 所示。

 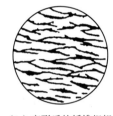

（a）变形前原始组织　　（b）变形后的纤维组织

图 2-41　铸锭热变形前后的组织

纤维组织使金属在性能上具有方向性,对金属变形后的质量也有影响。纤维组织越明显,金属在纵向(平行纤维方向)上塑性和韧性越高,而在横向(垂直纤维方向)上塑性和韧性越低。纤维组织的明显程度与金属的变形程度有关。变形程度越大,纤维组织越明显。塑性加工过程中,常用锻造比(y)来表示变形程度。

拔长时的锻造比为

$$y_{拔} = A_0/A = L/L_0 \tag{2-3}$$

镦粗时的锻造比为

$$y_{镦} = A/A_0 = H_0/H \tag{2-4}$$

式中：H_0、A_0、L_0——坯料变形前的高度、横截面积和长度；

H、A、L——坯料变形后的高度、横截面积和长度。

纤维组织的稳定性很高,不能用热处理方法加以消除,只有经过塑性加工使金属变形,才能改变其方向和形状。因此,为了获得具有最佳力学性能的零件,在设计和制造零件时,都应使零件在工作中产生的最大正应力方向与纤维方向重合,最大切应力方向与纤维方向垂直,并使纤维分布与零件的轮廓相符合,尽量使纤维组织不被切断。

3. 金属的可锻性

金属的可锻性是材料在锻造过程中经受塑性变形而不开裂的能力。金属的可锻性好,表明该金属适合采用塑性加工成形;可锻性差,表明该金属不宜选用塑性加工方法成形。

可锻性的优劣常用金属的塑性和变形抗力来综合衡量。塑性越好,变形抗力越小,则金属的可锻性越好;反之则越差。

金属的可锻性取决于金属的本质和加工条件。

1)金属的本质

(1)化学成分的影响

不同化学成分的金属可锻性不同。一般情况下,纯金属的可锻性比合金好;碳钢中碳的含量越低,其可锻性越好;钢中含有形成碳化物的元素(如铬、钼、钨、钒等)时,其可锻性显著下降。

(2)金属组织的影响

金属内部的组织结构不同,其可锻性有很大差别。纯金属及固溶体(如奥氏体)的可锻性好,而碳化物(如渗碳体)的可锻性差。铸态柱状组织和粗晶粒结构的可锻性不如晶粒细小而又均匀的组织的可锻性好。

2)加工条件

(1)变形温度的影响

提高金属变形时的温度,是改善金属可锻性的有效措施,并对生产率、产品质量及金属的有效利用等均有极大的影响。

金属在加热中,随着温度的升高,金属原子的运动能力增强(热能增加,原子处于极为活泼的状态中),很容易进行滑移,因而塑性提高,变形抗力降低,可锻性明显改善,更加适宜进行塑性加工。但加热温度过高,必将产生过热、过烧、脱碳和严重氧化等缺陷,甚至使锻件报废,所以应严格控制锻造温度。

(2)应变速率的影响

应变对时间的变化率称为应变速率。它对可锻性的影响是矛盾的。一方面随着应变速率的增大,回复和再结晶不能及时克服冷变形强化现象,金属则表现出塑性下降、变形抗力增大(图 2-42 中 C 点以左)现象,可锻性变差。另一方面,金属在变形过程中,消耗于塑性变形的能量有一部分转化为热能(称为热效应现象),改善着变形条件。应变速率越大,热效应现象越明显,使金属的塑性因升温而提高,变形抗力下降(图 2-42 中 C 点以右),可锻性变得更好。但这种热效应现象除在高速锤等设备的锻造中较明显外,在一般塑性加工的变形过程中,因应变速率低,不易出现。

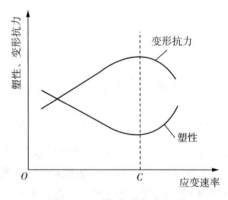

图 2-42 应变速率对金属
塑性加工性能的影响

(3)应力状态的影响

金属在经受不同方法变形时,所产生的应力性质(压应力或拉应力)和大小是不同的。例如,挤压变形时(图 2-43)为三向受压状态;而拉拔时(图 2-44)则为两向受压、一向受拉的状态。

实践证明,三个方向的应力中,压应力的数目越多,则金属的塑性越好;拉应力的数目越多,则金属的塑性越差。

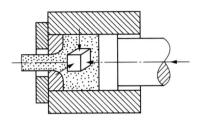
图 2-43　挤压时金属应力状态

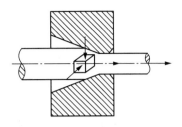
图 2-44　拉拔时金属应力状态

综上所述,在塑性加工过程中,应力求创造最有利的变形条件,充分发挥金属的塑性,降低变形抗力,使功耗最少,变形进行得充分。

2.2.2　锻造成形

在加压设备及工(模)具作用下,使坯料、铸锭产生局部或全部的塑性变形,以获得一定几何尺寸、形状和质量的锻件的加工方法,称为锻造。锻造能保证金属零件具有较好的力学性能,以满足使用要求。

1. 锻造方法

1)自由锻

只用简单的通用性工具,或在锻造设备的上、下砧间直接使坯料变形而获得所需的几何形状及内部质量锻件的方法。由于坯料在两砧间变形时,沿变形方向可自由流动,故称为自由锻。

自由锻生产所用工具简单,具有较大的通用性,因而应用范围较为广泛。自由锻可锻造的锻件质量由不足 1 kg 到 300 t。在重型机械制造中,它是生产大型和特大型锻件的唯一成形方法。

自由锻所用设备根据对坯料施加外力的性质不同,分为锻锤和液压机两大类。锻锤产生的冲击力使金属坯料变形,但由于能力有限,故只用来锻造中、小型锻件。液压机依靠产生的压力使金属坯料变形。其中,水压机可产生很大的作用力,能锻造质量达 300 t 的锻件,是重型机械厂锻造生产的主要设备。

(1)自由锻工序

自由锻的工序可分为基本工序、辅助工序和精整工序三大类。

① 基本工序

基本工序是使金属坯料实现主要的变形要求,达到或基本达到锻件所需形状和尺寸的工序。主要有以下几个:

a. 镦粗为使坯料高度减小、横截面积增大的锻造工序。它是自由锻生产中最常用的工序,适用于饼块、盘套类锻件的生产。

b. 拔长为使坯料横截面积减小、长度增加的锻造工序,适用于轴类、杆类锻件的生产。为达到规定的锻造比和改变金属内部组织结构,锻制以钢锭为坯料的锻件时,拔长经常与镦粗交替反复使用。

c. 冲孔为在坯料上冲出透孔或不透孔的锻造工序。对环类件,冲孔后还应进行扩孔工作。

d. 扭转为将坯料的一部分相对另一部分绕其轴线旋转一定角度的锻造工序。

e. 错移为将坯料的一部分相对另一部分错移开,但仍保持轴心平行的锻造工序。它是生产曲拐或曲轴必需的工序。

f. 切割为将坯料分成几部分或部分地割开,或从坯料的外部割掉一部分,或从内部割出一部分的锻造工序。

② 辅助工序

辅助工序是指进行基本工序之前的预变形工序,如压钳口、倒棱、压肩等。

③ 精整工序

精整工序为在完成基本工序之后,用以提高锻件尺寸及位置精度的工序。

(2)锻件分类及基本工序方案

自由锻锻件大致可分为六类。其形状特征及主要变形工序见表2-8。

表 2-8　锻件分类及所需锻造工序锻件类别

锻件类别	图　例	锻造工序
盘类锻件	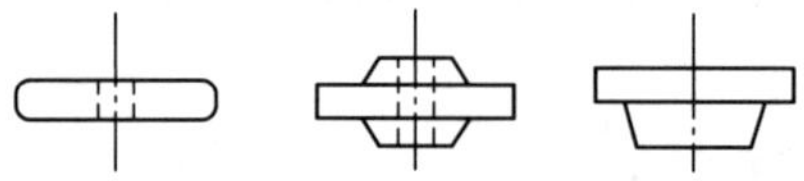	镦粗(或拔长及镦粗),冲孔
轴类锻件	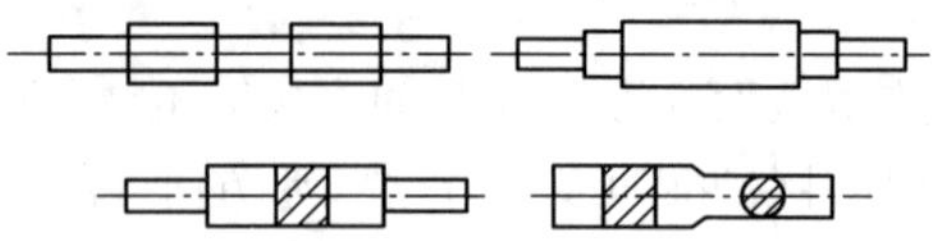	拔长(或镦粗及拔长),切肩和锻台阶
筒类锻件	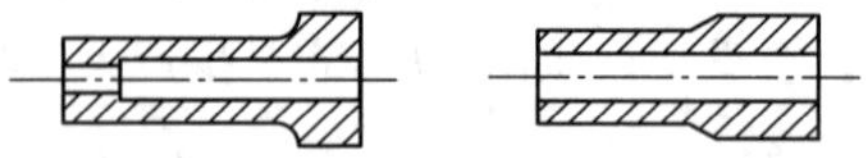	镦粗(或拔长及镦粗),冲孔,在心轴上拔长
环类锻件	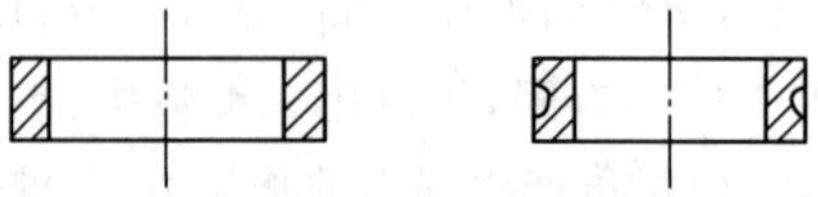	镦粗(或拔长及镦粗),冲孔,在心轴上扩孔
曲轴类锻件	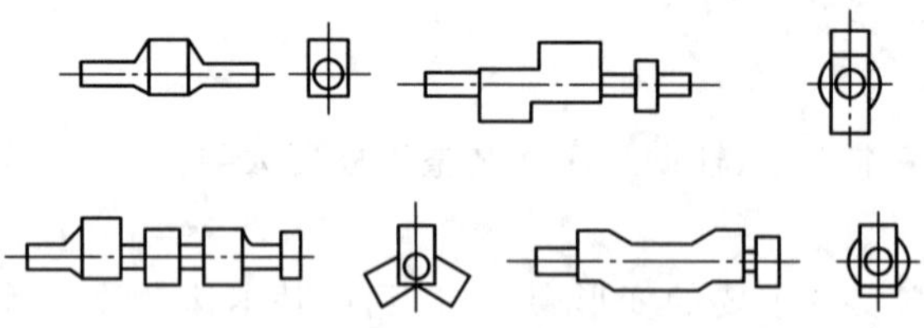	拔长(或镦粗及拔长),错移,锻台阶,扭转
弯曲类锻件	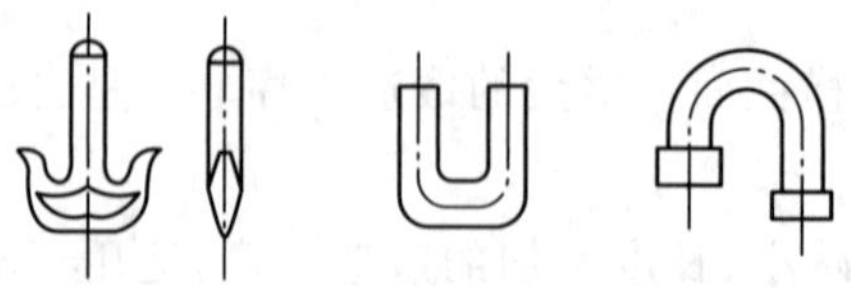	拔长,弯曲

2)模锻

模锻是利用锻模使坯料变形而获得锻件的锻造方法。由于金属是在模膛内变形,其流动受到模壁的限制,因而模锻生产的锻件尺寸精确、加工余量较小、结构可以较复杂,而且生产率高。模锻生产广泛应用在机械制造业和国防工业中。

按使用设备的不同,模锻可分为锤上模锻、胎模锻、曲柄压力机上模锻、摩擦螺旋压力机上模锻等。

(1)锤上模锻

锤上模锻所用设备为模锻锤,由其产生的冲击力使金属变形。图 2-45 所示为常用的蒸汽-空气模锻锤。该种设备上运动副之间的间隙小,运动精度高,可保证锻模的合模准确性。锻锤的吨位(落下部分的质量)为 1～10 t,可锻制 150 kg 以下的锻件。

锤上模锻生产所用的锻模如图 2-46 所示。上模 2 和下模 4 分别用楔铁 10、7 固定在锤头和模垫 5 上,模垫用楔铁 6 固定在砧座上。上模随锤头做上下往复运动。9 为模腔,8 为分模面,3 为飞边槽。

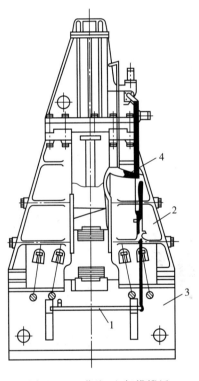

图 2-45　蒸汽-空气模锻锤

1—踏板;2—机架;3—砧座;4—操纵杆

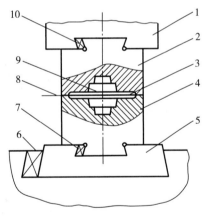

图 2-46　锤上模锻用锻模

1、5—模垫;2—上模;3—飞边槽;4—下模;
6、7、10—楔铁;8—分模面;9—模腔

根据其功用的不同,模腔分为模锻模腔和制坯模腔两种。

① 模锻模腔

由于金属在此种模腔中发生整体变形,故作用在锻模上的抗力较大。模锻模腔又分为如下两种:

a. 终锻模腔

终锻模腔是模锻时最后成形用的模腔。由于锻件冷却时要收缩,故终锻模腔的尺寸应比锻件尺寸放大一个收缩量。钢件收缩率取 1.5%。另外,沿模膛四周有飞边槽,用以增加金属从模膛中流出的阻力,促使金属更好地充满模膛,同时容纳多余的金属。由于带孔的模锻件在模锻时不能直接获得通孔,故在该部位留有一层较薄的金属,称为连皮(图 2-47)。将连皮和飞边冲掉后,才能得到具有通孔的模锻件。

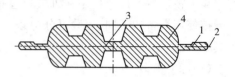

图 2-47 带有连皮及飞边的模锻件

1—飞边;2—分模面;3—连皮;4—锻件

b. 预锻模膛

预锻模膛是为了改善终锻时金属的流动条件,避免产生充填不满和折叠,使锻坯最终成形前获得接近终锻形状的模膛。可减少对终锻模膛的磨损,延长锻模的使用寿命。预锻模膛与终锻模膛的主要区别是,前者的圆角和斜度较大,没有飞边槽。对于形状简单或批量不够大的模锻件也可以不设置预锻模膛。

② 制坯模膛

对于形状复杂的模锻件,为了使坯料形状基本接近模锻件形状,使金属能合理分布和很好地充满模锻模膛,就必须预先在制坯模膛内制坯。如图 2-48 所示,制坯模膛包括拔长模膛、滚压模膛、弯曲模膛、切断模膛等。

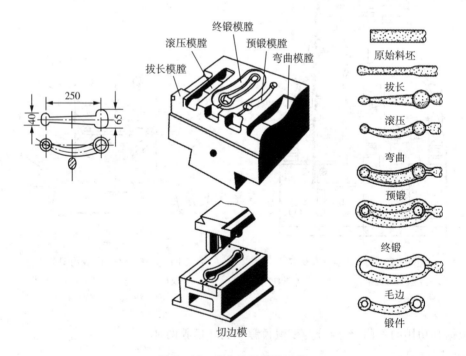

图 2-48 弯曲连杆锻造过程

锤上模锻虽具有设备投资较少、锻件质量较好、适应性强、可以实现多种变形工步、可锻制不同形状的锻件等优点,但由于锤上模锻振动大、噪声大,完成一个变形工步往往需要经过多次锤击,故难以实现机械化和自动化生产,生产率在模锻中相对较低。

（2）胎模锻

胎模锻是在自由锻设备上使用可移动模具生产模锻件的一种锻造方法。胎模不固定在锤头或砧座上，只是在使用时才放上去。胎模锻常用自由锻方法制坯，在胎模中成形。

胎模结构简单，形式多样，主要有扣模、筒模及合模三种。扣模用来对坯料进行全部或局部扣形，以生产长杆非回转体锻件，如图 2-49 所示。筒模主要用于生产锻造齿轮、法兰盘等盘类锻件，如图 2-50 所示。合模由上模和下模组成，并有导向结构，可锻制形状复杂、精度较高的非回转体锻件，如图 2-51 所示。

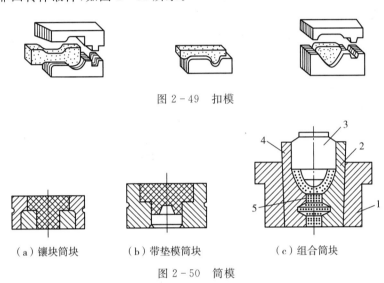

图 2-49　扣模

（a）镶块筒块　　（b）带垫模筒块　　（c）组合筒块

图 2-50　筒模

1—筒模；2—右半模；3—冲头；4—左半模；5—锻件

由于胎模结构较简单，不需要昂贵的模锻设备，因此扩大了自由锻生产的范围。但胎模易损坏，较其他模锻方法生产的锻件精度低、劳动强度大，故胎模锻只适用于没有模锻设备的中小型工厂生产中、小批锻件。

2. 锻造工艺规程的制定

制定工艺规程、编写工艺卡片是进行锻造生产必不可少的技术准备工作，是组织生产过程、规定操作规范、控制和检查产品质量的依据。制定锻造工艺规程的主要内容如下：

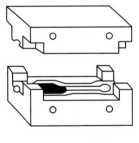

图 2-51　合模

1）绘制锻件图

锻件图是根据零件图绘制的。自由锻件的锻件图是在零件图的基础上考虑了机械加工余量、锻造公差、余块等之后绘制的图形。模锻件的锻件图还应考虑分模面的选择、模锻斜度和圆角半径等。

（1）余块、机械加工余量和锻造公差

为了简化零件的形状和结构，便于锻造而增加的一部分金属，称为余块。如消除零件上的键槽、环形沟槽、齿谷或尺寸相差不大的台阶而增加的金属。

成形时为了保证机械加工最终获得所需的尺寸而允许保留的多余金属，称为机械加工余量。其大小与零件形状、尺寸、结构的复杂程度和锻造方法有关,具体数值可查表确定。

锻造公差是锻件名义尺寸的允许变动量。其数值按锻件形状、尺寸、锻造方法等因素查表确定。

自由锻件的锻件图如图 2-52(b)所示,图中双点画线表示零件的轮廓。

(2)分模面

分模面是上、下模或凸、凹模的分界面。分模面可以是平面,也可以是曲面。其在锻件上的位置是否合适,关系到锻件成形和脱模、材料利用率以及锻模加工等一系列问题。选定分模面的原则是:

① 应保证模锻件能从模腔中取出。如图 2-53 所示的轮形件,把分模面选定在 a—a 面时,已成形的模锻件就无法取出。一般情况下,分模面应选在模锻件的最大截面处。

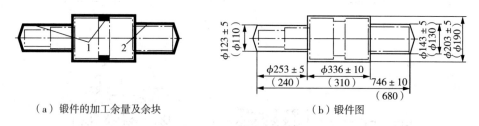

(a)锻件的加工余量及余块 　　　　(b)锻件图

图 2-52　典型锻件图

1—余块;2—加工余量

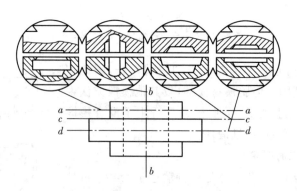

图 2-53　分模面的选择比较图

② 应使上、下两模沿分模面的模腔轮廓一致,以便在安装锻模和生产中容易发现错模现象,及时而方便地调整锻模位置。图 2-53 中的 c—c 面若被选定为分模面,就不符合此原则。

③ 分模面应选在能使模腔深度最浅的位置上,这样有利于金属充满模腔,便于取件,并有利于锻模的制造。图 2-53 中的 b—b 面,就不适合作为分模面。

④ 选定的分模面应使零件上所增加的余块最少。图 2-53 中的 b—b 面被选作分模面时,零件中的孔不能锻出来,既浪费金属,又增加机械加工的工作量,所以该面不宜选为分模面。

⑤ 分模面最好是一个平面,以便于锻模的制造,并防止锻造过程中上、下锻模错动。

按上述原则综合分析,图 2 - 53 中的 $d—d$ 面是最合理的分模面。

(3)模锻斜度和圆角半径

为了使锻件易于从模腔中取出,锻件与模膛侧壁接触部分需带一定斜度。锻件上的这一斜度称为模锻斜度(图 2 - 54)。两面相接的转角都应以适当大小的圆角连接,如图 2 - 55 所示。

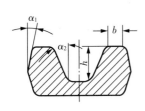

图 2 - 54　模锻斜度

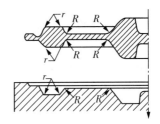

图 2 - 55　模锻圆角半径

对于锤上模锻,模锻斜度一般为 $5°\sim15°$。模锻斜度与模腔的深度(h)和宽度(b)有关。两者比值(h/b)越大时,取越大的斜度值。图 2 - 54 中的 α_2 为内壁(即当锻件冷却时,锻件与模壁夹紧的表面)斜度,其值比外壁(即当锻件冷却时,锻件与模壁离开的表面)斜度 α_1 大 $2°\sim5°$。

模锻件外圆角半径(r)取 $1.5\sim12\,\mathrm{mm}$,内圆角半径(R)比外圆角半径大 $2\sim3$ 倍。模膛越深,模锻圆角半径的取值就越大。

图 2 - 56 为齿轮坯的模锻锻件图。分模面选在锻件高度方向的中部。零件的轮辐部分不加工,故不留加工余量。图上内孔中部的两条水平直线为连皮切除后的痕迹线。

2)坯料重量和尺寸的确定

坯料重量可按下式计算,即

$$G_{坯料} = G_{锻件} + G_{烧损} + G_{料头} \qquad (2 - 5)$$

式中:$G_{坯料}$——坯料重量;

$\quad G_{锻件}$——锻件重量;

$\quad G_{烧损}$——加热中坯料表面因氧化而烧损的重量(第一次加热取被加热金属重量的 $2\%\sim3\%$,以后各次加热的烧损重量取 $1.5\%\sim2.0\%$);

$\quad G_{料头}$——在锻造过程中冲掉或被切掉的那部分金属的重量。

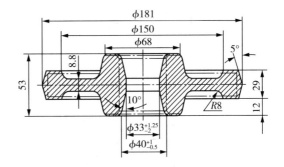

图 2 - 56　齿轮坯模锻锻件图

坯料的尺寸根据坯料重量和几何形状确定,还应考虑坯料在锻造中所必需的变形程度,即锻造比的问题。对于以钢锭作为坯料并采用拔长方法锻制的锻件,锻造比一般不小于 $2.5\sim3$。

3)锻造工序的确定

锻造工序都是根据工序特点和锻件类型来确定的。采用自由锻生产锻件时,其工序参阅表2-8选定。采用模锻方法生产模锻件时,其工序根据模锻件的形状和尺寸确定。

3. 锻件结构的工艺性

设计锻造成形的零件时,除应满足使用性能要求外,还必须考虑锻造工艺的特点,即锻造成形的零件结构要具有良好的工艺性。这样可使锻造成形方便,节约金属,保证质量和提高生产率。

(1)自由锻锻件的结构工艺性

自由锻锻件若有锥体或斜面结构,如图2-57(a)所示,将使锻造工艺复杂,操作不方便,降低设备的使用效率,应改进设计,如图2-57(b)所示。

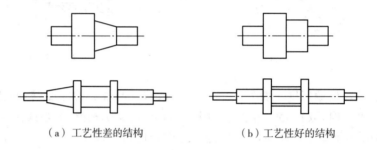

（a）工艺性差的结构　　　　　　（b）工艺性好的结构

图2-57　轴类锻件结构

锻件由数个简单几何体构成时,几何体间的交接处不应形成空间曲线。图2-58(a)所示结构采用自由锻方法极难成形,应改成平面与圆柱、平面与平面相接的结构,如图2-58(b)所示。

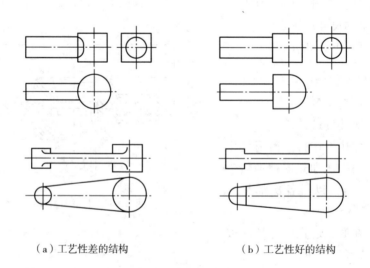

（a）工艺性差的结构　　　　　　（b）工艺性好的结构

图2-58　杆类锻件结构

自由锻锻件上不应设计出加强筋、凸台、工字形截面或空间曲线形表面,如图2-59(a)所示,应将锻件结构改成如图2-59(b)所示的结构。

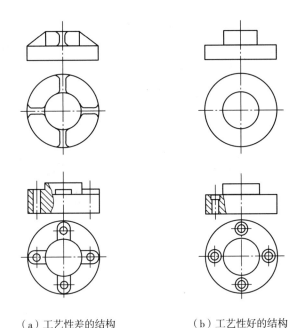

（a）工艺性差的结构　　　　　　（b）工艺性好的结构

图 2-59　盘类锻件结构

自由锻锻件的横截面若有急剧变化或形状较复杂时,如图 2-60(a)所示,应设计成由几个简单件构成的几何体。每个简单件锻制成形后,再用焊接或机械连接方式构成整体件,如图 2-60(b)所示。

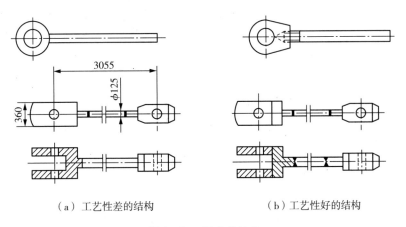

（a）工艺性差的结构　　　　　　（b）工艺性好的结构

图 2-60　复杂件结构

(2)模锻件的结构工艺性

模锻件上必须具有一个合理的分模面,以保证模锻成形后,容易从锻模中取出锻件,并且应使余块最少,锻模容易制造。

由于模锻件尺寸精度较高、表面粗糙度值低,因此零件上只有与其他机件配合的表面才需进行机械加工,其他表面均应设计为非加工表面。模锻件上与分模面垂直的非加工表面,应设计出模锻斜度。两个非加工表面形成的角(包括外角和内角)都应按模锻圆角设计。

为了使金属容易充满模膛和减少工序,模锻件外形应力求简单、平直和对称。尽量避免模锻件截面间差别过大,或具有薄壁、高筋、高台等结构。图 2-61(a)所示零件的小截面直径与大截面直径之比为 0.5,不符合模锻生产的要求。图 2-61(b)所示模锻件扁而薄,模锻时,薄部金属冷却快,变形抗力剧增,易损坏锻模。图 2-61(c)所示零件有一个高而薄的凸缘,金属难以充满模膛,且使锻模制造和锻件成形后取出较为困难,应改进设计成图 2-61(d)所示形状。

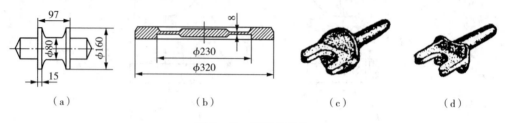

（a）　　　　　　　　　（b）　　　　　　　（c）　　　　　　（d）

图 2-61　模锻件形状

模锻件的结构中应避免深孔或多孔结构。图 2-62 所示零件的轴孔($\phi 60$ mm)属深孔结构。该零件上又有四个非加工孔($\phi 40$ mm),不能锻出,改用机械加工方法制出。

模锻件的整体结构应力求简单。当整体结构在成形中需增加较多余块时,可采用组合工艺制作。如图 2-63 所示的零件,先采用模锻方法单个成形,然后焊接成一个整体零件。

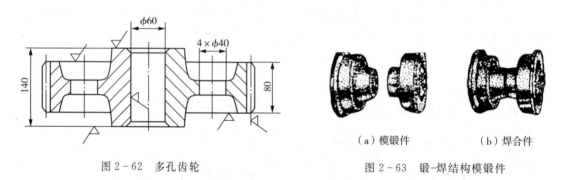

（a）模锻件　　　　（b）焊合件

图 2-62　多孔齿轮

图 2-63　锻-焊结构模锻件

2.2.3　板料冲压成形

冲压是使板料经分离或成形而获得制件的工艺统称。冲压中所选用的板料通常是在冷态下进行的,所以又称为冷冲压。只有当板料厚度超过 8～10 mm 时,才采用热冲压。

在制造金属成品的工业部门中,广泛地应用着冲压工艺,特别是在汽车、拖拉机、航空、电器、仪表及国防等工业中,冲压占有极其重要的地位。主要原因是板料冲压生产率高、成本低;产品精度高、表面粗糙度低、互换性好;质量轻、无需切削加工、强度和刚度较高。但是冲模制造复杂,只适用于大批量生产。

冲压生产中常用的设备是剪床和冲床。剪床用来把板料剪切成一定宽度的条料,以供下一步冲压工序用。冲床用来实现冲压工序,以制成所需形状和尺寸的零件。冲床的最大吨位可达 40000 kN。

冲压生产的基本工序有分离工序和变形工序两大类。

1. 分离工序

分离工序是使坯料的一部分与另一部分相互分离的工序,如落料、冲孔、切断和修整等。

1)落料及冲孔(统称冲裁)

利用冲模将板料以封闭的轮廓与坯料分离的一种冲压方法称为冲裁。利用冲裁取得一定外形的制件或坯料的冲压方法,称为落料(图 2-64)。将材料以封闭的轮廓分离开来,获得带孔的制件的一种冲压方法称为冲孔。冲孔中的冲落部分为废料。

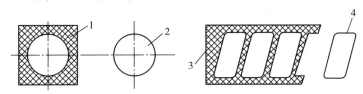

图 2-64　落料

1、3—废料;2、4—落料件

(1)冲裁变形过程

金属板料的冲裁过程可分为如下三个阶段(图 2-65):

① 弹性变形阶段

冲头(凸模)接触板料后继续向下运动的初始阶段,将使板料产生弹性压缩、拉伸与弯曲等变形。板料中的应力值迅速增大。此时,凸模下的板料略有弯曲,凸模周围的板料则向上翘,间隙 c 的数值越大,弯曲和上翘越明显。

② 塑性变形阶段

冲头继续向下运动,板料中的应力值达到屈服极限,板料金属发生塑性变形。变形达到一定程度时,位于凸、凹模刃口处的金属冷变形强化加剧,出现微裂纹。

③ 断裂分离阶段

冲头继续向下运动,已形成的上、下裂纹逐渐扩展。上、下裂纹相遇重合后,板料被剪断分离。

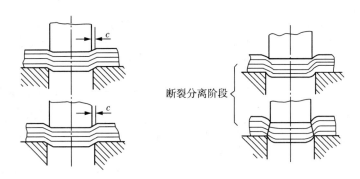

图 2-65　冲裁变形和分离过程

冲裁件分离面的质量主要与凸凹模间隙、刃口锋利程度有关,同时也受模具结构、材料性能及板料厚度等因素影响。

(2)凸凹模间隙

凸凹模间隙不仅严重影响冲裁件的断面质量,而且影响模具寿命、卸料力、推件力、冲裁力和冲裁件的尺寸精度。

单边间隙(c)的合理数值可按下述经验公式计算,即

$$c = m\delta \qquad (2-6)$$

式中:δ——板料厚度,mm;

m——与板料性能及厚度有关的系数。

实用中,板料较薄时,m 可以选用如下数据:

① 材料为低碳钢、纯铁时,$m = 0.06 \sim 0.09$;

② 材料为铜、铝合金时,$m = 0.06 \sim 0.1$;

③ 材料为高碳钢时,$m = 0.08 \sim 0.12$。

当板料厚度 δ 大于 3 mm 时,由于冲裁力较大,应适当把系数 m 放大。当对冲裁件断面质量没有特殊要求时,系数 m 可放大 1.5 倍。

(3)凸凹模刃口尺寸的确定

设计落料模时,应先按落料件确定凹模刃口尺寸,取凹模作设计基准件,然后根据间隙确定凸模尺寸,即用缩小凸模刃口尺寸来保证间隙值。设计冲孔模时,先按冲孔件确定凸模刃口尺寸,取凸模作设计基准件,然后根据间隙确定凹模尺寸,即扩大凹模刃口尺寸来保证间隙值。

为了保证冲裁件的尺寸要求,并提高模具的使用寿命,落料时凹模刃口的尺寸应靠近落料件公差范围内的最小尺寸;冲孔时,选取凸模刃口的尺寸靠近孔的公差范围内的最大尺寸。

(4)冲裁件的排样

排样是指冲裁件在条料或带料上的布置方法。合理排样可使废料最少,节省材料。

排样有两种类型:无搭边排样和有搭边排样。无搭边排样材料利用率高,但落料件质量较差。因此,一般均采用有搭边排料。图 2-66 为同一个冲裁件采用四种不同排样方式时材料消耗的对比情况。

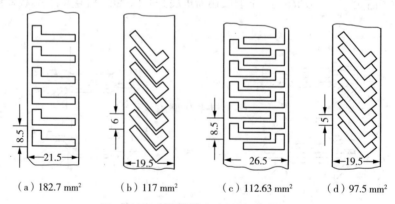

| (a) 182.7 mm² | (b) 117 mm² | (c) 112.63 mm² | (d) 97.5 mm² |

图 2-66　不同排样方式材料消耗对比

2)修整

修整是利用修整模沿冲裁件外缘或内孔刮削一薄层金属,以切掉冲裁件上的剪裂带和毛刺,从而提高冲裁件的尺寸精度(IT7~IT16),降低表面粗糙度值($Ra1.6 \sim 0.8$ μm)。修整冲裁件的外形称为外缘修整,修整冲裁件的内孔称为内孔修整(图 2-67)。

修整的机理与冲裁完全不同,而与切削加工相似。对于大间隙冲裁件,单边修整量一般为板料厚度的 10%;对于小间隙冲裁件,单边修整量在板料厚度的 8% 以下。

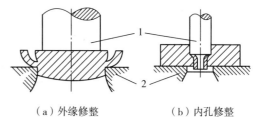

（a）外缘修整　　　（b）内孔修整

图 2-67　修整工序简图

1—凸模;2—凹模

3）切断

切断是利用剪刀或冲模将材料沿不封闭的曲线分离的一种冲压方法。

剪刀安装在剪床上,把大板料剪切成一定宽度的条料,供下一步冲压工序用。冲模是安装在冲床上,用以制取形状简单、精度要求不同的平板件。

2. 变形工序

变形是使坯料的一部分相对于另一部分产生位移而不破裂的工序,如拉深、弯曲、翻边、胀形等。

（1）拉深

变形区在一拉一压的应力作用下,使板料（浅的空心坯）成形为空心件（深的空心件）,而厚度基本不变的加工方法称为拉深。图 2-68（a）为坯料成形为空心件,图 2-68（b）为浅空心坯成形为深空心件。

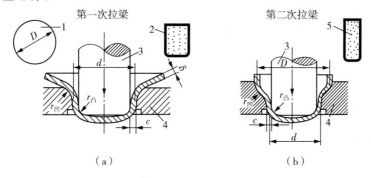

图 2-68　拉深工序

1—坯料;2—第一次拉深成品,即第二次拉深的坯料;3—凸模;4—凹模;5—成品

如图 2-68（a）所示,将直径为 D 的平板坯料放在凹模上,在凸模作用下,坯料被拉入凸模和凹模的间隙中,形成空心拉深件。拉深件的底部金属一般不变形,只起传递拉力的作用,厚度也基本不变。

由此可见,拉深件的底部未发生变形,工件的周壁金属则发生了很大的塑性变形,引起了相当大的冷变形强化。坯料直径 D 与工件直径 d 相差越大,金属的冷变形强化现象越严重,拉深变形阻力就越大,甚至有可能将工件底部拉穿。因此,拉深系数 $m(m=d/D)$ 应有一定的限制,一般取 $m=0.5\sim0.8$。坯料塑性差取上限,坯料塑性好取下限。

如果拉深系数过小,不能一次拉深成形时,则可采用多次拉深工艺（图 2-69）。但在多次拉深过程中,冷变形强化现象严重。为保证坯料具有足够的塑性,在一两次拉深后,应安排工序间的退火处理。另外,在多次拉深中,拉深系数应一次比一次略大一些,以确保拉深件的质量,使生产顺利进行。总拉深系数值等于各次拉深系数值的乘积。

增大凸模和凹模的圆角半径、工作时使用润滑剂,都能减少拉深阻力、减少模具的磨损、降低拉深系数、提高生产率。

拉深过程中的另一种常见缺陷是起皱(图 2-70)。为防止起皱,可设置压边圈来解决。

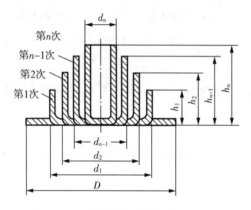

图 2-69 多次拉深时圆筒直径的变化

图 2-70 起皱拉深件

(2)弯曲

将板料、型材或管材在弯矩作用下弯成具有一定曲率和角度的制件的成形方法称为弯曲(图 2-71)。弯曲过程中,坯料为板料时,板料弯曲部分的内侧受压缩,而外层受拉伸。当外侧的拉应力超过板料的抗拉强度时,即会造成金属破裂。板料越厚,内弯曲半径 r 越小,则拉应力越大,越容易弯裂。为防止弯裂,最小弯曲半径应为 $r_{min} = (0.25 \sim 1)\delta$($\delta$ 为金属板料的厚度)。材料塑性好,则弯曲半径可小些。

弯曲时还应尽可能使弯曲线与板料纤维垂直(图 2-72)。若弯曲线与纤维方向一致,则容易产生破裂,此时应增大弯曲半径。

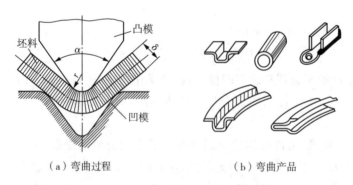

（a）弯曲过程　　（b）弯曲产品

图 2-71 弯曲过程中金属变形简图

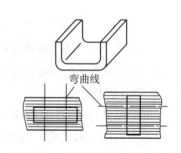

图 2-72 弯曲时的纤维方向

弯曲时,板料产生的变形由塑性变形和弹性变形两部分组成。外载荷去除后,塑性变形保留下来,弹性变形消失,使板料形状和尺寸发生与加载时变形方向相反的变化,从而消去一部分弯曲变形效果的现象,称为回弹。回弹使被弯曲的角度增大,一般回弹角为 $0° \sim 10°$。

因此,在设计弯曲模时,必须使模具的角度比成品件角度小一个回弹角,以保证成品件的弯曲角度准确。

(3)翻边

在坯料的平面部分或曲面部分的边缘,沿一定曲线翻起竖立直边的成形方法称为翻边(图 2-73)。根据变形的性质、坯料结构和形状的不同,翻边有多种方法。在预先制好孔的半成品上或未经制孔的板料上冲制出竖直边缘的成形方法称为翻孔(图 2-74)。

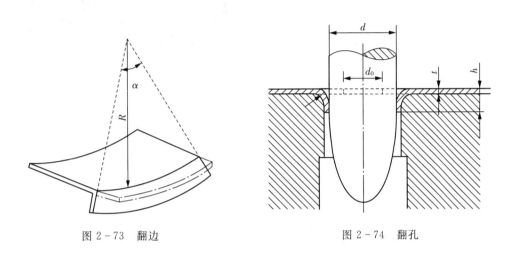

图 2-73　翻边　　　　　　　　　图 2-74　翻孔

翻孔前,预制孔直径由翻孔系数 k(孔翻边时的变形程度,其值为翻孔前后孔径之比)来确定,即

$$k = d_0/d \qquad\qquad (2-7)$$

式中:d_0——翻边前的孔径尺寸;

　　　d——翻边后的内孔尺寸。

对于镀锡铁皮,k 不小于 0.65;对于酸洗钢,k 不小于 0.68。

当零件所需凸缘的高度较大时,用一次翻孔成形计算出的翻孔系数 k 值很小,直接成形无法实现,则可采用先拉深、后冲孔、再翻孔的工艺来实现。

(4)胀形

胀形是利用局部塑性变形使坯料或半成品获得所要求形状和尺寸的加工过程(图 2-75)。主要用于制作刚性筋条凸边、凹槽,或增大半成品的部分直径等。图 2-75(a)是用橡胶压筋即起伏,图 2-75(b)是用橡胶芯子来增大半成品中间部分的直径。

3. 冲压件的结构工艺性

板料冲压件一般都是大批量生产的,所以金属板料的节省和模具的耐用度都很重

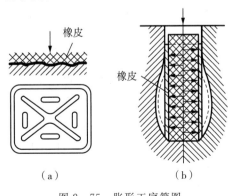

图 2-75　胀形工序简图

要。因此,冲压件的设计应注意下列要求:

(1)落料件的外形和冲孔件的孔形应力求简单、对称,同时应使冲裁件在排样时将废料降低到最少的程度。图2-76(b)较图2-76(a)更为合理,材料利用率可达79%。

(2)冲裁件的结构尺寸(如孔径、孔距等)必须考虑材料的厚度(图2-77)。

(3)冲裁件上直线与直线、曲线与直线的交接处,均应用圆弧连接,以避免尖角处因应力集中而产生裂纹。

(4)弯曲件和拉深件上冲孔的位置应该在圆角的圆弧之外,如图2-78所示。应该先弯曲,后冲孔。

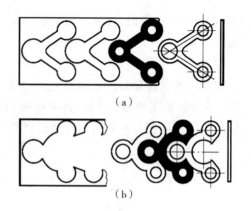

图2-76 零件形状与节约材料的关系

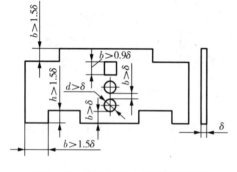

图2-77 冲孔件尺寸与厚度的关系

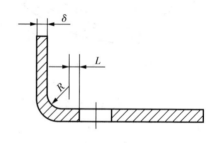

图2-78 带孔的弯曲件

(5)拉深件的周壁最好能有3°斜度,以便卸下工件。

2.3 焊 接

焊接是通过加热或加压(或两者并用),使工件产生原子间结合的一种连接方法。

焊接在现代工业生产中具有十分重要的作用,如舰船的船体、高炉炉壳、建筑构架、锅炉与压容器、车厢及家用电器、汽车车身等工业产品的制造,都离不开焊接。焊接方法在制造大型结构件或复杂机器部件时,更显得优越。它可以用化大为小、化复杂为简单的办法来准备坯料,然后用逐次装配焊接的方法拼小成大、拼简单成复杂。这是其他工艺方法难以做到的。在制造大型机器设备时,还可以采用铸-焊或锻-焊复合工艺。这样,仅有小型铸、锻设备的工厂也可以制造出大型零部件。用焊接方法还可以制成双金属构件,如制造复合层容器。此外,还可以对不同材料进行焊接。总之,焊接方法的这些优越性,使其在现代工业中的应用日趋广泛。

焊接方法的种类很多,其中电弧焊是应用最普遍的焊接方法。

2.3.1　电弧焊

1. 焊接电弧

焊接电弧是在具有一定电压的两电极间或电极与工件之间的气体介质中,产生的强烈而持久的放电现象,即在局部气体介质中有大量电子流通过的导电现象。

产生电弧的电极可以是金属丝、钨丝、碳棒或焊条。焊接电弧如图 2 - 79 所示。引燃电弧后,弧柱中就充满了高温电离气体,并放出大量的热能和强烈的光。电弧的热量与焊接电流和电弧电压的乘积成正比。电流越大,电弧产生的总热量就越大。一般情况下,电弧热量在阳极区产生的较多,约占总热量的 43%;阴极区因放出大量的电子,消耗了一部分能量,所以产生的热量相对较少,约占 36%;其余 21% 左右的热量是在弧柱中产生的。焊条电弧焊只有 65%~85% 的热量用于加热和熔化金属,其余的热量则散失在电弧周围和飞溅的金属滴中。

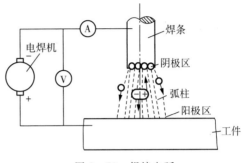

图 2 - 79　焊接电弧

电弧中阳极区和阴极区的温度因电极材料不同而有所不同。用钢焊条焊接钢材时,阳极区温度约为 2600 K,阴极区约为 2400 K,电弧中心区温度为最高,可达 6000~8000 K。

由于电弧产生的热量在阳极和阴极上有一定差异及其他一些原因,使用直流电源焊接时,有正接和反接两种接线方法。

正接是将工件接到电源的正极,焊条(或电极)接到负极;反接是将工件接到电源的负极,焊条(或电极)接到正极,如图 2 - 80 所示。正接时工件的温度相对高一些。

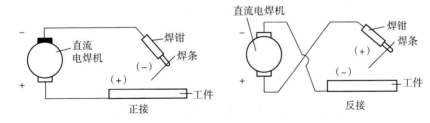

图 2 - 80　直流电源时的正接与反接

如果焊接时使用的是交流电焊机(弧焊变压器),因为电极每秒钟正负变化达 100 次之多,所以两极加热温度一样,都在 2500 K 左右,因而不存在正接和反接问题。

电焊机的空载电压就是焊接时的引弧电压,一般为 50~90 V。电弧稳定燃烧时的电压称为电弧电压,它与电弧长度(即焊条与焊件间的距离)有关。电弧长度越大,电弧电压也越高。一般情况下,电弧电压在 16~35 V 范围之内。

2. 焊接接头的组织与性能

1)焊接工件上温度的变化与分布

焊接时,电弧沿着工件逐渐移动并对工件进行局部加热。因此在焊接过程中,焊缝及其附近的金属都是由常温状态开始被加热到较高的温度,然后再逐渐冷却到室温。但随着各点金属所在位置的不同,其最高加热温度是不同的。图 2-81 给出了焊接时焊件横截面上不同点的温度变化情况。由于各点离焊缝中心距离不同,因此各点的最高温度也不同。又因热传导需要一定时间,所以各点是在不同的时间达到该点的最高温度的。但总的看来,在焊接过程中,焊缝的形成是一次冶金过程,焊缝附近区域金属相当于受到一次不同规范的热处理,必然会产生相应的组织与性能的变化。

2)焊接接头的组织与性能

以低碳钢为例说明焊缝和焊缝附近区域由于受到电弧不同程度的加热而产生的组织与性能的变化。如图 2-82 所示,左侧下部是焊件的横截面,上部是相应各点在焊接过程中被加热的最高温度曲线(并非某一瞬时该截面的实际温度分布曲线)。图中 1、2、3 各段金属组织的获得,可用右侧所示的部分铁碳合金状态图来对照分析。

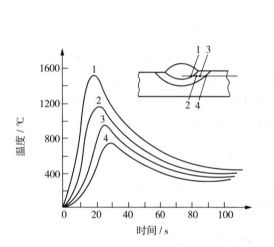

图 2-81　焊缝区各点温度变化情况

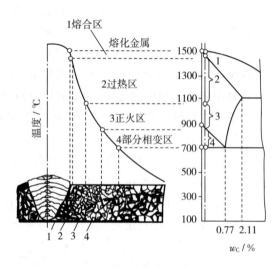

图 2-82　低碳钢焊接接头的组织

(1)焊缝

焊缝的结晶是从熔池底壁开始向中心成长的。因结晶时各个方向的冷却速度不同,从而形成柱状的铸态组织(由铁素体和少量珠光体所组成)。因结晶是从熔池底部的半熔化区开始逐次进行的,低熔点的硫、磷杂质和氧化铁等易偏析物集中在焊缝中心区,将影响焊缝的力学性能。因此,应慎重选用焊条或其他焊接材料。

焊接时,熔池金属受电弧吹力和保护气体的吹动,熔池底壁柱状晶体的成长受到干扰,柱状体呈倾斜状,晶粒有所细化。同时由于焊接材料的渗合金作用,焊缝金属中锰、硅等合金元素量可能比母材(即焊件)金属高,焊缝金属的性能可能不低于母材金属的性能。

(2)焊接热影响区

焊接热影响区是指焊缝两侧金属因焊接热作用(但未熔化)而发生金相组织和力学性能变化的区域。由于焊缝附近各点受热情况不同,热影响区可分为熔合区、过热区、正火区和部分相变区等。

① 熔合区是焊缝和基体金属的交接过渡区。此区温度处于固相线和液相线之间,由于焊接过程中母材部分熔化,所以也称为半熔化区。此时,熔化的金属凝固成铸态组织,未熔化金属因加热温度过高而成为过热粗晶。在低碳钢焊接接头中,熔合区虽然很窄(0.1～1 mm),但因其强度、塑性和韧性都下降,而且此处接头断面变化,易引起应力集中,所以熔合区在很大程度上决定着焊接接头的性能。

② 过热区为被加热到 Ac_3 以上 100～200 ℃ 至固相线温度区间。由于奥氏体晶粒粗大,形成过热组织,故塑性及韧性降低。对于易淬火硬化钢材,此区脆性更大。

③ 正火区为被加热到 Ac_1 至 Ac_3 以上 100～200 ℃ 区间。加热时金属发生重结晶,转变为细小的奥氏体晶粒。冷却后得到均匀而细小的铁素体和珠光体组织,其力学性能优于母材。

④ 部分相变区相当于加热到 Ac_1～Ac_3 温度区间。珠光体和部分铁素体发生重结晶,转变成细小的奥氏体晶粒。部分铁素体不发生相变,但其晶粒有长大趋势。冷却后晶粒大小不均,因而力学性能比正火区稍差。

焊接热影响区的大小和组织性能变化的程度,决定于焊接方法、焊接参数、接头形式和焊后冷却速度等因素。表 2-9 是用不同焊接方法焊接低碳钢时,焊接热影响区的平均尺寸数值。

表 2-9　焊接热影响区的平均尺寸数值

焊接方法	过热区宽度/mm	热影响区总宽度/mm
焊条电弧焊	2.2～3.5	6.0～8.5
埋弧自动焊	0.8～1.2	2.3～4.0
手工钨极氩弧焊	2.1～3.2	5.0～6.2
气焊	21	27
电子束焊接	—	0.05～0.75

同一焊接方法使用不同的焊接参数时,热影响区的大小也不相同。在保证焊接质量的条件下,增加焊接速度或减少焊接电流都能减小焊接热影响区。

3)改善焊接热影响区组织和性能的方法

焊接热影响区在电弧焊焊接接头中是不可避免的。用焊条电弧焊或埋弧焊方法焊接一般低碳钢结构时,因热影响区较窄,危害性较小,焊后不进行处理即可使用。但对重要的碳钢结构件、低合金钢结构件,则必须注意热影响区带来的不利影响。为消除其影响,一般采用焊后正火处理,使焊缝和焊接热影响区的组织转变成为均匀的细晶结构,以改善焊接接头的性能。

对焊后不能进行热处理的金属材料或构件,则只能通过正确选择焊接材料、焊接方法与焊接工艺来减少焊接热影响区的范围。

3. 焊接应力与变形

焊接过程是一个极不平衡的热循环过程,即焊缝及其相邻区金属都要由室温被加热到很高温度(焊缝金属已处于液态),然后再快速冷却下来。由于在这个热循环过程中,焊件各部分的温度不同,随后的冷却速度也各不相同,因而焊件各部位在热胀冷缩和塑性变形的影响下,必将产生内应力、变形或裂纹。

焊缝是靠一个移动的点热源来加热,随后逐次冷却下来所形成的。因而应力的形成、大小和分布状况较为复杂。为简化问题,假定整条焊缝同时成形。当焊缝及其相邻区金属处于加热阶段时都会膨胀,但受到焊件冷金属的阻碍,不能自由伸长而受压,形成压应力。该压应力使处于塑性状态的金属产生压缩变形。随后再冷却到室温时,其收缩又受到周边冷金属的阻碍,不能缩短到自由收缩所应达到的位置,因而产生残余拉应力(焊接应力)。图2-83所示为平板对接焊缝和圆筒环形焊缝的焊接应力分布状况。

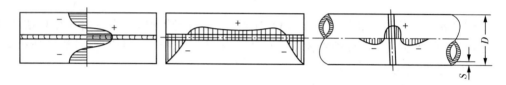

图2-83 对接焊缝、圆筒环形焊缝的焊接应力分布

焊接应力的存在将影响焊件的使用性能,可使其承载能力大为降低,甚至在外载荷改变时出现脆断的危险后果。对于接触腐蚀性介质的焊件(如容器),由于应力腐蚀现象加剧,将减少焊件使用期限,甚至因产生应力腐蚀裂纹而报废。

对于承载大、压力容器等重要结构件,焊接应力必须加以防止和消除。首先,在进行结构设计时,应选用塑性好的材料,要避免使焊缝密集交叉,避免使焊缝截面过大和焊缝过长。其次,在施焊中应确定正确的焊接次序,图2-84(b)中A区易产生裂纹。焊前

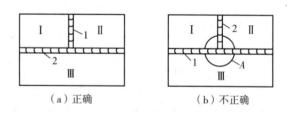

图2-84 焊接次序对焊接应力的影响

对焊件预热是较为有效的工艺措施,这样可减弱焊件各部位间的温差,从而显著减小焊接应力。焊接中采用小能量焊接方法或锤击焊缝也可减小焊接应力。再次,当需较彻底地消除焊接应力时,可采用焊后去应力退火方法来实现,此时需将焊件加热至500~650 ℃,保温后缓慢冷却至室温。

焊接应力的存在,会引起焊件的变形,其基本类型如图2-85所示,具体焊件会出现哪种变形与焊件结构、焊缝布置、焊接工艺及应力分布等因素有关。一般情况下,结构简单的小型焊件,焊后仅出现收缩变形,焊件尺寸减小。当焊件坡口横截面的上、下尺寸相差较大或焊缝分布不对称,以及焊接次序不合理时,则焊件易发生角变形、弯曲变形或扭曲变形。对于薄板焊件,最容易产生不规律的波浪变形。

焊件出现变形将影响使用,过大的变形量将使焊件报废。因此,必须加以防止和消除。焊件产生变形主要是由焊接应力所引起的,预防焊接应力的措施对防止焊接变形都是有效的。当对焊件的变形有较高限定时,在结构设计中采用对称结构或大刚度结构、焊缝对称分

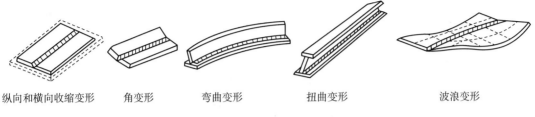

纵向和横向收缩变形　　角变形　　弯曲变形　　扭曲变形　　波浪变形

图 2-85　焊接变形的基本形式

布结构都可减小或避免出现焊接变形。施焊中,采用反变形措施(图 2-86、图 2-87)或刚性夹持方法,都可减小焊件的变形。但刚性夹持法不适合焊接淬硬性较大的钢结构件和铸铁件。正确选择焊接参数和焊接次序,对减小焊接变形也很重要(图 2-88、图 2-89)。这样可使温度分布更加均衡,开始焊接时产生的微量变形,可被后来焊接部位的变形所抵消,从而获得无变形的焊件。对于焊后变形小但已超过允许值的焊件,可采用机械矫正法(图 2-90)或火焰矫正法(图 2-91)加以消除。火焰加热矫正焊件时,要注意加热部位,使焊件在加热—冷却后产生相反方向的塑性变形,以消除焊接时产生的变形。

（a）焊前预弯反变形　　　　　　　　（b）焊后

图 2-86　平板焊接的反变形

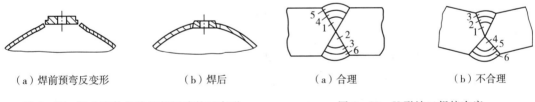

（a）焊前预弯反变形　　　（b）焊后　　　　　（a）合理　　　　（b）不合理

图 2-87　防止壳体焊接局部塌陷的反变形　　　　图 2-88　X 形坡口焊接次序

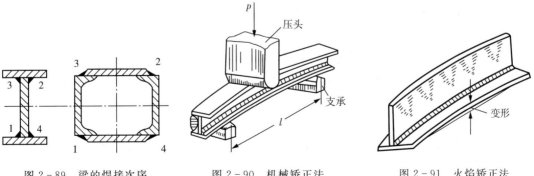

图 2-89　梁的焊接次序　　　图 2-90　机械矫正法　　　图 2-91　火焰矫正法

焊接应力过大的严重后果是使焊件产生裂纹。焊接裂纹存在于焊缝或热影响区的熔合区中，而且往往是内裂纹，危害极大。因此，对重要焊件，焊后应进行焊接接头的内部探伤检查。焊件产生裂纹也与焊接材料的成分（如硫、磷含量）、焊缝金属的结晶特点（结晶区间）及含氢量的多少有关。焊缝金属的硫、磷含量高时，其化合物与 Fe 形成低熔点共晶体存在于基体金属的晶界处（构成液态间层），在应力作用下被撕裂形成热裂纹。金属的结晶区间越大，形成液态间层的可能性也越大，焊件就容易产生裂纹。钢中含氢量高，焊后经过一段时间，析出的大量氢分子集中起来会形成很大的局部压力，导致工件出现裂纹（称延迟裂纹），故焊接中应合理选材，采取措施减小应力，并应用合理的焊接工艺和焊接参数（如选用碱性焊条、小能量焊接、预热、合理的焊接次序等）进行焊接，确保焊件质量。

4. 焊条电弧焊

焊条电弧焊（即手工电弧焊）是用手工操纵焊条进行焊接的电弧焊方法。

焊条电弧焊可在室内、室外、高空和各种方位进行，设备简单、维护容易、焊钳小、使用灵便，适于焊接高强度钢、铸钢、铸铁和非铁金属，其焊接接头与工件（母材）的强度相近，是焊接生产中应用最广泛的方法。

1）焊条电弧焊的焊接过程

焊条电弧焊的焊接过程如图 2-92 所示。电弧在焊条与被焊工件之间燃烧，电弧热使工件和焊芯共同熔化形成熔池，同时也使焊条的药皮熔化和分解。药皮熔化后与液态金属发生物理化学反应，所形成的熔渣不断从熔池中浮起；药皮受热分解产生大量的 CO_2、CO 和 H_2 等保护气体，围绕在电弧周围。熔渣和气体能防止空气中氧和氮的侵入，起保护熔化金属的作用。

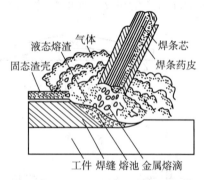

图 2-92　焊条的电弧焊过程

当电弧向前移动时，工件和焊条不断熔化汇成新的熔池。原来的熔池则不断冷却凝固，构成连续的焊缝。覆盖在焊缝表面的熔渣也逐渐凝固成为固态渣壳。这层熔渣和渣壳对焊缝成形和减缓金属的冷却速度有着重要的作用。

焊缝质量由很多因素来决定，如工件基体金属和焊条的质量、焊前的清理程度、焊接时电弧的稳定情况、焊接参数、焊接操作技术、焊后冷却速度以及焊后热处理等。

2）电焊条

涂有药皮供手弧焊用的熔化电极称为焊条，由焊芯和药皮（涂料）两部分组成。焊芯起导电和填充焊缝金属的作用，药皮则用于保证焊接顺利进行并使焊缝具有一定的化学成分和力学性能。下面主要介绍焊接结构钢的焊条。

（1）焊芯

焊芯（埋弧焊时为焊丝）是组成焊缝金属的主要材料。其化学成分和非金属夹杂物的多少将直接影响焊缝的质量。因此，结构钢焊条的焊芯应符合国家标准 GB/T 14957—1994《熔化焊用钢丝》的要求。常用的结构钢焊条焊芯的牌号和化学成分见表 2-10 所列。

表 2-10 常用的结构钢焊条焊芯的牌号和化学成分

牌号	化学成分/%							用途
	碳	锰	硅	铬	镍	硫	磷	
H08	≤0.10	0.30～0.55	≤0.3	≤0.2	≤0.3	<0.04	<0.04	一般焊接结构
H08A	≤0.10	0.30～0.55	≤0.3	≤0.2	≤0.3	<0.03	<0.03	重要的焊接结构
H08MnA	≤0.10	0.80～1.10	≤0.07	≤0.2	≤0.3	<0.03	<0.03	用作埋弧自动焊钢丝

焊芯具有较低的碳含量和一定的锰含量,硅含量控制较严,硫、磷含量则应低。焊芯牌号中带"A"字符号者,其硫、磷含量不超过 0.03%。焊芯的直径即称为焊条直径,最小为 1.6 mm,最大为 8 mm,其中以 3.2～5 mm 的焊条应用最广。

焊接低合金钢、不锈钢用的焊条,应采用相应的低合金钢、不锈钢的焊接钢丝作焊芯。

(2)焊条药皮

焊条药皮的组成物包括稳弧剂、造气剂、造渣剂、脱氧剂、合金剂、黏结剂、稀渣剂等。焊条药皮在焊接过程中的作用主要是:提高电弧燃烧的稳定性,防止空气对熔化金属的有害作用,对溶池的脱氧和加入合金元素,可以保证焊缝金属的化学成分和力学性能。

(3)焊条的种类及型号

焊条种类繁多,我国将焊条按化学成分划分为七大类,即碳钢焊条、低合金钢焊条、不锈钢焊条、堆焊焊条、铸铁焊条及焊丝、铜及铜合金焊条、铝及铝合金焊条等。其中应用最多的是碳钢焊条和低合金钢焊条。

根据国标 GB/T 5117—2012《非合金钢及细晶粒钢焊条》和 GB/T 5118—2012《热强钢焊条》的规定,两种焊条型号用大写字母"E"和数字表示,如 E4303、E5015 等。"E"表示焊条,型号中四位数字的前两位表示熔敷金属抗拉强度的最小值,第三位与第四位数字组合表示药皮类型、焊接位置和电流种类。低合金钢焊条型号中在四位数字之后,还标出附加合金元素的化学成分,如 E5515-B2-V 属低氢钠型,适用直流反接进行各种焊接位置的焊条。

焊条牌号是焊条行业统一的焊条代号。焊条牌号一般用一个大写拼音字母和三个数字表示,如 J422、J507 等。拼音字母表示焊条的大类,如"J"表示结构钢焊条(碳钢焊条和普通低合金钢焊条),"A"表示奥氏体不锈钢焊条,"Z"表示铸铁焊条等;前两位数字表示各大类中若干小类,如结构钢焊条前两位数字表示焊缝金属抗拉强度等级,其等级有 42、50、55、60、70、75、85 等,分别表示其焊缝金属的抗拉强度大于或等于 420、500、550、600、700、750、850(单位为 MPa);最后一个数字表示药皮类型和电流种类,见表 2-11,其中 1 至 5 为酸性焊条,6 和 7 为碱性焊条。

表 2-11 焊条药皮类型和电源种类编号

编号	1	2	3	4	5	6	7	8
药皮类型	钛型	钛钙型	钛铁矿型	氧化铁型	纤维素型	低氢钾型	低氢钠型	石墨型
电源种类	交、直流	交、直流	交、直流	交、直流	交、直流	交、直流	直流	交、直流

焊条还可按熔渣性质分为酸性焊条和碱性焊条两大类。药皮熔渣中酸性氧化物（如 SiO_2、TiO_2、Fe_2O_3）比碱性氧化物（如 CaO、FeO、MnO、Na_2O）多的焊条为酸性焊条。此类焊条适合各种电源，操作性较好，电弧稳定，成本低；但焊缝强度稍低，渗合金作用弱，故不宜焊接承受重载和要求高强度的重要结构件。而碱性氧化物比酸性氧化物多的焊条为碱性焊条。此类焊条一般要求采用直流电源，焊缝强度高、抗冲击能力强，但操作性差、电弧不够稳定、成本高，故只适合焊接重要结构件。

（4）焊条的选用原则

通常是根据工件化学成分、力学性能、抗裂性、耐腐蚀性以及高温性能等要求，选用相应的焊条种类；再考虑焊接结构形状、受力情况、焊接设备条件和焊条售价来选定具体型号。

① 低碳钢和低合金钢构件，一般都要求焊缝金属与母材等强度。因此可根据钢材的强度等级来选用相应的焊条。但应注意，钢材是按屈服强度确定等级的，而碳钢、低合金钢焊条的等级是指抗拉强度的最低保证值。

② 同一强度等级的酸性焊条或碱性焊条的选定，应依据焊接件的结构形状（简单或复杂）、钢板厚度、载荷性质（静载或动载）和钢材的抗裂性能而定。对于要求塑性好、冲击韧度高、抗裂能力强或低温性能好的结构，通常要选用碱性焊条。如果构件受力不复杂、母材质量较好，应尽量选用较经济的酸性焊条。

③ 低碳钢与低合金钢焊接，可按异种钢接头中强度较低的钢材来选用相应的焊条。

④ 铸钢件的碳质量分数一般都比较高，而且厚度较大、形状复杂，很容易产生焊接裂纹。一般应选用碱性焊条，并采取适当的工艺措施（如预热）进行焊接。

⑤ 焊接不锈钢或耐热钢等有特殊性能要求的钢材，应选用相应的专用焊条，以保证焊缝的主要化学成分和性能与母材相同。

5. 埋弧焊

（1）埋弧焊的焊接过程

埋弧焊是电弧在焊剂层下燃烧进行焊接的方法。焊接时，焊接机头将光焊丝自动送入电弧区并保持选定的弧长。电弧在颗粒状焊剂层下面燃烧，焊机带着焊丝均匀地沿坡口移动，或者焊机机头不动，工件匀速运动。在焊丝前方，焊剂从漏斗中不断流出并撒在被焊部位。焊接时，部分焊剂熔化形成熔渣覆盖在焊缝表面，大部分焊剂不熔化，可重新回收使用。

图 2-93 是埋弧焊的纵截面图。电弧燃烧后，工件与焊丝被熔化成较大体积（可达 $20\ cm^3$）的熔池。由于电弧向前移动，熔池金属被电弧气体排挤向后堆积形成焊缝。电弧周围颗粒状焊剂被熔化成熔渣，与熔池金属产生物理化学作用。部分焊剂被蒸发，生成的气体将电弧周围的熔渣排开，形成一个封闭的熔渣泡。它具有一定黏度，能承受一定压力，使熔化的金属与空气隔离，并能防止金属熔滴向外飞溅。这样，既可减少电弧热能损失，又阻止了弧光四射。此外，焊丝上没有涂料，允许提高电流密度，电弧吹力则随电流密度的增大而增大。因此，埋弧焊的熔池深度比焊条电弧焊大很多。埋弧焊过程如图 2-94 所示。

（2）埋弧焊的特点

① 生产率高。埋弧焊的电流可达到 1000 A 以上，比焊条电弧焊高 6～8 倍。同时节省了更换焊条的时间，所以埋弧焊生产率比焊条电弧焊提高了 5～10 倍。

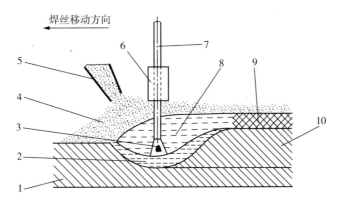

图 2-93　埋弧焊的纵截面图

1—工件；2—熔池；3—熔滴；4—焊剂；5—焊剂斗；6—导电嘴；7—焊丝；8—熔渣；9—渣壳；10—焊缝

② 焊接质量高且稳定。埋弧焊焊剂供给充足,电弧区保护严密,熔池保持液态时间较长,冶金过程进行得较为完善,气体与杂质易于浮出。同时,焊接参数自动控制调整,焊接质量高且稳定,焊缝成形美观。

③ 节省金属材料。埋弧焊热量集中,熔深大,20~25 mm 以下的工件可不开坡口进行焊接,而且没有焊条头的浪费,飞溅很小,所以能节省大量金属材料。

④ 改善了劳动条件。埋弧焊看不到弧光,焊接烟雾也很少。焊接时只要焊工调整、管理焊机就可自动进行焊接,劳动条件得到很大改善。埋弧焊常用来焊接长的直线焊缝和较大直径的环形焊缝。当工件厚度增加和进行批量生产时,其优点尤为显著。

但应用埋弧焊时,设备费用较高,工艺装备复杂,对接头加工与装配要求严格,只适用于批量生产长的直线焊缝与圆筒形工件的纵、环焊缝。对于狭窄位置的焊缝以及薄板的焊接,埋弧焊则受到一定限制。

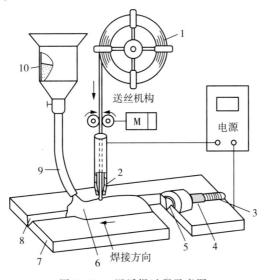

图 2-94　埋弧焊过程示意图

1—焊丝；2—导电嘴；3—焊缝；4—渣壳；5—熔敷金属；6—焊剂；7—工件；8—坡口；9—软管；10—焊剂漏斗

6. 气体保护焊

1)氩弧焊

氩弧焊是以氩气作为保护气体的气体保护焊。氩气是惰性气体,可保护电极和熔池金属不受空气的有害作用。在高温情况下,氩气不与金属起化学反应,也不溶于金属。因此,氩弧焊的质量比较高。

氩弧焊按所用电极的不同,可分为钨极氩弧焊和熔化极氩弧焊两种(图2-95)。

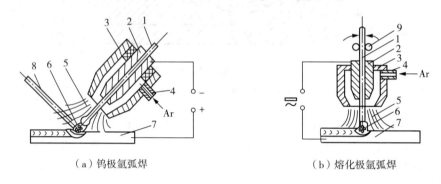

（a）钨极氩弧焊　　　　　　　　（b）熔化极氩弧焊

图2-95　氩弧焊示意图

1—焊丝或钨极;2—导电嘴;3—喷嘴;4—进气管;5—氩气流;6—电弧;7—工件;8—填充焊丝;9—送丝辊轮

(1)钨极氩弧焊

钨极氩弧焊以高熔点的铈钨棒作为电极。焊接时,铈钨棒不熔化,只起导电与产生电弧的作用,易于实现机械化和自动化焊接。但因电极所能通过的电流有限,所以只适合焊接厚度6 mm以下的工件。

手工钨极氩弧焊的操作与气焊相似。焊接3 mm以下薄件时,常采用卷边(弯边)接头直接熔合。焊接较厚工件时,需用手工添加填充金属,如图2-95(a)所示。焊接钢材时,多用直流电源正接,以减少钨极的烧损。焊接铝、镁及其合金时,则希望用直流反接或交流电源。因极间正离子撞击工件熔池表面,可使氧化膜破碎,有利于工件金属熔合和保证焊接质量。钨极氩弧焊设备如图2-96所示。

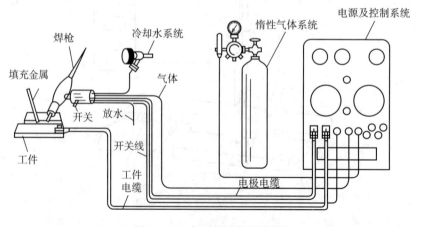

图2-96　氢弧焊设备示意图

（2）熔化极氩弧焊

熔化极氩弧焊以连续送进的焊丝作为电极,如图 2 - 95(b)所示进行焊接。此时可用较大电流焊接厚度为 25 mm 以下的工件。

氩弧焊主要有以下特点:

① 适于焊接各类合金钢、易氧化的非铁金属及锆、钽、钼等稀有金属材料。

② 氩弧焊电弧稳定,飞溅小,焊缝致密,表面没有熔渣,成形美观。

③ 电弧和熔池区受气流保护,明弧可见,便于操作,容易实现全位置自动焊接。

④ 电弧在气流压缩下燃烧,热量集中,熔池较小,焊接速度较快,焊接热影响区较窄,因而工件焊后变形小。

⑤ 主要用于非铁金属及合金、不锈钢、耐热钢等。

2）CO_2 气体保护焊

CO_2 气体保护焊是以 CO_2 为保护气体的气体保护焊,简称 CO_2 焊。它是用焊丝作电极,靠焊丝和工件之间产生的电弧熔化工件金属与焊丝形成熔池,凝固后成为焊缝。焊丝的送进靠送丝机构实现。

CO_2 气体保护焊的焊接装置如图 2 - 97 所示。焊丝由送丝机构送入软导管,再经导电嘴送出 CO_2 气体从焊炬喷嘴中以一定流量喷出。电弧引燃后,焊丝端部及熔池被 CO_2 气体所包围,故可防止空气对高温金属的侵害。

CO_2 气体保护焊的特点:

（1）成本低。因采用廉价易得的 CO_2 代替焊剂,焊接成本仅是埋弧焊和焊条电弧焊的 40% 左右。

（2）生产率高。焊丝送进是机械化或自动化进行的,电流密度较大,电弧热量集中,焊接速度较快。此外,焊后没有渣壳,节省了清渣时间,故其生产率可比焊条电弧焊提高 1～3 倍。

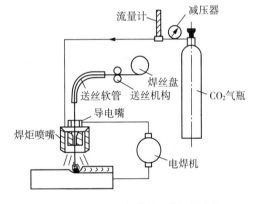

图 2 - 97　CO_2 气体保护焊示意图

（3）操作性能好。CO_2 保护焊是明弧焊,焊接中可清楚地看到焊接过程,容易发现问题,可及时调整处理。CO_2 保护焊如同焊条电弧焊一样灵活,适合于各种位置的焊接。

（4）质量较好。由于电弧在气流压缩下燃烧,热量集中,因而焊接热影响区较小,变形和产生裂纹的倾向性小。

（5）CO_2 保护焊主要用于焊接 30 mm 以下厚度的低碳钢和部分低合金钢工件。

CO_2 保护焊的缺点是 CO_2 的氧化作用使熔滴飞溅较为严重,因此焊接成形不够光滑。另外,如果控制或操作不当,容易产生气孔。

7. 等离子弧焊接与切割

借助水冷喷嘴等对电弧的拘束与压缩作用,获得较高能量密度的等离子弧进行焊接的方法,称为等离子弧焊接。

等离子电弧的形成如图 2-98 所示。在钨极和工件之间加一较高电压,经高频振荡使气体电离形成电弧。此电弧在通过具有细孔道的喷嘴时,弧柱被强迫压缩,此作用称为机械压缩效应。

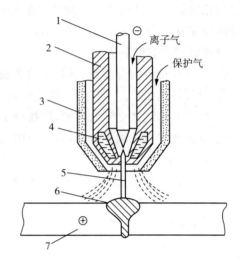

当通入一定压力和流量的离子气(通常为氩气)时,离子气冷气流均匀地包围着电弧,使弧柱外围受到强烈冷却,迫使带电粒子流(离子和电子)往弧柱中心集中,弧柱被进一步压缩。这种压缩作用称为热压缩效应。

带电粒子流在弧柱中的运动,可看成是电流在一束平行的"导线"内流过,其自身磁场所产生的电磁力,使这些"导线"互相吸引靠近,弧柱又进一步被压缩。这种压缩作用称为电磁收缩效应。

图 2-98 等离子弧形成
1—钨极;2—压缩喷嘴;3—保护罩;
4—冷却水;5—等离子弧;6—焊缝;7—工件

电弧在上述三种效应的作用下,被压缩得很细,使能量高度集中,弧柱内的气体完全电离为电子和离子,称为等离子弧。其温度可达16000 K 以上。

等离子弧用于切割时,称为"等离子弧切割"。等离子弧切割不仅切割效率比氧气切割高 3 倍;而且还可以切割不锈钢、铜、铝及其合金,难熔金属和非金属材料。

等离子弧用于焊接时,称为"等离子弧焊接",是近年来发展较快的一种新焊接方法。等离子弧焊接设备如图 2-99 所示。

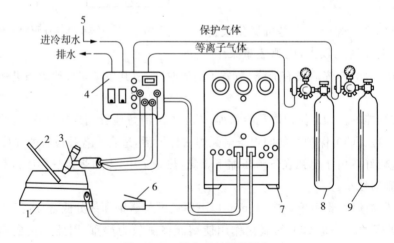

图 2-99 等离子弧焊接设备
1—工件;2—填充焊丝;3—焊炬;4—控制系统;5—冷却系统;
6—启动开关;7—焊接电源;8、9—供气系统等离子弧焊接应使用专用的焊接设备和焊炬。焊炬的构造应保证在等离子弧周围再通以均匀的保护气体,以保护熔池和焊缝不受空气的有害作用。所以,等离子弧焊接实质上是一种具有压缩效应的钨极气体保护焊。等离子弧焊除具有氩弧焊的优点外,还有以下特点:

(1)等离子弧能量密度大,弧柱温度高,穿透能力强。因此焊接厚度为 10～12 mm 的钢材可不开坡口,一次焊透双面成形。等离子弧焊的焊接速度快、生产率高,焊后的焊缝宽度和高度较均匀一致,焊缝表面光洁。

(2)当电流小到 0.1 A 时,电弧仍能稳定燃烧,并保持良好的挺直度和方向性,故等离子弧焊可焊接很薄的箔材。

等离子弧焊接已在生产中得到广泛应用,特别是在国防工业及尖端技术中用以焊接铜合金、合金钢、钨、钼、钴、钛等金属工件。如钛合金导弹壳体、波纹管及膜盒、微型继电器、电容器的外壳封焊以及飞机上一些薄壁容器等均可用等离子弧焊接。

等离子弧焊接的设备比较复杂,气体消耗量大,宜于在室内焊接。

2.3.2　其他常用焊接方法

1. 电阻焊

电阻焊是工件组合后通过电极施加压力,利用电流通过接头的接触面及邻近区域产生的电阻热,把工件加热到塑性或局部熔化状态,在压力作用下形成接头的焊接方法。

与其他焊接方法相比,电阻焊具有生产率高、焊接变形小、劳动条件好、不需另加焊接材料、操作简便、易实现机械化等优点。但其设备较一般熔焊复杂、耗电量大,适用的接头形式与可焊工件厚度(或断面)受到限制。

电阻焊分为点焊、缝焊和对焊三种形式。

(1)点焊

点焊是将工件装配成搭接接头,并紧压在两柱状电极之间,利用电阻热熔化母材金属,形成一个焊点的电阻焊方法,如图 2-100 所示。

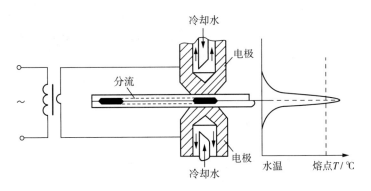

图 2-100　点焊示意图

点焊时,先加压使两个工件紧密接触,然后接通电流。由于两工件接触处电阻较大,电流流过所产生的电阻热使该处温度迅速升高,局部金属可达熔点温度被熔化形成液态熔核。断电后,继续保持压力或加大压力,使熔核在压力下凝固结晶,形成组织致密的焊点。

焊完一个点后,电极将移至另一点进行焊接。当焊接下一个点时,有一部分电流会流经已焊好的焊点,称为分流现象。分流将使焊接处电流减小,影响焊接质量。因此两个相邻焊点之间应有一定距离。工件厚度越大,材料导电性越好,则分流现象越严重,故点距应加大。

点焊工件都采用搭接接头。图 2-101 为几种典型的点焊接头形式。

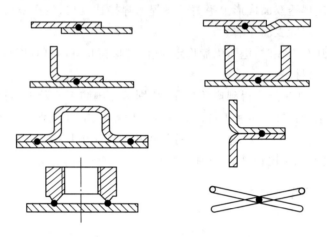

图 2-101　点焊接头形式

点焊主要适用于厚度为 4 mm 以下的薄板、冲压结构及线材的焊接,每次焊一个点或一次焊多个点。目前,点焊已广泛用于制造汽车、车厢、飞机等薄壁结构以及罩壳和轻工、生活用品等。

(2)缝焊

缝焊(图 2-102)过程与点焊相似,只是用旋转的圆盘状滚动电极代替了柱状电极。焊接时,盘状电极压紧焊件并转动(也带动焊件向前移动),配合连续或断续通电,即形成连续的焊缝,因此称为缝焊。

缝焊时,焊点相互重叠 50% 以上,密封性好。主要用于制造要求密封性的薄壁结构,如油箱、小型容器与管道等。但因缝焊过程分流现象严重,焊接相同厚度的工件时,焊接电流为点焊的 1.5~2 倍。因此要使用大功率焊机,用精确的电气设备控制间断通电的时间。缝焊只适用于厚度在 3 mm 以下的薄板结构。

(3)对焊

对焊即对接电阻焊,是利用电阻热使两个工件在整个接触面上焊接起来的一种方法。根据焊接操作方法的不同,对焊又可分为电阻对焊和闪光对焊,如图 2-103 所示。

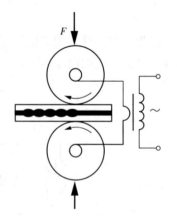

图 2-102　缝焊示意图

① 电阻对焊

将两个工件装夹在对焊机的电极钳口中成对接接头,施加预压力,使两个工件端面接触,并被压紧,然后通电。当电流通过工件和接触端面时产生电阻热,将工件接触处迅速加热到塑性状态(碳钢为 1000～1250 ℃),再对工件施加较大的顶锻力并同时断电,使高温端面产生一定的塑性变形而焊接起来,如图 2 - 103(a)所示。

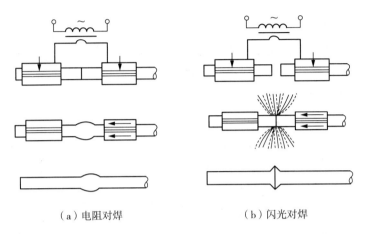

（a）电阻对焊　　　　　　　　　　（b）闪光对焊

图 2 - 103　对焊示意图

电阻对焊操作简单,接头比较光滑。但焊前应认真加工和清理端面,否则易出现加热不匀、连接不牢的现象。电阻对焊一般只用于焊接截面简单、直径(或边长)小于 20 mm 和强度要求不高的工件。

② 闪光对焊

将两工件夹在电极钳口内成对接接头,接通电源并使两工件轻微接触。因工件表面不平,首先只是某些点接触,强电流通过时,这些接触点的金属即被迅速加热熔化,甚至蒸发,在蒸汽压力和电磁力作用下,液态金属发生爆破,以火花形式从接触处飞出而形成"闪光"。此时应继续送进工件,保持一定闪光时间,待工件端面全部被加热熔化时,迅速对工件施加顶锻力并切断电源,工件在压力作用下产生塑性变形而被焊接在一起,如图 2 - 103(b)所示。

在闪光对焊的焊接过程中,工件端面的氧化物和杂质,一部分被闪光火花带出,另一部分在最后加压时随液态金属挤出,因此接头中夹渣少、质量好、强度高。闪光对焊的缺点是金属损耗较大,闪光火花易污染其他设备与环境,接头处焊后有毛刺需要加工清理。闪光对焊常用于重要工件的焊接,可焊相同金属件,也可焊接一些异种金属(铝-铜、铝-钢等)。被焊工件可以是直径小到 0.01 mm 的金属丝,也可以是截面大到 20000 mm² 的金属棒和金属型材。

不论哪种对焊,工件端面应尽量相同。圆棒直径、方钢边长和管子壁厚之差均不应超过 25%。图 2 - 104 是推荐的几种对焊接头形式。对焊主要用于刀具、管子、钢筋、钢轨、锚链、链条等的焊接。

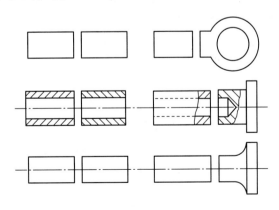

图 2 - 104　对焊接头形式

2. 摩擦焊

摩擦焊是利用工件接触端面相对旋转运动中摩擦产生的热量,同时加压顶锻而进行焊接的方法。

图 2 - 105 是摩擦焊示意图。先将两工件夹在焊机上,加一定压力使工件紧密接触。然后焊件做旋转运动,使工件接触面相对摩擦产生热量,待工件端面被加热到高温塑性状态时,利用制动器使工件骤然停止旋转,并利用轴向加压油缸对焊件的端面加大压力,使两焊件产生塑性变形而焊接起来。

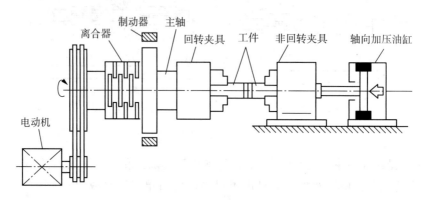

图 2 - 105　摩擦焊示意图

摩擦焊的特点是焊接质量好且稳定,可焊接的金属范围广(同种、异种金属均可焊),操作简单,容易实现自动化,生产率高,生产成本低。主要用于圆形截面工件、棒料和管子等的对接。

3. 钎焊

钎焊是利用熔点比焊件低的钎料作填充金属,加热时钎料熔化而将工件连接起来的焊接方法。

钎焊的过程是:将表面清理好的工件以搭接形式装配在一起,把钎料放在接头间隙附近或接头间隙之间;当工件与钎料被加热到稍高于钎料的熔点温度后,钎料熔化(此时工件不熔化),借助毛细管作用使钎料被吸入并充满固态工件间隙,液态钎料与工件金属相互扩散,冷凝后即形成钎焊接头。

根据钎料熔点的不同,钎焊可分为硬钎焊与软钎焊两类。

(1)硬钎焊

硬钎焊钎料熔点在 450 ℃ 以上,接头强度在 200 MPa 以上。属于这类的钎料有铜基、银基和镍基钎料等。银基钎料钎焊的接头具有较高的强度、良好的导电性和耐腐蚀性,而且熔点较低,工艺性好;但银基钎料较贵,只用于要求高的工件。镍铬合金钎料可用于钎焊耐热的高强度合金与不锈钢,工作温度可高达 900 ℃;但钎焊时的温度要求高于 1000 ℃,工艺要求很严。硬钎焊主要用于受力较大的钢铁和铜合金构件的焊接以及工具、刀具的焊接。

(2)软钎焊

软钎焊钎料熔点在 450 ℃ 以下,接头强度较低,一般不超过 70 MPa。这种钎焊只用于焊接受力不大,工作温度较低的工件。常用的钎料是锡铅合金,所以又称锡焊。这类钎料的熔点一般低于 230 ℃,熔液渗入接头间隙的能力较强,所以具有较好的焊接工艺性能。软钎焊广泛用于焊接受力不大的常温下工作的仪表、导电元件以及由钢铁、铜及铜合金等制造的构件。

钎焊构件的接头形式都采用板料搭接和套件镶接,如图 2 - 106 所示。

在钎焊过程中,一般都需要使用熔剂,即钎剂。其作用是:清除被焊金属表面的氧化膜及其他杂质,改善钎料流入间隙的性能(即润湿性),保护钎料及工件不被氧化。软钎焊时,常用的钎剂为松香或氯化锌溶液。硬钎焊钎剂的种类较多,主要由硼砂、硼酸、氟化物、氯化物等组成,应根据钎料种类选择应用。

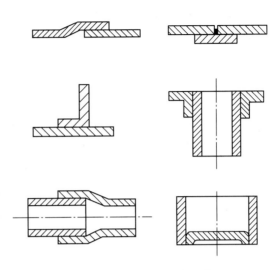

图 2 - 106　钎焊的接头形式

与一般熔焊相比,钎焊的特点是焊接质量高、生产率高、接头外表美观、可焊接物理性能差别很大的金属,且设备简单,但焊接接头的强度和耐热性能差,焊前清整要求严格,而且钎料价格较贵。因此,钎焊不适合于一般钢结构件及重载、动载零件的焊接。钎焊主要用于制造精密仪表、电气部件、异种金属构件以及某些复杂薄板结构(如夹层结构、蜂窝结构等),还用于各类导线与硬质合金刀具。

2.3.3　常用金属材料的焊接

1. 金属材料的焊接性

(1)焊接性的概念

金属材料的焊接性是指在限定的施工条件下,焊接成按规定设计要求的构件,并满足预定要求的能力。即金属材料在一定焊接工艺条件下,表现出来的焊接难易程度。

金属材料的焊接性不是一成不变的,同一种金属材料,采用不同的焊接方法、焊接材料及焊接工艺(包括预热和热处理等),其焊接性可能有很大差别。

焊接性包括两个方面:一是工艺焊接性,主要是指焊接接头产生工艺缺陷的倾向,尤其是出现各种裂纹的可能性;二是使用焊接性,主要是指焊接接头在使用中的可靠性,包括焊接接头的力学性能及其他特殊性能(如耐热、耐腐蚀性能等),金属材料在这方面的焊接性可通过估算和实验方法来确定。

(2)钢材焊接性的估算方法

实际焊接结构所用的金属材料绝大多数是钢材。影响钢材焊接性的主要因素是化学成分。各种化学元素对焊缝组织性能、夹杂物的分布以及对焊接热影响区的淬硬程度等的影响不同,对产生裂纹倾向的影响也不同。在各种元素中,碳的影响最为明显,其他元素的影响可折合成碳的影响。因此可用碳当量法来估算被焊钢材的焊接性。硫、磷对钢材的焊接性能影响也很大,在各种合格钢材中,硫、磷含量都受到严格限制。

碳钢及低合金结构钢的碳当量经验公式为:

$$w\,(C)_{当量}=w(C)+\frac{w(Mn)}{6}+\frac{w(Cr)+w(Mo)+w(V)}{5}+\frac{w(Ni)+w(Cu)}{15}(\%)\quad(2-8)$$

根据经验:

当 $w(C)_{当量}<0.4\%\sim0.6\%$ 时,钢材塑性良好,淬硬倾向不明显,焊接性良好。在一般的焊接工艺条件下,工件不会产生裂纹;但厚大件或在低温下焊接时,应考虑预热。

当 $w(C)_{当量}=0.4\%\sim0.6\%$ 时,钢材塑性下降,淬硬倾向明显,焊接性能相对较差。焊前工件需要适当预热,焊后应注意缓冷;要采取一定的焊接工艺措施才能防止裂纹。

当 $w(C)_{当量}>0.6\%$ 时,钢材塑性较低,淬硬倾向很强,焊接性不好。焊前工件必须预热到较高温度,焊接时要采取减少焊接应力和防止开裂的工艺措施,焊后要进行适当的热处理,才能保证焊接接头质量。

2. 碳钢的焊接

(1)低碳钢的焊接

低碳钢碳质量分数不大于 0.25% 时,其塑性好,一般没有淬硬倾向,对焊接过程不敏感,焊接性好。焊这类钢时不需要采取特殊的工艺措施,通常焊后也不需进行热处理。

厚度大于 50 mm 的低碳钢结构,常用大电流多层焊,焊后应进行消除内应力退火。低温环境下焊接刚度较大的结构时,由于工件各部分温差较大,变形又受到限制,焊接过程容易产生较大的应力,有可能导致结构件开裂,因此应进行焊前预热。

低碳钢可以用各种焊接方法进行焊接,应用最广泛的是焊条电弧焊、埋弧焊、气体保护焊和电阻焊等。

(2)中、高碳钢的焊接

中碳钢碳质量分数为 0.25%~0.6%。随着碳质量分数的增加,淬硬倾向越加明显,焊接性逐渐变差。实际生产中,主要是焊接各种中碳钢的铸件与锻件。

焊接中碳钢工件,焊前必须进行预热,使焊接时工件各部分的温差小,以减小焊接应力。一般情况下,35 号钢和 45 号钢的预热温度可选为 150~250 ℃。结构刚度较大或钢材含碳量更高时,预热温度应再提高些。

由于中碳钢主要用于制造各类机器零件,焊缝一般有一定的厚度,但长度不大。因此,焊接中碳钢多采用焊条电弧焊,焊后要进行相应的热处理。

高碳钢的焊接特点与中碳钢基本相似。由于碳质量分数更高,焊接性变得更差。进行焊接时,应采用更高的预热温度、更严格的工艺措施。实际上,高碳钢的焊接一般只限于利用焊条电弧焊进行修补工作。

3. 合金结构钢的焊接

用于机械制造的合金结构钢零件(包括调质钢、渗碳钢),一般都采用轧制或锻造的坯料,焊接结构较少。如需焊接,因其焊接性与中碳钢相似,所以其焊接工艺措施与中碳钢基本相同。

焊接结构中,用得最多的是可焊接低合金结构钢(或称可焊接低合金高强钢)。

对于强度级别较低的钢材,在常温下焊接时与对待低碳钢基本一样。在低温或在大刚度、大厚度构件上进行小焊脚、短焊缝焊接时,应防止出现淬硬组织,要适当增大焊接电流,减慢焊接速度,选用抗裂性强的低氢型焊条,必要时需采用预热措施。对于锅炉、受压容器等重要构件,当厚度大于 20 mm 时,焊后必须进行退火处理,以消除内应力。对于强度级别高的低合金钢件,焊前一般均需预热。焊接时,应调整焊接参数,以控制热影响区的冷却速度不宜过快;焊后还应进行热处理,以消除内应力,不能立即热处理时,可先进行消氢处理,即焊后立即将工件加热到 200~350 ℃,保温 2~6 h,以加速氢扩散逸出,防止产生因氢引起的冷裂纹。

4. 铸铁的补焊

铸铁碳质量分数高,组织不均匀,塑性很低,属于焊接性很差的材料。因此设计和制造焊接构件时,不应该采用铸铁。铸铁件常存在铸造缺陷,以致在使用过程中有时会发生局部损坏或断裂,此时用焊接手段将其修复,其经济效益是很大的。所以,铸铁的焊接主要是焊补工作。

铸铁的焊接特点:

(1)熔合区易产生白口组织。由于焊接时为局部加热,焊后铸铁件上的焊补区冷却速度远比铸造成形时快得多,因此很容易形成白口组织,其硬度很高,焊后很难进行机械加工。

(2)易产生裂纹。铸铁强度低、塑性差。当焊接应力较大时,就会在焊缝及热影响区内产生裂纹,甚至使焊缝整体断裂。此外,当采用非铸铁组织的焊条或焊丝冷焊铸铁件时,因铸铁中碳及硫、磷杂质含量高,基体材料过多熔入焊缝中,则易产生热裂纹。

(3)易产生气孔。铸铁含碳量高,焊接时易生成 CO 和 CO_2 气体,铸铁凝固时由液态转变为固态所经过的时间很短,熔池中的气体来不及逸出而形成气孔。

此外,铸铁的流动性好,立焊时熔池金属容易流失,所以一般只应进行平焊。

根据铸铁的焊接特点,采用气焊、焊条电弧焊进行焊补较为适宜。按焊前是否预热,铸铁的补焊可分为热焊法和冷焊法两大类:

(1)热焊法。焊前将工件整体或局部预热到 600~700 ℃,焊补后缓慢冷却。热焊法能防止工件产生白口组织和裂纹,焊补质量较好,焊后可进行机械加工。但热焊法成本较高、生产率低、焊工劳动条件差,一般用于焊补形状复杂、焊后需进行加工的重要铸件,如床头箱、气缸体等。

(2)冷焊法。焊补前工件不预热或只进行 400 ℃ 以下的低温预热。焊补时主要依靠焊条来调整焊缝的化学成分,以防止或减少产生白口组织和避免裂纹。冷焊法方便、灵活、生产率高、成本低、劳动条件好,但焊接处切削加工性能较差。生产中多用于焊补要求不高的铸件以及不允许高温预热引起变形的铸件。焊接时,应尽量采用小电流、短弧、窄焊缝、短焊道(每段不大于 50 mm),并在焊后及时锤击焊缝,以松弛应力,防止焊后开裂。

5. 非铁金属及其合金的焊接

(1)铜及铜合金的焊接

铜及铜合金的焊接比低碳钢困难得多。这是由于:

① 铜的导热性很高(紫铜为低碳钢的 8 倍),焊接时热量极易散失。因此,焊前工件要

预热,焊接中要选用较大的电流或火焰,否则容易造成焊不透。

② 液态铜易氧化,生成的 Cu_2O 与铜可组成低熔点共晶体,分布在晶界上形成薄弱环节。又因为铜的膨胀系数大,冷却时收缩率也大,容易产生较大的焊接应力。因此,焊接过程中极易引起开裂。

③ 铜在液态时吸气性强,特别容易吸收氢气。凝固时,气体将从熔池中析出,来不及逸出就会在工件中形成气孔。

④ 铜的电阻极小,不适于电阻焊。

⑤ 某些铜合金比纯铜更容易氧化,使焊接的困难增大。例如,黄铜(铜锌合金)中的锌沸点很低,极易烧蚀蒸发并生成氧化锌(ZnO)。锌的烧损不但改变了接头的化学成分,降低接头性能,而且所形成的氧化锌烟雾易引起焊工中毒。铝青铜中的铝,在焊接中易生成难熔的氧化铝,增大熔渣黏度,生成气孔和夹渣。

铜及铜合金可用氩弧焊、气焊、碳弧焊、钎焊等进行焊接。其中氩弧焊主要用于焊接紫铜和青铜件,气焊主要用于焊接黄铜件。

(2)铝及铝合金的焊接

工业中主要对纯铝、铝锰合金、铝镁合金和铸铝件进行焊接。铝及铝合金的焊接也比较困难。其焊接特点有:

① 铝与氧的亲和力很大,极易氧化生成氧化铝(Al_2O_3)。氧化铝组织致密,熔点高达 2050 ℃,覆盖在金属表面,能阻碍金属熔合。此外,氧化铝的密度较大,易使焊缝形成夹渣缺陷。

② 铝的导热系数较大,焊接中要使用大功率或能量集中的热源。工件厚度较大时应考虑预热。铝的膨胀系数也较大,易产生焊接应力与变形,并可能导致裂纹的产生。

③ 液态铝能吸收大量氢气,而固态铝却几乎不能溶解氢,因此在熔池凝固中易产生气孔。

④ 铝在高温时强度和塑性很低,焊接中常由于不能支持熔池金属而形成焊缝塌陷。因此常需采用垫板进行焊接。

目前焊接铝及铝合金的常用方法有氩弧焊、气焊、点焊、缝焊和钎焊。其中氩弧焊是焊接铝及铝合金较好的方法,焊接时可不用焊剂,但要求氩气纯度大于 99.9%;气焊常用于要求不高的铝及铝合金工件的焊接。

2.3.4 焊接结构设计

1. 焊接接头的工艺设计

1)焊缝的布置

合理的焊缝位置是焊接结构设计的关键,与产品质量、生产率、成本及劳动条件密切相关。其一般工艺设计原则如下:

(1)焊缝布置应尽量分散。焊缝密集或交叉,会造成金属过热,加大热影响区,使组织恶化。因此两条焊缝的间距一般要求大于 3 倍板厚,且不小于 100 mm。图 2 - 107 中(a)、(b)、(c)的结构不合理,应改为图 2 - 107 中(d)、(e)、(f)的结构形式。

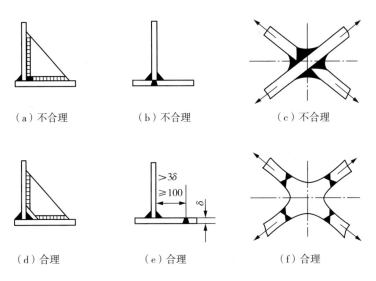

图 2-107　焊缝分散布置的设计

(2)焊缝的位置应尽可能对称布置。如图 2-108(a)、(b)所示的构件,焊缝位置偏离截面中心,并在同一侧,由于焊缝的收缩,会造成较大的弯曲变形。图 2-108(c)、(d)、(e)所示的焊缝位置对称,焊后不会发生明显的变形。

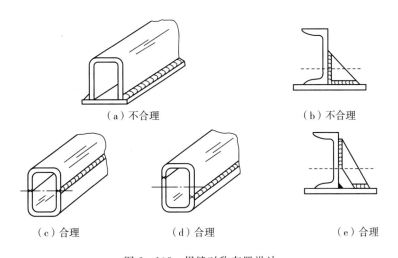

图 2-108　焊缝对称布置设计

(3)焊缝应尽量避开最大应力断面和应力集中位置。对于受力较大、结构较复杂的焊接构件,在最大应力断面和应力集中位置不应该布置焊缝。例如,大跨度的焊接钢梁、板坯的拼料焊缝,应避免放在梁的中间,如图 2-109(a)应改为图 2-109(d)的状态。压力容器的封头应有一直壁段,如图 2-109(b)应改为图 2-109(e)的状态,使焊缝避开应力集中的转角位置。直壁段不小于 25 mm。在构件截面有急剧变化的位置或尖锐棱角部位,易产生应力集中,应避免布置焊缝,如图 2-109(c)应改为图 2-109(f)的状态。

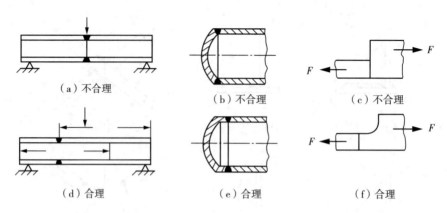

图 2-109　焊缝避开最大应力断面与应力集中位置的设计

　　(4)焊缝应尽量避开机械加工表面。有些焊接结构,只是某些部位需要进行机械加工,如焊接轮毂、管配件、焊接支架等。其焊缝位置的设计应尽可能距离已加工表面远一些,如图 2-110(a)、(b)所示结构显然不如图 2-110(c)、(d)所示结构容易保证质量。

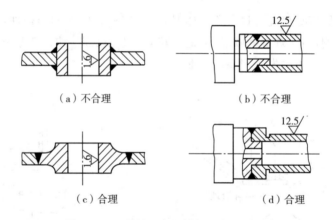

图 2-110　焊缝远离机械加工表面的设计

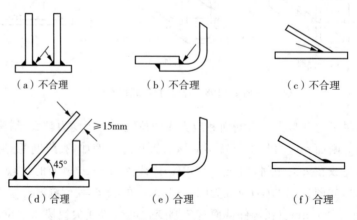

图 2-111　焊缝位置便于电弧焊操作的设计

(5)焊缝位置应便于进行焊接操作。布置焊缝时,要考虑到有足够的操作空间。

如图 2-111(a)、(b)、(c)所示的内侧焊缝,焊接时焊条无法伸入。若必须焊接,只能将焊条弯曲,但操作者的视线被遮挡,极易造成缺陷。因此应改为图 2-111(d)、(e)、(f)所示的设计。埋弧焊结构要考虑接头处在施焊中存放焊剂和熔池的保持问题(图 2-112)。点焊与缝焊应考虑电极伸入的方便性(图 2-113)。

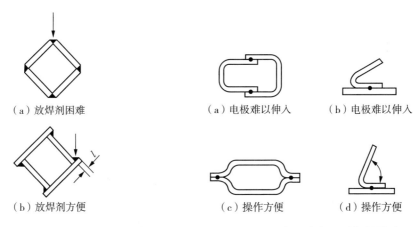

(a)放焊剂困难	（a）电极难以伸入	（b）电极难以伸入

(b)放焊剂方便	（c）操作方便	（d）操作方便

图 2-112　焊缝便于埋弧焊的设计　　　　图 2-113　便于点焊及缝焊的设计

此外,焊缝应尽量放在平焊位置,尽可能避免仰焊焊缝,减少横焊焊缝。良好的焊接结构设计,还应尽量使全部焊接部件,至少是主要部件能在焊接前一次装配点固,以简化装配焊接过程,节省场地面积,减少焊接变形,提高生产效率。

2)接头形式的选择与设计

接头形式应根据结构形状、强度要求、工件厚度、焊后变形大小、焊条消耗量、坡口加工难易程度、焊接方法等因素综合考虑决定。

(1)接头形式与坡口形式

焊接碳钢和低合金钢的接头形式主要分为对接接头、角接接头、T 形接头和搭接接头等。常用的焊接接头形式、坡口形式及尺寸可查阅国标 GB/T 985.1—2008。

(2)接头过渡形式

设计焊接构件最好采用相等厚度的金属材料,以便获得优质的焊接接头。当两块厚度相差较大的金属材料进行焊接时,接头处会造成应力集中,而且接头两边受热不匀,易产生焊不透等缺陷。不同厚度金属材料对接时,允许的厚度差见表 2-12。如果 $\delta_1 \sim \delta$ 超过表中规定值或者双面超过 $2(\delta_1 \sim \delta)$ 时,应在较厚板料上加工出单面或双面斜边的过渡形式,如图 2-114所示。钢板厚度不同的角接与 T 形接头受力焊缝,可考虑采取图 2-115 所示的过渡形式。

表 2-12　不同厚度金属材料对接时允许的厚度差

较薄板的厚度/mm	2～5	6～8	9～11	≥12
允许厚度差($\delta_1 \sim \delta$)/mm	1	2	3	4

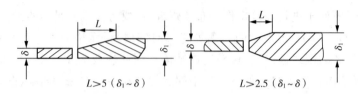

图 2-114　不同厚度金属材料对接的过渡形式

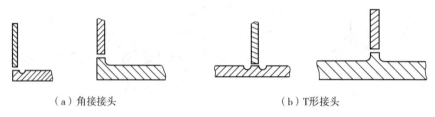

（a）角接接头　　　　　　　　　（b）T形接头

图 2-115　不同厚度的角接与 T 形接头的过渡形式

（3）其他焊接方法的接头与坡口形式

埋弧焊的接头形式与焊条电弧焊基本相同。但由于埋弧焊选用的电流大、熔深大，因此当板厚小于 12 mm 时，可不开坡口（即 T 型坡口）单面焊接；当板厚小于 24 mm 时，可不开坡口双面焊接。焊更厚的工件时，必须开坡口。坡口形式与尺寸按 GB/T 985.2—2008《埋弧焊的推荐坡口》选定。

气焊由于火焰温度低，很少采用 T 形接头和搭接接头，一般多采用对接接头和角接接头。

2.4　其他非金属材料及成形技术

工业中除大量使用金属材料外，一些非金属材料也得到了广泛的应用。非金属材料是除金属材料以外一切材料的泛称，由有机物和无机物经适当组合，并且经一定的物理或化学方法处理后获得。

长期以来，机械工程材料一直以金属材料为主，这是因为金属材料具有强度高、热稳定性好、导电导热性好等许多优良性能，但也存在密度大、耐腐蚀性差、电绝缘性不好等缺点。与金属材料相比，非金属材料已在某些方面表现出良好的使用性能和工艺性能，因此成为科学研究和应用领域中不可缺少的重要组成部分。有机高分子材料、陶瓷材料和复合材料等非金属材料在近几十年来迅速发展，越来越多地应用在各个领域中，其制造技术也得到了快速发展。

2.4.1　高分子材料及其成形

根据性质及用途，有机高分子材料主要有塑料、橡胶及胶黏剂等，下面分别介绍其成形特点。

1. 工程塑料及其成形

塑料是以高聚物为主并加入各种添加剂的人造材料。由于塑料在一定温度和压力作用下具有可塑流动性，因而便于成形各种工程构件，在现代工业中得到了广泛的应用，是主要的工程结构材料之一。

1)塑料的组成及特点

(1)塑料的组成

塑料的主要成分是合成树脂,此外还包括填料、增塑剂、稳定剂、润滑剂、着色剂、固化剂等添加剂。添加剂用于弥补或改进塑料的某些性能。

① 合成树脂

树脂是塑料的主要组成物,是由低分子化合物通过聚合或缩聚反应而合成的高分子化合物,在一定的温度、压力下可软化并被塑造成形,决定塑料的基本属性,并起到黏结剂的作用。绝大多数塑料是以所用树脂的名称命名的,如聚氯乙烯塑料就是以聚氯乙烯树脂为主要组分。

② 填料

在塑料中加入填料,主要起增强和改善性能作用,提高塑料的力学性能和电性能并降低成本,其用量可达 20%～50%。例如,加铝粉可提高塑料对光反射的能力并能防老化;加二硫化铝可提高润滑性;加云母粉可改善导电性;加石棉粉可提高耐热性;酚醛树脂加入木屑后就成为通常所说的电木,具有较高的机械强度。

③ 增塑剂

增塑剂是用来提高树脂的可塑性和柔软性的一种添加剂。增塑剂应该与树脂有较好的相溶性,挥发性小,不易从制品中挥发出来,无毒、无味、无色,在光和热的作用下性能较稳定。常用的增塑剂是液态或低熔点固体有机化合物,主要有甲酸酯类、磷酸酯类和氯化石蜡等。

④ 稳定剂

为了提高塑料在加工和使用中对热、光、氧的稳定性,防止过早地老化,以延长制品的使用寿命而加入的少量物质称为稳定剂。稳定剂应该能耐水、耐油、耐化学药品,并与树脂相溶,在成形过程中不分解。稳定剂有抗氧化剂,例如硬脂酸盐、铅的化合物及环氧化合物等,还有紫外线吸收剂(如炭黑)。

⑤ 润滑剂

为了使塑料在成形过程中易于流动并防止塑料黏在模具或其他设备上,要加入少量润滑剂。润滑剂还可使塑料制品表面光洁美观。常用的润滑剂有硬脂酸及其盐类。

⑥ 着色剂

在塑料中有时可用有机染料或无机颜料着色,使塑料制品具有美丽的色彩,以满足某些装饰要求。一般要求着色剂性质稳定、着色力强、耐温和耐光性好,并与树脂有很好的相溶性。

⑦ 固化剂

固化剂可与树脂起化学反应,形成不溶、不熔的交联网状结构,生产出较坚强和稳定的塑料制品。例如,在酚醛树脂中加入六亚甲基四胺,在环氧树脂中加入乙二胺、顺丁烯酸酐等。

塑料中还有其他一些添加剂,如抗静电剂、发泡剂、阻燃剂等。通常根据塑料品种和使用要求加入所需的某些添加剂。

(2)塑料的特点

① 密度小

不加任何填料或增强材料的塑料,其密度在 $0.85～2.20\ \mathrm{g/cm^3}$ 之间,为钢的 1/8～1/4、铝的 1/2，对减轻车辆、飞机、船舶等运输工具的重量意义重大。

② 耐腐蚀

大多数塑料化学稳定性好，对酸、碱和有机溶液都有良好的抗蚀能力，有些还可与陶瓷材料媲美。

③ 电绝缘性

多数塑料具有良好的电绝缘性和较小的介电损耗，因此是理想的电绝缘材料。

④ 耐磨性好

大多数塑料摩擦系数低，有自润滑能力，可在湿摩擦和干摩擦条件下有效工作。

⑤ 良好的成形性

大多数塑料都可以直接采用注塑或挤压成形工艺，一次加工成形。方法简单、速度快，即使是二次机械加工也比金属材料省力，所以可提高生产率、降低成本。

塑料的不足之处是强度、硬度较低，不及金属；耐热性差，一般塑料仅能在 100 ℃ 以下工作（少数在 200 ℃ 左右）；受到外界能量（光、热）和日光、大气、介质等作用，易老化；塑料的热膨胀系数要比金属高 3～10 倍，容易受温度变化而影响尺寸的稳定；在长期载荷作用下，易产生蠕变。

2）塑料的分类

（1）按树脂的性质分类

根据树脂在加热和冷却时所表现的性质，把塑料分为热塑性塑料和热固性塑料两种。

① 热塑性塑料主要是由聚合树脂制成的，一般仅加入少量稳定剂和润滑剂等。这类塑料加热到一定程度，其主要成分聚合树脂即会软化或熔融，可塑制成形；冷却后变硬而成固体定型。这一过程可以多次反复。这类塑料加工成形时所起的变化是物理变化，可以回收利用。热塑性塑料主要有聚乙烯、聚氯乙烯、聚丙烯、聚酰胺（即尼龙）、ABS、聚甲醛、聚碳酸酯、聚苯乙烯、聚砜、有机玻璃等。

② 热固性塑料大多是以缩聚树脂为基础，加入多种添加剂而成的。这类塑料在加热初期软化，具有可塑性，可塑制成形。继续加热则伴随着化学反应而变硬，从而定型，冷却重新加热不再软化，不再具有可塑性，不能回收利用。此类塑料的使用温度比热塑性塑料高，蠕变性比热塑性塑料小。热固性塑料主要有酚醛树脂、环氧树脂、氨基树脂、不饱和聚酯、聚硅醚树脂以及新品种聚邻苯二甲酸二烯丙酯等。

（2）按塑料的应用范围分类

① 通用塑料主要是指应用范围广、生产量大、价格低廉的一类塑料。常见的有聚乙烯、聚氯乙烯、聚苯乙烯、聚丙烯、酚醛塑料和氨基塑料等。其产品占塑料总产量的 75% 以上，主要用于日常生活用品、包装材料和一般零件。

② 工程塑料是指那些具有突出的力学特性、优异的耐腐蚀特性、较高的耐热环境特性、良好的电绝缘特性，且宜在各种工程条件下作承载结构零件使用的塑料材料。工程塑料的生产批量一般较小，仅按某些特殊用途要求生产一定批量，使用范围相对较窄。

工程塑料是在 20 世纪五六十年代兴起的新型材料，与通用塑料相比，虽然它的发展历史较短，原料价格昂贵，但性能优良，使用范围正逐步推广，所以发展速度已超过通用塑料。其广泛应用于机械、仪表、电子工业、医疗器械和交通运输等方面，同时在航空航天工业中也占有重要地位。

目前工程塑料的主要品种有聚碳酸酯、聚酰胺（即尼龙）、聚苯醚、ABS、聚对苯二甲酸乙二醇酯、聚对苯二甲酸丁二醇酯、聚砜、聚苯硫醚、氯化聚醚、聚酰亚胺、超高分子量聚乙烯、有机玻璃等。

3）工程塑料的成形方法

工程塑料的成形方法已达 40 多种，如注射成形、挤出成形、压制成形、吹塑成形、压延成形等；其中注射和挤出成形尤为突出，占塑料成形方法的 60％以上。用板料进行吹塑和真空成形可进行全自动生产，是当前塑料制品成形工艺的方向。

（1）注射成形

注射成形又称注塑模塑或注塑法，是热塑性塑料的重要成形方法之一。除极少数热塑性塑料外，几乎所有的热塑性塑料都可用此法成形。近年来，注射成形也已成功地用于某些热固性塑料，如酚醛塑料等。注射成形制品约占塑料制品总产量的 30％以上。

注射成形所采用的设备分柱塞式和螺杆式两种。注射成形过程可分为加料、塑化、注射入模、保压、冷却和脱模六个步骤。即将粒状或粉状塑料从注射机的料斗送进加热的料筒，经加热熔化至黏流态后，由柱塞或螺杆的推动而通过料筒端部的喷嘴，以很快的速度注入温度较低的闭合模具中，如图 2 - 116 所示。充满模具的熔料在受压的情况下，经冷却固化后即可保持模具型腔所赋予的形状，最后松开模具顶出制品。

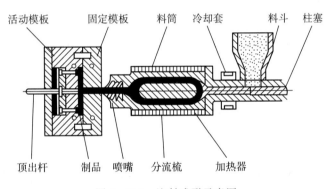

图 2 - 116　注射成形示意图

注射成形周期从几秒钟到几分钟不等。周期的长短取决于制品的壁厚、大小、形状、注射成形机的类型以及所采用的塑料品种和工艺条件等。

（2）挤出成形

挤出成形是热塑性塑料成形中变化最多、用途最广、占比重最大的一种加工方法，与金属材料的挤压方法类似，又称挤塑成形。挤出成形过程总体可分为两个阶段：第一阶段是使固态塑料塑化（即使塑料转变成黏流态），并在加压情况下使其通过特殊形状的模口而成为截面与模口形状相似的连续体；第二阶段是用适当的处理方法使挤出具有黏流态的连续体转变为玻璃态的连续体，即可得到所需型材或制品，如图 2 - 117 所示。

从塑料原料进入料斗开始，再进入料筒加热熔化，流动到机头前为止，这段工艺过程与注射成形工艺过程一样，当塑料熔体被压入挤出机头就与注射模塑不同了。挤出机挤出熔

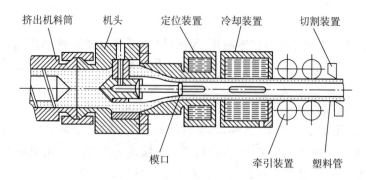

挤出机料筒　机头　定位装置　冷却装置　切割装置

模口　牵引装置　塑料管

图 2-117　挤出成形示意图

融塑料进入机头,通过定位装置定形,进入冷却装置进行冷却。

挤出成形主要用于生产棒(管)材、板材、线材、薄膜、涂覆电线、电缆等连续的塑料型材以及塑料与其他材料的复合制品等。目前,挤出制品约占热塑性塑料制品产量的一半。

挤出成形设备与注射成形设备相似,有柱塞式和螺杆式两种。

与其他成形方法相比较,挤出成形的特点是:生产过程是连续的,生产效率高,应用范围广。挤出制品广泛应用于建筑、石油化工、轻工、机械制造以及农业、国防工业等部门。

(3)其他成形方法

① 压制成形

压制成形是塑料成形加工技术中历史悠久的重要方法之一,通常用于热固性塑料的成形。常用的有模压法和层压法。模压法是将一定量的粉状、粒状、碎屑状或纤维状的塑料放入具有成形温度的模具型腔中,然后闭模加压,在温度和压力作用下,保温一定时间而固化成形,如图 2-118 所示。层压法是用片状骨架填料在树脂溶液中浸渍,然后在层压机上加热、加压固化成型。它是生产各种增强塑料板、棒、管的主要方法,生产出的板、棒、管再经机械加工就可以得到各种较为复杂的零部件。

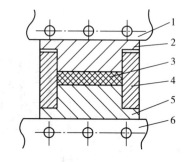

图 2-118　模压示意图
1—上电热板;2—上凸模;3—塑料制件;
4—凹模;5—下凸模;6—下电热板

压制成形主要用于压制形状简单、尺寸精度要求不高的制件。与注射成形相比,压制成形生产过程容易控制,使用的设备和模具简单,较易成形大件制品;但生产周期长,效率低,较难实现自动化,不易成形形状复杂的零件。

② 中空吹塑成形

中空吹塑成形仅用于热塑性塑料的成形,是制作中空的瓶、罐等塑料制品的一种成形方法。它的工艺过程是首先用挤压或注射法将熔融塑料制成筒状坯料,然后放入开式模内,模腔的形状与制品形状相同,模具闭合后通过塞孔向内通入压缩空气,将塑料吹胀并紧贴模壁,冷却后开模即形成中空制品,如图 2-119 所示,其成形过程包括塑料型坯的制造和型坯的吹塑。这种成形方法可以生产口径不同、容量不同的瓶、壶、桶等各种包装容器。中空吹塑生产效率高,产品经过定向拉伸变形,抗拉强度高。

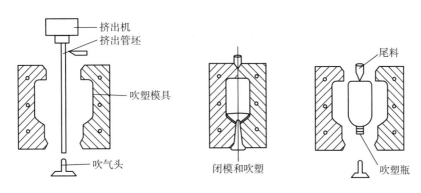

图 2-119　中空吹塑成形

③ 压延成形

压延成形是将加热塑化、接近黏流温度的热塑性塑料通过一系列相向旋转的水平辊筒间隙,并在挤压和延展作用下成为规定尺寸的连续片状制品的成形方法。

压延成形具有加工能力大,生产速度快,产品质量好,生产连续,可以实现自动化等优点。其主要缺点是设备庞大,前期投资高,维修复杂,制品宽度受压延机辊筒长度的限制。图 2-120 为四辊压延机压延成形示意图。

压延制品广泛地用于农业薄膜、工业包装薄膜、室内装饰品、地板、录音唱片基材以及热成形片材等。薄膜与片材的区分主要在于厚度,大抵以 0.25 mm 为分界线,厚度小于 0.25 mm 的为薄膜,厚度大于 0.25 mm 的为片材。压延成形适用于生产厚度在 0.05~0.5 mm 范围内的软质聚氯乙烯薄膜和片材,以及 0.3~0.7 mm 范围内的硬质聚氯乙烯片材。

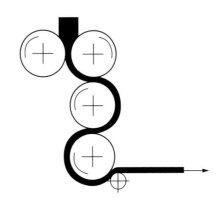

图 2-120　四辊压延机压延成形示意图

2. 橡胶及其成形

橡胶与塑料的不同之处是橡胶在室温下处于高弹态。在较小的载荷作用下,能产生很大的变形,当载荷取消后又能很快恢复到原来状态,是常用的弹性材料、密封材料、减振防振材料和传动材料。

1)工业橡胶的成分及性能

(1)工业橡胶的成分

工业橡胶的主要成分是生胶,存在稳定性差等缺点,必须加入各种配合剂提高其性能。

① 生胶

未加配合剂的天然橡胶或人工合成橡胶统称为生胶。生胶具有很高的弹性。但生胶分子链间相互作用力很弱,强度低,易产生永久变形。此外,生胶的稳定性差,会发黏、变硬、溶于某些溶剂等。因此,工业橡胶中必须加入各种配合剂。

② 配合剂

橡胶的配合剂主要有硫化剂、硫化促进剂、活性剂、填充剂、防老化剂、增塑剂以及着色剂等。

硫化剂——硫化剂的作用是使生胶分子在硫化处理中产生适度交联而形成立体网状结构,从而大大提高橡胶的弹性、强度、耐磨性、耐腐蚀性和抗老化能力,并使其性能在很宽的温度范围内具有较高的稳定性。

硫化促进剂——加入少量硫化促进剂,可缩短橡胶硫化时间,降低硫化温度,减少硫化剂用量。常用的硫化促进剂有镁、钙、锌的氧化物和有机硫化物。

活性剂——活性剂能加速发挥有机促进剂的活性物质作用,如金属氯化物、有机酸和胺类等。

填充剂——填充剂用来提高橡胶制品的强度、硬度,减少生胶用量及改善工艺性能。常用填充剂有炭黑、陶土、石英、碳酸盐、滑石粉等。

防老化剂——橡胶制品在贮存和使用过程中,因环境因素使性能变坏、发黏变脆,这种现象称为橡胶老化。为阻止和延缓橡胶制品的老化,可以加入比橡胶更易氧化的石蜡、蜂蜡等防老化剂,以在橡胶表面形成稳定的氧化膜,抵抗氧的侵入。

增塑剂——为增加塑性便于加工成形而加入的物质,有松香、凡士林、石蜡、磷酸三甲苯酯等。

着色剂——用以使制品着色,有钛白、铁丹、锑红、络黄、群青等颜色。

③ 骨架材料

为了提高橡胶制品的承载能力,限制变形,常加入各种纤维织物、金属丝及其编织物作为骨架材料。如橡胶雨衣中的纤维骨架材料占重量的 $80\%\sim90\%$,运输带中占 65%,汽车轮胎中占 $10\%\sim15\%$,高压和超高压胶管多用金属丝网为骨架材料。

(2)橡胶的性能

① 高弹性能

橡胶受外力作用而发生的变形是弹性变形,外力去除后,只需要千分之一秒便可恢复到原来的状态。橡胶的弹性模量低,只有 7.84 MPa,而其他塑料纤维的弹性模量达 $490\sim2500$ MPa。橡胶的变形量大,可达 $100\%\sim1000\%$。橡胶还具有良好的回弹性能,如天然橡胶的回弹高度可达 $70\%\sim80\%$;硫化后的橡胶回弹力增加。

② 强度

经硫化处理和炭黑增强后,橡胶的抗拉强度达 $25\sim35$ MPa,并具有良好的耐磨性。

2)橡胶的成形方法

橡胶成形加工是用生胶(天然胶、合成胶、再生胶)和各种配合剂(硫化剂、防老化剂、填充剂等)用炼胶机混炼而成炼胶(胶料),再根据需要加入能保持制品形状和提高其强度的各种骨架材料(如天然纤维、化学纤维、玻璃纤维、钢丝等),经混合均匀后放入一定形状的模具中,并在通用或专用设备上经过加热、加压(即硫化处理),获得所需形状和性能的橡胶制品。橡胶成形大体上可分为四大类:压制成形、传递成形、注压成形和压出成形。

(1)压制成形

压制成形是将混炼过的、经加工成一定形状或称重过的半成品胶料直接放入敞开的模具型腔中,而后将模具闭合,送入平板硫化机中加压、加热,胶料在加热和压力作用下硫化成形。压制成形的模具结构简单、通用性强、实用性广、操作方便,在整个橡胶模具压制品的生产中占有较大的比例。

（2）传递成形

橡胶传递成形又称压铸成形,是将混炼过的、形状简单的、限量的胶条或胶块半成品放入压铸模料腔中,通过压头的压力挤压胶料,并使胶料通过浇注系统进入模具型腔中硫化定形。

传递成形适用于制作普通模压法所不能压制的薄壁、细长易弯的制品以及形状复杂难于加料的橡胶制品,所生产的制品致密性好、质量优。

（3）注压成形

橡胶注压成形又称注射成形,如图 2 - 121 所示。它是利用注压机的压力,将胶料直接由机筒注入模腔,完成成形并进行硫化的生产方法。注压成形的优点是硫化周期短,废边少,生产效率高,将成形和硫化过程合为一体。这种方法工序简单,提高了机械化、自动化程度,减轻了劳动强度并大大提高了产品质量。目前,注压模具已广泛用于生产橡胶密封圈、橡胶金属复合制品、减振制品及胶鞋等。

3. 胶接成形

工程材料的连接方法除焊接、铆接、螺纹连接之外,还有一种利用胶黏剂将各种零件或构件牢固地连接在一起的工艺,这种工艺称为胶接。胶接具有接头光滑,应力分布均匀,连接件不变形,接头的密封性、绝缘性和耐磨性好,而且工艺操作

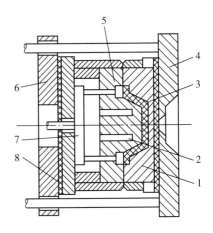

图 2 - 121　橡胶注压成形
1—定模;2—加热孔;3—橡胶制件;4—定板;
5—动模;6—动板;7—顶出机构;8—绝热板

简单,成本低的特点。胶接适用于各种材料之间的连接,包括金属材料与橡胶、塑料、陶瓷等非金属材料之间的胶接,非常薄和脆的材料也可以相互胶接。胶接技术已经在航空、机械、电子、纺织、船舶、轻工等行业得到了广泛应用。胶接的不足之处是接头处的力学性能较低,在较高的温度下胶层容易老化变脆等。

1）胶黏剂的组成

胶黏剂在胶接技术中具有非常重要的作用。胶黏剂的质量以及正确的选择和使用,对胶接接头的质量和使用性能有着重要的作用。

胶黏剂的组成是根据使用性能要求而采用不同的配方,其中黏性基料是必不可少的。黏性基料对胶黏剂的性能起主要作用,必须具有优异的黏附力及良好的耐热性、抗老化性等。常用黏性基料有环氧树脂、酚醛树脂、聚氨酯树脂、氯丁橡胶、丁腈橡胶等。

胶黏剂中除了黏性基料外,通常还有各种添加剂,如填料、固化剂、增塑剂、增韧剂、增黏剂等。这些添加剂是根据胶黏剂的性质及使用要求选择的。

2)胶接工艺

(1)胶黏剂的选择

不同的胶黏剂具有不同的性能特点、工艺条件和适用范围。即使是同一种胶黏剂,如果是不同的使用方法,也有不同的性能和用途。正确的选择胶黏剂应综合考虑胶黏剂的性能、被胶接物的表面性质、胶接的目的与用途、胶接件的使用环境及施工条件等因素。

(2)表面处理

表面处理是正式胶接前的准备工作,其目的为:清洁表面,提高胶黏剂对被胶接物表面的湿润性;粗化表面,增加胶接面积,有利于胶黏剂的渗透,加固胶接作用;活化被胶接物表面;改变被胶接物表面的化学结构,为形成化学键结合创造条件。

总之,表面处理是要达到表面无灰尘、无水分、无油污、无锈蚀、适当粗化、有一定的活化,以利于胶黏剂的湿润和黏附力的形成,从而得到较好的胶接效果。

(3)配胶

将组成胶黏剂的黏性基料、固化剂和其他助剂按照所需比例均匀搅拌混合,有时还需在烘箱或红外线灯下预热至 $40\sim50$ ℃。

(4)装配和涂(注)胶

将被胶接物按所需位置进行正确装配或涂胶(有的涂胶在装配前),涂胶的方法有涂刷、辊涂、刀刮、注入等。

(5)固化

固化又称为硬化,对于橡胶型胶黏剂也称为硫化。固化是在一定的温度和压力下进行的。每种胶黏剂都有自己的固化温度,交联在一定的固化温度下才能充分进行。固化是获得良好胶接性能的关键过程,只有完全固化,胶接强度才会最大。

3)接头设计

胶接接头由被粘物与夹在中间的胶层所构成,是结构部件上不连续的部分,起着传递应力的作用。接头强度取决于胶黏剂的内聚强度、被胶接物本身的强度和胶黏剂与被胶接物界面的结合强度。而实测强度主要由三者中最薄弱环节所支配,还受到接头形式、几何尺寸和加工质量等因素的影响。为使胶接的优点得到充分发挥,而将其缺点尽量缩小,必须确定合理的胶接接头结构。

2.4.2 陶瓷材料及其成形

陶瓷材料是指非金属元素与金属元素或非金属元素结合形成的固态化合物材料。它是各种无机非金属材料的通称,是现代工业中很有发展前途的一类材料,与高分子材料和金属材料构成了固体材料的三大支柱。

1. 陶瓷材料的性能

(1)力学性能

陶瓷材料具有很高的硬度和弹性模量,是各类材料中最高的,比金属高若干倍,比有机高聚物高 $2\sim4$ 个数量级,这是陶瓷材料具有强大的化学键所致。

陶瓷材料的塑性变形能力很低,在室温下几乎没有塑性,呈现出很明显的脆性特征,韧性极低。陶瓷材料的抗拉强度很低,抗弯强度较高,抗压强度非常高。这是由于陶瓷内有气孔、杂质和各种缺陷存在,在拉应力作用下气孔会迅速扩展,引起脆断。减少杂质和气孔,细化晶粒,则可提高致密度和均匀性,从而提高陶瓷的强度。

(2)热性能

陶瓷材料熔点高,具有比金属材料高得多的耐热性;隔热性好,可用于 $-120 \sim -240\ ℃$ 以下的隔热,如液化天然气储藏和运输时要保持低温,就可以用此材料。

(3)电性能

陶瓷材料的导电性变化范围很广,由于离子晶体无自由电子,因此大多数陶瓷材料都是良好的绝缘体。但少数陶瓷既是离子导体,又有一定的电子导电性,是重要的半导体材料。此外,最近几年出现的超导材料大多数也是陶瓷材料。

(4)化学性能

陶瓷材料的组织结构很稳定,因此具有良好的抗氧化性和不可燃烧性,即使在 $1000\ ℃$ 的高温也不会被氧化。此外,陶瓷对酸、碱、盐等腐蚀性很强的介质均具有较强的抗蚀性,与许多金属(如银、铜等)熔体也不发生作用,因而是极好的耐蚀材料和坩埚材料。

(5)光学性能

陶瓷材料的光学性能得到了广泛地应用,如制造固体激光器材料、光导纤维材料、光存储材料等。1 mm 厚的氧化铝透明陶瓷试片透光率可达 80% 以上。这些材料的研究和应用对通讯、摄影、计算机等具有重要的实际意义。

2. 陶瓷的成形方法

陶瓷制品的成形,就是将坯料制成有一定形状和规格的坯体。常用的成形方法有注浆成形、可塑成形和压制成形三大类。

1)注浆成形

注浆成形是指将具有流动性的液态泥浆注入多孔模型内(模型为石膏模、多孔树脂模等),借助于模型的毛细吸水能力,泥浆脱水、硬化,经脱模获得一定形状的坯体的过程。注浆法成形的适应性强,能得到各种结构、形状的坯体。

根据成形压力的大小和方式的不同,注浆法可分为基本注浆法、热压铸成形法、强化注浆法和流延法等。

(1)基本注浆法

基本注浆法有空心注浆(单面注浆)和实心注浆(双面注浆)两种。

① 空心注浆的石膏模没有型芯,泥浆注满模腔后放置一段时间,待模腔内壁黏附一定厚度的坯体后,多余的泥浆倒出,形成空心注件,然后带模干燥,待注件干燥收缩脱离模型后就可取出,如图 2-122 所示。模腔工作面的形状决定坯体的外形,坯体厚度取决于吸浆时间等。这种方法适合于小件、薄壁制品的成形。

② 实心注浆是将泥浆注入外模和模芯之间,石膏模从内外两个方向同时吸水。注浆过程中泥浆不断减少,需要不断补充,直至泥浆全部硬化成坯,如图 2-123 所示。实心注浆的坯体外形决定于外模的工作面,内形决定于模芯的工作面。坯体厚度由外模与模芯之间的空腔决定。实心注浆适合于坯体的内外表面形状、花纹不同,大型而壁厚的制品。

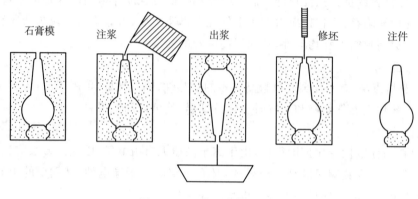

图 2-122　空心注浆示意图

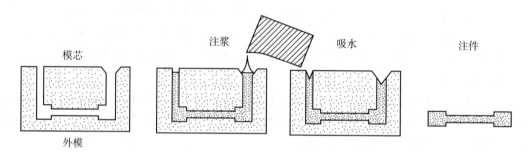

图 2-123　实心注浆示意图

(2)热压铸成形法

热压铸成形是将含有石蜡的浆料在一定温度和压力下注入金属模具中,待坯体冷却凝固后再脱模的成形方法。其制品的尺寸精确,结构紧密,表面光洁,广泛应用于制造形状复杂、尺寸精度要求高的工业陶瓷制品,如电容器瓷件、氧化物陶瓷、金属陶瓷等。

2)可塑成形

可塑成形是对具有一定塑性变形能力的泥料进行加工成形的方法。可塑成形方法有旋压成形、滚压成形、塑压成形、注塑成形和轧膜成形等几种类型。

滚压成形时,盛放着泥料的石膏模型和滚压头分别绕自己的轴线以一定的速度同方向旋转。滚压头在旋转的同时,逐渐靠近石膏模型,并对泥料进行滚压成形。滚压成形坯体致密均匀,强度较高。滚压机可以和其他设备配合组成流水线,生产率高。

滚压成形可以分为阳模滚压和阴模滚压,如图 2-124 所示,图中 α 为滚压头倾斜角。阳模滚压又称为外滚压,由滚压头决定坯体的外形和大小,适合成形扁平、宽口器皿。阴模滚压又称内滚压,滚压头形成坯体的内表面,适合成形口径较小而深的制品。

3)压制成形

压制成形是将含有一定水分的粒状粉料填充到模具中,加压而成为具有一定形状和强度的陶瓷坯体的成形方法。根据粉料中含水量的多少,可分干压成形(含水量 3%～7%)、半干压成形(含水量 7%～15%),以及特殊的压制成形方法(如等静压法,含水量可低于 3%)。

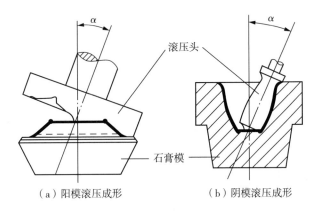

（a）阳模滚压成形　　　　　　（b）阴模滚压成形

图 2-124　滚压成形

压制法成形一般是在油压机上进行的。其加压方式可以是单面加压,也可以是双面加压,如图 2-125 所示。从此图可看出,三种加压情况下密度是不同的,如坯料经造粒(在粉料中加入一定的塑化剂制成流动性好的粒子),再加润滑剂,采用双面加压,坯体密度最均匀。

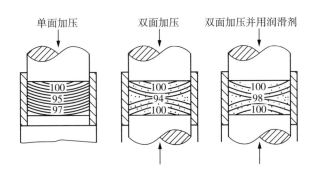

图 2-125　加压方式对坯体密度的影响

陶瓷压制成形过程简单、坯体收缩小、致密度高、制品尺寸精确,对坯料的可塑性要求不高,其缺点是难以成形为形状复杂的制件。

3. 陶瓷制品的生产过程

陶瓷制品的生产过程包括坯体成形前的坯料准备、坯体成形和坯体的后处理三大内容。

(1)坯体成形前的坯料准备

首先是利用物理方法、化学方法或物理化学方法进行精选原料,并根据需要与否,对原料进行预烧以改变原料的结晶状态及物理性能,利于破碎、造粒,然后将破碎、造粒的原料按不同的成形方法要求配制成供成形用的坯料(如浆料、可塑泥团、压制粉料)。

(2)坯体成形

陶瓷制品种类繁多,形状、规格、大小不一,应该正确选择合理的成形方法以满足不同制品的要求。选择成形方法时可以从以下几方面考虑:

根据产品的形状、大小和厚薄选择。一般形状复杂且对尺寸精度要求不高的产品可采用注浆法成形,简单的回转体可采用可塑成形中的旋压成形或滚压成形;

根据坯料的成形性能选择。可塑性较好的坯料适用于可塑成形,可塑性较差的坯料应用注浆法成形或压制成形;

根据产品的产量和质量要求选择。产量较大的产品采用可塑成形,产品批量小的可用注浆法成形,产品质量要求高的采用压制成形。

(3)坯体的后处理

成形后的坯体经适当的干燥后,日用陶瓷要先对其施釉(有浸釉、淋釉、喷釉等方法),再经烧制后得到陶瓷制品。

2.4.3 复合材料及其成形

复合材料是由两种或两种以上不同性质的材料,通过物理或化学的方法,在宏观(微观)上组成的具有新性能的材料。各种材料在性能上互相取长补短,产生协同效应,使复合材料的综合性能优于原组成材料而满足不同的要求。由于复合材料具有重量轻、强度高、加工成形方便、弹性优良、耐化学腐蚀等特点,已逐步取代传统材料,广泛应用于航空航天、汽车、电子电气、建筑、健身器材等领域,在近些年更是得到了飞速发展。

日常所见的人工复合材料很多,如钢筋混凝土就是用钢筋与石子、沙子、水泥等制成的复合材料,轮胎是由人造纤维与橡胶复合而成的材料,玻璃钢是由玻璃纤维和热固性树脂黏结剂制成的。复合材料一般由增强材料(如玻璃纤维等)和基体材料(如树脂等)组成。基体材料可以分为金属基体和非金属基体两类。金属基体常用的有铝、镁、铜、钛及其合金。非金属基体主要有合成树脂、橡胶、陶瓷、石墨、碳等。增强材料主要有玻璃纤维、碳纤维、硼纤维、芳纶纤维、碳化硅纤维、石棉纤维、晶须、金属丝和硬质细粒等。

复合材料的最大特点是其性能具有可设计性,它的性能主要取决于增强材料和基体材料的性能、分布和含量,以及相互之间的结合情况。

1. 复合材料的性能特点

(1)比强度和比模量高

在复合材料中,所用的基体材料和增强材料密度都较小,而且增强材料多数是强度很高的纤维,所以复合材料的比强度、比模量比其他材料要高得多,见表 2-13。在保证性能的前提下,可用于制造宇航、交通运输工具,减轻其自重。

表 2-13 各类材料性能的比较

材　　料	相对密度 $\rho/(g/cm^3)$	抗拉强度 σ_b/MPa	弹性模量 E/MPa	比强度 σ_b/ρ	比弹性模量 E/ρ
钢	7.80	1010	206×10^3	129	26×10^3
铝	2.80	461	74×10^3	165	26×10^3
钛	4.50	942	112×10^3	209	25×10^3
玻璃钢	2.00	1040	39×10^3	520	20×10^3
碳纤维Ⅱ/环氧树脂	1.45	1472	137×10^3	1015	95×10^3

（续表）

材　料	相对密度 $\rho/(\mathrm{g/cm^3})$	抗拉强度 $\sigma_\mathrm{b}/\mathrm{MPa}$	弹性模量 E/MPa	比强度 σ_b/ρ	比弹性模量 E/ρ
碳纤维Ⅰ/环氧树脂	1.60	1050	235×10^3	656	147×10^3
有机纤维 PRD/环氧树脂	1.40	1373	78×10^3	981	56×10^3
硼纤维/环氧树脂	2.10	1344	206×10^3	640	98×10^3
硼纤维/铝	2.65	981	196×10^3	370	74×10^3

不过，由于增强材料的纤维排列方向不同，纤维和基体之间又具有分割作用，因此其力学性能呈各向异性。在使用时，应根据性能要求，进行合理设计，以充分发挥复合材料的潜力。

（2）抗疲劳强度较高

碳纤维增强复合材料的疲劳极限相当于其抗拉强度的 $70\%\sim80\%$，而多数金属材料疲劳强度只有抗拉强度的 $40\%\sim50\%$。复合材料有较高的疲劳强度。图 2-126 为三种材料的疲劳性能比较。

（3）减振性好

当结构所受外载荷频率与结构的自振频率相同时，将产生共振，容易造成灾难性事故。而结构的自振频率不仅与结构本身的形状有关，而且还与材料比模量的平方根成正比关系。纤维增强复合材料的自振频率高，故可以避免共振。此外，纤维与基

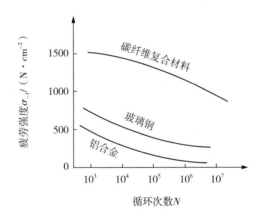

图 2-126　三种材料的疲劳性能比较

体的界面具有吸振能力，所以具有很高的阻尼作用，即使产生了振动也会很快衰减下来。用同样尺寸和形状的梁进行试验发现，金属材料的梁需 9s 才停止振动，而碳纤维复合材料只要 2.5s 就停止振动。

除了上述几种特性外，复合材料还有较高的耐热性、良好的自润滑性和耐磨性等。

2．复合材料的成形方法

下面主要介绍一些树脂基复合材料的成形方法。树脂基复合材料常用的成形方法有手糊成形、模压成形、缠绕成形、夹层成形等。

（1）手糊成形

手糊成形又称为接触成形，是用纤维增强材料和树脂胶液在模具上铺敷成形，在室温（或加热）、无压（或低压）条件下固化，脱模成制品的工艺方法。其工艺流程如图 2-127 所示。

手糊成形是最早出现的一种复合材料成形方法，用于制造波纹瓦、浴盆、贮罐、汽车壳

体、飞机机翼、火箭外壳等。其优点是:不受制品的尺寸和形状限制,适宜成形尺寸大、批量小、形状复杂的制品,设备简单、成本低,工艺简便,易于满足制品的设计要求,可在不同部位任意增补增强材料,耐腐蚀性好。其缺点是:生产效率低,劳动强度大,劳动卫生条件差,制品质量不易控制,性能不稳定,制品的力学性能差。

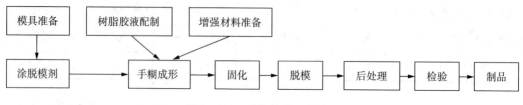

图 2-127　手糊成形工艺流程

(2)模压成形

模压成形是将一定量的模料放入金属对模中,在一定温度和压力下固化成形。它与前述的热固性塑料成形有类似之处。但其不同之处是,在模腔内流动的不仅是树脂,而且还有增强材料,所以成形压力较高。

模压成形生产率较高,制品尺寸准确、精度高,可以一次成形较复杂的结构,且重复性好,易于实现机械化、自动化。尤其是近年来各种新型塑料的出现,使其应用更加广泛。模压成形的主要缺点是模具设计、制造复杂,压力机和模具投资大,制品尺寸受到模具限制,只适宜于大批量中、小型制品的生产。

(3)缠绕成形

缠绕成形是指将浸过树脂胶液的连续纤维或布带,按照一定规律缠绕在芯模上,经固化脱模成形为增强塑料制品的工艺过程。图 2-128 是长纤维缠绕成形示意图。缠绕成形可分为环向缠绕、螺旋缠绕和平面缠绕三类,如图 2-129 所示。

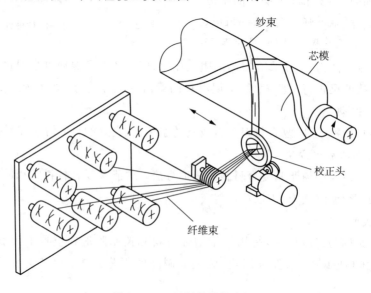

图 2-128　长纤维缠绕成形

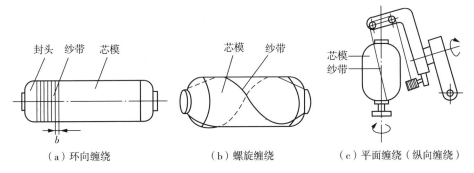

封头 纱带 芯模

b

（a）环向缠绕

芯模 纱带

（b）螺旋缠绕

芯模
纱带

（c）平面缠绕（纵向缠绕）

图 2-129 缠绕成形的种类

缠绕成形的优点是：制品的比强度高，是铁合金的 3 倍、钢的 4 倍；制品呈各向异性，强度的方向性比较明显；可以按照承载要求确定纤维排布、方向、层次，实现制品的强度及结构设计；纤维按照规定方向排列，精度高、质量好、易于生产自动化。其缺点是缠绕机、高质量芯模和专用固化炉等缠绕设备投资大。缠绕成形主要用于缠绕圆柱体、球体及某些回转体制品。

习 题 与 思 考 题

2-1 什么是液态合金的充盈能力？它与合金的流动有何关系？不同成分的合金为何流动性不同？

2-2 缩孔和缩松有何不同？为什么缩孔比缩松更容易防止？

2-3 试从石墨的存在分析灰铸铁的力学性能和其他性能特征。

2-4 为什么球墨铸铁是"以铁代钢"的好材料？球墨铸铁是否可以全部取代可锻铸铁？

2-5 为什么铸造是毛坯生产中的重要方法？试从铸造的特点并结合实例分析之。

2-6 为什么手工造型仍是目前不可忽视的造型方法？机器造型有哪些优缺点？其工艺特点是哪些？

2-7 图示铸件在大批大量生产时，其结构有何缺点？该如何改进？

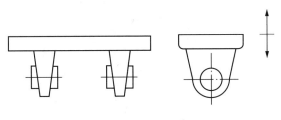

题 2-7 图

2-8 为什么熔模铸造是最有代表性的精密铸造方法？它有哪些优越性？

2-9 金属型铸造有何优越性？为什么金属型铸造未能广泛取代砂型铸造？

2-10 何谓塑性变形？塑性变形的实质是什么？

2-11 为什么巨型锻件必须采用自由锻的方法制造？

2-12 板料冲压生产有何特点？应用范围如何？

2-13 焊接电弧是怎样的一种现象？电弧中各区的温度有多高？用直流电和交流电焊接效果一样吗？

2-14 产生焊接应力和变形的原因是什么？焊接应力是否一定要消除？消除焊接应力的方法有哪些？

2-15 焊条药皮有什么作用？在其他电弧焊中，用什么取代药皮的作用？

2-16 钎焊和熔焊实质差别是什么？钎焊的主要适用范围有哪些？

2-17 热固性塑料和热塑性塑料性能有什么不同？

2-18 橡胶的主要成分是什么？各起什么作用？

2-19 用 $\phi50$ mm 冲孔模具来生产 $\phi50$ mm 落料件能否保证落料件的精度？为什么？

2-20 为什么胎膜锻可以锻造出形状较为复杂的模锻件？

2-21 试比较电阻对焊和摩擦焊的焊接过程特点有何异同？各自的应用范围有哪些？

2-22 图示铸件在单件生产条件下该选用哪种造型方法？

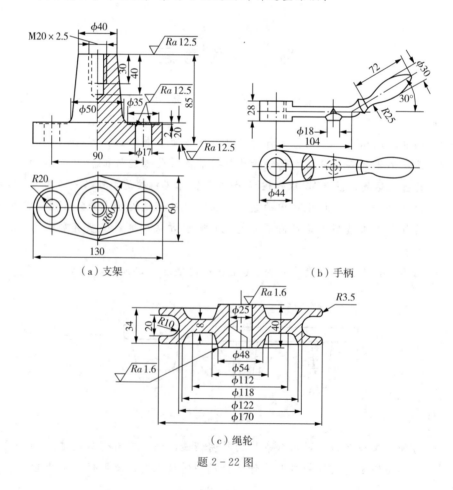

（a）支架　　　　　　　　　　（b）手柄

（c）绳轮

题 2-22 图

第3章　金属切削基础知识

　　本章介绍了金属切削的相关概念，讲解了金属切削和刀具的基本定义、刀具材料、金属切削过程、切削力、切削热、切削温度、刀具磨损和耐用度等基本知识，重点阐述了切削用量的选用原则，详细分析并举例说明了刀具角度对切削过程的影响规律，系统讲解了金属切削过程中涉及的切削力、切削热、刀具磨损、积屑瘤等现象和规律，及其对保证加工质量、降低生产成本、提高生产率的重要意义。

3.1　切削运动及切削要素

　　切削加工是使用切削工具（刀具、磨具和磨料），在工具和工件的相对运动中，把工件上多余的材料层切除，使工件获得规定的几何参数（形状、尺寸、位置）和表面质量的加工方法。

　　切削加工可分为机械加工（简称机工）和钳工两部分。

　　机工是通过工人操纵机床来完成切削加工的，主要加工方法有车、钻、刨、铣、磨及齿轮加工等，所用机床相应为车床、钻床、刨床、铣床、磨床及齿轮加工机床等。

　　钳工一般是通过工人手持工具来进行加工的。钳工常用的加工方法有錾、锯、锉、刮、研、钻孔、铰孔、攻螺纹（攻丝）和套螺纹（套扣）等。为了减轻劳动强度和提高生产效率，钳工中的某些工作已逐渐被机工代替，实现了机械化。在某些场合下，钳工加工是非常经济和方便的，如在机器的装配和修理中某些配件的锉修、导轨面的刮研、笨重机件上的攻螺纹等。因此，钳工有其独特的价值，尤其是在装配和修理等工作中占有一定的地位。

　　由于对现代机器的精度和性能要求都较高，因而对组成机器的大部分零件的加工质量也相应地提出了较高的要求。为了满足这些要求，目前绝大多数零件的质量还要靠切削加工的方法来保证。因此，如何正确地进行切削加工以保证产品质量、提高生产效率和降低成本，就有着重要的意义。

3.1.1　零件表面的形成及切削运动

　　金属切削加工虽有多种不同的形式，但在很多方面，如切削运动、切削工具以及切削过程的物理实质等都有着共同的现象和规律。这些现象和规律是学习各种切削加工方法的共同基础。

机器零件的形状虽然很多,但分析起来,主要由下列几种表面组成,即外圆面、内圆面(孔)、平面和成形面。因此,只要能对这几种表面进行加工,就基本上能完成所有机器零件的加工。

外圆面和孔可认为是以某一直线为母线、以圆为轨迹做旋转运动所形成的表面。

平面是以一直线为母线、以另一直线为轨迹做平移运动所形成的表面。

成形面可认为是以曲线为母线、以圆或直线为轨迹做旋转或平移运动所形成的表面。

上述几种表面可分别用图3-1所示的相应的加工方法来获得。由图可知,要对这些表面进行加工,刀具与工件之间必须有一定的相对运动,即切削运动。

切削运动包括主运动(图中Ⅰ)和进给运动(图中Ⅱ)。主运动使刀具和工件之间产生相对运动,促使刀具前面接近工件而实现切削。它的速度最高,消耗功率最大。进给运动使刀具与工件之间产生附加的相对运动,与主运动配合,即可连续地切除材料,获得具有所需几何特性的已加工表面。各种切削加工方法(如车削、钻削、刨削、磨削和齿轮齿形加工等)都是为了加工某种表面而发展起来的,因此也都有其特定的切削运动。如图3-1所示,切削运动有旋转的,也有直线的;有连续的,也有间歇的。

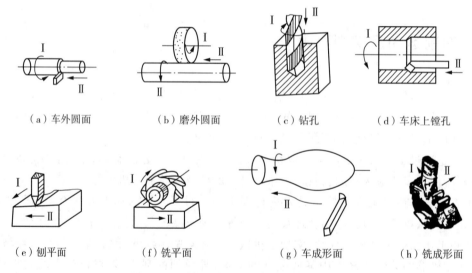

（a）车外圆面　　　　（b）磨外圆面　　　　（c）钻孔　　　　（d）车床上镗孔

（e）刨平面　　　　（f）铣平面　　　　（g）车成形面　　　　（h）铣成形面

图3-1　零件不同表面加工时的切削运动

切削时,实际的切削运动是一个合成运动(图3-2),其方向是由合成切削速度角 η 确定的。

3.1.2　切削用量

切削用量用来衡量切削运动量的大小。在一般的切削加工中,切削用量包括切削速度、进给量和背吃刀量三要素。

1. 切削速度 v_c

切削刃上选定点相对于工件主运动的瞬时速度称为切削速度,以 v_c 表示,单位为 m/s 或 m/min。

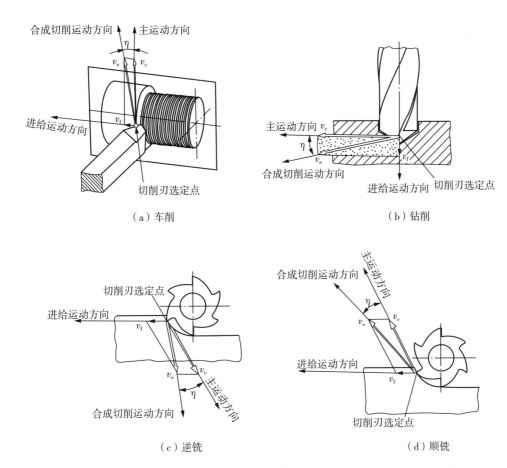

（a）车削　　　　　　　　　　　　　　（b）钻削

（c）逆铣　　　　　　　　　　　　　　（d）顺铣

图 3-2　切削运动

若主运动为旋转运动,则切削速度一般为其最大线速度,v_c 按下式计算,即

$$v_c = \frac{\pi d n}{1000} \qquad (3-1)$$

式中:d——工件或刀具的直径,mm;

　　　n——工件或刀具的转速,r/s 或 r/min。

若主运动为往复直线运动(如刨削、插削等),则常以其平均速度为切削速度,v_c 按下式计算,即

$$v_c = \frac{2 L n_r}{1000} \qquad (3-2)$$

式中:L——往复行程长度,mm;

　　　n_r——主运动每秒或每分钟的往复次数,st/s 或 st/min(st 为习惯用法,代表行程)。

2. 进给量

刀具在进给运动方向上相对工件的位移量称为进给量。不同的加工方法,由于所用刀具和切削运动形式不同,进给量的表述和度量方法也不相同。

用单齿刀具(如车刀、刨刀等)加工时,进给量常用刀具或工件每转或每行程,刀具在进给运动方向上相对工件的位移量来度量,称为每转进给量或每行程进给量,以 f 表示,单位为 mm/r 或 mm/st(图 3-3)。

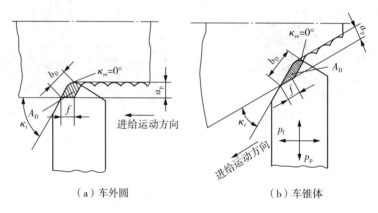

（a）车外圆　　　　　　　　　（b）车锥体

图 3-3　车削时切削层尺寸

用多齿刀具(如铣刀、钻头等)加工时,进给运动的瞬时速度称进给速度,以 v_f 表示,单位为 mm/s 或 mm/min。刀具每转或每行程中每齿相对工件在进给运动方向上的位移量,称为每齿进给量,以 f_z 表示,单位为 mm/z。

f_z、f、v_f 之间有如下关系,即

$$v_f = fn = f_z z n \tag{3-3}$$

式中:n——刀具或工件转速,r/s 或 r/min;

　　z——刀具的齿数。

3. 背吃刀量 a_p

在通过切削刃上选定点并垂直于该点主运动方向的切削层尺寸平面中,垂直于进给运动方向测量的切削层尺寸,称为背吃刀量,以 a_p 表示(图 3-3),单位为 mm。车外圆时 a_p 可用下式计算,即

$$a_p = \frac{d_w - d_m}{2} \tag{3-4}$$

式中:d_w——工件待加工表面(图 3-4)直径,mm;

　　d_m——工件已加工表面直径,mm。

3.1.3　切削层参数

切削层是指切削过程中,由刀具切削部分的一个单一动作(如车削时工件转一圈,车刀主切削刃移动一段距离)所切除的工件材料层。它决定了切屑的尺寸及刀具切削部分的载荷。切削层的尺寸和形状,通常是在切削层尺寸平面中测量的(图 3-3)。

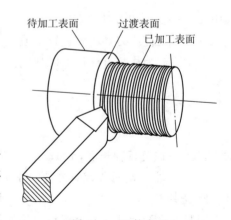

图 3-4　工件表面

1. 切削层公称横截面积 A_D

在给定瞬间,切削层在切削层尺寸平面里的实际横截面积,单位为 mm^2。

2. 切削层公称宽度 b_D

在给定瞬间,作用主切削刃截形上两个极限点间的距离,在切削层尺寸平面中测量,单位为 mm。

3. 切削层公称厚度 h_D

在同一瞬间的切削层公称横截面积与其公称宽度之比,单位为 mm。由定义可知,即

$$A_D = b_D h_D \tag{3-5}$$

因 A_D 不包括残留面积,而且在各种加工方法中 A_D 与进给量和背吃刀量的关系不同,所以 A_D 不等于 f 和 a_p 的积。只有在车削加工中,当残留面积很小时才能近似地认为它们相等,即

$$A_D \approx f a_p \tag{3-6}$$

这时也可近似地认为

$$b_D \approx a_p / \sin\kappa_r \tag{3-7}$$

$$h_D \approx f \sin\kappa_r \tag{3-8}$$

3.2　刀具材料及刀具构造

切削过程中,直接完成切削工作的是刀具。无论哪种刀具,一般都由切削部分和夹持部分组成。夹持部分是用来将刀具夹持在机床上的部分,要求它能保证刀具正确的工作位置,传递所需要的运动和动力,并且夹固可靠、装卸方便。切削部分是刀具上直接参加切削工作的部分,刀具切削性能的优劣取决于切削部分的材料、角度和结构。

3.2.1　刀具材料

1. 对刀具材料的基本要求

刀具材料是指切削部分的材料。它在高温下工作,并要承受较大的压力、摩擦、冲击和振动等,因此应具备以下基本性能:

(1)较高的硬度,刀具材料的硬度必须高于工件材料的硬度,常温硬度一般在 60 HRC 以上。

(2)足够的强度和韧性,以承受切削力、冲击和振动。

(3)较好的耐磨性,以抵抗切削过程中的磨损,维持一定的切削时间。

(4)较高的耐热性,以便在高温下仍能保持较高硬度,又称为红硬性或热硬性。

(5)较好的工艺性,以便于制造各种刀具。工艺性包括锻造、轧制、焊接、切削加工、磨削加工和热处理性能等。

目前,尚没有一种刀具材料能全部满足上述要求。因此,必须了解常用刀具材料的性能和特点,以便根据工件材料的性能和切削要求,选用合适的刀具材料。同时,应进行新型刀具材料的研制。

2. 常用的刀具材料

目前,在切削加工中常用的刀具材料有:非合金工具钢、合金工具钢、高速钢、硬质合金及陶瓷材料等。非合金工具钢是碳质量分数较高的优质钢($w_C = 0.7\% \sim 1.2\%$,如 T10A 等),淬火后硬度较高,但耐热性较差(表 3-1)。

表 3-1 常用刀具材料的基本性能

刀具材料	代表牌号	硬度 HRA (HRC)	抗弯强度 σ_b/GPa	冲击韧度 a_K/(kJ/m²)	耐热性 /℃	切削速度 之比
非合金工具钢	T10A	81～83(60～64)	2.45～2.75	—	≈200	0.2～0.4
合金工具钢	9SiCr			—	200～300	0.5～0.6
高速钢	W18Cr4V	82～87(62～69)	2.94～3.33	176～314	540～650	1.0
	W6Mo5Cr4V2Al	67～69	2.84～3.82	225～294	540～650	
硬质合金	K01(YG3)	≥92.3	≥1.35	19.2～39.2	≈900	≈4
	K20(YG6)	≥91.0	≥1.55		800～900	
	K30(YG8)	≥89.5	≥1.65		≈800	
	P01(YT30)	≥92.3	≥0.07	2.9～6.8	≈1000	≈4.4
	P10(YT15)	≥91.7	≥1.20		900～1000	
	P30(YT5)	≥90.2	≥1.55		≈900	
陶瓷	Al₂O₃系 LT35	93.5～94.5	0.9～1.1	—	>1200	≈10
	Si₃N₄系 HDM2	≈93	≈0.98	—		

在非合金工具钢中加入少量的 Cr、W、Mn、Si 等元素,形成合金工具(如 9SiCr 等),可适当减少热处理变形和提高耐热性(表 3-1)。由于这两种刀具材料的耐热性较低,常用来制造一些切削速度不高的手工工具,如锉刀、锯条、铰刀等,较少用于制造其他刀具。目前生产中应用最广的刀具材料是高速钢和硬质合金,而陶瓷刀具主要用于精加工。

(1)高速钢

它是含 W、Cr、V 等合金元素较多的合金工具钢。它的耐热性、硬度和耐磨性虽低于硬质合金,但强度和韧度却高于硬质合金(表 3-1),工艺性较硬质合金好,而且价格也比硬质合金低。普通高速钢如 W18Cr4V 是国内使用最为普遍的刀具材料,广泛地用于制造形状较为复杂的各种刀具,如麻花钻、铣刀、拉刀、齿轮刀具和其他成形刀具等。

(2)硬质合金

它是以高硬度、高熔点的金属碳化物(WC、TiC 等)作基体,以金属 Co 等作黏结剂,用粉末冶金的方法制成的一种合金。它的硬度高、耐磨性好、耐热性高、允许的切削速度比高速钢高数倍,但其强度和韧度均较高速钢低(表 3-1),工艺性也不如高速钢。因此,硬质合金常被制成各种型式的刀片,焊接或机械夹固在车刀、刨刀、端铣刀等的刀柄(刀体)上使用。

国产的硬质合金一般分为两大类：一类是由 WC 和 Co 组成的钨钴类(K 类)，一类是由 WC、TiC 和 Co 组成的钨钛钴类(P 类)。

K 类硬质合金塑性较好，但切削塑性材料时，耐磨性较差，因此它适于加工铸铁、青铜等脆性材料。常用的牌号有 K01、K20、K30 等，其中数字大的表示 Co 含量的百分率高。Co 的含量低者，较脆、较耐磨。

P 类硬质合金比 K 类硬度高、耐热性好，并且在切削韧性材料时较耐磨，但韧性较小，适于加工钢件。常用的牌号有 P01、P10、P30 等，其中数字大的表示 TiC 含量的百分率低。TiC 的含量越高，韧性越小，而耐磨性和耐热性越高。

(3)陶瓷材料

目前世界上生产的陶瓷刀具材料大致可分为氧化铝(Al_2O_3)系和氮化硅(Si_3N_4)系两大类，而且大部分属于前者。它的主要成分是 Al_2O_3。陶瓷刀片的硬度高、耐磨性好、耐热性高(表 3-1)，允许用较高的切削速度，加之 Al_2O_3 的价格低廉，原料丰富，因此很有发展前途。但陶瓷材料性脆怕冲击，切削时容易崩刃，所以如何提高其抗弯强度已成为各国研究工作的重点。近年来，各国已先后研究成功多种"金属陶瓷"。例如我国制成的 SG4、DT35、HDM4、P2、T2 等牌号的陶瓷材料，其成分除 Al_2O_3，外，还含有各种金属元素，抗弯强度比普通陶瓷刀片高。

3. 其他新型刀具材料简介

随着科学技术和工业的发展，出现了一些高强度、高硬度的难加工材料，需要性能更好的刀具，所以国内外对新型刀具材料进行了大量的研究和探索。

(1)高速钢的改进

为了提高高速钢的硬度和耐热性，可在高速钢中增添新的元素。例如我国制成的铝高速钢(如 W6Mo5Cr4V2Al 等)，即增添了 Al 等元素，它的硬度达到 70 HRC，耐热性超过 600 ℃，属于高性能高速钢，又称超高速钢；也可以用粉末冶金法细化晶粒(碳化物晶粒 2～5 μm)，消除碳化物的偏析，致使其韧度大、硬度高，热处理时变形小，适于制造各种高精度的刀具。

(2)硬质合金的改进

硬质合金的缺点是强度和韧度低，对冲击和振动敏感。改进的方法是增添合金元素和细化晶粒，例如加入碳化钽(TaC)或碳化铌(NbC)形成万能型硬质合金 M10(YW1)和 M20(YW2)，使其既适于加工铸铁等脆性材料，又适于加工钢等塑性材料。

近年来还发展了涂层刀片，就是在韧性较好的硬质合金(K 类)基体表面，涂敷约 5 μm 厚的 TiC 或 TiN(氮化钛)或二者的复合物，以提高其表层的耐磨性。

(3)人造金刚石

人造金刚石硬度极高(接近 10000 HV，而硬质合金仅达 1000～2000 HV)，耐热性为 700～800 ℃。聚晶金刚石大颗粒可制成一般切削工具，单晶微粒主要制成砂轮或作研磨剂用。金刚石除可以加工高硬度而且耐磨的硬质合金、陶瓷、玻璃等外，还可以加工有色金属及其合金；但不宜于加工铁族金属，这是由于铁和碳原子的亲和力较强，易产生黏结作用，加快刀具磨损。

（4）立方氮化硼（CBN）

立方氮化硼是人工合成的又一种高硬度材料，硬度（7300～9000 HV）仅次于金刚石。但它的耐热性和化学稳定性都大大高于金刚石，能耐 1300～1500 ℃的高温，并且与铁族金属的亲和力小。因此它的切削性能好，不但适于非铁族难加工材料的加工，也适于铁族材料的加工。

CBN 和金刚石刀具脆性大，故使用时机床刚性要好，主要用于连续切削，尽量避免冲击和振动。

3.2.2 刀具角度

切削刀具的种类虽然很多，但它们切削部分的结构要素和几何角度有着许多共同的特征。如图 3-5 所示，各种多齿刀具或复杂刀具，就其一个刀齿而言，都相当于一把车刀的刀头。下面从车刀入手，进行分析和研究。

1. 车刀切削部分的组成

车刀切削部分由三个面组成，即前面、主后面和副后面（图 3-6）。

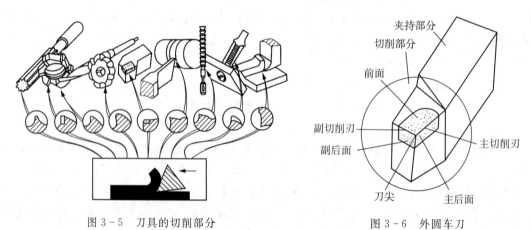

图 3-5　刀具的切削部分　　　　图 3-6　外圆车刀

（1）前面

前面是指刀具上切屑流过的表面。

（2）后面

后面是指刀具上与工件在切削中产生的表面相对的表面。与前面相交形成主切削刃的后面称主后面；与前面相交形成副切削刃的后面称副后面。

（3）切削刃

切削刃（图 3-7）是指刀具前面上拟作切削用的刃，有主切削刃和副切削刃之分。主切削刃是起始于切削刃上主偏角为零的点，并至少有一段切削刃拟用

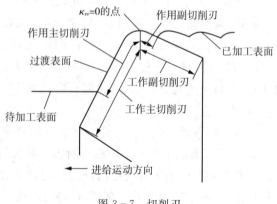

图 3-7　切削刃

来在工件上切出过渡表面的那整段切削刃。切削时,主要的切削工作由主切削刃来负担。副切削刃是指切削刃上除主切削刃以外的刃,亦起始于主偏角为零的点,但它向背离主切削刃的方向延伸。切削过程中,它也起一定的切削作用,但不很明显。

当刀具切削部分参与切削时,又把切削刃分为工作切削刃(刀具上拟作切削用的刃)和作用切削刃。作用切削刃是指在特定瞬间,工作切削刃上实际参与切削,并在工件上产生过渡表面和已加工表面的那段刃。为区别起见,分别在主、副切削刃前冠以"工作"或"作用"二字。主切削刃与副切削刃的连接处相当少的一部分切削刃,称为刀尖。实际刀具的刀尖并非是绝对尖锐的,而是一小段曲线或直线,分别称为修圆刀尖和倒角刀尖。

2. 车刀切削部分的主要角度

刀具要从工件上切除余量,就必须使它的切削部分具有一定的切削角度。为定义、规定不同角度,适应刀具在设计、制造及工作时的多种需要,需选定适当组合的基准坐标平面作为参考系。其中用于定义刀具设计、制造、刃磨和测量时几何参数的参考系,称为刀具静止参考系;用于规定刀具进行切削加工时几何参数的参考系,称为刀具工作参考系。工作参考系与静止参考系的区别在于用实际的合成运动方向取代假定主运动方向,用实际的进给运动方向取代假定进给运动方向。

1)刀具静止参考系

它主要包括基面、切削平面、正交平面和假定工作平面等(图 3-8)。

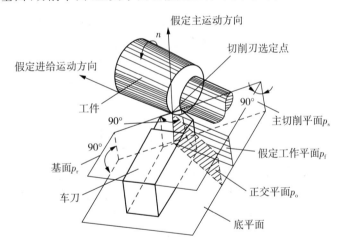

图 3-8　刀具静止参考系的平面

(1)基面为过切削刃选定点,垂直于该点假定主运动方向的平面,以 p_r 表示。

(2)切削平面为过切削刃选定点,与切削刃相切,并垂直于基面的平面,主切削平面以 p_s 表示,副切削平面以 p_s' 表示。

(3)正交平面为过切削刃选定点,并同时垂直于基面和切削平面的平面,以 p_o 表示。

(4)假定工作平面为过切削刃选定点,垂直于基面并平行于假定进给运动方向的平面,以 p_f 表示。

2)车刀的主要角度

在车刀设计、制造、刃磨及测量时,必需的主要角度有以下几个(图 3-9):

（1）主偏角 κ_r 为在基面中测量的主切削平面与假定工作平面间的夹角。

（2）副偏角 κ_r' 为在基面中测量的副切削平面与假定工作平面间的夹角。

主偏角主要影响切削层截面的形状和参数,影响切削分力的变化,并和副偏角一起影响已加工表面的粗糙度;副偏角还有减小后面与已加工表面间摩擦的作用。

如图 3－10 所示,当背吃刀量和进给量一定时,主偏角越小,切削层公称宽度越大而公称厚度越小,即切下宽而薄的切屑。这时主切削刃单位长度上的负荷较小,并且散热条件较好,有利于刀具耐用度的提高。

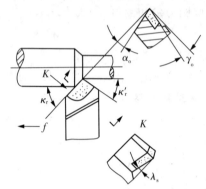

图 3－9 车刀的主要角度

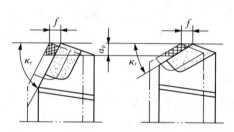

图 3－10 主偏角对切削层参数的影响

由图 3－11 可以看出,当主、副偏角小时,已加工表面残留面积的高度 h_c 亦小,因而可减小表面粗糙度的值,并且刀尖强度和散热条件较好,有利于提高刀具耐用度。但是,当主偏角减小时,背向力将增大,若加工刚度较差的工件(如车细长轴),则容易引起工件变形,并可能产生振动。

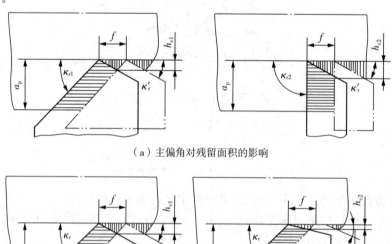

（a）主偏角对残留面积的影响

（b）副偏角对残留面积的影响

图 3－11 主、副偏角对残留面积的影响

主、副偏角应根据工件的刚度及加工要求选取合理的数值。一般车刀常用的主偏角有
45°、60°、75°、90°等几种;副偏角为 5°～15°,粗加工时取较大值。

(3)前角 γ_o。

前角是在正交平面中测量的前面与基面间的夹角。根据前面和基面相对位置的不同,
又分别规定为正前角、零度前角和负前角(图 3-12)。

当取较大的前角时,切削刃锋利,切削轻快,即切削层材料变形小,切削力也小。但当前
角过大时,切削刃和刀头的强度、散热条件和受力状况变差(图 3-13),将使刀具磨损加快,
耐用度降低,甚至会崩刃,造成损坏。若取较小的前角,虽切削刃和刀头较强固,散热条件和
受力状况也较好,但切削刃变钝,对切削加工也不利。

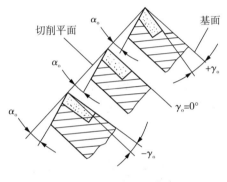

图 3-12　前角的正与负

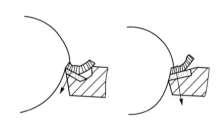

图 3-13　前角的作用

(4)后角 α_o。

后角是在正交平面中测量的刀具后面与切削平面间的夹角。

后角的主要作用是减少刀具后面与工件表面间的摩擦,并配合前角改变切削刃的锋利
与强度。后角大,摩擦小,切削刃锋利。但后角过大,将使切削刃变弱,散热条件变差,加速
刀具磨损;反之后角过小,虽切削刃强度增加,散热条件变好,但使摩擦加剧。

后角的大小常根据加工的种类和性质来选择。例如,粗加工或工件材料较硬时,要求切削刃强固,后角取较小值:$\alpha_o=6°～8°$。反之,对切削刃强度要求不高,主要希望减小摩擦和已加工表面的粗糙度值,后角可取稍大的值:$\alpha_o=8°～12°$。

(5)刃倾角 λ_s

刃倾角为在主切削平面中测量的主切削刃与基面间的夹角。与前角类似,刃倾角也有正、负和零值之分(图 3-14)。

刃倾角主要影响刀头的强度、切

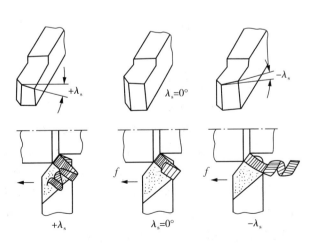

图 3-14　刃倾角及其对排屑方向的影响

削分力和排屑方向。负的刃倾角可起到增强刀头的作用,但会使背向力增大,有可能引起振动,而且还会使切屑排向已加工表面,可能会划伤和拉毛已加工表面。因此,粗加工时为了增强刀头,λ_s 常取负值;精加工时为了保护已加工表面,λ_s 常取正值或零度。车刀的刃倾角一般在 $-5°\sim+5°$ 之间选取。有时为了提高刀具耐冲击的能力,λ_s 可取较大的负值。

在实际生产中,先进生产者通过改变车刀的几何参数,创造了不少先进车刀。例如高速车削细长轴的银白屑车刀,表面粗糙度 Ra 值可达 $1.6\sim3.2\ \mu m$,切削效率比一般外圆车刀提高两倍以上。

刀片材料粗加工时用 P10,精加工时采用 P01。银白屑车刀的几何形状如图 3-15 所示,其特点如下:

① 采用 90° 主偏角,以减小背向力,使工件变形减小;

② 前角大($15°\sim30°$),切削力小,前面上磨有宽 $3\sim4$ mm 的卷屑槽,卷屑排屑顺利,发热量小,切屑呈银白色;

③ 主切削刃上磨有 $0.1\sim0.15$ mm 的倒棱,以增加主切削刃的强度;

④ 主切削刃刃倾角 λ_s 为 $+3°$,使切屑向待加工表面排出,不致损伤已加工表面。

这种车刀,在粗车或半精车时可以采用较大的切削用量;当采用高速小进给量时,也适于精加工。

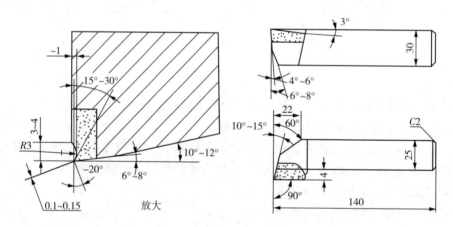

图 3-15　银白屑车刀

3)刀具的工作角度

它是指在工作参考系中定义的刀具角度。刀具工作角度考虑了合成运动和刀具安装条件的影响。一般情况下,进给运动对合成运动的影响可忽略,并在正常安装条件下,如车刀刀尖与工件回转轴线等高、刀柄纵向轴线垂直于进给方向等,这时车刀的工作角度近似于静止参考系中的角度。但在切断、车螺纹及车非圆柱表面时,就要考虑进给运动的影响。

如图 3-16 所示,车外圆时,若刀尖高于工件的回转轴线,则工作前角 γ_{oe} 大于 γ_o,而工作后角 α_o 大于 α_{oe};反之,若刀尖低于工件的回转轴线,则 γ_o 大于 γ_{oe},α_{oe} 大于 α_o。镗孔时的情况正好与此相反。当车刀刀柄的纵向轴线与进给方向不垂直时,将会引起主偏角和副偏角的变化,如图 3-17 所示。

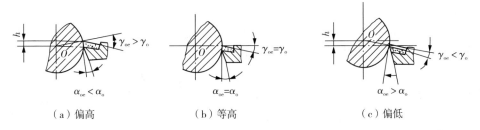

（a）偏高　　　　　　　（b）等高　　　　　　　（c）偏低

图 3 - 16　车刀安装高度对前角和后角的影响

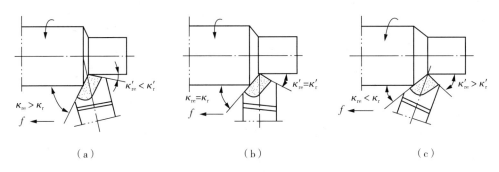

（a）　　　　　　　　　　（b）　　　　　　　　　　（c）

图 3 - 17　车刀安装偏斜对主偏角和副偏角的影响

3.2.3　刀具结构

刀具的结构形式对刀具的切削性能、切削加工的生产效率和经济效益有着重要的影响。下面仍以车刀为例，说明刀具结构的演变和改进。

车刀的结构形式有整体式、焊接式、机夹重磨式和机夹可转位式等几种。早期使用的车刀，多半是整体结构，对贵重的刀具材料消耗较大。焊接式车刀的结构简单、紧凑、刚性好，而且灵活性较大，可以根据加工条件和加工要求，较方便地磨出所需的角度，应用十分普遍。然而，焊接式车刀的硬质合金刀片经过高温焊接和刃磨后，产生了内应力和裂纹，使切削性能下降，对提高生产效率很不利。

为了避免高温焊接所带来的缺陷，提高刀具切削性能，并使刀柄能多次使用，可采用机夹重磨式车刀。其主要特点是刀片与刀柄是两个可拆开的独立元件，工作时靠夹紧元件把它们紧固在一起。图 3 - 18 所示为机夹重磨式切断刀的一种典型结构。

随着自动机床、数控机床和机械加工自动线的发展，无论是焊接式车刀还是机夹重磨式车刀，由于换刀、调刀等造成停机时间损失，都不能适应需要，因此研制了机夹可转位式车刀（曾称为机夹不重磨车刀）。实践证明，这种车刀不但在自动化程度高的设备上，而且在通用机床上，都比焊接式车刀或机夹重磨式车刀优越，是当前车刀发展的

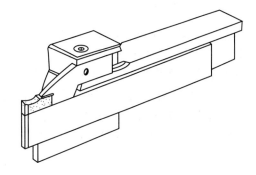

图 3 - 18　机夹重磨式切断刀

主要方向。

所谓机夹可转位式车刀,是将压制有一定几何参数的多边形刀片用机械夹固的方法装夹在标准的刀体上。使用时,刀片上一个切削刃用钝后,只需松开夹紧机构,将刀片转位换成另一个新的切削刃,便可继续切削。机夹可转位式车刀由刀体、刀片、刀垫及夹紧机构等组成,图3-19所示为杠杆式可转位车刀。

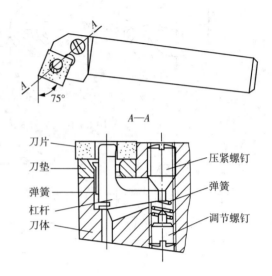

图3-19 杠杆式可转位车刀

机夹可转位式车刀的主要优点如下:

(1)避免了因焊接而引起的缺陷,在相同的切削条件下刀具切削性能大为提高。

(2)在一定条件下,卷屑、断屑稳定可靠。

(3)刀片转位后,仍可保证切削刃与工件的相对位置,减少了调刀停机时间,提高了生产效率。

(4)刀片一般不需重磨,利于涂层刀片的推广使用。

(5)刀体使用寿命长,可节约刀体材料及其制造费用。

3.3 金属切削过程

金属切削过程的研究,对于促进切削加工技术的发展和进步、保证加工质量、降低生产成本、提高生产率,都有着十分重要的意义。因为切削过程中的许多物理现象,如切削力、切削热、刀具磨损以及加工表面质量等,都是以切屑形成过程为基础的,而生产实践中出现的许多问题,如振动、卷屑和断屑等,都同切削过程有着密切的关系。对于这些现象和规律,本书仅做简单的分析和讨论。

3.3.1 切屑形成过程及切屑种类

1. 切屑形成过程

金属的切削过程实际上与金属的挤压过程很相似。切削塑性金属时,材料受到刀具的作用以后,开始产生弹性变形。随着刀具继续切入,金属内部的应力、应变继续加大。当应力达到材料的屈服强度时,产生塑性变形。刀具再继续前进,应力进而达到材料的断裂强度,金属材料被挤裂,并沿着刀具的前面流出而成为切屑。

经过塑性变形的切屑,其厚度 h_{ch} 大于切削层公称厚度 h_D,而长度 l_{ch} 小于切削层公称长度 l_D(图3-20),这种现象称为切屑收缩。切屑厚度与切削层公称厚度之比称为切削厚度压缩比,以 Λ_h 表示。由定义可知

$$\Lambda_h = \frac{h_{ch}}{h_D}$$

(3-9)

一般情况下，$\Lambda_h > 1$。

切屑厚度压缩比反映了切削过程中切屑变形程度的大小，对切削力、切削温度和表面粗糙度有重要影响。在其他条件不变时，切屑厚度压缩比越大，切削力越大，切削温度越高，表面越粗糙。因此，在加工过程中，可根据具体情况采取相应的措施，来减小变形程度，改善切削过程。例如在中速或低速切削时，可增大前角以减小变形，或对工件进行适当的热处理，以降低材料的塑性，使变形减小等。

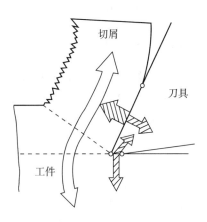

图 3 - 20　切屑收缩

2. 切屑的种类

由于工件材料的塑性不同，刀具的前角不同或采用不同的切削用量等，会形成不同类型的切屑，并对切削加工产生不同的影响。常见的切屑有如下几种（图 3 - 21）：

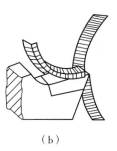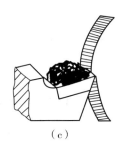

（a）　　　　　　　　（b）　　　　　　　　（c）

图 3 - 21　切屑的种类

（1）带状切屑

在用大前角的刀具、较高的切削速度和较小的进给量切削塑性材料时，容易得到带状切屑，如图 3 - 21(a)所示。形成带状切屑时，切削力较平稳，加工表面较光洁，但切屑连续不断，不太安全或可能刮伤已加工表面，因此要采取断屑措施。

（2）节状切屑

在采用较低的切削速度和较大的进给量粗加工中等硬度的钢材时，容易得到节状切屑，如图 3 - 21(b)所示。形成这种切屑时，金属材料经过了弹性变形、塑性变形、挤裂和切离等阶段，是典型的切削过程。由于切削力波动较大，工件表面较粗糙。

（3）崩碎切屑

在切削铸铁和黄铜等脆性材料时，切削层金属发生弹性变形以后，一般不经过塑性变形就突然崩落，形成不规则的碎块状屑片，即为崩碎切屑，如图 3 - 21(c)所示。产生崩碎切屑时，切削热和切削力都集中在主切削刃和刀尖附近，刀尖容易磨损，并容易产生振动，影响表面质量。

切屑的形状可以随切削条件的不同而改变。在生产中，常根据具体情况采取不同的措施来得到需要的切屑,以保证切削加工的顺利进行。例如,加大前角、提高切削速度或减小进给量,可将节状切屑转变成带状切屑,使加工的表面较为光洁。

3.3.2 积屑瘤

在一定范围的切削速度下切削塑性金属时,常发现在刀具前面靠近切削刃的部位黏附着一小块很硬的金属,这就是积屑瘤,或称刀瘤,如图3-22所示。

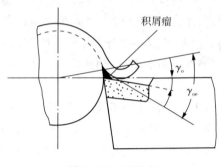

图 3 - 22 积屑瘤

1. 积屑瘤的形成

当切屑沿刀具的前面流出时,在一定的温度与压力作用下,与前面接触的切屑底层受到很大的摩擦阻力,致使这一层金属的流出速度减慢,形成一层很薄的"滞流层"。当前面对滞流层的摩擦阻力超过切屑材料的内部结合力时,就会有一部分金属黏附在切削刃附近,形成积屑瘤。

积屑瘤形成后不断长大,达到一定高度又会破裂,而被切屑带走或嵌附在工件表面。上述过程是反复进行的。

2. 积屑瘤对切削加工的影响

在形成积屑瘤的过程中,金属材料因塑性变形而被强化。因此积屑瘤的硬度比工件材料的硬度高,能代替切削刃进行切削,起到保护切削刃的作用。同时由于积屑瘤的存在,增大了刀具实际工作前角(图3-22),使切削轻快。所以,粗加工时希望产生积屑瘤。

但是,积屑瘤的顶端伸出切削刃之外,而且在不断地产生和脱落,使切削层公称厚度不断变化,影响尺寸精度。此外,还会导致切削力的变化,引起振动,并会有一些积屑瘤碎片黏附在工件已加工表面上,使表面变得粗糙。因此,精加工时应尽量避免积屑瘤产生。

3. 积屑瘤的控制

影响积屑瘤形成的主要因素有:工件材料的力学性能、切削速度和冷却润滑条件等。

在工件材料的力学性能中,影响积屑瘤形成的主要是塑性。塑性越大,越容易形成积屑瘤。例如,加工低碳钢、中碳钢、铝合金等材料时容易产生积屑瘤。要避免积屑瘤,可将工件材料进行正火或调质处理,以提高其强度和硬度,降低塑性。

在对某些工件材料进行切削时,切削速度是影响积屑瘤的主要因素。切削速度是通过切削温度和摩擦来影响的。例如,加工中碳钢工件,当切削速度很低(<5 m/min)时,切削温度较低,切屑内部结合力较大,刀具前面与切屑间的摩擦小,积屑瘤不易形成;当切削速度增大(5~50 m/min)时,切削温度升高,摩擦加大,则易于形成积屑瘤;切削速度很高(>100 m/min)时,切削温度较高,摩擦较小,则无积屑瘤形成。

因此,一般精车、精铣采用高速切削,而拉削、铰削和宽刀精刨时,则采用低速切削,以避免形成积屑瘤。选用适当的切削液,可有效地降低切削温度,减少摩擦,也是减少或避免积屑瘤的重要措施之一。

3.3.3　切削力和切削功率

1. 切削力的构成与分解

刀具在切削工件时,必须克服材料的变形抗力,克服刀具与工件及刀具与切屑之间的摩擦力,才能切下切屑。这些刀具切削时所需的力称为切削力,即刀具给工件的力。在切削过程中,切削力使工艺系统(机床—工件—刀具)变形,影响加工精度。切削力还直接影响切削热的产生,并进一步影响刀具磨损和已加工表面质量。切削力又是设计和使用机床、刀具、夹具的重要依据。

实际加工中,总切削力的方向和大小都不易直接测定,也没有直接测定的必要。为了适应设计和工艺分析的需要,一般不是直接研究总切削力,而是研究它在一定方向上的分力。

以车削外圆为例,总切削力 F 一般分解为以下三个互相垂直的分力(图 3-23)。

(1)切削力 F_c　总切削力 F 在主运动方向上的分力,大小占总切削力的 $80\% \sim 90\%$。F_c 消耗的功率最多,约占总功率的 90% 以上,是计算机床动力、主传动系统零件和刀具强度及刚度的主要依据。当 F_c 过大时,可能使刀具损坏或使机床发生"闷车"现象。

(2)进给力 F_f　总切削力 F 在进给运动方向上的分力,是设计和校验进给机构所必需的数据。进给力也做功,但只占总功的 $1\% \sim 5\%$。

(3)背向力 F_p　总切削力 F 在垂直于工作平面方向上的分力。因为切

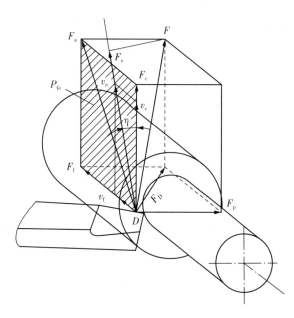

图 3-23　车削外圆时力的分解

削时这个方向上的运动速度为零,所以 F_p 不消耗功率。但它一般作用在工件刚度较弱的方向上,容易使工件变形,甚至可能产生振动,影响工件的加工精度。因此,应当设法减小或消除 F_p 的影响。例如车削细长轴时,常采用主偏角 $\kappa_r = 90°$ 的车刀,就是为了减小背向力。

如图 3-23 所示,这三个切削分力与总切削力 F 有如下关系,即

$$F = \sqrt{F_c^2 + F_f^2 + F_p^2} \tag{3-10}$$

2. 切削力的估算

切削力的大小是由很多因素决定的,如工件材料、切削用量、刀具角度、切削液和刀具材料等。一般情况下,对切削力影响比较大的是工件材料和切削用量。切削力的大小可用经

验公式来计算。经验公式是建立在实验基础上的,并综合了影响切削力的各个因素。例如车削外圆时,计算 F_c 的经验公式如下,即

$$F_c = C_{F_c} a_p^{x_{F_c}} f^{y_{F_c}} K_{F_c} \qquad (3-11)$$

式中:C_{F_c} ——与工件材料、刀具材料及切削条件等有关的系数;

a_p ——背吃刀量,mm;

f ——进给量,mm/r;

x_{F_c}、y_{F_c} ——指数;

K_{F_c} ——切削条件不同时的修正系数。

经验公式中的系数和指数,可从有关资料(如"切削用量手册"等)中查出。例如,用 $\gamma_o = 15°$、$\kappa_r = 75°$ 的硬质合金车刀车削结构钢件外圆时,$C_{F_c} = 1609$、$x_{F_c} = 1$、$y_{F_c} = 0.84$。指数 x_{F_c} 比 y_{F_c} 大,说明背吃刀量 a_p 对 F_c 的影响比进给量 f 对 F_c 的影响大。

生产中,常用切削层单位面积切削力 k_c 来估算切削力 F_c 的大小。因为 k_c 是切削力 F_c 与切削层公称横截面积 A_D 之比,所以

$$F_c = k_c A_D = k_c b_D h_D \approx k_c a_p f \qquad (3-12)$$

式中:k_c ——切削层单位面积切削力,MPa(即 N/mm^2);

b_D ——切削层公称宽度,mm;

h_D ——切削层公称厚度,mm。

k_c 的数值可从有关资料中查出,表 3-2 摘选了几种常用材料的 k_c 值。若已知实际的背吃刀量 a_p 和进给量 f,便可利用上式估算出切削力 F_c。

表 3-2　几种常用材料的 k_c 值

材料	牌号	制造与热处理状态	硬度/HBS	k_c/MPa
结构钢	45(40Cr)	热轧或正火	187(212)	1962
		调　制	229(285)	2305
灰铸铁	HT200	退　火	170	1118
铅黄铜	HPb59-1	热　轧	78	736
硬铝合金	LY12	淬火及时效	107	834

3. 切削功率

切削功率 P_m 应是三个切削分力消耗功率的总和,但背向力 F_p 消耗的功率为零,进给力 F_f 消耗的功率很小,一般可忽略不计。因此,切削功率 P_m 可用下式计算,即

$$P_m = 10^{-3} F_c v_c \qquad (3-13)$$

式中:F_c ——切削力,N;

v_c ——切削速度,m/s。

机床电动机的功率 P_E 可用下式计算,即

$$P_E = P_m / \eta \qquad\qquad (3-14)$$

式中：η 为机床传动效率，一般取 $0.75\sim0.85$。

3.3.4　切削热和切削温度

1. 切削热的产生、传出及对加工的影响

在切削过程中，由于绝大部分的切削功都转变成热量，因此有大量的热产生，这些热称为切削热。切削热的主要来源有三种(图 3-24)：

(1)切屑变形所产生的热量，是切削热的主要来源；

(2)切屑与刀具前面之间的摩擦所产生的热量；

(3)工件与刀具后面之间的摩擦所产生的热量。

随着刀具材料、工件材料、切削条件的不同，三个热源的发热量亦不相同。切削热产生以后，由切屑、工件、刀具及周围的介质(如空气)传出。各部

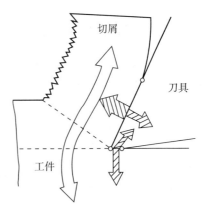

图 3-24　切削热的来源

分传出的比例取决于工件材料、切削速度、刀具材料及刀具几何形状等。实验结果表明，切削时的切削热主要是由切屑传出的。

用高速钢车刀及与之相适应的切削速度切削钢料时，切削热传出的比例是：切屑传出的热为 $50\%\sim86\%$，工件传出的热为 $10\%\sim40\%$，刀具传出的热为 $3\%\sim9\%$，周围介质传出的热约为 1%。

传入切屑及介质中的热量越多，对加工越有利。

传入刀具的热量虽然不是很多，但由于刀具切削部分体积很小，因此刀具的温度可达到很高(高速切削时可达到 $1000\ ℃$ 以上)。温度升高以后，会加速刀具的磨损。

传入工件的热量，可能使工件变形，产生形状和尺寸误差。在切削加工中，研究如何设法减少切削热的产生、改善散热条件以及减少高温对刀具和工件的不良影响，有着重大的意义。

2. 切削温度及其影响因素

切削温度一般是指切削区的平均温度。切削温度的高低，除了用仪器进行测定外，还可以通过观察切屑的颜色大致估计出来。例如切削碳钢时，随着切削温度的升高，切屑的颜色也发生相应的变化：淡黄色约 $200\ ℃$，蓝色约 $320\ ℃$。

切削温度的高低取决于切削热的产生和传出情况，它受切削用量、工件材料、刀具材料及几何形状等因素的影响。

切削速度增加时，单位时间产生的切削热随之增加，对温度的影响最大。进给量和背吃刀量增加时，切削力增大，摩擦也增大，所以切削热会增加。但是在切削面积相同的条件下，增加进给量与增加背吃刀量相比，后者可使切削温度低些。原因是当增加背吃刀量时，切削刃参加切削的长度随之增加，这将有利于热的传出。

工件材料的强度及硬度愈高,切削中消耗的功愈大,产生的切削热愈多。切钢时发热多,切铸铁时发热少,因为钢在切削时产生塑性变形所需的功大。

导热性好的工件材料和刀具材料,可以降低切削温度。主偏角减小时,切削刃参加切削的长度增加,传热条件好,可降低切削温度。前角的大小直接影响切削过程中的变形和摩擦,前角大时,产生的切削热少,切削温度低。但当前角过大时,会使刀具的传热条件变差,反而不利于切削温度的降低。

3.3.5 刀具磨损和刀具耐用度

一把刀具使用一段时间以后,它的切削刃会变钝,以致无法再使用。对于可重磨刀具,经过重新刃磨以后,切削刃恢复锋利,仍可继续使用。这样经过使用—磨钝—刃磨锋利若干个循环以后,刀具的切削部分便无法继续使用而完全报废。刀具从开始切削到完全报废,实际切削时间的总和称为刀具寿命。

1. 刀具磨损的形式与过程

刀具正常磨损时,按其发生的部位不同可分为三种形式,即后面磨损、前面磨损、前面与后面同时磨损(图 3-25,图中 VB 代表后面磨损尺寸)。

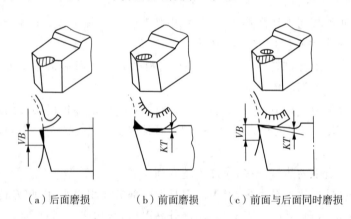

(a)后面磨损　　　(b)前面磨损　　　(c)前面与后面同时磨损

图 3-25　刀具磨损的形式

刀具的磨损过程如图 3-26 所示,可分为三个阶段:

第一阶段(OA 段)称为初期磨损阶段;第二阶段(AB 段)称为正常磨损阶段;第三阶段(BC 段)称为急剧磨损阶段。

经验表明,在刀具正常磨损阶段的后期、急剧磨损阶段之前,换刀重磨为最好。这样既可保证加工质量,又能充分利用刀具材料。

2. 影响刀具磨损的因素

如前所述,增大切削用量时切削温度随之增高,将加速刀具磨损。在切削用量中,切削速度对刀具磨

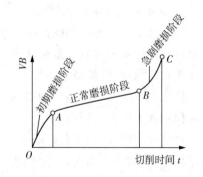

图 3-26　刀具磨损过程

损的影响最大。此外,刀具材料、刀具几何形状、工件材料以及是否使用切削液等,也都会影响刀具的磨损。比如,耐热性好的刀具材料,就不易磨损;适当加大刀具前角,由于减小了切削力,可减少刀具的磨损。

3. 刀具耐用度

刀具的磨损限度,通常用刀具后面的磨损程度作标准。但是,生产中不可能经常用测量后面磨损的方法,来判断刀具是否已经达到容许的磨损限度,而常是按刀具进行切削的时间来判断。刃磨后的刀具自开始切削直到磨损量达到磨钝标准所经历的实际切削时间,称为刀具耐用度,以 T 表示。

粗加工时,多以切削时间(min)表示刀具耐用度。例如,目前硬质合金焊接车刀的耐用度大致为 60 min,高速钢钻头的耐用度为 80~120 min,硬质合金端铣刀的耐用度为 120~180 min,齿轮刀具的耐用度为 200~300 min。

精加工时,常以走刀次数或加工零件个数表示刀具的耐用度。

3.4　切削加工主要技术经济指标

某方案的技术经济效果可用下式概括地描述为

$$E = \frac{V}{C} \tag{3-15}$$

式中:E——技术经济效果;

　　V——输出的使用价值,也称效益;

　　C——输入的劳动耗费。

劳动耗费是指在生产过程中消耗与占用的劳动量、材料、动力、工具和设备等,这些往往以货币的形式表示,称为费用消耗。使用价值指生产活动创造出来的劳动成果,包括质量和数量两个方面。人们在技术发展和生产活动中,都要力争取得最好的技术经济效果,即要尽量做到:使用价值一定,劳动耗费最小,或劳动耗费一定,使用价值最大。全面地分析指标体系是一个较为复杂的问题,需要时可查阅"技术经济分析"有关资料,下面仅简要介绍切削加工的几个主要技术经济指标,即产品质量、生产率和经济性。

1. 产品质量

零件经切削加工后的质量包括精度和表面质量。

1)精度

精度是指零件在加工之后,其尺寸、形状等参数的实际数值同它们绝对准确的各个理论参数相符合的程度。符合程度越高,亦即偏差(加工误差)越小,则加工精度越高。其中包括尺寸精度、形状精度和位置精度:

(1)尺寸精度

尺寸精度指的是零件表面本身的尺寸精度(如圆柱面的直径)和表面间的尺寸精度(如孔间距离等)。尺寸精度的高低,用尺寸公差的大小来表示,按国家标准 GB/T 1800.1—

2009 规定,标准公差分成 20 级。

（2）形状精度

形状精度指的是零件表面与理想表面之间在形状上接近的程度,如圆柱面的圆柱度、圆度、平面的平面度等。

（3）位置精度

位置精度指的是零件表面、轴线或对称平面之间的实际位置与理想位置的接近程度,如两圆柱面间的同轴度、二平面间的平行度或垂直度等。

应当指出,由于在加工过程中存在各种因素影响加工精度,即使是同一加工方法,在不同的条件下所能达到的精度也不同。甚至在相同的条件下采用同一种方法,如果多费一些工时,细心地完成每一操作,也能提高它的加工精度。但这样做降低了生产率,增加了生产成本,因而是不经济的。所以,通常所说的某加工方法所达到的精度,是指在正常操作情况下所达到的精度,称为经济精度。

设计零件时,首先应根据零件尺寸的重要性来决定选用哪一级精度。其次还应考虑本厂的设备条件和加工费用的高低。总之选择精度的原则是在保证能达到技术要求的前提下,选用较低的精度等级。

2）表面质量

已加工表面质量（也称表面完整性）包括表面粗糙度、表层加工硬化的程度和深度、表层剩余应力的性质和大小。

（1）表面粗糙度

表面粗糙度包括零件的表面结构、表面加工硬化的程度和深度、表面残余应力的性质和大小。

零件的表面结构主要是指零件表面的微观几何特性,它是因获得表面的工艺所形成的。无论用何种方法加工,零件表面总会留下微观的凹凸不平的刀痕,出现交错起伏的峰谷现象,粗加工后的表面用眼睛就能看到,精加工后的表面用放大镜或显微镜也能观察到。

零件的表面结构与零件的配合性质、耐磨性和抗腐蚀性等有着密切的关系,它影响机器或仪器的使用性能和寿命,为了保证零件的使用性能和寿命,要规定对零件表面结构的要求。国家标准 GB/T 1031—2009 中规定用零件的表面轮廓参数来评定表面结构,并规定了三种类型的表面轮廓,即 R 轮廓（粗糙度轮廓）、W 轮廓（波纹度轮廓）和 P 轮廓（原始度轮廓）。常用的是 R 轮廓,其主要幅度参数有两个,一个是最大高度 Rz,就是在一定的取样长度内,最大轮廓峰高与最大峰谷高度之和;另一个是评定轮廓的算术平均偏差 Ra,即在一定的取样长度内,峰高和峰谷高度绝对值的算术平均值,也就是常说的表面粗糙度。

一般情况下零件表面的尺寸精度要求越高,其形状和位置精度要求越高,表面粗糙度的值越小。但有些零件的表面,出于外观或清洁的考虑要求光亮,而其精度不一定要求高,例如机床手柄、面板等。

（2）已加工表面的加工硬化和残余应力

在切削过程中,由于刀具前面的推挤以及后面的挤压与摩擦,工件已加工表面层的晶粒发生很大的变形,致使其硬度比原来工件材料的硬度有显著提高,这种现象称为加工硬化。

切削加工所造成的加工硬化,常常伴随着表面裂纹,因而降低了零件的疲劳强度和耐磨性。此外,硬化层的存在加速了后续加工中刀具的磨损。经切削加工后的表面由于切削时力和热的作用,在一定深度的表层金属里,常常存在着剩余应力和裂纹。这会影响零件表面质量和使用性能。若各部分的剩余应力分布不均匀还会使零件发生变形,影响尺寸和形位精度。这一点对刚度比较差的细长或扁薄零件影响更大。

因此,对于重要的零件,除限制表面粗糙度外,还要控制其表层加工硬化的程度和深度,以及表层剩余应力的性质(拉应力还是压应力)和大小。而对于一般的零件则主要规定其表面粗糙度的数值范围。

2. 生产率

切削加工中,常以单位时间内生产的零件数量来表示生产率,即

$$R_0 = \frac{1}{t_w} \qquad (3-16)$$

式中:R_0——生产率;

t_w——生产 1 个零件所需的总时间。

在机床上加工 1 个零件所用的总时间包括三个部分,即

$$t_w = t_m + t_c + t_o \qquad (3-17)$$

式中:t_m——基本工艺时间,亦即加工 1 个零件所需的总切削时间,也称为机动时间。

t_c——辅助时间,亦即除切削时间之外,与加工直接有关的时间。它是工人为了完成切削加工而消耗于各种操作上的时间,例如调整机床、空移刀具、装卸或刃磨刀具、安装和找正工件、检验等所消耗的时间。

t_o——其他时间,亦即除切削时间之外,与加工没有直接关系的时间,包括擦拭机床、清扫切屑及自然需要的时间等。

所以,生产率又可表示为

$$R_0 = \frac{1}{t_m + t_c + t_o} \qquad (3-18)$$

由上式可知,提高切削加工的生产率,实际就是设法减少零件加工的基本工艺时间、辅助时间及其他时间。以车削外圆为例(图 3 - 27),基本工艺时间可用下式计算,即

$$t_m = \frac{lh}{nfa_p} = \frac{\pi d_w lh}{1000 v_c fa_p} \qquad (3-19)$$

式中:l——车刀行程长度,mm;

d_w——工件待加工表面直径,mm;

h——外圆面加工余量之半,mm;

v_c——切削速度,m/s;

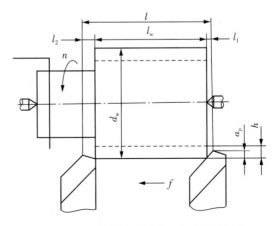

图 3 - 27　车削外圆时基本工艺时间的计算

f——进给量,mm/r;

a_p——背吃刀量,mm;

n——工件转速,r/s。

综合上述分析,提高生产率的主要途径如下:

(1)在可能的条件下,采用先进的毛坯制造工艺和方法,减小加工余量;

(2)合理地选择切削用量,粗加工时可采用强力切削(f 和 a_p 较大),精加工时可采用高速切削;

(3)在可能的条件下,采用先进的和自动化程度较高的工、夹、量具;

(4)在可能的条件下,采用先进的机床设备及自动化控制系统,例如在大批大量生产中采用自动机床,多品种、小批生产中采用数控机床、计算机辅助制造等。

3. 经济性

在制订切削加工方案时,在保证其使用要求的前提下应使产品制造成本最低。产品的制造成本是指费用消耗的总和,它包括毛坯或原材料费用、生产工人工资、机床设备的折旧和调整费用、工夹量具的折旧和修理费用、车间经费和企业管理费用等。若将毛坯成本除外,每个零件切削加工的费用可用下式计算:

$$C_w = t_w M + \frac{t_m}{T} C_t = (t_m + t_c + t_o) M + \frac{t_m}{T} C_t \qquad (3-20)$$

式中:C_w——每个零件切削加工的费用;

M——单位时间分担的全厂开支,包括工人工资、设备和工具的折旧及管理费用等;

T——刀具耐用度;

C_t——刀具刃磨一次的费用。

由上式可知,零件切削加工的成本包括工时成本和刀具成本两部分,并且受基本工艺时间、辅助时间、其他时间及刀具耐用度的影响。若要降低零件切削加工的成本,除节约全厂开支、降低刀具成本外,还要设法减少 t_m、t_c、t_o,并保证一定的刀具耐用度 T。

切削加工最优的技术经济效果,是指在可能的条件下,以最低的成本高效率地加工出质量合格的零件。要达到这一目标,涉及的问题比较多,比如切削用量、切削液和材料的切削加工性等。

习题与思考题

3-1 试说明下列加工方法的主运动和进给运动:

①车端面;②在车床上钻孔;③在车床上镗孔;④在钻床上钻孔;⑤在镗床上镗孔;⑥在牛头刨床上刨平面;⑦在龙门刨床上刨平面;⑧在铣床上铣平面;⑨在平面磨床上磨平面;⑩在内圆磨床上磨孔。

3-2 试说明车削的切削(包括名称、定义、代号和单位)。

3-3 何谓切削层、切削层公称宽度、切削层公称横截面积和切削层公称厚度?

3 - 4　对刀具材料的性能有哪些基本要求？

3 - 5　高速钢和硬质合金在性能上的主要区别是什么？各适合制造何种刀具？

3 - 6　简述车刀前角、后角、主偏角、副偏角和刃倾角的作用。

3 - 7　机夹可转位式车刀有哪些优点？

3 - 8　何谓积屑瘤？它是如何形成的？对切削加工有哪些影响？

3 - 9　试分析车外圆时各切削分力的作用和影响。

3 - 10　切削热对切削加工有什么影响？

3 - 11　何谓刀具耐用度？粗、精加工时各以什么来表示刀具耐用度？

第4章 金属切削机床

本章介绍了切削机床的类型和基本构造,讲解了机床传动的基本知识,详细分析并举例讲解了机床的机械传动和液压传动,阐述了数控机床的基本原理、种类、特点、应用及其发展,概述了机械制造系统的概念和分类,主要介绍了柔性制造系统和计算机集成制造系统组成及应用。

金属切削机床是对金属工件进行切削加工的机器。由于它是用来制造机器的,也是唯一能制造机床自身的机器,故又称为"工作母机",习惯上简称为机床。

机床是机械制造业的基本加工装备,它的品种、性能、质量和技术水平直接影响着其他机电产品的性能、质量、生产技术和企业的经济效益。机械工业为国民经济各部门提供技术装备的能力和水平,在很大程度上取决于机床的水平,所以机床属于基础机械装备。

实际生产中需要加工的工件种类繁多,其形状、结构、尺寸、精度、表面质量和数量等各不相同。为了满足不同加工的需要,机床的品种和规格也应多种多样。尽管机床的品种很多,各有特点,但它们在结构、传动及自动化等方面有许多类似之处,也有着共同的原理及规律。

4.1 切削机床的类型和基本构造

4.1.1 切削机床的类型

机床种类繁多,为了便于设计、制造、使用和管理,需要进行适当地分类。

按机床的加工方式、加工对象或主要用途分为 12 大类,即车床、钻床、镗床、磨床、齿轮加工机床、螺纹加工机床、铣床、刨插床、拉床、特种加工机床、锯床和其他机床等。在每一类机床中,按工艺范围、布局形式和结构又可分为若干组,每一组又可细分为若干系列。国家制订的机床型号编制方法就是依据此分类方法进行编制的。

按机床加工工件大小和机床质量,可分为仪表机床、中小机床、大型机床(10~30 t)、重型机床(30~100 t)和超重型机床(100 t 以上)。

按机床通用程度,可分为通用机床、专门化机床和专用机床。

按机床加工精度(指相对精度),可分为普通精度级机床、精密级机床和高精度级机床。

随着机床的发展,其分类方法也在不断发展,因为现代机床正向着数控化方向转变,所以常被分为数控机床和非数控机床(传统机床)。数控机床的功能日趋多样化,工序更加集中。例如数控车床在卧式车床的基础上,集中了转塔车床、仿形车床、自动车床等多种车床的功能;车削加工中心在数控车床功能的基础上,又加入了钻、铣、镗等类机床的功能。

还有其他一些分类方法,不再一一列举。

为了简明地表示出机床的名称、主要规格和特性,以便对机床有一个清晰的概念,需要对每种机床赋予一定的型号。关于我国机床型号现行的编制方法,可参阅国家标准 GB/T 15375—2008《金属切削机床型号编制方法》。需要说明的是对于已经定型,并按过去机床型号编制方法确定型号的机床,其型号不改变,故有些机床仍用原型号。

4.1.2 机床的基本构造

在各类机床中,车床、钻床、刨床、铣床和磨床是五种最基本的机床,图 4-1～图 4-5 分别为这五种机床的外形图。

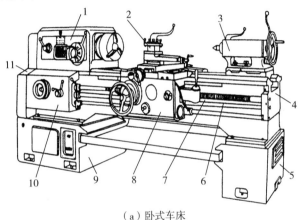

（a）卧式车床

1—主轴箱;2—刀架;3—尾架;4—床身;5、9—床腿;
6—光杠;7—丝杠;8—溜板箱;10—进给箱;11—挂轮架

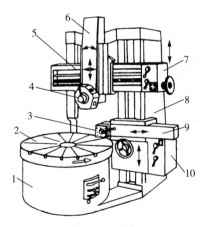

（b）立式车床

1—底座(主轴箱);2—工作台;3—方刀架;4—转塔;5—横梁;6—垂直刀架;
7—垂直刀架进给箱;8—立柱;9—侧刀架;10—侧刀架进给箱

图 4-1 车床

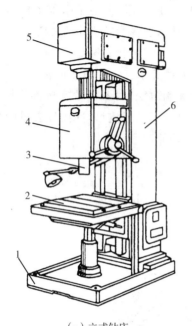

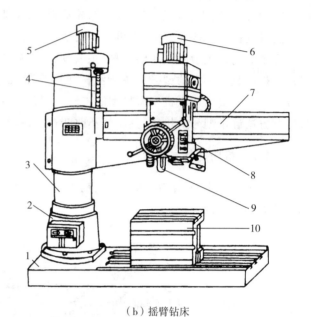

（a）立式钻床

1—底座；2—工作台；3—主轴；

4—进给箱；5—变速箱；6—立柱

（b）摇臂钻床

1—底座；2—外立柱；3—内立柱；4—丝杠；

5、6—电动机；7—摇臂；8—主轴箱；9—主轴；10—工作台

图 4-2　钻床

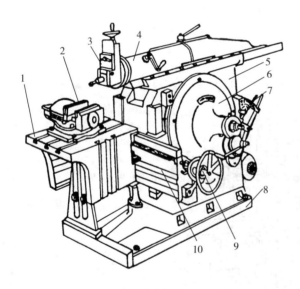

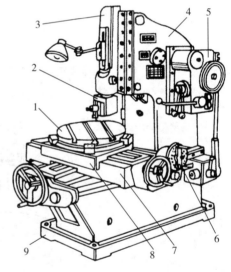

（a）牛头刨床

1—工作台；2—平口虎钳；3—刀架；4—滑枕；

5—床身；6—摆杆机构；7—变速机构；

8—底座；9—进刀机构；10—横梁

（b）插床

1—圆形工作台；2—刀架；3—滑枕；

4—立柱；5—变速机构；6—分度盘；

7—下滑座；8—上滑座；9—底座

图 4-3　刨床类机床

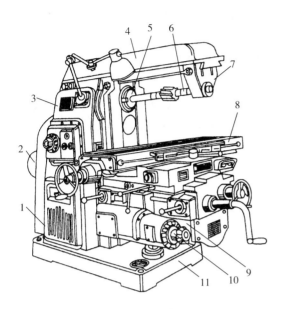

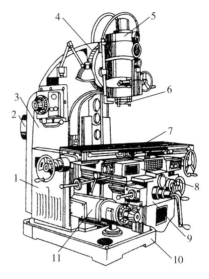

（a）卧式铣床

1—床身；2—主电动机；3—主轴箱；4—横梁；

5—主轴；6—铣刀心轴；7—刀杆支架；8—工作台；

9—垂直升降台；10—进给箱；11—底座

（b）立式铣床

1—床身；2—主电动机；3—主轴箱；

4—主轴头架旋转刻度盘；5—主轴头；

6—主轴；7—工作台；8—横向滑座；

9—垂直升降台；10—底座；11—进给箱机；

图 4-4　铣床

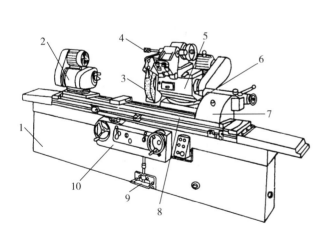

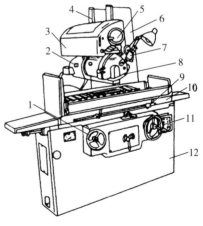

（a）万能外圆磨床

1—床身；2—头架；3、4—砂轮；

5—磨头；6—滑鞍；7—尾架；8—工作台；

9—脚踏探纵板；10—液压控制箱

（b）平面磨床

1—工作台纵向进给手轮；2—磨头；3—拖板；

4—导轨；5—横向进给手轮；6—立柱；

7—砂轮修整器；8—砂轮；9—行程挡块；

10—工作台；11—垂直进给手轮；12—床身机

图 4-5　磨床

如图所示,尽管这些机床的外形、布局和构造各不相同,但归纳起来,它们都是由如下几个主要部分组成的:

(1)主传动部件。用来实现机床的主运动,例如车床、摇臂钻床、铣床的主轴箱,立式钻床、刨床的变速箱和磨床的磨头等。

(2)进给传动部件。主要用来实现机床的进给运动,也用来实现机床的调整、退刀及快速运动等,例如车床的进给箱、溜板箱,钻床、铣床的进给箱,刨床的进给机构,磨床的液压传动装置等。

(3)工件安装装置。用来安装工件,例如卧式车床的卡盘和尾架,钻床、刨床、铣床和平面磨床的工作台等。

(4)刀具安装装置。用来安装刀具,例如车床、刨床的刀架,钻床、立式铣床的主轴,卧式铣床的刀轴,磨床磨头的砂轮轴等。

(5)支承件。用来支承和连接机床的各零部件,是机床的基础构件,例如各类机床的床身、立柱、底座、横梁等。

(6)动力源。为机床运动提供动力,是执行件的运动来源。普通机床通常都采用三相异步电动机,不需要对电动机进行调整,可连续工作。数控机床采用直流或交流调速电动机、伺服电机和步进电动机等,可以直接对电动机调速,需频繁启动。

其他类型机床的基本构造与上述机床类似,可以看成是它们的演变和发展。

4.2 机床的传动

机床的传动,有机械、液压、气动、电气等多种传动形式。这里主要介绍机械传动和液压传动。

4.2.1 机床的机械传动

1. 机床上常用的传动副

用来传递运动和动力的装置称为传动副,机床上常用的传动副有带传动、齿轮传动、蜗杆传动、齿轮齿条传动、螺杆传动等。传动链是指实现从首端件向末端件传递运动的一系列传动件的总和,它是由若干传动副按一定方法依次组合起来的。为了便于分析传动链中的传动关系,可以把各传动件进行简化,用规定的一些简图符号(表4-1)表示组成传动链图,如图4-6所示。

表4-1 常用传动件的简图符号

名称	图形	符号	名称	图形	符号
轴			滑动轴承		
滚动轴承			止推轴承		

（续表）

名称	图形	符号	名称	图形	符号
双向摩擦离合器			双向滑动齿轮		
螺杆传动（整体螺母）			螺杆传动（开合螺母）		
平带传动			V 带传动		
齿轮传动			蜗杆传动		
齿轮齿条传动			锥齿轮传动		

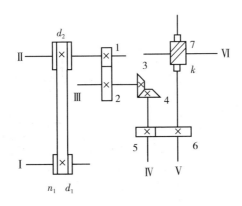

图 4-6 传动链图

传动链也可以用传动结构式来表示。传动结构式的基本形式为

$$
—\mathrm{I}\left\{\begin{array}{c} i_1 \\ i_2 \\ \vdots \\ i_m \end{array}\right.—\mathrm{II}—\left\{\begin{array}{c} i_{m+1} \\ i_{m+2} \\ \vdots \\ i_n \end{array}\right.—\mathrm{III}—
\tag{4-1}
$$

式中:罗马数字 Ⅰ，Ⅱ，Ⅲ，⋯表示传动轴，通常从首端件开始按运动传递顺序依次编写；i_1，i_2，⋯i_m，i_{m+1}，i_{m+2}，⋯，i_n 表示传动链中可能出现的传动比。

如图 4-6 所示，运动自轴 Ⅰ 输入，转速为 n_1，经带轮 d_1、传动带和带轮 d_2 传至轴 Ⅱ。再经圆柱齿轮 1、2 传到轴 Ⅲ，经锥齿轮 3、4 传到轴 Ⅳ，经圆柱齿轮 5、6 传到轴 Ⅴ，最后经蜗杆 k 及蜗轮 7 传至轴 Ⅵ，并把运动输出。

若已知 n_1、d_1、d_2、z_1、z_2、z_3、z_4、z_5、z_6、k、z_7 的具体数值，则可确定传动链中任何一轴的转速。例如，求轴 Ⅵ 的转速 $n_Ⅵ$，可按下式计算，即

$$n_Ⅵ = n_1 i_总 = n_1 i_1 i_2 i_3 i_4 i_5 = n_1 \frac{d_1}{d_2} \varepsilon \frac{z_1}{z_2} \frac{z_3}{z_4} \frac{z_5}{z_6} \frac{k}{z_7} \tag{4-2}$$

式中:$i_1 \sim i_5$——传动链中相应传动副的传动比；

$i_总$——传动链的总传动比，$i_总 = i_1 i_2 i_3 i_4 i_5$，即传动链的总传动比等于传动链中各传动副传动比的乘积。

2. 卧式车床传动简介

图 4-7 为 C616 型(相当于新编型号 C6132)卧式车床的传动系统图，它用规定的简图符号表示出整个机床的传动链。图中各传动件按照运动传递的先后顺序，以展开图的形式画出来。传动系统图只能表示传动关系，而不能代表各传动件的实际尺寸和空间位置。图中罗马数字表示传动轴的编号，阿拉伯数字表示齿轮齿数或带轮直径，字母 M 表示离合器等。

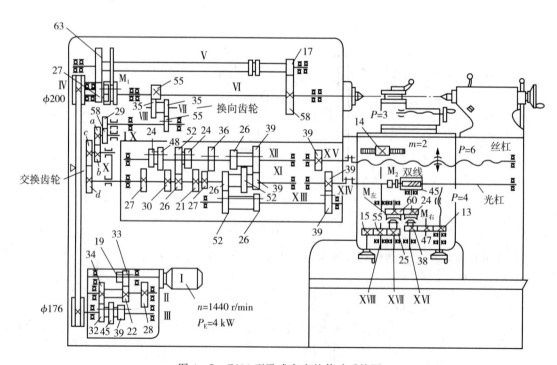

图 4-7 C616 型卧式车床的传动系统图

（1）主运动传动链为

$$\text{电动机(1440 r/min)}-\text{I}-\begin{Bmatrix}\dfrac{33}{22}\\[2mm]\dfrac{19}{34}\end{Bmatrix}-\text{II}-\begin{Bmatrix}\dfrac{34}{32}\\[2mm]\dfrac{28}{39}\\[2mm]\dfrac{22}{45}\end{Bmatrix}-\text{III}-\dfrac{\phi176}{\phi200}-\text{IV}-\begin{Bmatrix}&M_1&\\\dfrac{27}{63}&-\text{V}-&\dfrac{17}{58}\end{Bmatrix}-\text{主轴 VI}$$

主轴可获得 $2\times3\times2=12$ 级转速，其反转通过电动机反转实现。

（2）进给运动传动链为

$$\text{主轴 IV}-\begin{Bmatrix}\dfrac{55}{55}\\[2mm]\dfrac{55}{35}\cdot\dfrac{35}{55}\end{Bmatrix}-\text{VIII}-\begin{Bmatrix}\dfrac{29}{58}\end{Bmatrix}-\text{IX}-\dfrac{a}{b}\cdot\dfrac{c}{d}-\text{XI}-\begin{Bmatrix}\dfrac{27}{24}\\[1mm]\dfrac{21}{24}\\[1mm]\dfrac{27}{36}\\[1mm]\dfrac{30}{48}\\[1mm]\dfrac{26}{52}\end{Bmatrix}-\text{XII}-\begin{Bmatrix}\dfrac{39}{39}\cdot\dfrac{52}{26}\\[1mm]\dfrac{26}{52}\cdot\dfrac{52}{26}\\[1mm]\dfrac{39}{39}\cdot\dfrac{26}{52}\\[1mm]\dfrac{26}{52}\cdot\dfrac{26}{52}\end{Bmatrix}-\text{XIII}-$$

（换向机构）　　　　　（交换齿轮）　　　　　　　　　　　　　　（增倍机构）

$$\begin{cases}\dfrac{39}{39}-\text{XV}-\text{丝杠}(P=6)-\text{车螺纹}\\[2mm]\dfrac{39}{39}-\text{XIV}-\text{光杠}-\dfrac{2}{45}-\text{XVI}-\\[2mm]\dfrac{24}{60}-\text{XVII}-M_{左}-\text{XVIII}-\text{齿轮}(z=14,m=2)-\text{纵向进给}\\[2mm]M_{右}-\dfrac{38}{47}\cdot\dfrac{47}{13}-\text{横向进给丝杠}(P=4)-\text{横向进给}\end{cases}$$

3. 机床机械传动的组成

机床机械传动主要由以下几部分组成：

（1）定比传动机构。具有固定传动比或固定传动关系的传动机构，例如前面介绍的几种常用的传动副，以及图 4-7 中轴 V—VI 和轴 XIII—XIV 之间的单个齿轮副 17/58 和 39/39。

（2）变速机构。改变机床部件运动速度的机构。例如，图 4-7 中变速箱的轴 I—II—III 之间采用的为滑动齿轮变速机构，主轴箱中轴 IV—V—VI 之间的离合器式齿轮变速机构等。

（3）换向机构。变换机床部件运动方向的机构。为了满足加工的不同需要（例如车螺纹时刀具的进给和返回，车右旋螺纹或左旋螺纹等），机床的主传动部件和进给传动部件往往需要正、反向运动。机床运动的换向，可以直接利用电动机反转（例如 C616 车床主轴的反转），也可以利用齿轮换向机构（例如图 4-7 主轴箱中轴 VI—VII—VIII 间的换向齿轮）。

（4）操纵机构。用来实现机床运动部件变速、换向、启动、停止、制动及调整的机构。机床上常见的操纵机构包括手柄、手轮、杠杆、凸轮、齿轮齿条、拨叉、滑块及按钮等。

（5）箱体及其他装置。箱体用以支承和连接各机构，并保证它们相互位置的精度。为了保证传动机构的正常工作,还要设有开停装置、制动装置、润滑与密封装置等。

4．机械传动的优缺点

机械传动与液压传动、电气传动相比较,其主要优点如下:

(1)除一般带传动外,传动比准确,适用于定比传动;

(2)实现回转运动的结构简单,并能传递较大的扭矩;

(3)故障容易发现,便于维修。

机械传动在一般情况下不够平稳,制造精度不高时,振动和噪声较大;实现无级变速的机构较复杂,成本高。因此,机械传动主要用于速度不太高的有级变速传动中。而数控机床所用的由伺服电机(变频调速)带动的传动机构,则没有上述缺点。但是,为了消除进给运动中反向时由于丝杠和螺母间间隙造成的运动误差,必须采用精度高、价格较贵的滚珠丝杠。

4.2.2　机床的液压传动

1．外圆磨床液压传动简介

这里只分析控制磨床工作台往复运动的液压传动系统(图 4-8),它主要由油箱(20)、齿轮油泵(13)、换向阀(6)、节流阀(11)、安全阀(12)、油缸(19)等组成。工作时,压力油从齿轮油泵(13)经管路输送到换向阀(6),由此流到油缸(19)的右端或左端,使工作台(2)向左或向右做进给运动。此时,油缸(19)另一端的油,经换向阀(6)、滑阀(10)及节流阀(11)流回油箱。节流阀(11)是用来调节工作台运动速度的。

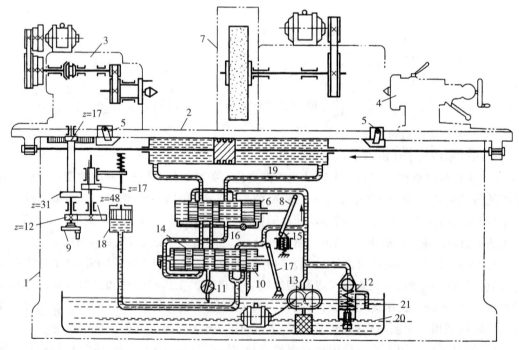

图 4-8　外圆磨床液压传动示意图

1—床身;2—工作台;3—头架;4—尾架;5—挡块;6—换向阀;7—砂轮罩;8、17—杠杆;9—手轮;10—滑阀;
11—节流阀;12—安全阀;13—齿轮油泵;14—油腔;15—弹簧帽;16—油腔;18—油筒;19—油缸;20—油箱;21—回油管

工作台的往复换向动作,是由挡块(5)使换向阀(6)的活塞自动转换实现的。如图 4-8 所示,工作台向左移动,挡块(5)固定在工作台(2)侧面槽内,按照要求的工作台行程长度,调整两挡块之间的距离。当工作台向左行程终了时,挡块(5)先推动杠杆(8)到垂直位置,然后借助作用在杠杆(8)滚柱上的弹簧帽(15)使杠杆(8)及活塞继续向左移动,从而完成换向动作。此时,换向阀(6)的活塞位置如图 4-9 所示,工作台开始向右移动。换向阀(6)的活塞转换快慢由油阀(16)调节,它将决定工作台换向的快慢及平稳性。

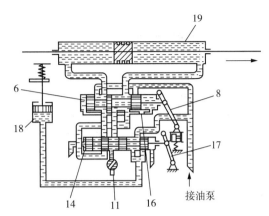

图 4-9　工作台右移时换向阀 6 的活塞位置
6—换向阀;8、17—杠杆;11—节流阀;
14—油腔;16—油阀;18—油筒;19—油缸

用手向右搬动操纵杠杆(17),滑阀的油腔(14)使油缸(19)的右导管和左导管接通,便停止了工作台的移动。此时,油筒 18 中的活塞在弹簧压力作用下向下移动,使油筒(18)中的油液经油管流回油箱,$z=17$ 的齿轮与 $z=31$ 的齿轮啮合,便可利用手轮(9)移动工作台。

2. 机床液压传动的组成

机床液压传动主要由以下几部分组成:

(1)动力元件——油泵。其作用是将电动机输入的机械能转换为液体的压力能,是能量转换装置(能源)。

(2)执行机构——油缸或油马达。其作用是把油泵输入的液体压力能转变为工作部件的机械能,它也是一种能量转换装置(液动机)。

(3)控制元件——各种阀。其作用是控制和调节油液的压力、流量(速度)及流动方向。如节流阀可控制油液的流量;换向阀可控制油液的流动方向;溢流阀可控制油液压力等。

(4)辅助装置——油箱、油管、滤油器、压力表等。其作用是创造必要的条件,以保证液压系统正常工作。

(5)工作介质——矿物油。它是传递能量的介质。

3. 液压传动的优缺点

液压传动与机械传动、电气传动相比较,其主要优点如下:

(1)易于在较大范围内实现无级变速;

(2)传动平稳,便于实现频繁的换向和自动防止过载;

(3)便于采用电液联合控制,实现自动化;

(4)机件在油液中工作,润滑性能好,寿命长。

由于液压传动有上述优点,因此应用广泛。但是,因为油液有一定的可压缩性,并存在泄漏现象,所以液压传动不适于做定比传动。

4.3　数控机床简介

数控机床是能按照加工要求预先编制的程序,由控制系统发出数字信息指令进行工作的机床。其控制系统称为数控系统,它是一种运算控制系统,能够有逻辑地处理具有数字代码形式(包括数字、符号和字母)的信息——程序指令,用数字化信号通过伺服机构对机床运动及其加工过程进行控制,从而使机床自动地完成零件加工。数控机床是在传统的机床技术基础上,利用数字控制等一系列自动控制技术和微电子技术发展起来的高技术产品,是一种高度机电一体化的机床。

4.3.1　数控机床加工的基本原理

任何切削机床都可控制切削工具与工件之间的相对运动,用切削工具切除工件上多余的部分,最终得到所需的合格零件。这种工作过程的控制在非数控机床上,主要由操作者根据加工图纸和工艺要求手动操作或控制机床实现,而在数控机床上则是由数控系统用数字化信号控制机床实现。

图4-10是数控机床加工基本原理的结构框图。其工作过程是:根据零件图纸数据和工艺内容,用标准的数控代码,按规定的方法和格式,编制零件加工的数控程序。它是数控机床自动加工工件的工作指令,可以由人工进行,也可以由计算机或数控装置完成。编制好的数控程序通过输入输出设备存放或记录在相应的控制介质上。

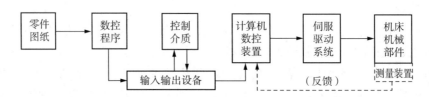

图4-10　数控机床加工基本原理的结构框图

(1)控制介质和输入输出设备。控制介质是记录零件加工数控程序的媒介,输入输出设备是数控系统与外部设备交互信息的装置,零件加工的数控程序是交互的主要信息。输入输出设备除了将零件加工的数控程序存放或记录在控制介质上之外,还能将数控程序输入到数控系统。早期的数控机床所使用的控制介质是穿孔纸带或磁带,相应的输入输出设备为纸带穿孔机和纸带阅读机或录音机,现在已基本不使用。现代的数控机床则使用磁盘和磁盘驱动器。

(2)计算机数控装置。数控装置是数控机床实现自动加工的核心。它接收输入设备送来的控制介质上的信息,经数控系统进行编译、运算和逻辑处理后,输出各种信号和指令给主运动控制部分和伺服驱动系统,以控制机床各部分进行有序的动作。

(3)伺服驱动系统。伺服驱动系统是数控系统与机床本体之间电气传动的联系环节。它能将数控系统送来的信号和指令放大,以驱动机床的执行部件,使每个执行部件按规定的速度和轨迹运动或精确定位,以便加工出合格的零件。因此,伺服驱动系统的性能和质量是决定数控机床加工精度和生产率的主要因素之一。伺服系统中常用的驱动装置有步进电动机、调速直流电动机和交流电动机等。

(4)机床机械部件。机床机械部件是数控机床的主体,是数控系统控制的对象,是实现零件加工的执行部件。它与非数控机床相似,也是由主传动部件、进给传动部件、工件安装装置、刀具安装装置、支承件及动力源等部分组成。传动机构和变速系统较为简单,但在精度、刚度和抗振性等方面则有较高要求,且传动和变速系统要便于实现自动化控制。对于加工中心类机床,还要有存放刀具的刀库、自动交换刀具的机械手、自动交换工件装置等部件。对于闭环或半闭环数控机床,还包括位置测量装置及信号反馈系统,如图 4 - 10 中虚线所示。

4.3.2 数控机床的种类

数控机床的种类很多,分类的原则也有多种。

1. 按机床运动轨迹分

按机床运动轨迹的不同,可分为点位控制、直线控制和轮廓控制。

(1)点位控制。其特点是只要求控制刀具或机床工作台从一点移动到另一点的准确定位,至于点与点之间移动的轨迹原则上不加控制,且在移动过程中刀具不进行切削,如图 4 - 11 所示。采用点位控制的机床有钻床、镗床和冲床等。

(2)直线控制。其特点是除了控制点与点之间的准确定位外,还要保证被控制的两个坐标点间移动的轨迹是一条直线,且在移动的过程中刀具能按指定的进给速度进行切削,如图 4 - 12 所示。采用直线控制的机床有车床、铣床和磨床等。

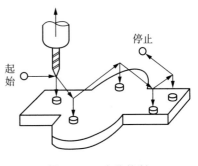

图 4 - 11 点位控制

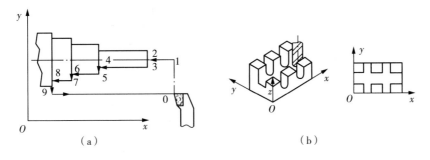

图 4 - 12 直线控制

(3)轮廓控制。其特点是能够对两个或两个以上坐标方向的同时运动进行严格地、不间断地控制,并且在运动过程中,刀具对工件表面进行连续切削,如图 4 - 13 所示。采用轮廓控制的机床有铣床、车床、磨床和齿轮加工机床等。

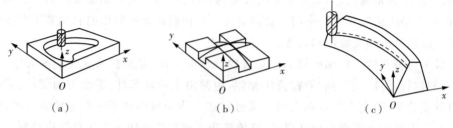

图 4-13　轮廓控制

2. 按伺服系统的类型分

按伺服系统的类型不同,可以分为开环控制、闭环控制和半闭环控制。

(1)开环控制。开环控制采用开环伺服系统,一般由步进电动机、配速齿轮和丝杠螺母副等组成,如图 4-14(a)所示。伺服系统没有检测反馈装置,不能进行误差校正,故机床加工精度不高。但系统结构简单、维修方便、价格低,适用于经济型数控机床。

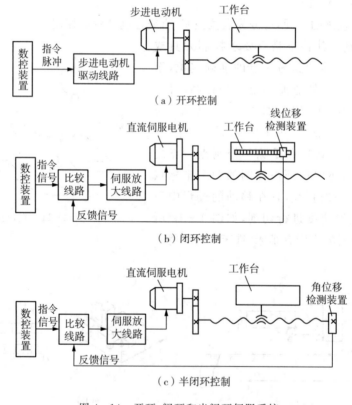

图 4-14　开环、闭环和半闭环伺服系统

(2)闭环控制。闭环控制采用闭环伺服系统,通常由直流(或交流)伺服电机、配速齿轮、丝杠螺母副和位移检测装置等组成,如图 4-14(b)所示。安装在工作台上的位移检测装置将工作台的实际位移值反馈到数控装置中,与指令要求的位置进行比较,用差值进行控制,可保证达到很高的位移精度。但系统复杂,调整维修困难,一般用于高精度的数控机床。

(3)半闭环控制。半闭环控制类似闭环控制,但位移检测装置安装在传动丝杠上,如图 4 - 14(c)所示。丝杠螺母传动机构及工作台不在控制环内,其误差无法校正,故精度不如闭环控制。但系统结构简单,稳定性好,调试容易,因此应用比较广泛。

4.3.3　数控机床的特点和应用

数控机床加工主要有如下优点:

(1)柔性(可变性、适应性)大。主要表现在加工对象的灵活可变性,通过更换零件加工程序,可以很容易地在一定范围内实现从一种零件的加工变为另一种零件的加工,可显著缩短多品种生产中的设备调整和生产准备时间,并可节省许多专用工装夹具。

(2)利用率高。一方面因为设备调整和生产准备时间短,另一方面数控机床可配备各种类型的监控、诊断和在机检测装置等,能实现长时间连续稳定的自动加工。

(3)加工质量稳定。数控机床按预定的程序自动进行加工,在加工过程中一般不需要人工干预,而且数控机床还有在机检测装置和软件补偿功能,可靠地保证了加工质量的稳定性。

(4)生产率高。数控机床加工显著地缩短了辅助时间,并可优化切削用量,充分发挥了机床的加工能力,生产率一般比非数控机床高 2～3 倍,尤其对一些复杂零件的加工,可提高 3～5 倍,甚至十几倍。

(5)减轻劳动强度,改善劳动条件。数控机床的操作者输入并启动程序后,机床就能自动连续地进行加工,直至加工结束。操作者的工作主要是程序的输入、编辑,装卸工件,刀具准备,加工状态的观测,零件的检验等工作,劳动强度极大被降低,其劳动趋于智力型工作。另外机床一般是封闭式加工,生产环境既清洁又安全。

(6)利于生产管理现代化。数控机床加工零件,可方便地准确估计加工时间、生产周期和加工费用,并可对所使用的刀具、夹具进行规范化和现代化管理。数控机床具有通信接口,采用数控信息与标准代码输入,便于与计算机连接,实现 CAD/CAM 及管理一体化,是构成柔性制造系统(FMS)和计算机集成制造系统(CIMS)的基本设备。

由于数控机床具有上述特点,因此必将减少在制品的数量,缩短生产周期,节省流动资金,并且在生产系统中还便于实现计算机集成管理,故使综合经济效益大大提高。

对于产量小、品种多、产品更新频繁、要求生产周期短的飞机、宇宙飞船以及研制产品的零件加工,数控机床加工具有很大的优越性。尤其是对于某些具有复杂型面的零件,例如透平叶片、船用螺旋桨、模具等,用非数控机床难以完成加工,而用数控机床则能较方便地完成。虽然数控机床价格高,初期投资大,但通过提高利用率可较快地回收投资。

数控机床的使用范围在原则上可以不受限制,但在实际应用时必须充分考虑其经济效果。由于这类机床技术上较复杂,成本又高,在目前阶段还只是比较适用于单件和中小批生产中精度高、尺寸变化大、形状比较复杂的零件的加工,或者在试制中需要多次修改设计的零件的加工。因为这样可以减少或省去大量样板、模具等工艺装备的制作,从而能缩短生产准备周期,提高加工精度和劳动生产率,降低加工成本,减轻工人的劳动强度。

随着数控技术的普及和数控装置造价的降低,数控机床的应用会越来越广,并将成为实现多品种、中小批生产自动化的重要途径之一。

4.3.4 数控机床的发展

由于数控机床具有明显的优越性,因此已为世界各国所重视,而且发展迅速。

数控机床的工艺功能已由加工循环控制、加工中心,发展到适应控制。

加工循环控制虽然可实现每个加工工序的自动化,但对于不同工序,刀具的更换及工件的重新装夹仍需人工来完成。

加工中心是备有刀库并能自动更换刀具,可对一次装夹的工件进行多工序集中加工的数控机床(图4-15)。工件经一次装夹后,数控系统便能控制机床按不同工序(或工步)自动选择和更换刀具,自动改变机床主轴转速、进给量和刀具相对工件的运动轨迹及实现其他辅助功能,依次完成工件多工序的加工。因此,它可以显著缩短辅助时间,提高生产效率,改善劳动条件。

适应控制数控机床是一种具有"随机应变"功能的机床。它能适应加工条件的变化,自动调整加工用量,按规定条件实现加工过程的最佳化。

数控机床的控制装置,已经历了电子管元件→晶体管和印刷电路板元件→集成电路→小型计算机→微处理器的发展过程。前面三种控制装置为

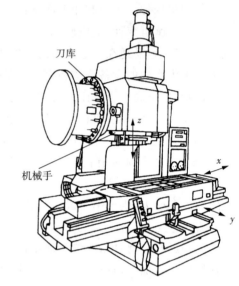

图4-15 立式加工中心

普通数控(Numerical Control,NC),即用固定接线的电子线路,来完成所需的各种逻辑和运算。一般是针对某种机床的控制要求专门设计和制造的,适应性较差,通用性也差。一旦制成,较难更改,故又称为"硬连接数控"。这样的控制装置工艺性差,生产周期长,成本高。

计算机数控(Computer Numerical Control,CNC),可以克服NC的缺点。它采用一台小型通用计算机,按照存储在计算机内的控制程序,来实现部分或全部数控功能。在存储器内的可编逻辑,代替了NC中的固定逻辑电路,变更控制程序,即可改变控制功能,所以这种数控装置比NC具有更大的通用性和灵活性,也称为"软连接数控"。

计算机数控(Direct Numerical Control,DNC),即用一台或几台计算机直接控制多台数控机床。加工时,由公共存储器按照需要,向各机床分配数据,协调和控制各机床的运动,从而提高数控机床的开动率。

计算机数控系统,因设备投资较大,技术较复杂,在使用和推广中还存在较多问题。近年来发展起来的以微处理器为核心组成的计算机数控装置,体积小、重量轻,使成本大为降低。此外,它还具有可靠性高、通用性好、耗能低、维修方便等优点,使它在机床的数控系统中得到广泛应用。

在进一步发展控制功能更为完善、高效、高精度、高自动化数控机床的同时,国内外都在注意发展简易数控系统。由于它具有结构简单、工作可靠、技术上容易掌握、制造周期短及成本低等优点,因此对于普及数控技术、实现通用机床数控化具有重大意义。

4.4　机械制造系统概述

长期以来,人们对于机械制造领域所涉及的各种问题,往往是孤立地看待,对于机械制造中所用的机床、工具和制造过程,仅限于分别地、个别地加以研究。因此,在很长的时期内,尽管有许多研究工作取得了卓越的成就,然而在大幅度地提高小批生产的生产率方面,并未取得重要的突破。直到 20 世纪 60 年代后期,人们才逐渐认识到,只有把机械制造的各个组成部分看成是一个有机的整体,以控制论和系统工程学为工具,用系统的观点进行分析和研究,才能对机械制造过程实行最有效的控制,才能有效地提高生产率、扩大品种、保证质量,并达到最大的经济效益。基于这种认识,人们进行了许多研究和实践,于是出现了机械制造系统的概念。

4.4.1　机械制造系统组成及分类

1. 机械制造系统组成

机械制造系统是由经营管理、生产过程、机床设备、控制装置及工作人员所组成的有机整体。它和其他生产系统一样,是由输入、制造过程和输出组成的。

系统的输入,是指向系统输入具有一定几何参数(如形状、尺寸、精度、表面粗糙度)和物理参数(如材料性质、表面状态等)的原材料、毛坯(或半成品)、刀具等。系统将工件输入参数与机床调整参数(v_c、f、a_p)相综合,从而决定制造过程中的加工条件及顺序。

制造过程就是对输入的原材料(或毛坯)以及其他信息进行加工、转变的过程。

系统的输出是指经过制造过程的加工和转变,最后输出具有所要求的形状、尺寸、精度和表面质量的零件,以及材料的切除量和刀具的磨损等。输出的零件信息可以输入制造过程,以实现加工连续不断地进行。

2. 机械制造系统分类

根据系统拥有的机床台数,可以把系统分为单级机械制造系统和多级机械制造系统。单级系统只拥有一台机床,多级系统则拥有多台机床。

根据系统的结构情况,又可以把系统分为常规机械制造系统和集成机械制造系统(Integrated Manufacturing System,IMS)。

常规机械制造系统所拥有的机床为通用机床。若是人工控制方式,系统所需要的控制信息,是以零件图纸或工艺文件的形式提供的。操作者依靠自身的技术和经验,用手工对机床进行控制。在通用机床上,也可以利用凸轮、靠模等实现自动控制。但是,系统的控制信息是以固态的形式存储在凸轮或靠模上的,更改起来比较困难,故系统的柔性(或可变性)受到很大的限制,难以适应多品种、中小批生产的需要。

集成机械制造系统(IMS)所拥有的机床为数控机床,上节提到的 CNC 和 DNC 都属于这类系统。它们除了能完成自动加工外,还能承担系统的某些其他功能,如自动调度和及时传递等。因此,集成机械制造系统具有较大的柔性,特别适用于多品种、中小批生产,这种生产已成为现代机械制造业发展的一种趋势。一些技术先进的国家,近年来都在努力发展以NC、CNC、DNC为基础的高控制水平的柔性制造系统(Flexible Manufacturing Systems, FMS)和计算机集成制造系统(Computer Integrated Manufacturing Systems, CIMS)。

4.4.2 柔性制造系统(FMS)

1. FMS 的概念

FMS 是在 DNC 基础上发展起来的一种集成机械制造系统,也称为可变制造(或加工)系统。

FMS 是一组数控机床和其他自动化的工艺设备,由计算机信息控制系统和物料自动储运系统有机结合的整体。它可按任意顺序加工一组有不同工序与加工节拍的工件,能适时地自由调度管理,因而这种系统可以在设备的技术规范的范围内自动地适应加工工件和生产批量的变化。在整个加工过程中,系统按生产程序软件调度工作,每个加工工位满负荷工作,可实现无人化加工。

FMS 是 20 世纪 70 年代发展起来的一种新型机械制造系统,它是一种运用系统工程学原理和成组技术,来解决多品种、中小批生产问题,并使其达到整体优化的自动化加工的手段。它从全局观点出发,把社会需要与自动化加工联合成为一个有机的整体。

2. FMS 的基本类型及应用

根据 FMS 所完成加工工序的多少、拥有机床的数量、运储系统和控制系统的完善程度等,可以将 FMS 分为三种基本类型。

(1)柔性制造单元(Flexible Manufacturing Cells, FMC)。它是由一台或少数几台配有一定容量的工件自动更换装置的加工中心组成的生产设备(图 4-16),按工件储存量的多少能独立持续地自动进行加工一组不同工序与加工节拍的工件。它可以作为组成 FMS 的模块单元,特别适于多品种、小批生产。

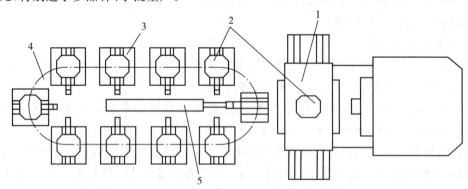

图 4-16 柔性制造单元

1—加工中心;2—托盘;3—托盘站;4—环形工作台;5—工件交换装置

(2)柔性制造系统(FMS)。柔性制造系统主要由加工系统(数控加工设备,一般为加工中心)、物料系统(工件和刀具运输及存储)以及计算机控制系统(中央计算机及其网络)等组成,如图 4-17 所示。它包括多个柔性制造单元,规模比 FMC 大,自动化程度和生产率比

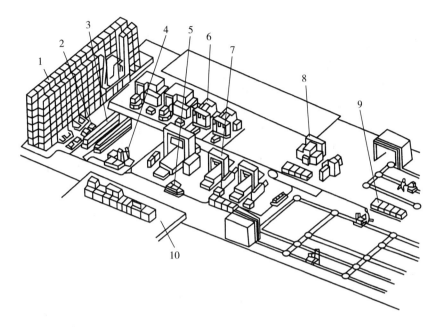

图 4-17　柔性制造系统

1—自动仓库;2—装卸站;3—托盘站;4—检验机器人;5—自动小车;6—卧式加工中心;

7—立式加工中心;8—磨床;9—组装交付站;10—计算机控制室

FMC 高,能完成更复杂的加工。在 FMS 中,每台机床既可用来完成一种或多种零件的全部加工,也可以与系统中的其他机床配合,按程序对工件进行顺序加工。所以,FMS 特别适于多品种、小批或中批复杂零件的加工。

　　(3)柔性自动生产线(Flexible Transfer Line,FTL)。它是由更多的数控机床、输送和存储系统等所组成的柔性制造系统。每 2~4 台机床间设置一个自动仓库,工件和随行夹具按直线式输送。整个生产线可以分成几段,完成不同的加工任务,以便减少因停机所带来的损失。自动仓库还能起到供储料的"缓冲"作用,以协调各机床的加工。FTL 的生产率比较高,但柔性稍差,特别适合于中批或大批生产,且几何形状、加工工艺和节拍都相似,但品种不同的复杂零件。

　　通用机床、简易自动化及通用自动化机床、柔性制造单元、柔性制造系统、柔性自动生产线和专用自动生产线,在应用范围、自动化程度、生产率及经济性等方面的比较如图 4-18所示。

4.4.3　计算机集成制造系统(CIMS)

　　计算机集成制造系统是集现代管理技术、制造技术、信息技术、自动化技术、系统工程技术于一体的系统工程。CIMS 并不等于全盘自动化,CIMS 的核心在于集成,是人、技术和经营三大方面的集成,以便在信息和功能集成的基础上使企业组成一个统一的整体,保证企业内的工作流程、物质流和信息流畅通无阻,从而获得更高的整体效益,以提高市场竞争能力。

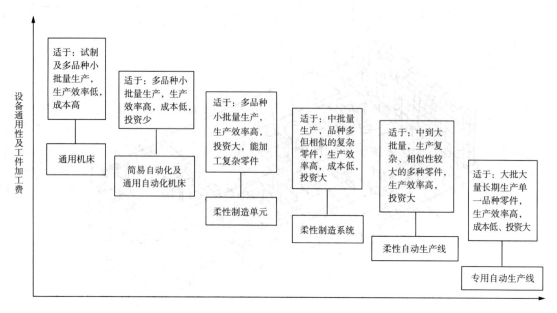

图 4-18　几种制造系统的比较

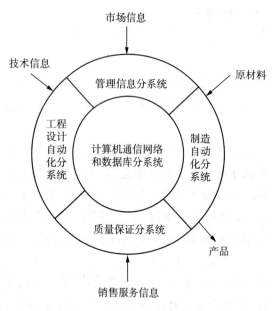

图 4-19　CIMS 的基本组成示意图

图 4-19 为 CIMS 的基本组成示意图。其中管理信息分系统是 CIMS 的神经中枢,它指挥与控制其他各部分有条不紊地开展工作。工程设计自动化分系统包含产品的概念设计、工程与结构、详细设计、工艺设计以及数控编程等,它的作用是使产品开发活动更高效、更优质、更自动地进行。制造自动化分系统是在计算机的控制下,按照规定的程序将毛坯加工成合格的零件,并装配成部件乃至产品。制造自动化分系统还可将制造现场的各种信息实时地或经过初步处理后反馈到有关部门,以便及时地进行调度和控制。质量保证分系统主要是采集、存储、评价和处理与质量有关的大量数据,利用这些信息有效地保证产品质量,促进产品质量的提高。计算机通信网络和数据库分系统是 CIMS 重要的信息集成工具,通过计算机通信网络将 CIMS 各分系统的信息联系起来,支持资源共享、分布处理和实时控制;数据库分系统支持 CIMS 各分系统并覆盖企业全部信息,以实现企业的信息共享和信息集成。

正在发展中的 FMS 和 CIMS 为实现自动化工厂积累了经验、创造了条件。在自动化工厂内,零件加工将不需要人直接参与操作,生产自动化的范围也很广,包括加工过程自动化、物料存储和输送自动化、产品检验自动化及信息处理自动化等。因此,可提高设备的利用率和柔性,缩短生产周期,减轻操作人员的劳动强度,并可提高设备的加工精度和工作可靠性,做到及时供应,减少库存,且能更好地适应市场的需要。

4.4.4　计算机辅助设计与制造概述

任何一种新产品的诞生,都要经过设计和制造阶段。计算机辅助设计(Computer Aided Design,CAD)的概念如图 4 - 20 所示,它与传统的以人为核心的设计明显不同。根据产品开发计划和对产品功能的要求,不再仅仅是依靠设计者个人的知识和能力去设计,而是还要运用存储在计算机中的多种知识,在 CAD 系统和数据库的支持下进行设计工作。这样设计出的产品大大优于传统方法设计出的产品。此外,CAD 输出的结果也不仅仅是装配图和零件图,还包括在制造过程中应用计算机(计算机辅助制造)所需的各类信息。

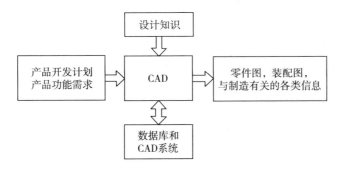

图 4 - 20　CAD 的概念

计算机辅助制造(Computer Aided Manufacturing,CAM)的狭义概念如图 4 - 21 所示,它是指在制造过程中的某个环节(如编制数控加工程序、数控检测程序等)上应用计算机。CAM 的广义概念应该是从毛坯到产品的全部制造过程(包括直接制造过程和间接制造过程)中应用计算机。

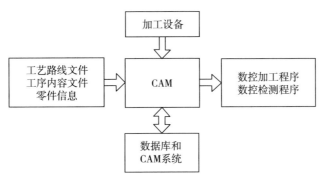

图 4 - 21　CAM 的狭义概念

计算机辅助设计与(制造 CAD/CAM)的最原始阶段是在计算机辅助下完成零件设计,并在此基础上生成零件的数控加工程序。随着 CAD 技术和 CAM 技术研发与应用水平的不断提高,它们的一些弊端也逐渐显现出来,例如 CAD 与 CAM 的衔接问题。由于两者在各自的发展进程中所关心的热点不同,因而它们内部表达同一产品的模型也不相同,结果导致经过 CAD 设计出来的产品数据无法被 CAM 直接接受,造成信息中断,需要通过人的参与使两者联系起来。这样一方面影响了计算机优势的发挥,另一方面由于人的介入还容易造成错误。因此,人们又提出用统一的产品数据模型,同时支持 CAD 和 CAM 的信息表达,在系统设计之初,就将 CAD/CAM 视为一个整体,实现真正意义的 CAD/CAM 集成化,使 CAD/CAM 进入一个崭新的阶段。

进入 20 世纪 90 年代后,CAD/CAM 系统的集成度不断提高,特征造型技术的成熟应用,为从根本上解决由 CAD 到 CAM 的数据流无缝传递奠定了基础,使 CAD/CAM 达到了真正意义上的集成,从而发挥出最高的效益。

习 题 与 思 考 题

4-1 机床主要由哪几部分组成? 它们各起什么作用?

4-2 机床机械传动主要由哪几部分组成? 有何优点?

4-3 机床液压传动主要由哪几部分组成? 有何优点?

4-4 何谓数控机床? 适用于什么场合? 为什么?

4-5 简述数控机床的工作原理和种类。

4-6 何谓机械制造系统、柔性机械制造系统(FMS)、计算机辅助制造(CAM)?

4-7 FMS 有哪几个基本类型? 它们各适用于什么场合?

第5章　常用切削加工方法

在机械制造中,切削加工属于材料去除加工,即在加工过程中工件的质量变化 $\Delta m < 0$。虽然这种加工方法的材料利用率比较低,但由于它的加工精度和表面质量较高,并且有较强的适应性,因此至今仍是应用最多的加工方法。

机器零件的大小不一,形状和结构各异,加工方法也多种多样,其中常用的有车削、钻削、镗削、刨削、拉削、铣削和磨削等。尽管它们在基本原理方面有许多共同之处,但由于所用机床和刀具不同,切削运动形式各异,因此它们有着各自的工艺特点及应用。

5.1　车削的工艺特点及其应用

在零件的组成表面中,回转面用得最多,主运动为工件回转的车削,特别适于加工回转面,也可用于加工工件的端面,故比其他加工方法应用得更加普遍。为了满足加工的需要,车床类型很多,主要有卧式车床、立式车床、转塔车床、自动车床和数控车床等。

5.1.1　车削的工艺特点

1. 易于保证工件各加工面的位置精度

车削时,工件绕某一固定轴线回转,各表面具有同一回转轴线,故易于保证加工面间同轴度的要求。例如,在卡盘或花盘上安装工件(图 5-1)时,回转轴线是车床主轴的回转轴线;利用前、后顶尖安装轴类工件,或利用心轴安装盘、套类工件时,回转轴线是两顶尖中心的连线。工件端面与轴线的垂直度要求,则主要由车床本身的精度来保证,它取决于车床横溜板导轨与工件回转轴线的垂直度。

2. 切削过程比较平稳

除了车削断续表面之外,一般情况下车削过程是连续进行的,不像铣削和刨削,在一次走刀过程中刀齿有多次切入和切出,产生冲击。并且当车刀几何形状、背吃刀量和进给量一定时,切削层公称横截面积是不变的。因此,车削时切削力基本上不发生变化,车削过程比铣削和刨削平稳。又由于车削的主运动为工件回转,避免了惯性和冲击的影响,所以车削允

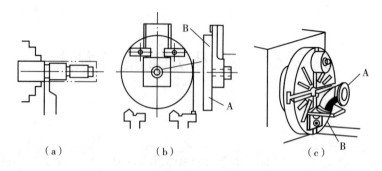

图 5-1 利用卡盘或花盘安装工件

许采用较大的切削用量进行高速切削或强力切削,有利于提高生产效率。

3. 适用于有色金属零件的精加工

某些有色金属零件,因材料本身的硬度较低,塑性较大,若用砂轮磨削,软的磨屑易堵塞砂轮,难以得到很光洁的表面。因此,当有色金属零件表面粗糙度 Ra 值要求较小时,不宜采用磨削加工,而要用车削或铣削等。用金刚石刀具,在车床上以很小的背吃刀量(a_p 值小于 0.15 mm)和进给量(f 值小于 0.1 mm/r)以及很高的切削速度(v 值约为 300 m/min)进行精细车削,加工精度可达 IT6~IT5,表面粗糙度 Ra 值达 0.1~0.4 μm。

4. 刀具简单

车刀是刀具中最简单的一种,制造、刃磨和安装均较方便,这就便于根据具体加工要求选用合理的角度。因此,车削的适应性较广,并且有利于加工质量和生产效率的提高。

5.1.2 车削的应用

在车床上使用不同的车刀或其他刀具,通过刀具相对于工件不同的进给运动,就可以得到相应的工件形状。如:刀具沿平行于工件回转轴线的直线移动时,可形成内、外圆柱面;刀具沿与工件回转轴线相交的斜线移动时,则形成圆锥面。在仿形车床或数控车床上,控制刀具沿着某条曲线运动可形成相应的回转曲面。利用成形车刀做横向进给,也可加工出与切削刃相应的回转曲面。车削还可以加工螺纹、沟槽、端面和成形面等。加工精度可达 IT8~IT7,表面粗糙度 Ra 值为 0.8~1.6 μm。

车削常用来加工单一轴线的零件,如直轴和一般盘、套类零件等。若改变工件的安装位置或将车床适当改装,还可以加工多轴线的零件(如曲轴、偏心轮等)或盘形凸轮。图 5-2 为车削曲轴和偏心轮工件安装的示意图。

在单件小批生产中,各种轴、盘、套等类零件多选用适应性广的卧式车床或数控车床进行加工;直径大而长度短(长径比 $L/D \approx 0.3 \sim 0.8$)的重型零件,多用立式车床加工。

成批生产外形较复杂,且具有内孔及螺纹的中小型轴、套类零件(图 5-3)时,应选用转塔车床进行加工。

大批大量生产形状不太复杂的小型零件,如螺钉、螺母、管接头、轴套类等(图 5-4)时,多选用半自动和自动车床进行加工。

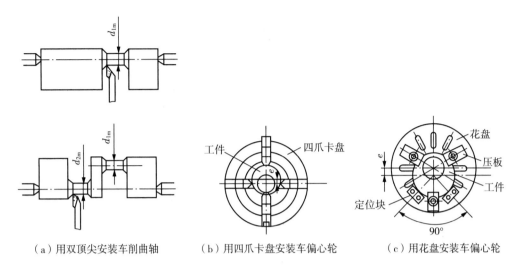

（a）用双顶尖安装车削曲轴　　　（b）用四爪卡盘安装车偏心轮　　　（c）用花盘安装车偏心轮

图 5-2　车削曲轴和偏心轮工件安装的示意图

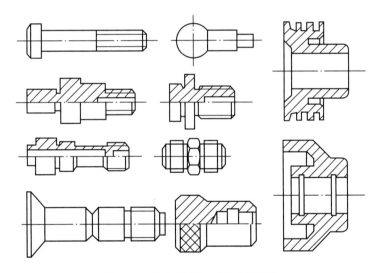

图 5-3　转塔车床加工的典型零件

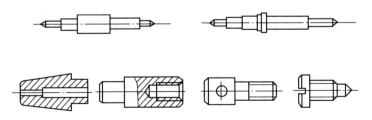

图 5-4　单轴自动车床加工的典型零件

5.2 钻、镗削的工艺特点及其应用

孔是组成零件的基本表面之一,钻孔是孔加工的一种基本方法。钻孔经常在钻床和车床上进行,也可以在镗床或铣床上进行。常用的钻床有台式钻床、立式钻床和摇臂钻床。

5.2.1 钻削的工艺特点

钻孔与车削外圆相比,工作条件要困难得多。钻削时,钻头工作部分处在已加工表面的包围中,因而会引起一些特殊问题,例如钻头的刚度和强度、容屑和排屑、导向和冷却润滑等问题。其特点可概括如下:

1. 容易产生"引偏"

所谓"引偏",是指加工时由于钻头弯曲而引起的孔径扩大、孔不圆问题,如图 5-5(a)所示;或孔的轴线歪斜,如图 5-5(b)所示。钻孔时产生引偏,主要是因为钻孔最常用的刀具是麻花钻(图 5-6),其直径和长度受所加工孔的限制,呈细长状,刚度较差。为形成切削刃和容纳切屑,必须制出两条较深的螺旋槽,使钻心变细,进一步削弱钻头的刚度。为减少导向部分与已加工孔壁的摩擦,钻头仅有两条很窄的棱边与孔壁接触,接触刚度和导向作用也很差。

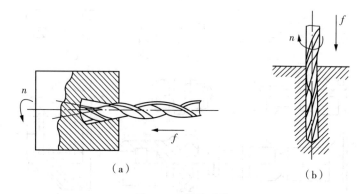

图 5-5 钻孔引偏

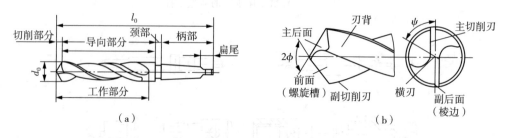

图 5-6 麻花钻

钻头横刃处的前角 $\gamma_{o\psi}$,具有很大的负值(图 5-7),切削条件极差,实际上不是在切削,而是挤刮金属。钻孔时一半以上的轴向力是由横刃产生的,稍有偏斜,将产生较大的附加力

矩,使钻头弯曲。此外,钻头的两个主切削刃,也很难磨得完全对称,加上工件材料的不均匀性,钻孔时的背向力不可能被完全抵消。

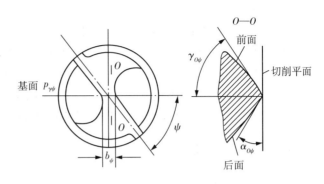

图 5-7　横刃的角度

因此,在钻削力的作用下,刚度很差且导向性不好的钻头,很容易弯曲,致使钻出的孔产生"引偏",降低了孔的加工精度,甚至使产品成为废品。在实际加工中,常采用如下措施来减少引偏:

(1)预钻锥形定心坑,如图 5-8(a)所示。即先用小顶角($2\phi=90°\sim100°$)大直径短麻花钻预先钻一个锥形坑,然后再用所需的钻头钻孔。由于预钻时钻头刚度好,锥形坑不易偏,以后再用所需的钻头钻孔时,此坑就可以起定心作用。

(2)用钻套为钻头导向,如图 5-8(b)所示。这样可减少钻孔开始时的引偏,特别是在斜面或曲面上钻孔时,更为必要。

(3)钻头的两个主切削刃尽量刃磨对称。这样可使两主切削刃的背向力互相抵消,减少钻孔时的引偏。

2. 排屑困难

钻孔时,由于切屑较宽,容屑槽尺寸又受到限制,因而在排屑过程中往往与孔壁发生较大的摩擦、挤压、拉毛和刮伤已加工表面,降低表面质量。有时切屑可能阻塞在钻头的容屑槽罩里,卡死钻头,甚至将钻头扭断。

因此,排屑问题成为钻孔时要妥善解决的重要问题之一。尤其是用标准麻花钻加工较深的孔时,要反复多次把钻头退出排屑,很麻烦。为了改善排屑条件,可在钻头上修磨出分屑槽(图 5-9),将宽的切屑分成窄条,以利于排屑。当钻深孔($L/D>5\sim10$)时,应采用合适的深孔钻进行加工。

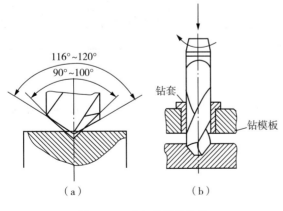

图 5-8　减少引偏的措施

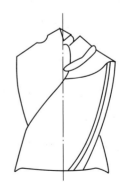

图 5-9　分屑槽

3. 切削热不易传散

由于钻削是一种半封闭式的切削,钻削时所产生的热量,虽然也由切屑、工件、刀具和周围介质传出,但它们之间的比例却和车削大不相同。如用标准麻花钻不加切削液钻钢料时,工件吸收的热量约占 52.5%,钻头约占 14.5%,切屑约占 28%,介质约占 5%。

钻削时,大量高温切屑不能及时排出,切削液难以注入切削区,切屑、刀具与工件之间的摩擦很大。因此,切削温度较高,致使刀具磨损加剧,这就限制了钻削用量和生产效率的提高。

5.2.2 钻削的应用

在各类机器零件上经常需要进行钻孔,因此钻削的应用还是很广泛的。但是,由于钻削的精度较低,表面较粗糙,一般加工精度在 IT10 以下,表面粗糙度 Ra 值大于 12.5 μm,生产效率也比较低。因此,钻孔主要用于粗加工,例如精度和表面粗糙度要求不高的螺钉孔、油孔和螺纹底孔等。但对于精度和表面粗糙度要求较高的孔,也要以钻孔作为预加工工序。

单件小批生产中,中小型工件上的小孔(一般 D 值小于 13 mm)常用台式钻床加工,中小型工件上直径较大的孔(一般 D 值小于 50 mm)常用立式钻床加工;大中型工件上的孔应采用摇臂钻床加工;回转体工件上的孔多在车床上加工。

在成批和大量生产中,为了保证加工精度,提高生产效率和降低加工成本,广泛使用钻模(图 5-10)、多轴钻(图 5-11)或组合机床(图 5-12)进行孔的加工。

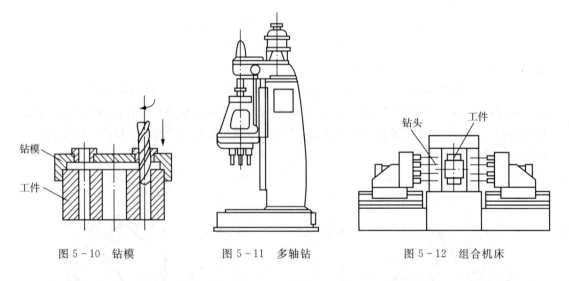

图 5-10 钻模　　　　　图 5-11 多轴钻　　　　　图 5-12 组合机床

精度高、表面粗糙度值小的中小直径孔(D 值小于 50 mm),在钻削之后,常常需要采用扩孔和铰孔进行半精加工和精加工。

5.2.3 扩孔和铰孔

1. 扩孔

扩孔是用扩孔钻(图 5-13)对工件上已有的孔进行扩大加工(图 5-14)。扩孔时的背吃刀量 $a_p=(d_m-d_w)/2$,比钻孔时($a_p=d_m/2$)小得多,因而刀具的结构和切削条件比钻孔时

好得多,主要因为:

(1)切削刃不必自外圆延续到中心,避免了横刃和由横刃所引起的一些不良影响。

(2)切屑窄,易排出,不易擦伤已加工表面。同时容屑槽也可做得较小较浅,从而可以加粗钻心,大大提高扩孔钻的刚度,有利于加大切削用量和改善加工质量。

(3)刀齿多(3~4 个),导向作用好,切削平稳,生产率高。

由于上述原因,扩孔的加工质量比钻孔高,一般精度可达 IT10~IT9,表面粗糙度 Ra 值为 3.2~6.3 μm。

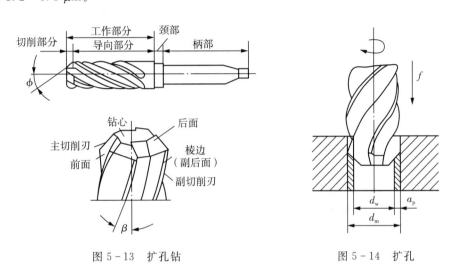

图 5-13 扩孔钻   图 5-14 扩孔

考虑到扩孔比钻孔有更多的优越性,在钻直径较大的孔(一般 D 值大于或等于 30 mm)时,可先用小钻头(直径为孔径的 0.5~0.7)预钻孔,然后再用原尺寸的大钻头扩孔。实践表明,这样虽分两次钻孔,生产效率也比用大钻头一次钻出时高。若用扩孔钻扩孔,则效率将更高,精度也比较高。

扩孔常作为孔的半精加工,当孔的精度和表面粗糙度要求较高时,则要采用铰孔。

2. 铰孔

铰孔是应用较为普遍的中小尺寸孔的精加工方法之一,一般加工精度可达 IT9~IT7,表面粗糙度 Ra 值为 0.4~1.6 μm。

铰孔加工质量较高的原因,除了具有上述扩孔的优点之外,还由于铰刀结构和切削条件比扩孔更为优越,主要因为:

(1)铰刀具有修光部分(图 5-15),其作用是校准孔径、修光孔壁,从而进一步提

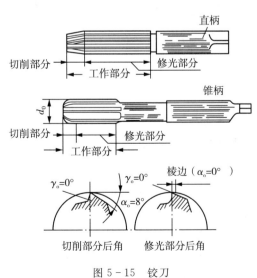

图 5-15 铰刀

高孔的加工质量。

(2)铰孔的余量小(粗铰为 0.15~0.35 mm,精铰为 0.05~0.15 mm),切削力较小;用高速钢铰刀铰孔时的切削速度一般较低(v 值约为 1.5~10 m/min),产生的切削热较少。因此,工件的受力变形和受热变形较小,加之低速切削,可避免积屑瘤的不利影响,使得铰孔质量进一步提高。

麻花钻、扩孔钻和铰刀都是标准刀具,在市场上比较容易买到。对于中等尺寸以下较精密的孔,在单件小批乃至大批大量生产中,钻、扩、铰都是经常采用的典型工艺。

钻、扩、铰只能保证孔本身的精度,而不易保证孔与孔之间的尺寸精度及位置精度。为了解决这一问题,可以利用夹具(如钻模)进行加工,或者采用镗孔。

5.2.4 镗孔

用镗刀对已有的孔进行再加工,称为镗孔。对于直径较大的孔(一般 D 值大于 80~100 mm)、内成形面或孔内环槽等,镗孔是唯一合适的加工方法。一般镗孔精度达 IT8~IT7,表面粗糙度 Ra 值为 0.8~1.6 μm;精细镗时,精度可达 IT7~IT6,表面粗糙度 Ra 值为 0.2~0.8 μm。

镗孔可以在多种机床上进行。回转体零件上的孔多在车床上加工,如图 5-16(a)所示,箱体类零件上的孔或孔系(即要求相互平行或垂直的若干个孔)则常用镗床加工,如图 5-16(b)所示。本节介绍的主要是在镗床上镗孔。

镗刀有单刃镗刀和多刃镗刀之分,由于它们的结构和工作条件不同,它们的工艺特点和应用也有所不同。

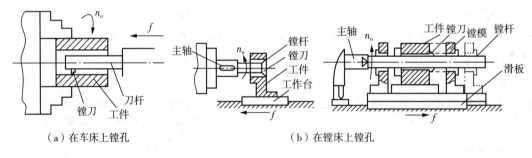

(a)在车床上镗孔　　　　　(b)在镗床上镗孔

图 5-16　镗孔

1. 单刃镗刀镗孔

单刃镗刀(图 5-17)刀头的结构与车刀类似,用它镗孔时,有如下特点:

(1)适应性较广,灵活性较大。单刃镗刀结构简单、使用方便,既可粗加工,也可半精加工或精加工。一把镗刀可加工直径不同的孔,孔的尺寸主要由操作来控制,而不像钻孔、扩孔或铰孔那样,是由刀具本身尺寸保证的,因此它对工人技术水平的依赖性也较大。

(2)可以校正原有孔的轴线歪斜或位置偏差。由于孔质量主要取决于机床精度和工人的技术水平,所以预加工孔如轴线歪斜或有不大的位置偏差,利用单刃镗刀镗孔可予以校正,这一点,若用扩孔或铰孔是不易达到的。

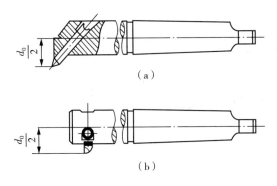

图 5-17　单刃镗刀

(3)生产率较低。单刃镗刀的刚度比较低,为了减少镗孔时镗刀的变形和振动,不得不采用较小的切削用量,加之仅有一个主切削刃参加工作,所以生产率比扩孔或铰孔低。

由于以上特点,单刃镗刀镗孔比较适用于单件小批生产。

2. 多刃镗刀镗孔

在多刃刀中,有一种可调浮动刀片(图 5-18)。调节镗刀片的尺寸时,先松开螺钉 1,再旋螺钉 2,将刀齿 3 的径向尺寸调好后,拧紧螺钉 1 把刀齿 3 固定。镗孔时,镗刀片不是固定在镗杆上的,而是插在杆的长方孔中,并能在垂直于镗杆轴线的方向上自由滑动,由两个对称的切削刃产生的切削力,自动平衡其位置。这种镗孔方法具有如下特点:

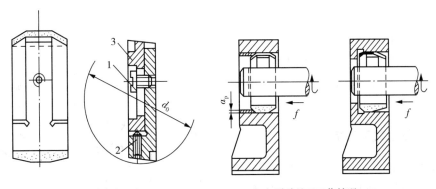

(a)可调浮动镗刀片　　　　　　(b)浮动镗刀工作情况

图 5-18　浮动镗刀片及其工作情况

1、2—螺钉;3—刀齿

(1)加工质量较高。由于刀片在加工过程中的浮动,可抵偿刀具安装误差或镗杆偏摆所引起的不良影响,提高了孔的加工精度。较宽的修光刃可修光孔壁,减小表面粗糙度。但是,它与铰孔类似,不能校正原有孔的轴线歪斜或位置偏差。

(2)生产率较高。浮动刀片有两个主切削刃同时切削,并且操作简便。

(3)刀具成本较单刃刀高。浮动刀片结构比单刃镗刀复杂,刃磨费时。

由于以上特点,浮动刀片镗孔主要用于批量生产、精加工箱体类零件上直径较大的孔。

另外,在卧式镗床上利用不同的刀具和附件,还可以进行钻孔、车端面、铣平面或车螺纹等(图 5-19)。

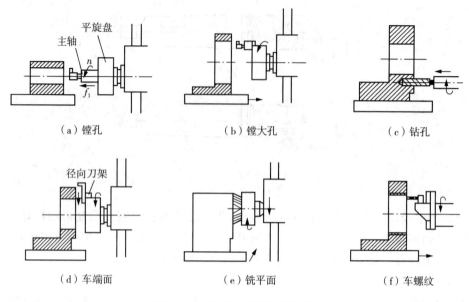

（a）镗孔　　　　　　　　（b）镗大孔　　　　　　　　（c）钻孔

（d）车端面　　　　　　　（e）铣平面　　　　　　　　（f）车螺纹

图 5 - 19　卧式镗床的主要工作

5.3　刨、拉削的工艺特点及其应用

　　刨削是平面加工的主要方法之一。常见的刨床类机床有牛头刨床、龙门刨床和插床等，图 5 - 20 为在牛头刨床上刨平面示意图。

5.3.1　刨削的工艺特点

1. 通用性好

根据切削运动和具体的加工要求，刨床的结构比车床、铣床简单，价格低，调整和操作也较简便。所用的单刃刨刀与车刀基本相同，形状简单，制造、刃磨和安装皆较方便。

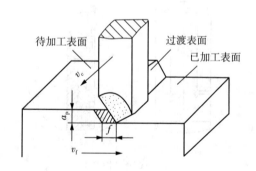

图 5 - 20　牛头刨床上刨平面示意图

2. 生产率较低

刨削的主运动为往复直线运动，反向时受惯性的影响，加之刀具切入和切出时有冲击，限制了切削速度的提高。单刃刨刀实际参加切削的切削刃长度有限，一个表面往往要经过多次行程才能加工出来，基本工艺时间较长。刨刀返回行程时不进行切削，增加了辅助时间。

由于以上原因，刨削的生产率低于铣削。但是对于狭长表面（如导轨、长槽等）的加工，以及在龙门刨床上进行多件或多刀加工时，刨削的生产率可能高于铣削。

刨削的精度可达 IT8~IT7,表面粗糙度 Ra 值为 1.6~6.3 μm。当采用宽刀精刨时,即在龙门刨床上,用宽刃刨刀以很低的切削速度,切去工件表面上一层极薄的金属,平面度不大于 0.02/1000,表面粗糙度 Ra 值可达 0.4~0.8 μm。

5.3.2　刨削的应用

由于刨削的特点,刨削主要用在单件小批生产中,在维修车间和模具车间应用较多。

如图 5-21 所示,刨削主要用来加工平面(包括水平面、垂直面和斜面),也广泛地用于加工直槽,如直角槽、燕尾槽和 T 形槽等。如果进行适当的调整和增加某些附件,还可以用来加工齿条、齿轮、花键和母线为直线的成形面等。

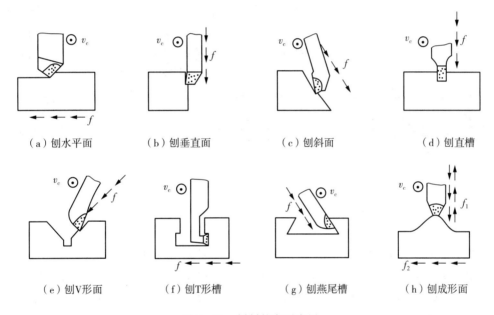

（a）刨水平面　　（b）刨垂直面　　（c）刨斜面　　（d）刨直槽

（e）刨V形面　　（f）刨T形槽　　（g）刨燕尾槽　　（h）刨成形面

图 5-21　刨削的主要应用

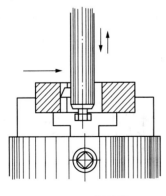

图 5-22　插键槽

牛头刨床的最大刨削长度一般不超过 1000 mm,因此只适于加工中、小型工件。龙门刨床主要用来加工大型工件,或同时加工多个中、小型工件。例如,济南第二机床厂生产的 B23 龙门刨床,最大刨削长度为 20 m,最大刨削宽度为 6.3 m。由于龙门刨床刚度较好,而且有 2~4 个刀架可同时工作,因此加工精度和生产率均比牛头刨床高。

插床又称立式牛头刨床,主要用来加工工件的内表面,如插键槽(图 5-22)、花键槽等,也可用于加工多边形孔,如四方孔、六方孔等。特别适于加工盲孔或有障碍台肩的内表面。

5.3.3 拉 削

拉削可以认为是刨削的进一步发展。平面拉削如图 5-23 所示,它是利用多齿的拉刀,逐齿依次从工件上切下很薄的金属层,使表面达到较高的精度和较小的表面粗糙度值。图 5-24 为拉孔的示意图。加工时若刀具所受的力不是拉力而是推力,则称为推削,图 5-25 为推孔的示意图,所用刀具称为推刀。拉削所用的机床称为拉床,推削则多在压力机上进行。

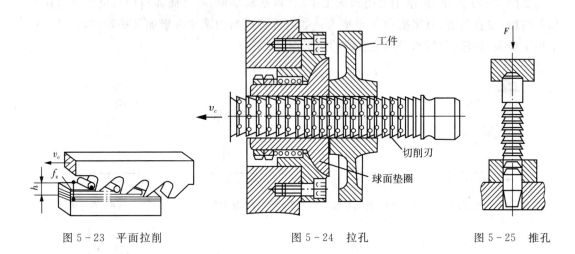

图 5-23　平面拉削　　　　　图 5-24　拉孔　　　　图 5-25　推孔

与其他加工相比,拉削加工主要具有如下特点:

1. 生产率高

虽然拉削加工的切削速度一般并不高,但由于拉刀是多齿刀具,同时参加工作的刀齿数较多,同时参与切削的切削刃较长,并且在拉刀的一次工作行程中能够完成粗、半精、精加工,因此大大缩短了基本工艺时间和辅助时间。一般情况下,班产可达 100~800 件,自动拉削时班产可达 3000 件。

2. 加工精度高、表面粗糙度值较小

圆孔拉刀如图 5-26 所示,拉刀具有校准部分,其作用是校准尺寸,修光表面,并可作为精切齿的后备刀齿。校准刀齿的切削量很小,仅切去工件材料的弹性恢复量。另外,拉削的切削速度较低(目前 v_c 值小于 18 m/min),切削过程比较平稳,并可避免积屑瘤的产生。一般拉孔的精度为 IT8~IT7,表面粗糙度 Ra 值为 0.4~0.8 μm。

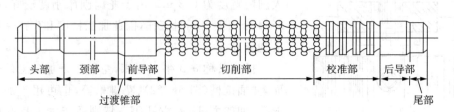

| 头部 | 颈部 | 前导部 | 切削部 | 校准部 | 后导部 |

过渡锥部　　　　　　　　　　　　　　　　　　　　尾部

图 5-26　圆孔拉刀

3. 拉床结构和操作比较简单

拉削只有一个主运动,即拉刀的直线运动。进给运动是靠立刀的后一个刀齿高出前一个刀齿来实现的,相邻刀齿的高出量称为齿升量(f)。

4. 拉刀价格昂贵但寿命长

由于拉刀的结构和形状复杂,精度和表面质量要求较高,故制造成本很高。但拉削时切削速度较低,刀具磨损较慢,刃磨一次可以加工数以千计的工件,加之一把拉刀又可以重磨多次,所以拉刀的寿命长。当加工零件的批量大时,分摊到每个零件上的刀具成本并不高。

5. 加工范围较广

内拉削可以加工各种形状的通孔,拉削加工的各种表面举例如图 5 - 27 所示,例如圆孔、方孔,多边形孔、花键孔和内齿轮等。还可以加工多种形状的沟槽,例如键槽、T 形槽、燕尾槽和涡轮盘上的槽等。外拉削可以加工平面、成形面、外齿轮和叶片的榫头等。

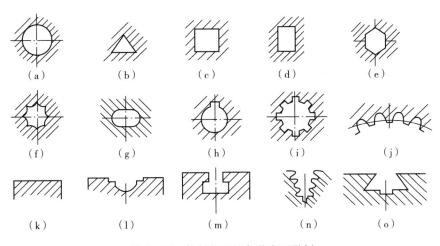

图 5 - 27　拉削加工的各种表面举例

由于拉削加工具有以上特点,因此主要适用于成批和大量生产,尤其适于在大量生产中加工比较大的复合型面,如发动机的气缸体等。在单件小批生产中,对于某些精度要求较高、形状特殊的成形表面,用其他方法加工很困难时,也有采用拉削加工的。但对于盲孔、深孔、阶梯孔及有障碍的外表面,则不能用拉削加工。

推削加工时,为避免推刀弯曲,其长度比较短(L/D 值小于 $12 \sim 15$),总的金属切除量较少。所以推削只适用于加工余量较小的各种形状的内表面,或者用来修整工件热处理后(硬度低于 45 HRC)的变形量,其应用范围远不如拉削广泛。

5.4　铣削的工艺特点及其应用

铣削也是平面的主要加工方法之一。铣床的种类很多,常用的是升降台卧式铣床和立式铣床,图 5 - 28 为在卧式铣床和立式铣床上铣平面的示意图。

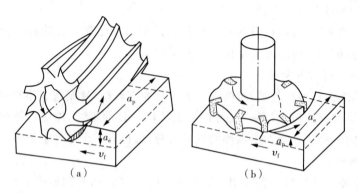

图 5 - 28　铣平面

5.4.1　铣削的工艺特点

1. 生产率较高

铣刀是典型的多齿刀具,铣削时有几个刀齿同时参加工作,并且参与切削的切削刃较长的主运动是铣刀的旋转,有利于高速铣削。因此,铣削的生产率比刨削高。

2. 容易产生振动

铣刀的刀齿切入和切出时产生冲击,并将引起同时工作刀齿数的增减。在切削过程中每个刀齿的切削层厚度 h_i 随刀齿位置的不同而变化(图 5 - 29),引起切削层横截面积的变化。因此,在铣削过程中铣削力是变化的,切削过程不平稳,容易产生振动,这就限制了铣削加工质量和生产率的进一步提高。

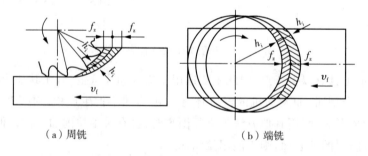

（a）周铣　　　　　　　　　　（b）端铣

图 5 - 29　铣削时切削层厚度的变化

3. 刀齿散热条件较好

铣刀刀齿在切离工件的一段时间内,可以得到一定的冷却,散热条件较好。但是,切入和切出时热和力的冲击将加速刀具的磨损,甚至可能引起硬质合金刀片的碎裂。

5.4.2　铣削方式

同是加工平面,既可以用端铣法,也可以用周铣法;同一种铣削方法,也有不同的铣削方式(顺铣和逆铣等)。在选用铣削方式时,要充分注意它们各自的特点和适用场合,以便保证加工质量和提高生产效率。

1. 周铣法

用圆柱铣刀的圆周刀齿加工平面,称为周铣法,它又可分为逆铣和顺铣(图5-30),在切削部位刀齿的旋转方向和工件的进给方向相反时,为逆铣;相同时,为顺铣。

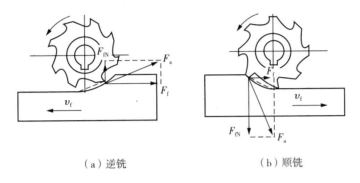

（a）逆铣　　　　　　　　　（b）顺铣

图 5-30　逆铣和顺铣

逆铣时,每个刀齿的切削层厚度是从零增加到最大值的。由于铣刀刃口处总有圆弧存在,而不是绝对尖锐的,因此在刀齿接触工件的初期,不能切入工件,而是在工件表面上挤压、滑行,使刀齿与工件之间的摩擦加大,加速刀具磨损,同时也使表面质量下降。顺铣时,每个刀齿的切削层厚度是由最大减小到零的,从而避免了上述缺点。

逆铣时,铣削力上抬工件;而顺铣时,铣削力将工件压向工作台,减少了工件振动的可能性,尤其是铣削薄而长的工件时,更为有利。

由上述分析可知,从提高刀具耐用度和工件表面质量、增加工件夹持的稳定性等观点出发,一般以采用顺铣法为宜。但是,顺铣时忽大忽小的水平分力 F_f 与工件的进给方向是相同的,工作台进给丝杠与固定螺母之间一般都存在间隙(图5-31),间隙在进给方向的前方。由于 F_f 的作用,就会使工件连同工作台和丝杠一起,向前窜动,造成进给量突然增大,甚至引起打刀。而逆铣时,水平分力 F_f 与进给方向相反,铣削过程中工作台丝杠始终压向螺母,不致因为间隙的存在而引起工件窜动。目前,一般铣床尚没有消除工作台丝杠与螺母之间间隙的机构,所以在生产中仍多采用逆铣法。

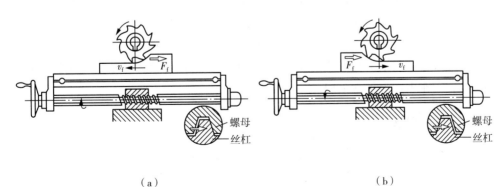

（a）　　　　　　　　　　　　　（b）

图 5-31　逆铣和顺铣时丝杠螺母间隙

另外,当铣削带有黑皮的表面时,例如铸件或锻件表面的粗加工,若用顺铣法,因刀齿首先接触黑皮,将加剧刀齿的磨损,所以也应采用逆铣法。

2. 端铣法

用端铣刀的端面刀齿加工平面,称为端铣法。根据铣刀和工件相对位置的不同,端铣法可以分为对称铣削法和不对称铣削法(图5-32)。

端铣法可以通过调整铣刀和工件的相对位置,调节刀齿切入和切出时的切削层厚度,从而达到改善铣削过程的目的。

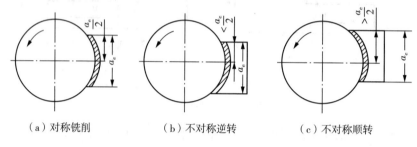

（a）对称铣削   （b）不对称逆转   （c）不对称顺转

图5-32 端铣的方式

3. 周铣法与端铣法的比较

周铣时,同时工作的刀齿数与加工余量(相当于a_e)有关,一般仅有1~2个。而端铣时,同时工作的刀齿数与被加工表面的宽度(也相当于a_e)有关,而与加工余量(相当于背吃刀量a_p)无关,即使在精铣时,也有较多的刀齿同时工作。因此,端铣的切削过程比周铣时平稳,有利于提高加工质量。

端铣刀的刀齿切入和切出工件时,虽然切削层厚度较小,但不像周铣时切削层厚度变为零,从而改善了刀具后面与工件的摩擦状况,提高了刀具耐用度,并可减小表面粗糙度。此外,端铣时还可利用修光刀齿修光已加工表面,因此端铣可达到较小的表面粗糙度值。

端铣刀直接安装在铣床的主轴端部,悬伸长度较小,刀具系统的刚度较好,而圆柱铣刀安装在细长的刀轴上,刀具系统的刚度远不如端铣。同时,端铣刀可方便地镶装硬质合金刀片,而圆柱铣刀多采用高速钢制造。所以,端铣时可以采用高速铣削,不仅大大提高了生产效率,也提高了加工表面的质量。

由于端铣法具有以上优点,所以在平面的铣削中,目前大都采用端铣法。但是,周铣法的适应性较广,可以利用多种形式的铣刀,除加工平面外还可较方便地进行沟槽、齿形和成形面等的加工,在生产中仍常采用。

5.4.3 铣削的应用

铣削的形式很多,铣刀的类型和形状更是多种多样,再配上附件——分度头、圆形工作台等的应用,致使铣削加工范围较广,主要用来加工平面(包括水平面、垂直面和斜面)、沟槽、成形面和切断等。加工精度一般可达IT8~IT7,表面粗糙度Ra值为1.6~3.2 μm。

单件小批生产中,加工小、中型工件多用升降台式铣床(卧式和立式两种)。加工中、大型工件时可以采用龙门铣床。龙门铣床与龙门刨床相似,有 3～4 个可同时工作的铣头,生产率高,广泛应用于成批和大量生产中。

图 5-33 为铣削各种沟槽的示意图。直角沟槽可以在卧式铣床上用三面刃铣刀加工,也可以在立式铣床上用立铣刀铣削。角度沟槽用相应的角度铣刀在卧式铣床上加工,T 形槽和燕尾槽常用带柄的专用槽铣刀在立式铣床上铣削。在卧式铣床上还可以用成形铣刀加工成形面和用锯片铣刀切断等。

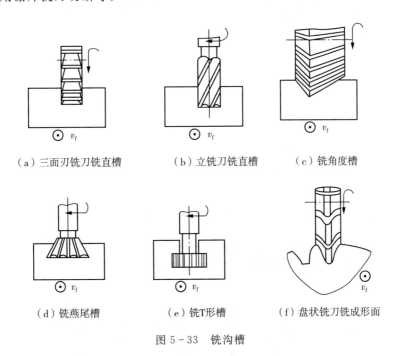

（a）三面刃铣刀铣直槽　　　（b）立铣刀铣直槽　　　（c）铣角度槽

（d）铣燕尾槽　　　（e）铣T形槽　　　（f）盘状铣刀铣成形面

图 5-33　铣沟槽

在单件小批生产中,有些要求不高的盘状成形零件,也可以用立铣刀在立式铣床上加工。如图 5-34 所示,先在欲加工的工件上按所要的轮廓划线,然后根据所划的线用手动进给进行铣削。

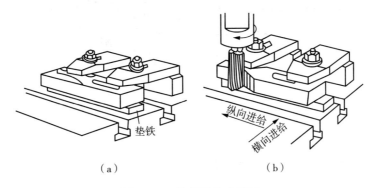

（a）　　　　　　　（b）

图 5-34　按划线铣成形面

由几段圆弧和直线组成的曲线外形、圆弧外形或圆弧槽等,可以利用圆形工作台在立式铣床上加工(图 5-35)。

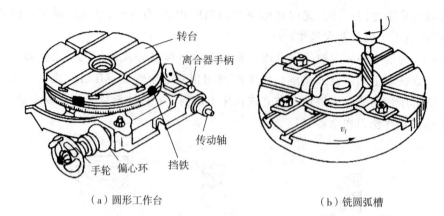

（a）圆形工作台 （b）铣圆弧槽

图 5-35 圆形工作台及其应用

在铣床上,利用分度头可以加工需要等分的工件,例如铣削离合器和齿轮等。

在万能铣床(工作台能在水平面内转动一定角度)上,利用分度头及其与工作台进给丝杠间的交换齿轮,可以加工螺旋槽(图 5-36)。

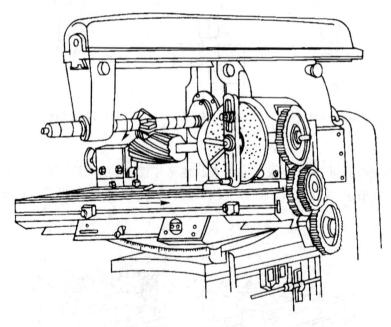

图 5-36 铣螺旋槽

5.5 磨削的工艺特点及其应用

用砂轮或其他磨具加工工件,称为磨削。本节主要讨论用砂轮在磨床上加工工件的特点及其应用。磨床的种类很多,较常见的有外圆磨床、内圆磨床和平面磨床等。

5.5.1 砂轮

作为切削工具的砂轮,是由磨料加结合剂用烧结的方法制成的多孔物体(图 5 - 37)。由于磨料、结合剂及制造工艺等的不同,砂轮特性差别很大,对磨削的加工质量、生产效率和经济性有着重要影响。

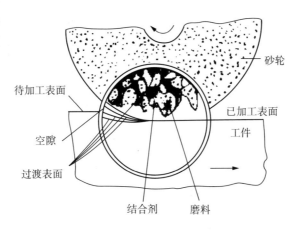

图 5 - 37 砂轮及磨料示意图

1. 砂轮的组成要素

砂轮的组成要素包括磨料、粒度、结合剂、硬度、组织以及形状和尺寸等。

(1)磨料。目前生产中应用的主要是人造磨料,国家标准规定,磨料分为固结磨具磨料(F 系列)和涂附磨具磨料(P 系列),这里仅简要介绍固结磨具磨料。表 5 - 1 列出了常用磨料的名称、代号、性能和应用范围。

(2)粒度。粒度反映了磨粒的大小,国家标准规定粒度的表示方法为磨粒 F4 - F220(用筛分法区分,F 后面的数字大致为每英寸筛网长度上筛孔的数目);微粉 F230 - F2000(用沉降法区分,主要用光电沉降仪)。各种粒度磨料的应用范围见表 5 - 1 所列。

(3)结合剂。结合剂是把磨粒固结成磨具的材料。它的性能决定了磨具的强度、硬度、耐冲击性和耐热性,对磨削温度和表面质量也有一定影响。常用结合剂的种类、代号、性能和应用范围见表 5 - 1 所列。

(4)硬度。砂轮的硬度与一般材料的硬度概念不同,它是指磨粒在外力作用下从砂轮表面脱落的难易程度。如不易脱落,则砂轮硬;容易脱落,则砂轮软。它反映了磨粒固结的牢固程度。砂轮硬度的等级、代号及应用见表 5 - 1 所列。

(5)组织。砂轮的组织表示砂轮的疏密程度,它反映了砂轮中磨粒、结合剂和气孔之间的体积比例。依据磨粒在砂轮中的体积分数(称为磨粒率)的不同,可分为 0~14 组织号,具体分号和应用见表 5 - 1 所列。

(6)形状和尺寸。为了满足不同磨削加工的需要,砂轮有不同的形状和尺寸。表 5 - 2 摘录了常用砂轮的形状和尺寸的代号及主要用途。

表5-1 砂轮组成要素、代号、性能和使用范围

磨料

系别	名称	代号	性能	应用
刚玉	棕刚玉	A	棕褐色，硬度较低，韧性较好	磨削碳钢、合金钢、可锻铸铁与青铜
刚玉	白刚玉	WA	白色，较A硬度高，磨粒锋利，韧性差	磨削淬硬的高碳钢、合金钢、磨削薄壁零件、成形零件
刚玉	铬刚玉	PA	玫瑰红色，韧性比WA好	磨削高速钢、不锈钢、成形磨削，刀磨刀具，高表面质量磨削
碳化物	黑碳化硅	C	黑色带光泽，比刚玉类硬度高，导热性高	磨削铸铁、黄铜、耐火材料及其他非金属材料
碳化物	绿碳化硅	GC	黑色带光泽，较C硬度高，导热性好，韧性较差	磨削硬质合金、宝石、光学玻璃
超硬磨料	人造金刚石	MBD、RVD、SCD和IM-SD等	白色、淡绿、黑色，硬度最高，耐热性较差	磨削硬质合金、光学玻璃、花岗岩、大理石、宝石、陶瓷等高硬度材料
超硬磨料	立方氮化硼	CNB、M-CBN等	棕黑色，硬度仅次于MBD，韧性较MBD等好	磨削高性能高速钢、不锈钢、耐热钢及其他难加工材料

粒度

类别		代号	粒度号	应用
磨粒	粗粒		F4, F5, F6, F8, F10, F12, F14, F16, F20, F22, F24	荒磨
磨粒	中粒		F30, F36, F40, F46, F54, F60	一般磨削。加工表面粗糙度Ra值可达0.8 μm
磨粒	细粒		F70, F80, F90, F100, F120, F150, F180, F220	半精密、精磨，成形磨削，精密磨，超精磨，刀磨刀具，珩磨。加工表面粗糙度Ra值可达0.8~0.05 μm
微粉			F230, F240, F280, F320, F360, F400, F500, F600, F800, F1000, F1200, F1500, F2000	精磨、精密磨、超精磨、珩磨、螺纹磨、超精磨、镜面磨，精研。加工表面粗糙度Ra值可达0.05~0.01 μm

结合剂

种类	名称	代号	特性	应用
	陶瓷	V	耐热、耐油、耐酸、耐碱、强度较高，但性能脆	除薄片砂轮外，能制成各种砂轮
	树脂	B	强度高，富有弹性，具有一定抛光作用，耐热性差，不耐酸碱	荒磨砂轮、磨管槽、切断用砂轮、高速砂轮、镜面磨砂轮
	橡胶	R	强度更高，弹性更好，抛光作用好，耐热性差，不耐油和碱，易堵塞	磨削轴承沟道砂轮、无心磨导轮、切割薄片砂轮、抛光砂轮

硬度

名称	极软				很软			软			中级			硬				很硬	极硬
代号	A	B	C	D	E	F	G	H	J	K	L	M	N	P	Q	R	S	T	Y

应用：磨未淬硬钢选用L~N、磨淬火合金钢选用H~K、高表面质量磨削时选用K~L、刃磨硬质合金刀具选用H~J　磨削淬火钢，刃磨刀具

组织

组织号	0	1	2	3	4	5	6	7	8	9	10	11	12	13	14
磨粒率/%	62	60	58	56	54	52	50	48	46	44	42	40	38	36	34

应用：成形磨削、精密磨削　磨削硬度不高的韧性材料　磨削热敏性高的材料

磨料 → 磨粒 → 砂轮
粒度 ↗
种类 → 结合剂 →
硬度
组织

表 5-2　常用砂轮的形状、代号及主要用途

代号	名称	断面形状	形状尺寸标记	主要用途
1	平行砂轮	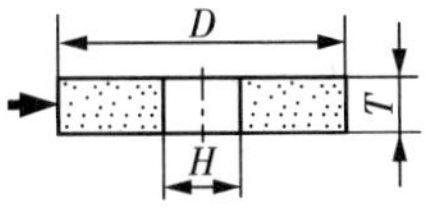	1 型-圆周型面-$D \times T \times H$	磨外圆、内孔、平面及刃磨刀具
2	筒形砂轮	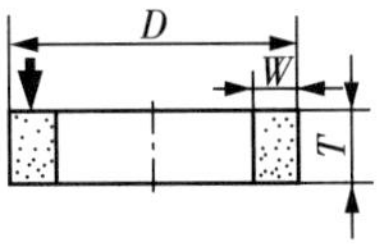	2 型-$D \times T \times W$	端磨平面
4	双斜边砂轮	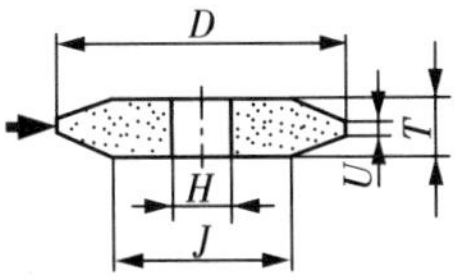	4 型-$D \times T/U \times H$	磨齿轮及螺纹
6	杯形砂轮	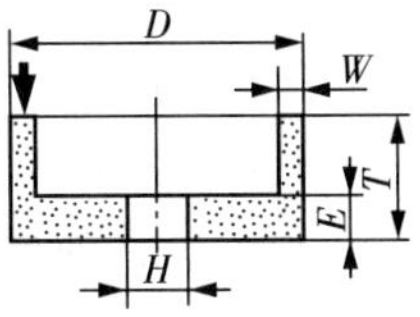	6 型-$D \times T \times H—W \times E$	端磨平面,刃磨刀具后面
11	碗形砂轮	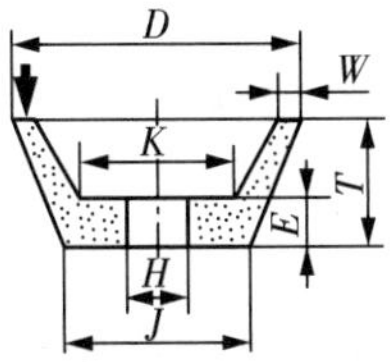	11 型-$D/J \times T \times H—W \times E$	端磨平面,刃磨刀具后面
12a	碟形砂轮	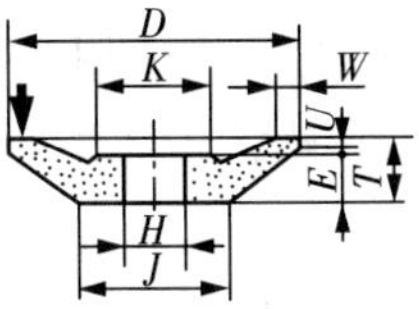	12a-$D/J \times T \times H$	刃磨刀具前面
41	平行切割砂轮	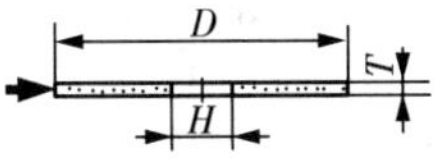	41 型-$D \times T \times H$	切断及磨槽

2. 砂轮的标志

砂轮的组成要素及允许的最高工作(线)速度印在砂轮的端面上,构成砂轮的标志,其顺序是:形状代号-尺寸-磨料、粒度号、硬度、组织号、结合剂-允许的最高工作(线)速度。例如:

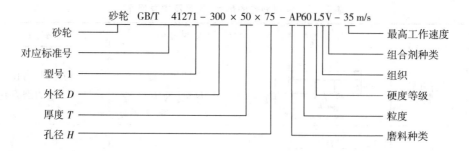

砂轮 GB/T 41271 – 300 × 50 × 75 – AP60 L5 V – 35 m/s

- 砂轮
- 对应标准号
- 型号 1
- 外径 D
- 厚度 T
- 孔径 H
- 最高工作速度
- 组合剂种类
- 组织
- 硬度等级
- 粒度
- 磨料种类

3. 超硬磨料砂轮

超硬磨料砂轮是指人造金刚石砂轮和立方氮化硼砂轮。

碗形超硬磨料砂轮的构造如图 5 – 38 所示。磨料层由磨粒和结合剂组成,厚度约为 1.55 mm,起磨削作用。基体支承磨料层并通过它将砂轮安装在磨头主轴上,基体常用铝、钢、铜或胶木等制造。

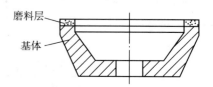

磨料层
基体

图 5 – 38　碗形超硬磨料砂轮的构造

人造金刚石砂轮适用于高硬度的脆性材料,如硬质合金、花岗岩、大理石、宝石、光学玻璃和陶瓷等的加工。由于金刚石磨料与铁元素的亲和力较强,故不适于磨削铁族金属。

立方氮化硼砂轮不仅适于加工上述硬脆材料,还适于加工高硬度、高韧性的钢材,如高钒高速钢和耐热合金等。

超硬磨料砂轮常用的结合剂有金属(代号 M,多用青铜)、树脂和陶瓷。金属结合剂的砂轮结合强度高,耐磨性好,能承受较大负荷,故适于粗磨和成形磨削,也可用于超精密磨削中。但是金属结合剂砂轮的自锐性较差,容易堵塞,因此应经常修整。树脂和陶瓷结合剂的砂轮,适于半精磨、精磨和抛光等。

超硬磨料砂轮中磨料的含量用浓度表示,每立方厘米磨料层体积中含有 4.39 克拉(1 克拉=0.2 g)。磨料时,浓度为 100%,含有 2.2 克拉磨料时,浓度为 50%,依此类推。常用的浓度有 150%、100%、75%、50% 和 25% 等 5 种,高浓度的砂轮适用于粗磨、小面积磨削和成形磨削;低浓度的砂轮适用于精磨和大面积磨削。青铜结合剂砂轮的浓度常为 100% 和 150%,树脂结合剂砂轮的浓度常为 50% 和 75%。

GB/T 6409.1—1994 规定平形超硬磨料砂轮的标志,如

A　50 × 4 × 10　×3　RVD　100/ 120　B　75

形状代号:　外径　厚度　孔径　磨料层厚度　磨料牌号　粒度　结合剂　浓度
平形砂轮　mm　mm　mm　　　　　　　　　　　　　树脂　75%

5.5.2　磨削过程

从本质上讲,磨削也是一种切削,砂轮表面上的每个磨粒,可以近似地看成一个微小刀齿,突出的磨粒尖棱,可以认为是微小的切削刃。因此,砂轮可以看作是具有极多微小刀齿

的铣刀,这些刀齿随机地排列在砂轮表面上,它们的几何形状和切削角度有着很大差异,各自的工作情况相差甚远。磨削时,比较锋利且比较凸出的磨粒可以获得较大的切削层厚度,从而切下切屑;不太凸出或磨钝的磨粒,只是在工件表面上刻划出细小的沟痕,工件材料则被挤向磨粒两旁,在沟痕两边形成隆起(图 5-39);比较凹下的磨粒,既不切削也不刻划工件,只是从工件表面滑擦而过。即使比较锋利且凸出的磨粒,其切削过程大致也可分为三个阶段(图 5-39)。在第一阶段,磨粒仅在工件表面滑擦,只有弹性变形而无切屑;第二阶段,磨粒切入工件表层,刻划出沟痕并形成隆起;第三阶段,切削层厚度增大到某一临界值,切下切屑。

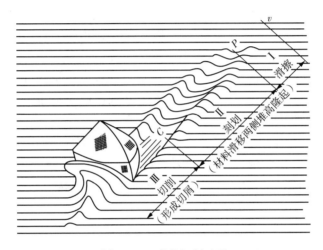

图 5-39　磨粒切削过程

由上述分析可知,砂轮的磨削过程,实际上就是切削、刻划和滑擦三种作用的综合。由于各磨粒的工作情况不同,磨削时除了产生正常的切屑外,还有金属微尘等。

在磨削过程中,磨粒在高速、高压与高温的作用下,将逐渐磨损而变得圆钝。圆钝的磨粒,切削能力下降,作用于磨粒上的力不断增大。当此力超过磨粒强度极限时,磨粒就会破碎,产生新的较锋利的棱角,代替旧的圆钝磨粒进行磨削;此力超过砂轮结合剂的黏结力时,圆钝的磨粒就会从砂轮表面脱落,露出一层新鲜锋利的磨粒,继续进行磨削。砂轮的这种自行推陈出新、保持自身锋锐的性能,称为"自锐性"。

砂轮本身虽有自锐性,但由于切屑和碎磨粒会把砂轮堵塞,使它失去切削能力;磨粒随机脱落的不均匀性,会使砂轮失去外形精度。所以,为了恢复砂轮的切削能力和外形精度,在磨削一定时间后,仍需对砂轮进行修整。

5.5.3　磨削的工艺特点

1. 精度高、表面粗糙度值小

磨削时,砂轮表面有极多的切削刃,并且刃口圆弧半径 r_n 较小。例如,粒度为 F46 的白刚玉磨粒,r_n 约等于 0.006~0.012 mm,而一般车刀和铣刀的 r_n 约等于 0.012~0.032 mm。磨粒上较锋利的切削刃,能够切下一层很薄的金属,切削厚度可以小到数微米,这是精密加工必须具备的条件之一。一般切削刀具的刃口圆弧半径虽也可磨得小些,但不耐用,不能或难以进行经济的、稳定的精密加工。

磨削所用的磨床,比一般切削加工机床精度高,刚度及稳定性较好,并且具有微量进给的机构(表5-3),可以进行微量切削,从而保证了精密加工的实现。

表5-3 不同机床微量进给机构的刻度值

机床名称	立式铣床	车床	平面磨床	外圆磨床	精密外圆磨床	内圆磨床
刻度值/mm	0.05	0.02	0.01	0.005	0.002	0.002

磨削时,切削速度很高,如普通外圆磨削 v_c 约等于 $30\sim35$ m/s,高速磨削 v_c 大于 50 m/s。当磨粒以很高的切削速度从工件表面切过时,同时有很多切削刃进行切削,每个磨刃仅从工件上切下极少量的金属,残留面积高度很小,有利于形成光洁的表面。

因此,磨削可以达到高的精度和小的粗糙度值。一般磨削精度可达 IT7~IT6,表面粗糙度 Ra 值为 $0.2\sim0.8$ μm,当采用小粗糙度磨削时,表面粗糙度 Ra 值可达 $0.008\sim0.1$ μm。

2. 砂轮有自锐作用

在磨削过程中,砂轮的自锐作用是其他切削刀具所没有的。一般刀具的切削刃如果被磨钝或损坏,则切削不能继续进行,必须换刀或重磨。而砂轮本身的自锐性,使得磨粒能够以较锋利的刃口对工件进行切削。在实际生产中,有时就利用这一原理进行强力连续磨削,以提高磨削加工的生产效率。

3. 背向磨削力 F_p 较大

与车外圆时切削力的分解类似,磨外圆时总磨削力 F 也可以分解为三个互相垂直的分力(图5-40),其中 F_c 称为磨削力,F_p 称为背向磨削力,F_f 称为进给磨削力。在一般切削加工中,磨削力 F_c 较大,而在磨削时,由于背吃刀量较小,砂轮与工件表面接触的宽度较大,因此背向磨削力 F_p 大于磨削力 F_c,一般情况下,$F_p \approx (1.5\sim3)F_c$,工件材料的塑性越小,$F_p/F_c$ 的值越大(表5-4)。

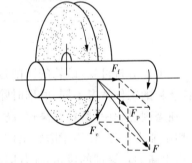

图5-40 磨削力

表5-4 磨削不同材料时的 F_p/F_c 值

工件材料	碳钢	淬硬钢	铸铁
F_p/F_c	1.6~1.8	1.9~2.6	2.7~3.6

背向磨削力作用在工艺系统(机床-夹具-工件-刀具所组成的系统)刚度较差的方向上,容易使工艺系统产生变形,影响工件的加工精度。例如纵磨细长轴的外圆时,由于工件的弯曲而产生腰鼓形(图5-41)。另外,工艺系统的变形会使实际的背吃刀量比名义值小,这将增加磨削加工的走刀次数。一般在最后几次光磨走刀中,要少吃刀或不吃刀,以便逐步消除由于变形而产生的加工误差。但是,这样将降低磨削加工的效率。

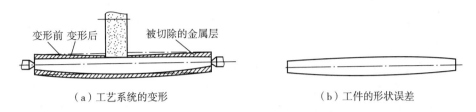

（a）工艺系统的变形　　　　　　　　（b）工件的形状误差

图 5-41　背向磨削力所引起的加工误差

4. 磨削温度高

磨削时的切削速度为一般切削加工速度的 10～20 倍。在这样高的切削速度下,加上磨粒多为负前角切削,挤压和摩擦较严重,消耗功率大,产生的切削热多。又因为砂轮本身的传热性很差,大量的磨削热在短时间内传散不出去,在磨削区形成瞬时高温,有时可达 800～1000 ℃。

高的磨削温度容易烧伤工件表面,使淬火钢件表面退火,硬度降低。即使由于切削液的浇注可能发生二次淬火,但会在工件表层产生拉应力及微裂纹,降低零件的表面质量和使用寿命。高温下,工件材料将变软而容易堵塞砂轮,这不仅会影响砂轮的耐用度,也影响工件的表面质量。

因此,在磨削过程中,应采用大量的切削液。磨削时加注切削液,除了起冷却和润滑作用外,还可以起到冲洗砂轮的作用。切削液将细碎的切屑以及碎裂或脱落的磨粒冲走,避免砂轮堵塞,可有效地提高工件的表面质量和砂轮的耐用度。

磨削钢件时,广泛应用的切削液是苏打水或乳化液。磨削铸铁、青铜等脆性材料时,一般不加切削液,而用吸尘器清除尘屑。

5.5.4　磨削的应用和发展

磨削过去一般常用于半精加工和精加工,随着机械制造业的发展,磨床、砂轮、磨削工艺和冷却技术等都有了较大的改进,磨削已能经济地、高效地切除大量金属。又由于日益广泛地采用精密铸造、模锻、精密冷轧等先进的毛坯制造工艺,毛坯的加工余量较小,可不经车削、铣削等直接利用磨削加工,可达到较高的精度和表面质量要求。因此,磨削加工得到了越来越广泛的应用和迅速的发展。

磨削可以加工的工件材料范围很广,既可以加工铸铁、碳钢、合金钢等一般结构材料,也能加工高硬度的淬硬钢、硬质合金、陶瓷和玻璃等难切削的材料。但是,磨削不宜用于精加工塑性较大的有色金属工件。

磨削可以加工外圆面、内孔、平面、成形面、螺纹和齿轮齿形等各种各样的表面,还常用于各种刀具的刃磨。

1. 外圆磨削

1)在外圆磨床上磨外圆(图 5-42)磨削时,轴类工件常用顶尖装夹,其方法与车削时基本相同,但磨床所用顶尖都是死顶尖,不随工件一起转动。盘套类工件则利用心轴和顶尖安装。磨削方法分为纵磨法、横磨法、综合磨法和深磨法。

(1)纵磨法。纵磨法如图5-42(a)所示,砂轮高速旋转为主运动,工件旋转并和磨床工作台一起的往复直线运动分别为圆周进给和纵向进给;每当工件一次往复行程终了时,砂轮做周期性的横向进给。每次磨削量很小,磨削余量是在多次往复行程中切除的。

由于每次磨削量小,因此磨削力小,产生的热量少,散热条件较好。同时,还可以利用最后几次无横向进给的光磨行程进行精磨,因此加工精度和表面质量较高。此外,纵磨法具有较大的适应性,可以用一个砂轮加工不同长度的工件。但是,它的生产效率较低,故广泛用于单件小批生产及精磨,特别适用于细长轴的磨削。

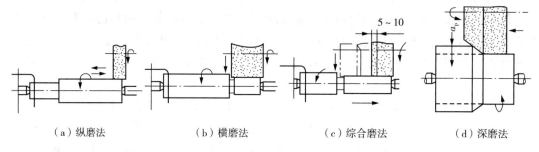

| （a）纵磨法 | （b）横磨法 | （c）综合磨法 | （d）深磨法 |

图5-42　在外圆磨床上磨外圆

(2)横磨法。横磨法又称切入磨法,如图5-42(b)所示,工件不做纵向移动,而由砂轮以慢速做连续的横向进给,直至磨去全部磨削余量。

横磨法生产率高,适用于成批及大量生产,尤其是工件上的成形表面,只要将砂轮修整成形,就可直接磨出,较为简便。但是,横磨时工件与砂轮接触面积大,磨削力较大,发热量大,磨削温度高,工件易发生变形和烧伤,适于加工表面不太宽且刚性较好的工件。

(3)综合磨法。综合磨法如图5-42(c)所示,先用横磨法将工件表面分段进行粗磨,相邻两段间有5~10 m的搭接,工件上留下0.01~0.03 mm的余量,然后用纵磨法进行精磨。此法综合了横磨法和纵磨法的优点。

(4)深磨法。深磨法如图5-42(d)所示,磨削时用较小的纵向进给量(一般取1~2 mm/r),较大的背吃刀量(一般为0.3 mm左右),在一次行程中切除全部余量,生产率较高。需要把砂轮前端修整成锥面进行粗磨,直径大的圆柱部分起精磨和修光作用,应修整得精细一些。深磨法只适用于大批大量生产中加工刚度较大的工件,且被加工表面两端要有较大的距离,允许砂轮切入和切出。

2)在无心外圆磨床上磨外圆。(图5-43)磨削时,工件放在两个砂轮之间,下方用托板托住,不用顶尖支持,所以称为无心磨。两个砂轮中,较小的一个是用橡胶结合剂做的,磨粒较粗,称为导轮;另一个是用来磨削工件的砂轮,称为磨削轮。导轮轴线相对于砂轮轴线倾斜一角度α(1°~5°),以比磨削轮低得多的速度转动,靠摩擦力带动工件旋转。导轮与工件接触点的线速度v可以分解为两个分速度:一个是沿工件圆周切线方向的$v_工$,另一个是沿工件轴线方向的$v_通$。因此,工件一方面旋转做圆周进给运动,另一方面做轴向进给运动。为了使工件与导轮能保持线接触,应当将导轮的圆周表面修整成双曲面。

无心外圆磨削时,工件两端不需预先打中心孔,安装也比较方便;并且在机床调整好之

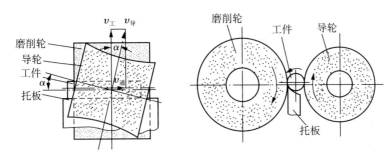

图 5-43　无心外圆磨削示意图

后,可连续进行磨削,易于实现自动化,生产效率较高。工件被夹持在两个砂轮之间,不会因
背向磨削力而被顶弯,有利于保证工件的直线性,尤其是对于细长轴类零件的磨削,优点更
为突出。但是,无心外圆磨削要求工件的外圆面在圆周上必须是连续的,如果圆柱表面上有
较长的键槽或平面等,导轮将无法带动工件连续旋转,故不能磨削。又因为工件被托在托板
上,依靠本身的外圆面定位,若磨削带孔的工件,则不能保证外圆面与孔的同轴度。另外,无心
外圆磨床的调整比较复杂。因此,无心外圆磨削主要适用于大批大量生产销轴类零件,特别适
合于磨削细长的光轴。如果采用切入磨法,也可以加工阶梯轴、锥面和成形面(图 5-44)等。

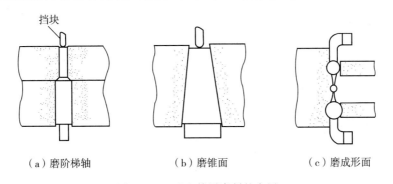

（a）磨阶梯轴　　　　　　（b）磨锥面　　　　　　（c）磨成形面

图 5-44　无心外圆磨削的应用

2. 孔的磨削

孔的磨削可以在内圆磨床上进行,也可以在万
能外圆磨床上进行。目前应用的内圆磨床多是卡盘
式的,它可以加工圆柱孔、圆锥孔和成形内圆面等。
纵磨圆柱孔时,工件安装在卡盘上(图 5-45),在其
旋转的同时,沿轴向做往复直线运动(即纵向进给运
动)。装在砂轮架上的砂轮高速旋转,并在工件往复
行程终了时做周期性的横向进给。若磨圆锥孔,只
需将磨床的头架在水平方向偏转半个锥角即可。

与外圆磨削类似,内圆磨削也可以分为纵磨法
和横磨法。鉴于砂轮轴的刚度很差,横磨法仅适用

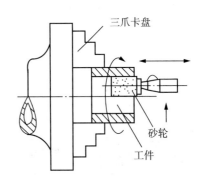

图 5-45　纵磨圆柱孔

于磨削短孔及内成形面。因为更难以采用深磨法,所以多数情况下采用纵磨法。

磨孔与铰孔或拉孔比较，有如下特点：

(1)可以磨削淬硬的工件孔；

(2)不仅能保证孔本身的尺寸精度和表面质量，还可以提高孔的位置精度和轴线的直线度；

(3)用同一个砂轮可以磨削不同直径的孔，灵活性较大；

(4)生产率比铰孔低，比拉孔更低。

磨孔与磨外圆比较，存在如下主要问题：

(1)表面粗糙度值较大。由于磨孔时砂轮直径受工件孔径限制，一般较小，磨头转速又不可能太高(一般低于 20000 r/min)，故磨削速度较磨外圆时低。加上砂轮与工件接触面积大，切削液不易进入磨削区，所以磨孔的表面粗糙度值较磨外圆时大。

(2)生产率较低。磨孔时，砂轮轴细、悬伸长，刚度很差，不宜采用较大的背吃刀量和进给量，故生产率较低。由于砂轮直径小，为维持一定的磨削速度，转速要高，增加了单位时间内磨粒的切削次数，磨损快；磨削力小，降低了砂轮的自锐性，且易堵塞。因此，需要经常修整砂轮和更换砂轮，增加了辅助时间，使磨孔的生产率进一步降低。

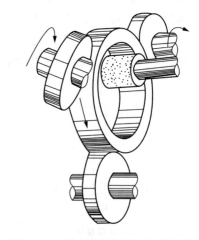

由于以上的原因，磨孔一般仅用于淬硬工件孔的精加工，如滑移齿轮、轴承环以及刀具上的孔等。但是，磨孔的适应性较好，不仅可以磨通孔，还可以磨削阶梯孔和盲孔等，因而在单件小批生产中应用较多，特别是对于非标准尺寸的孔，其精加工用磨削更为合适。

在大批大量生产中，精加工短工件上要求与外圆面同轴的孔时，也可以采用无心磨法(图5-46)。

图5-46 无心磨轴承环内孔的示意图

3. 平面磨削

与平面铣削类似，平面磨削可以分为周磨和端磨两种方式。周磨是利用砂轮的外圆面进行磨削的，如图5-47(a)、(b)所示，端磨则利用砂轮的端面进行磨削，如图5-47(c)、(d)所示。

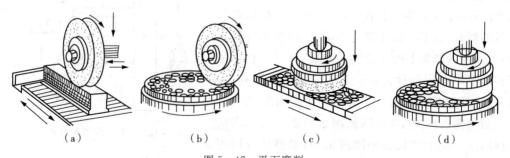

| (a) | (b) | (c) | (d) |

图5-47 平面磨削

周磨平面时,砂轮与工件的接触面积小,散热、冷却和排屑情况较好,加工质量较高。端磨平面时,磨头伸出长度较短,刚度较好,允许采用较大的磨削用量,生产率较高。但是,砂轮与工件的接触面积较大,发热量多,冷却较困难,加工质量较低。所以,周磨多用于加工质量要求较高的工件,而端磨适用于要求不太高的工件,或者代替铣削作为精磨前的预加工。

周磨平面用卧轴平面磨床,端磨平面用立轴平面磨床。它们都有矩形工作台(简称矩台)和圆形工作台(简称圆台)两种形式。卧轴矩台平面磨床适用性好,应用最广;立轴矩台平面磨床多用于粗磨大型工件或同时加工多个中小型工件。圆台平面磨床则多用于成批大量生产中的小型零件,如活塞环、轴承环等。

磨削铁磁性工件(钢、铸铁等)时,多利用电磁吸盘将工件吸住,装卸很方便。对于某些不允许带有磁性的零件,磨完平面后应进行退磁处理。因此,平面磨床附有退磁器,可以方便地将工件的磁性退掉。

4. 磨削发展简介

近年来,磨削正朝着两个方向发展:一是高精度、小表面粗糙度值磨削,另一个是高效磨削。

(1)高精度、小表面粗糙度值磨削。它包括精密磨削(Ra 值为 $0.05\sim0.1$ μm)、超精磨削(Ra 值为 $0.012\sim0.025$ μm)和镜面磨削(Ra 值为 0.008 μm 以下),可以代替研磨,以便节省工时和减轻劳动强度。

进行高精度、小表面粗糙度值磨削时,除对磨床精度和运动平稳性有较高要求外,还要合理地选用工艺参数,对所用砂轮要经过精细修整以保证砂轮表面的磨粒具有等高性很好的微刃(图 5-48)。磨削时,磨粒的微刃在工件表面上切下微细切屑,同时在适当的磨削压力下,借助半钝状态的微刃,对工件表面产生摩擦抛光作用,从而获得高的精度和小的表面粗糙度值。

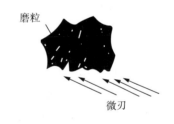

图 5-48　磨粒的微刃

(2)高效磨削。包括高速磨削、强力磨削和砂带磨削,主要目标是提高生产效率。

高速磨削是指磨削速度 v_c(即砂轮线速度 v_s)大于等于 50 m/s 的磨削加工。即使是维持与普通磨削相同的进给量,也会因相应的工件速度的提高而增加金属切除率,使生产率提高。由于磨削速度高,单位时间内通过磨削区的磨粒数增多,每个磨粒的切削层厚度将变薄,切削负荷减小,砂轮的耐用度可显著提高。由于每个磨粒的切削层厚度小,工件表面残留面积的高度小,并且高速磨削时磨粒刻划作用所形成的隆起高度也小,因此磨削表面的粗糙度值较小。高速磨削的背向力 F_p 将相应减小,有利于保证工件(特别是刚度差的工件)的加工精度。

强力磨削就是以大的背吃刀量(可达十几毫米)和小的纵向进给速度(相当于普通磨削的 1/100~1/10)进行磨削,又称缓进深切磨削或深磨。强力磨削适用于加工各种成形面和沟槽,特别能有效地磨削难加工材料(如耐热合金等)。它可以从铸、锻件毛坯直接磨出合乎要求的零件,使生产率大大提高。

高速磨削和强力磨削都对机床、砂轮及冷却方式提出了较高的要求。

砂带磨削(图 5 - 49)是 20 世纪 60 年代以来发展极为迅速的一种磨削方法。砂带磨削的设备一般都比较简单。砂带回转为主运动,工件由传送带带动做进给运动,工件经过支承板上方的磨削区,即完成加工。砂带磨削的生产效率高,加工质量好,能较方便地磨削复杂型面,因而成为磨削加工的发展方向之一,其应用范围越来越广。

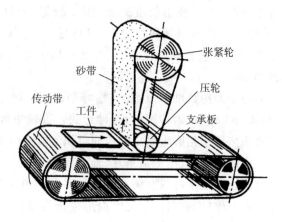

图 5 - 49 砂带磨削

习题与思考题

5 - 1 车床适用于加工何种表面? 为什么?

5 - 2 一般情况下,车削的切削过程为什么比刨削、铣削等平稳? 对加工有何影响?

5 - 3 卧式车床、立式车床、转塔车床和自动车床各适用于什么场合? 加工何种零件?

5 - 4 用标准麻花钻钻孔,为什么精度低且表面粗糙?

5 - 5 何谓钻孔时的"引偏"? 试列出几种减小引偏的措施。

5 - 6 台式钻床、立式钻床和摇臂钻床各适用于什么场合?

5 - 7 扩孔和铰孔为什么能达到较高的精度和较小的表面粗糙度值?

5 - 8 与钻、扩、铰孔比较,镗孔有何特点?

5 - 9 镗床镗孔与车床镗孔有何不同? 各适用于什么场合?

5 - 10 一般情况下,刨削的生产率为什么比铣削低?

5 - 11 拉削加工有哪些特点? 适用于何种场合?

5 - 12 用周铣法铣平面时,从理论上分析,顺铣与逆铣相比有哪些优点? 在实际生产中,目前多采用哪种铣削方式? 为什么?

5 - 13 成批和大量生产中,铣削平面常采用端铣法还是周铣法? 为什么?

5 - 14 铣削为什么比其他加工容易产生振动?

5 - 15 普通砂轮有哪些组成要素? 各以什么代号表示?

5 - 16 熟悉砂轮标志的表示方法。说明下列标志的意义:

(1) Ⅰ 型-圆周型面-400×50×203 - WAF60K5V - 35 m/s;

(2) Ⅱ 型-150/120×35×32 - 10,20,100 - GCF46J5B - 50 m/s。

5 - 17 超硬磨料砂轮在结构上与普通砂轮有何不同? 超硬磨料砂轮的浓度指的是什

么？高浓度砂轮和低浓度砂轮各适用于何种加工？

　　5-18　既然砂轮在磨削过程中有自锐作用，为什么还要进行修整？

　　5-19　磨削为什么能够达到较高的精度和较小的表面粗糙度值？

　　5-20　加注切削液对于磨削比对一般切削加工更为重要，为什么？

　　5-21　磨孔远不如磨外圆应用广泛，为什么？

　　5-22　磨平面常见的有哪几种方式？

　　5-23　加工要求精度高、表面粗糙度值小的紫铜或铝合金轴件外圆时，应选用哪种加工方法？为什么？

　　5-24　在车床上钻孔或在钻床上钻孔，由于钻头弯曲都会产生"引偏"，它们对所加工的孔有何不同影响？在随后的精加工中，哪一种比较容易纠正？为什么？

　　5-25　若用周铣法铣削带黑皮铸件或锻件上的平面，为减少刀具磨损，应采用顺铣还是逆铣？为什么？

　　5-26　拉削加工的质量好、生产率高，为什么在单件小批生产中却不宜采用？

　　5-27　磨孔和磨平面时，由于背向力 F_p 的作用，可能产生什么样的形状误差？为什么？

　　5-28　用无心磨法磨削带孔工件的外圆面，为什么不能保证它们之间同轴度的要求？

第6章 典型表面加工

　　组成零件的各种典型表面,如外圆面、孔、平面、成形面、螺纹表面和齿轮齿面等,不仅要具有一定的形状和尺寸,同时还要求达到一定的技术要求,如尺寸精度、形位精度和表面质量等。本章将通过对常见典型表面加工方案的分析,来说明各种加工方法的综合运用。

　　工件表面的加工过程,就是获得符合要求的零件表面的过程。由于零件的结构特点、材料性能和表面加工要求的不同,所采用的加工方法也不一样。即使是同一精度要求,所采用的加工方法也是多种多样的。在选择某一表面的加工方法时,应遵循如下基本原则:

　　(1)所选加工方法的经济精度及表面粗糙度要与加工表面的要求相适应。

　　(2)所选加工方法要与零件材料的切削加工性及产品的生产类型相适应。

　　(3)几种加工方法配合选用。要求较高的表面,往往不是仅用一种加工方法就能经济、高效地加工出来的。所以,应根据零件表面的具体要求,考虑各种加工方法的特点和应用,选用几种加工方法组合起来,完成零件表面的加工。

　　(4)表面加工要分阶段进行。对于要求较高的表面,一般不是只加工一次就能达到要求的,而是要经过多次加工才能逐步达到。为了保证零件的加工质量,提高生产效率和经济效益,整个加工过程应分阶段进行。一般分为粗加工、半精加工和精加工三个阶段。粗加工的目的是切除各加工表面上大部分加工余量,并完成精基准的加工。半精加工的目的是为各主要表面的精加工做好准备(达到一定的精度要求并留有精加工余量),并完成一些次要表面的加工。精加工的目的是获得符合精度和表面质量要求的表面。

　　粗加工时,背吃刀量和进给量大,切削力大,产生的切削热多。由于工件受力变形、受热变形以及内应力重新分布等,将破坏已加工表面的精度,因此只有在粗加工之后再进行精加工,才能保证质量要求。

　　先进行粗加工,可以及时地发现毛坯的缺陷(如砂眼、裂纹、局部余量不足等),避免因对不合格的毛坯继续加工而造成的浪费。

　　加工分阶段进行,可以合理地使用机床,有利于精密机床保持其精度。

6.1 外圆面的加工

外圆面是轴、套、盘等类零件的主要表面或辅助表面,这类零件在机器中占有相当大的比例。不同零件上的外圆面或同一零件上不同的外圆面,往往具有不同的技术要求,需要结合具体的生产条件,拟订较合理的加工方案。

6.1.1 外圆面的技术要求

对外圆面的技术要求,大致可以分为如下三个方面:

(1)本身精度。包括直径和长度的尺寸精度,外圆面的圆度、圆柱度等形状精度等。

(2)位置精度。包括与其他外圆面或孔的同轴度、与端面的垂直度等。

(3)表面质量。主要指的是表面粗糙度,对于某些重要零件,还对表层硬度、剩余应力和微组织等有要求。

6.1.2 外圆面加工方案的分析

对于钢铁零件,外圆面加工的主要方法是车削和磨削。要求精度高、表面粗糙度值小时,往往还要进行研磨、超级光磨等加工。对于某些精度要求不高,仅要求光亮的表面,可以通过抛光获得,但在抛光前要达到较小的表面粗糙度值。对于塑性较大的有色金属(如铜、铝合金等)零件,由于其精加工不宜用磨削,常采用精细车削。

图 6-1 给出了外圆面加工方案的框图,可作为拟订加工方案的依据和参考。

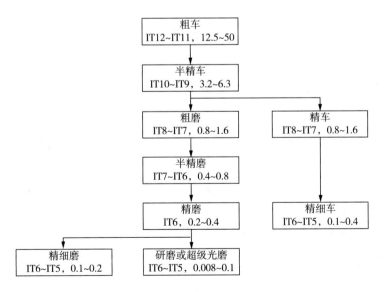

图 6-1 外圆面加工方案框图

(图中","号后的数字为 Ra 值,单位为 μm)

（1）粗车。除淬硬钢以外，各种零件的加工都适用。当零件的外圆面要求精度低、表面粗糙度值较大时，只粗车即可。

（2）粗车—半精车。对于中等精度和表面粗糙度要求的未淬硬工件的外圆面，均可采用此方案。

（3）粗车—半精车—磨（粗磨或半精磨）。此方案最适于加工精度稍高、表面粗糙度值较小且淬硬的钢件外圆面，也广泛地用于加工未淬硬的钢件或铸铁件。

（4）粗车—半精车—粗磨—精磨。此方案的适用范围基本上与（3）相同，只是外圆面要求的精度更高、表面粗糙度值更小，需将磨削分为粗磨和精磨，才能达到要求。

（5）粗车—半精车—粗磨—精磨—研磨（或超级光磨或镜面磨削）。此方案可达到很高的精度和很小的表面粗糙度值，但不宜用于加工塑性大的有色金属零件。

（6）粗车—精车—精细车。此方案主要适用于精度要求高的有色金属零件的加工。

6.2 孔的加工

孔是组成零件的基本表面之一，零件上有多种多样的孔，常见的有以下几种：

（1）紧固孔（如螺钉孔等）和其他非配合的油孔等。

（2）回转体零件上的孔，如套筒、法兰盘及齿轮上的孔等。

（3）箱体类零件上的孔，如床头箱箱体上的主轴和传动轴的轴承孔等，这类孔往往构成"孔系"。

（4）深孔，即 L/D 为 5～10 的孔，如车床主轴上的轴向通孔等。

（5）圆锥孔，如车床主轴前端的锥孔以及装配用的定位销孔等。

这里仅讨论圆柱孔的加工方案，由于对各种孔的要求不同，也需要根据具体的生产条件，拟订合理的加工方案。

6.2.1 孔的技术要求

与外圆面相似，孔的技术要求大致也可以分为三个方面：

（1）本身精度，如孔径和长度的尺寸精度；孔的形状精度，如圆度、圆柱度及轴线的直线度等。

（2）位置精度，包括孔与孔，或孔与外圆面的同轴度；孔与孔，或孔与其他表面之间的尺寸精度、平行度、垂直度及角度等。

（3）表面质量，如表面粗糙度和表层物理、力学性能要求等。

6.2.2 孔加工方案的分析

孔加工可以在车床、钻床、镗床、拉床或磨床上进行，大孔和孔系则常在镗床上加工。拟订孔的加工方案时，应考虑孔径的大小和孔的深度、精度和表面粗糙度等的要求，还要考虑工件的材料、形状、尺寸、重量和批量，以及车间的具体生产条件（如现有加工设备等）。

若在实体材料上加工孔(多属中、小尺寸的孔),必须先采用钻孔。若是对已经铸出或锻出的孔(多为中、大型孔)进行加工,则可直接采用扩孔或镗孔。

至于孔的精加工,铰孔和拉孔适于加工未淬硬的中小直径的孔;中等直径以上的孔,可以采用精镗或精磨;淬硬的孔只能采用磨削。

在孔的精整加工方法中,珩磨多用于直径稍大的孔,研磨则对大孔和小孔都适用。

孔的加工条件与外圆面加工有很大不同,刀具的刚度差,排屑、散热困难,切削液不易进入切削区,刀具易磨损。加工同样精度和表面粗糙度的孔,要比加工外圆面困难,成本也高。

图6-2给出了孔加工方案的框图,可以作为拟订加工方案的依据和参考。

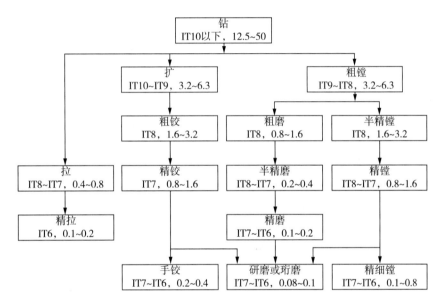

图6-2 孔加工(在实体材料上)方案框图

(图中","号后的数字为 Ra 值,单位为μm)

(1)在实体材料上加工孔的方案如下:

① 钻。此方案用于加工 IT10 以下低精度的孔。

② 钻—扩(或镗)。此方案用于加工 IT9 精度的孔,当孔径小于 30 mm 时,钻孔后扩孔;若孔径大于 30 mm,采用钻孔后镗孔。

③ 钻—铰。此方案用于加工直径小于 20 mm、IT8 精度的孔。

④ 钻—扩(或镗)—铰(或钻—粗镗—精镗,或钻—拉)。此方案用于加工直径大于 20 mm、IT8 精度的孔。

⑤ 钻—粗铰—精铰。此方案用于加工直径小于 12 mm、IT7 精度的孔。

⑥ 钻—扩(或镗)—粗铰—精铰(或钻—拉—精拉)。此方案用于加工直径大于 12 mm、IT7 精度的孔。

⑦ 钻—扩(或镗)—粗磨—精磨。此方案用于加工 IT7 精度并已淬硬的孔。

IT6 精度孔的加工方案与 IT7 精度的孔基本相同,其最后工序要根据具体情况,分别采用精细镗、手铰、精拉、精磨、研磨或珩磨等精细加工方法。

（2）铸（或锻）件上已铸（或锻）出的孔，可直接进行扩孔或镗孔，直径大于 100 mm 的孔，用镗孔比较方便。至于半精加工、精加工和精细加工，可参照在实体材料上加工孔的方案，例如粗镗—半精镗—精镗—精细镗、扩—粗磨—精磨—研磨（或珩磨）等。

6.3　平面的加工

平面是盘形和板形零件的主要表面，也是箱体类零件的主要表面之一。根据平面所起的作用不同，大致可以分为如下几种：

（1）非接合面，这类平面只是在外观或防腐蚀需要时才进行加工。

（2）接合面和重要接合面，如零部件的固定连接平面等。

（3）导向平面，如机床的导轨面等。

（4）精密测量工具的工作面等。

由于平面的作用不同，其技术要求也不相同，应采用不同的加工方案。

6.3.1　平面的技术要求

与外圆面和孔不同，一般平面本身的尺寸精度要求不高，其技术要求主要有以下三个方面：

（1）形状精度，如平面度和直线度等。

（2）位置精度，如平面之间的尺寸精度以及平行度、垂直度等。

（3）表面质量，如表面粗糙度、表层硬度、剩余应力、显微组织等。

6.3.2　平面加工方案的分析

根据平面的技术要求以及零件的结构形状、尺寸、材料和毛坯的种类，结合具体的加工条件（如现有设备等），平面可分别采用车、铣、刨、磨、拉等方法加工。要求更高的精密平面，可以用研、研磨等进行精整加工。回转体零件的端面，多采用车削和磨削加工；其他类型的平面，以铣削或刨削加工为主。拉削仅适于在大批大量生产中，对加工技术要求较高且面积不太大的平面，淬硬的平面则必须用磨削加工。

图 6-3 给出了平面加工方案的框图，可以作为拟订加工方案的依据和参考。

（1）粗刨或粗铣。此方案用于加工低精度的平面。

（2）粗铣（或粗刨）—精铣（或精刨）—刮研。此方案用于精度要求较高且不淬硬的平面。若平面的精度较低可以省去刮研加工。当批量较大时，可以采用宽刀精刨代替刮研，尤其是加工大型工件上狭长的精密平面（如导轨面等），车间缺少导轨磨床时，多采用宽刀精刨的方案。

（3）粗铣（刨）—精铣（刨）—磨。此方案多用于加工精度要求较高且淬硬的平面。不淬硬的钢件或铸铁件上较大平面的精加工往往也采用此方案，但不宜精加工塑性大的有色金属工件。

（4）粗铣—半精铣—高速精铣。此方案最适于高精度有色金属工件的加工。若采用高精度高速铣床和金刚石刀具，铣削表面粗糙度 Ra 值可为 0.008 μm 以下。

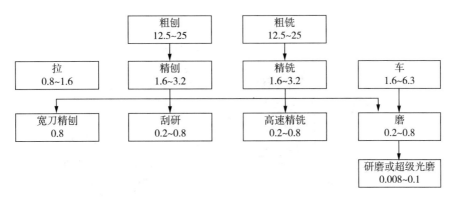

图 6-3　平面加工方案框图

（图中数字为 Ra 值，单位为 μm）

（5）粗车—精车。此方案主要用于加工轴、套、盘等类工件的端面。大型盘类工件的端面，一般在立式车床上加工。

6.4　成形面的加工

带有成形面的零件，机器上用得也相当多，如内燃机凸轮轴上的凸轮、汽轮机的叶片、机床的手把等。

6.4.1　成形面的技术要求

与其他表面类似，成形面的技术要求也包括尺寸精度、形位精度及表面质量等。但是，成形面往往是为了实现特定功能而专门设计的，因此对其表面形状的要求是十分重要的。加工时，刀具的切削刃形状和切削运动，应首先满足表面形状的要求。

6.4.2　成形面加工方案的分析

一般的成形面可以分别用车削、铣削、刨削、拉削或磨削等方法加工，这些加工方法可以归纳为如下两种基本方式：

1．用成形车刀具加工

即用切削刃形状与工件廓形相符合的刀具，直接加工出成形面。例如，用成形车刀车成形面，如图 6-4 所示；用成形铣刀铣成形面，如图 5-33(f) 以及图 6-11(b)、(c) 所示。

用成形刀具加工成形面，机床的运动和结构比较简单，操作也简便，但是刀具的制造和刃磨比较复杂（特别是成形铣刀和拉刀），成本较高。而且这种方法的应用，受工件成形面尺寸的限制，不宜用于加工刚度差而成形面较宽的工件。

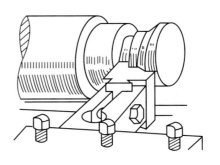

图 6-4　用成形车刀车成形面

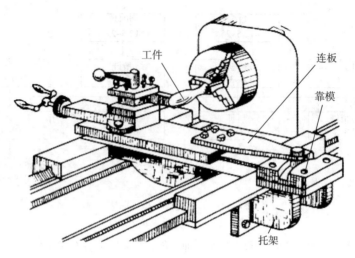

图 6-5 用靠模车成形面

2. 利用刀具和工件做特定的相对运动加工

用靠模装置车削成形面(图 6-5)就是其中的一种,还可以利用手动、液压仿形装置或数控装置等,来控制刀具与工件之间特定的相对运动。随着数控加工技术的发展及数控加工设备的广泛应用,用数控机床加工成形面,已成为主要的加工方法。

利用刀具和工件做特定的相对运动来加工成形面,刀具比较简单,并且加工成形面的尺寸范围较大。但是,机床的运动和结构都较复杂,成本也高。

成形面的加工方法,应根据零件的尺寸、形状及生产类型等来选择。

小型回转体零件上形状不太复杂的成形面,大批大量生产时,常用成形车刀在自动或半自动车床上加工;批量较小时,可用成形车刀在普通车床上加工。

尺寸较大的成形面,大大批大量生产中,多采用仿形车床或仿形铣床加工;单件小批生产时,可借助样板在普通车床上加工,或者依据划线在铣床或刨床上加工,但用这种方法加工的质量和效率较低。为了保证加工质量和提高生产效率,在单件小批生产中可应用数控机床加工成形面。

在大批大量生产中,为了加工一定的成形面,常常专门设计和制造专用的拉刀或专门化的机床,例如加工凸轮轴上凸轮的凸轮轴车床、凸轮轴磨床等。

对于淬硬的成形面,或精度高、表面粗糙度值小的成形面,其精加工则要采用磨削,甚至要用精整加工。

6.5 螺纹的加工

螺纹也是零件上常见的表面之一,它有多种形式,按用途的不同可分为如下两类:

1. 紧固螺纹

紧固螺纹用于零件间的固定连接,常用的有普通螺纹和管螺纹等,螺纹牙型多为三角形。对普通螺纹的主要要求是可旋入性和连接的可靠性;对管螺纹的主要要求是密封性和连接的可靠性。

2. 传动螺纹

传动螺纹用于传递动力、运动或位移,如丝杠和测微螺杆的螺纹等,其牙型多为梯形或锯齿形。对于传动螺纹的主要要求是传动准确、可靠,螺牙接触良好及耐磨等。

6.5.1　螺纹的技术要求

螺纹也和其他类型的表面一样,有一定的尺寸精度、形位精度和表面质量的要求。由于它们的用途和使用要求不同,技术要求也有所不同。

对于紧固螺纹和无传动精度要求的传动螺纹,一般只要求中径、外螺纹的大径、内螺纹的小径的精度。

对于有传动精度要求或用于读数的螺纹,除要求中径和顶径的精度外,还要求螺距和牙型角的精度。为了保证传动或读数精度及耐磨性,对螺纹表面的粗糙度和硬度等也有较高的要求。

6.5.2　螺纹加工方法的分析

螺纹的加工方法很多,可以在车床、钻床、螺纹铣床、螺纹磨床等机床上利用不同的工具进行加工。选择螺纹的加工方法时,要考虑的因素较多,其中主要的是工件形状、螺纹牙型、螺纹的尺寸和精度、工件材料和热处理以及生产类型等。表 6-1 列出了常见螺纹加工方法所能达到的精度和表面粗糙度,可以作为选择螺纹加工方法的依据和参考。

表 6-1　各种螺纹加工方法所能达到的精度和表面粗糙度

加工方法	公差等级 GB/T 197—2003	表面粗糙度 $Ra/\mu m$
攻螺纹(俗称攻丝)	6～8	1.6～6.3
套螺纹(俗称套扣)	7～8	1.6～3.2
车　削	4～8	0.4～1.6
铣刀铣削	6～8	3.2～6.3
旋风铣削	6～8	1.6～3.2
磨　削	4～6	0.1～0.4
研　磨	4	0.1
滚　压	4～8	0.1～0.8

本节仅简要地介绍如下几种常见的螺纹加工方法。

1. 攻丝和套扣

攻丝和套扣是应用较广的螺纹加工方法。对于小尺寸的内螺纹,攻丝几乎是唯一有效的加工方法。在单件小批生产中,可以用手用丝锥手工攻丝;当批量较大时,则应在车床、钻床或攻丝机上用机用丝锥加工。套扣的螺纹直径一般不超过 16 mm,它既可以手工操作,也可以在机床上进行。

由于攻丝和套扣的加工精度较低,主要用于加工精度要求不高的普通螺纹。

2. 车螺纹

车螺纹是螺纹加工的基本方法,它可以使用通用设备,刀具简单,适应性广,可用来加工各种形状、尺寸及精度的内、外螺纹,特别适于加工尺寸较大的螺纹。但是,车螺纹的生产率较低,加工质量取决于工人的技术水平以及机床、刀具本身的精度,所以主要用于单件小批生产。对于不淬硬精密丝杠的加工,利用精密车床车削,可以获得较高的精度和较小的表面粗糙度值,因此占有重要的地位。

螺纹车削是成形面车削的一种,所用刀具为具有螺纹牙型廓形的成形车刀。当生产批量较大时,为了提高生产率,常采用螺纹梳刀(图6-6)进行车削。螺纹梳刀实质上是一种多齿的螺纹车刀,只要一次走刀就能切出全部螺纹,所以生产率较高。但是,一般的螺纹梳刀加工精度不高,不能加工精密螺纹。此外,螺纹附近有轴肩的工件也不能用螺纹梳刀加工。

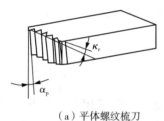 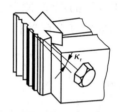 

（a）平体螺纹梳刀　　　　（b）棱体螺纹梳刀　　　　（c）圆体螺纹梳刀

图6-6　螺纹梳刀

3. 铣螺纹

在成批和大量生产中,广泛采用铣削法加工螺纹。铣螺纹一般都是在专门的螺纹铣床上进行的,根据所用铣刀的结构不同,可以分为如下两种方法:

(1)用盘形螺纹铣刀铣削。这种方法一般用于加工尺寸较大的传动螺纹,由于加工精度较低,通常只作为粗加工,然后用车削进行精加工。盘形铣刀铣螺纹如图6-7所示。

(2)用梳形螺纹铣刀铣削(图6-8)。一般用于加工螺距不大、短的三角形内、外螺纹。加工时,工件只需转一圈多一点就可以切出全部螺纹,因此生产率较高。用这种方法可以加工靠近轴或盲孔底部的螺纹,且不需要退刀槽,但其加工精度较低。梳形铣刀铣螺纹如图6-8所示。

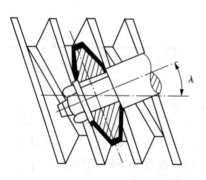 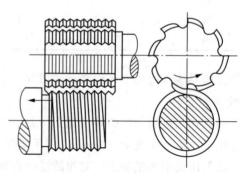

图6-7　盘形铣刀铣螺纹　　　　　图6-8　梳形铣刀铣螺纹

4. 磨螺纹

磨螺纹常用于淬硬螺纹的精加工,例如丝锥、螺纹量规、滚丝轮及精密螺杆上的螺纹,为了修正热处理引起的变形,提高加工精度,必须进行磨削。螺纹磨削一般在专门的螺纹磨床上进行。螺纹在磨削之前,可以用车、铣等方法进行预加工,而对于小尺寸的精密螺纹,也可以不经预加工而直接磨出。

根据所用砂轮的形状不同,外螺纹的磨削可以分为单线砂轮磨螺纹(图 6 - 9)磨削和多线砂轮磨螺纹(图 6 - 10)磨削。

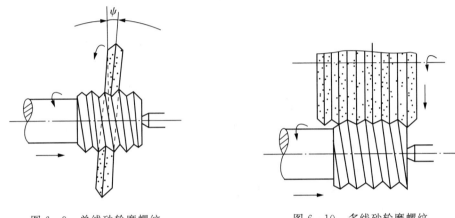

图 6 - 9　单线砂轮磨螺纹　　　　　图 6 - 10　多线砂轮磨螺纹

用单线砂轮磨螺纹,砂轮的修整较方便,加工精度较高,可以加工较长的螺纹。而用多线砂轮磨螺纹,砂轮的修整比较困难,加工精度低于前者,仅适于加工较短的螺纹,工件转 $1\frac{1}{3} \sim 1\frac{1}{2}$ 转就可以完成磨削加工,生产效率较单线砂轮磨削高。直径大于 30 mm 的内螺纹,也可以用单线砂轮磨削。

6.6　齿轮齿型的加工

齿轮是传递运动和动力的重要零件,目前在机械、仪器、仪表中应用很广泛,产品的工作性能、承载能力、使用寿命及工作精度等,都与齿轮本身的质量有着密切关系。

随着生产和科学技术的发展,要求机械产品的工作精度越来越高,传递的功率越来越大,转速也越来越高。因此,对齿轮及其传动精度提出了更高的要求。

6.6.1　齿轮的技术要求

由于齿轮在使用上的特殊性,除了一般的尺寸精度、形位精度和表面质量的要求外,还有些特殊的要求。虽然各种机械上齿轮传动的用途不同,要求不一样,但归纳起来有如下四项:

(1)传递运动的准确性,即要求齿轮在一定转速范围内,将最大转角误差限制在一定的范围内。

(2)传动的平稳性,即要求齿轮传动瞬时传动比的变化不能过大,以免引起冲击,产生振动和噪声,甚至导致整个齿轮的破坏。

(3)载荷分布的均匀性,即要求齿轮啮合时,齿面接触良好,以免引起应力集中,造成齿面局部磨损,影响齿轮的使用寿命。

(4)传动侧隙,要求齿轮啮合时,非工作齿面间应具有一定的间隙,以便储存润滑油,补偿因温度变化和弹性变形引起的尺寸变化以及加工和安装误差的影响。否则,齿轮在工作中可能卡死或烧伤。

对于以上四项要求,不同齿轮会因用途和工作条件的不同而有所不同。例如,对控制系统、分度机构和读数装置中的齿轮传动,主要要求传递运动的准确性和一定的传动平稳性,而对载荷分布的均匀性要求不高,但要求有较小的传动侧隙,以减小反转时的回程误差。对机床和汽车等变速箱中速度较高的齿轮传动,主要要求传动的平稳性。轧钢机和起重机等的低速重载齿轮传动,既要求载荷分布的均匀性,又要求足够大的传动侧隙。汽轮机、减速器等的高速重载齿轮传动,四项精度都要求很高。总之,这四项精度要求,相互间既有一定联系,又有主次之分,有所不同,应根据具体的用途和工作条件来确定。

齿轮的结构形式多种多样,常见的有圆柱齿轮、锥齿轮及蜗杆蜗轮等,其中以圆柱齿轮应用最广。一般机械上所用的齿轮,多为渐开线齿形;仪表中的齿轮,常为摆线齿形;矿山机械、重型机械中的齿轮,有时采用圆弧齿形等。本节仅介绍渐开线圆柱齿轮齿形的加工。

国家标准 GB/T 10095.1—2008 对渐开线圆柱齿轮及齿轮副规定 13 个精度等级,精度由高到低依次为 0,1,2,3,…,12 级。其中 0,1,2 级是为发展远景而规定的,目前加工工艺尚未达到这样高的水平。7 级精度为基本级,是在实际使用(或设计)中普遍应用的精度等级。在加工中基本级就是在一般条件下,应用普通的滚、插、剃三种切齿工艺所能达到的精度等级。齿轮副中两个齿轮的精度等级一般取成相同,也允许取成不同。

6.6.2 齿轮齿形加工方法的分析

齿形加工是齿轮加工的核心和关键,目前制造齿轮主要是用切削加工,也可以用铸造或辗压(热轧、冷轧)等方法。铸造齿轮的精度低、表面粗糙;辗压齿轮生产率高、力学性能好,但精度仍低于切齿,未被广泛采用。

用切削加工的方法加工齿轮齿形,按加工原理的不同,可以分为如下两大类:

(1)成形法(也称仿形法),是指用于被切齿轮齿间形状相符的成形刀具,直接切出齿形的加工方法,如铣齿、成形法磨齿等。

(2)展成法(也称范成法或包络法),是指利用齿轮刀具与被切齿轮的啮合运动(或称展成运动),切出齿形的加工方法,如插齿、滚齿、剃齿和展成法磨齿等。

齿轮齿形加工方法的选择,主要取决于齿轮精度、齿面粗糙度的要求以及齿轮的结构、形状、尺寸、材料和热处理状态等。表 6-2 所列出的 4～9 级精度圆柱齿轮常用的最终加工方法,可作为选择齿形加工方法的依据和参考。具体加工方法分析如下。

表 6－2 4～9 级精度圆柱齿轮的最终加工方法

精度等级	齿面粗糙度 $Ra/\mu m$	齿面最终加工方法
4（特别精密）	$\leqslant 0.2$	精密磨齿，对于大齿轮，精密滚齿后研齿或剃齿
5（高精密）	$\leqslant 0.2$	同上
6（高精密）	$\leqslant 0.4$	磨齿，精密剃齿，精密滚齿，插齿
7（精密）	$0.8\sim1.6$	滚、剃或插齿，对于淬硬齿面，磨齿、珩齿和研齿
8（中等精度）	$1.6\sim3.2$	滚齿、插齿
9（低精度）	$3.2\sim6.3$	铣齿、粗滚齿

1. 铣齿

利用成形齿轮铣刀，在万能铣床上加工齿轮齿形（图 6－11）。加工时，工件安装在分度头上用盘形齿轮铣刀（m 为 10～16 时）或指形齿轮铣刀（一般 m 大于 10），对齿轮的齿间进行铣削，加工完一个齿间后，进行分度，再铣下一个齿间。

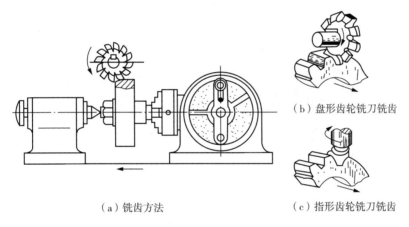

（a）铣齿方法 （b）盘形齿轮铣刀铣齿 （c）指形齿轮铣刀铣齿

图 6－11 铣齿

铣齿具有如下特点：

（1）成本较低。铣齿可以在通用铣床上进行，刀具也比其他齿轮刀具简单。

（2）生产率较低。铣刀每切一个齿间，都要重复消耗切入、切出、退刀以及分度等辅助时间。

（3）精度较低。模数相同而齿数不同的齿轮，其齿形渐开线的形状是不同的，齿数愈多，渐开线的曲率半径愈大。铣切齿形的精度主要取决于铣刀的齿形精度。从理论上讲，同一模数不同齿数的齿轮，都应该用专门的铣刀加工。这样就需要很多规格的铣刀，使生产成本大为增加。为了降低加工成本，在实际生产中，把同一模数的齿轮按齿数划分成若干组，通常分为 8 组或 15 组，每组采用同一个刀号的铣刀加工。表 6－3 列出了分成 8 组时各号铣刀加工的齿数范围。各号铣刀的齿形是按该组内最小齿数齿轮的齿形设计和制造的，加工其他齿数的齿轮时，只能获得近似齿形，产生齿形误差。另外，铣床所用的分度头是通用附件，分度精度不高，致使铣齿的加工精度较低。

表 6-3　齿轮铣刀的分号

铣刀号数	1	2	3	4	5	6	7	8
能铣削的齿数范围/个	12～13	14～16	17～20	21～25	26～34	35～54	55～134	135 以上

铣齿不但可以加工直齿、斜齿和人字齿圆柱齿轮,而且还可以加工齿条和锥齿轮等。但由于上述特点,它仅适用于单件小批生产或维修工作中加工精度不高的低速齿轮。

2. 插齿和滚齿

插齿和滚齿虽都属于展成法加工,但是由于它们所用的刀具和机床不同,其具体加工原理、切削运动、工艺特点和应用范围也不相同。

1)插齿原理及运动

插齿是用插齿刀在插齿机上加工齿轮的轮齿,它是按一对圆柱齿轮相啮合的原理进行加工的。如图 6-12 所示,相啮合的一对圆柱齿轮,若其中一个是工件(齿轮坯),另一个用高速钢制造,并在轮齿上磨出前角和后角,形成切削刃(一个顶刃和两个侧刃),再加上必要的切削运动,即可在工件上切出轮齿来。后者就是齿轮形的插齿刀。

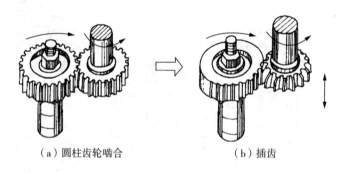

(a)圆柱齿轮啮合　　　　　　(b)插齿

图 6-12　插齿的加工原理

插直齿圆柱齿轮时,用直齿插齿刀,其运动如下(图 6-13):

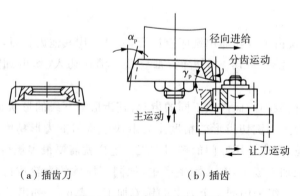

(a)插齿刀　　　　　　(b)插齿

图 6-13　插齿刀和插齿运动

(1)主运动。即插齿刀的往复直线运动,常以单位时间(每分或每秒)内往复行程数 n_r 表示,单位为 st/min(或 st/s)。

(2)分齿运动(展成运动)。即维持插齿刀与被切齿轮之间啮合关系的运动,在这一运动中,插齿刀刀齿的切削刃包络形成齿轮的齿廓,并连续地进行分度。如果插齿刀的齿数为 z_0,被切齿轮的齿数为 z_w,则插齿刀转速 n_0 与被切齿轮转速 n_w 之间,应严格保证如下关系,即

$$n_w/n_0 = z_0/z_w \qquad\qquad (6-1)$$

(3)径向进给运动。插齿时,插齿刀不能一开始就切到轮齿的全齿深,需要逐渐切入。在分齿运动的同时,插齿刀要沿工件的半径方向做进给运动。插齿刀每往复一次径向移动的距离,称为径向进给量。当进给到要求的深度时,径向进给停止,分齿运动继续进行,直到加工完成。

(4)让刀运动。为了避免插齿刀在返回行程中刀齿的后面与工件的齿面发生摩擦,在插齿刀返回时工件要让开一些,而当插齿刀工作行程时工件又恢复原位,这种运动称为让刀运动。

加工斜齿圆柱齿轮时,要用斜齿插齿刀。除上述四个运动外,在插齿刀做往复直线运动的同时,插齿刀还要有一个附加的转动,以便使刀齿切削运动的方向与工件的齿向一致。

2)滚齿原理及运动

滚齿是用齿轮滚刀在滚齿机上加工齿轮的轮齿,它实质上是按一对螺旋齿轮相啮合的原理进行加工的。如图 6-14(a)所示,相啮合的一对螺旋齿轮,当其中一个螺旋角很大、齿数很少(一个或几个)时;如图 6-14(b)所示,其轮齿变得很长,将绕好多圈而变成了蜗杆。若这个蜗杆用高速钢等刀具材料制造,并在其螺纹的垂直方向(或轴向)开出若干个容屑槽,形成刀齿及切削刃时,它就变成了齿轮滚刀,如图 6-14(c)所示,再加上必要的切削运动,即可在工件上滚切出轮齿来。滚刀容屑槽的一个侧面,是刀齿的前面,它与蜗杆螺纹表面的交线即是切削刃(一个顶刃和两个侧刃)。为了获得必要的后角,并保证在重磨前面后齿形不变,刀齿的后面应当是铲背面。

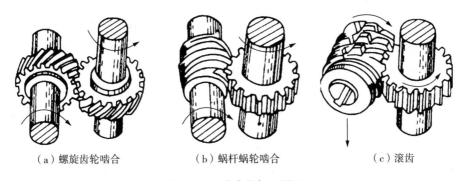

(a)螺旋齿轮啮合　　　　(b)蜗杆蜗轮啮合　　　　(c)滚齿

图 6-14　滚齿的加工原理

滚切直齿圆柱齿轮时,其运动如下(图 6-15):

(1)主运动。即滚刀的旋转,其转速以 n_0 表示

(2)分齿运动(展成运动)。即维持滚刀与被切齿轮之间啮合关系的运动。在这一运动中,滚刀刀齿的切削刃包络形成齿轮的齿廓,并连续地进行分度。如果滚刀的头数为 k,被切

齿轮的齿数为 z_w，滚刀转速 n_0 与被切齿轮转速 n_w 之间，应严格保证如下关系，即

$$n_w/n_0 = k/z_w \qquad (6-2)$$

（3）轴向进给运动。为了要在齿轮的全齿宽上切出齿形，滚刀需要沿工件的轴向做进给运动。工件每转一转滚刀移动的距离，称为轴向进给量。当全部轮齿沿齿宽方向都滚切完毕后，轴向进给停止，加工完成。

加工斜齿圆柱齿轮时，除上述三个运动外，在滚切的过程中，工件还需要有一个附加的转动，以便切出倾斜的轮齿。

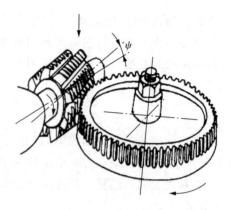

图 6-15　滚齿滚刀和滚齿运动

3）插齿和滚齿的特点及应用

（1）插齿和滚齿的精度相当，且都比铣齿高。插齿刀的制造、刃磨及检验均比滚刀方便，容易制造得较精确。但插齿机的分齿传动链较滚齿机复杂，增加了传动误差，综合结果，插齿和滚齿的精度差不多。

由于插齿机和滚齿机皆为加工齿轮的专门化机床，其结构和传动机构都是按加工齿轮的特殊要求而设计和制造的，分齿运动的精度高于万能分度头的分齿精度。齿轮滚刀和插齿刀的精度也比齿轮铣刀的精度高，不存在像齿轮铣刀那样的齿形误差。因此，插齿和滚齿的精度都比铣齿高。

在一般条件下，插齿和滚齿能保证 7～8 级精度，若采用精密插齿或滚齿，可以达到 6 级精度，而铣齿仅能达到 9 级精度。

（2）插齿的齿面粗糙度值较小。插齿时，插齿刀沿齿宽连续地切下切屑，而在滚齿和铣齿时轮齿齿宽是由刀具多次断续切削而成的。此外，在插齿过程中，包络齿形的切线数量比较多，因此插齿的齿面粗糙度值较小。

（3）插齿的生产率低于滚齿而高于铣齿。插齿的主运动为往复直线运动，切削速度受到冲击和惯性力的限制，并且插齿刀有空回行程，所以一般情况下，插齿的生产率低于滚齿。由于插齿和滚齿的分齿运动是在切削过程中连续进行的，省去了铣齿那样的单独分度时间，因此插齿和滚齿的生产率都比铣齿高。

（4）插齿刀和齿轮滚刀加工齿轮齿数的范围较大。插齿和滚齿都可用同一模数的插齿刀或齿轮滚刀加工出模数相同而齿数不同的齿轮。与铣齿不同，每个刀号的铣刀只能加工一定齿数范围的齿轮。

在齿轮齿形的加工中，滚齿应用最广泛，它不但能加工直齿圆柱齿轮，还可以加工斜齿圆柱齿轮、蜗轮等，但一般不能加工内齿轮和相距很近的多联齿轮。插齿的应用也比较多，除可以加工直齿和斜齿圆柱齿轮外，尤其适用于加工用滚刀难以加工的内齿轮、多联齿轮或带有台肩的齿轮等。

尽管滚齿和插齿所使用的刀具及机床比铣齿复杂，成本高，但由于加工质量好，生产效率高，在成批和大量生产中仍可收到很好的经济效果。即使在单件小批生产中，为了保证加

工质量,也常常采用滚齿或插齿加工。

3. 齿轮精加工简介

6 级精度以上、齿面粗糙度 Ra 值小于 0.4 μm 的齿轮,在一般的滚、插加工之后,还需要进行精加工。齿轮精加工的方法主要有剃齿、珩齿、磨齿和研齿等。

1）剃齿

剃齿在原理上属展成法加工。所用刀具称为剃齿刀,它的外形很像斜齿圆柱齿轮,齿形做得非常准确,并在齿面上开出许多小沟槽,以形成切削刃,如图 6-16 所示。在与被加工齿轮啮合运转过程中,剃齿刀齿面上众多的切削刃,从工件齿面上剃下细丝状的切屑,从而提高齿形精度,减小了齿面粗糙度值。

加工直齿圆柱齿轮时,剃齿刀与工件之间的位置关系及运动情况如图 6-16(b)所示。工件由剃齿刀带动旋转,时而正转,时而反转,正转时剃轮齿的一个侧面,反转时则剃轮齿的另一侧面。由于剃齿刀刀齿是倾斜的,其螺旋角为 β,要使它与工件啮合,必须使其轴线与工件轴线倾斜 β 角。这样,剃齿刀在 A 点的圆周速度 v_A 可以分解为两个分速度,即沿工件圆周切线的分速度 v_{An} 和沿工件轴线的分速度 v_{At}。v_{An} 使工件旋转,v_{At} 为齿面相对滑动速度,也就是剃齿时的切削速度。为了能沿轮齿齿宽进行剃削,工件由工作台带动做往复直线运动。在工作台的每一往复行程结束时,剃齿刀相对于工件做径向进给,以便逐渐切除余量,得到所需的齿厚。

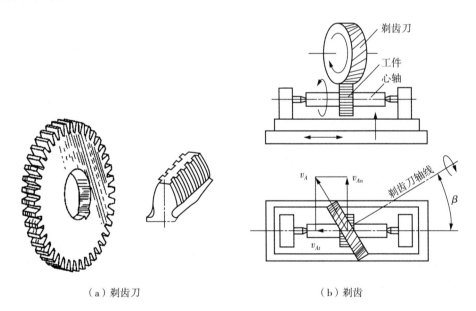

（a）剃齿刀　　　　　　　　　　　　（b）剃齿

图 6-16　剃齿刀与剃齿

剃齿一般在剃齿机上进行,也可以在铣床等其他机床改装的设备上进行。剃齿的精度主要取决于剃齿刀的精度,较剃齿前约提高一级,可达 5～6 级。由于剃齿刀的耐用度和生产率较高,所用机床简单,调整方便,因此广泛用于齿面未淬硬(低于 35 HRC)的直齿和斜齿圆柱齿轮的精加工了。当齿面硬度超过 35 HRC 时,就不能用剃齿加工了,而要用珩齿或磨齿进行精加工。

2）珩齿

珩齿与剃齿的原理完全相同，只不过是不用剃齿刀，而用珩磨轮。珩磨轮是用磨料与环氧树脂等浇铸或热压而成的、具有很高齿形精度的斜齿圆柱齿轮。当它以很高的速度带动工件旋转时，就能在工件齿面上切除一层很薄的金属，使齿面粗糙度 Ra 值减小到 $0.4\ \mu m$ 以下。珩齿对齿形精度改善不大，主要是可减小热处理后齿面的粗糙度值。

珩齿在珩齿机上进行，珩齿机与剃齿机的区别不大，但转速高得多。

3）磨齿

磨齿用来精加工齿面已淬硬的齿轮，按加工原理的不同，也可以分为成形法磨齿和展成法磨齿两种。

（1）成形法磨齿。需将砂轮靠外圆处的两侧面修整成与工件齿间相吻合的形状，然后对已经切削过的齿间进行磨削（图6-17）。加工方法与用齿轮铣刀铣齿相似。虽然成形法磨齿的生产率比展成法磨齿高，但因砂轮修整较复杂，磨齿时砂轮磨损不均匀会降低齿形精度，加上机床分度精度的影响，它的加工精度较低，所以在实际生产中应用较少，展成法磨齿应用较多。

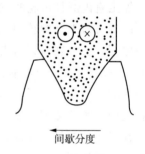

间歇分度

图6-17　成形法磨齿

（2）展成法磨齿。根据所用砂轮和机床的不同，又可分为双斜边砂轮（或称锥面砂轮）磨齿和两个碟形砂轮（或称双砂轮）磨齿。

用双斜边砂轮磨齿是把砂轮修整成锥面，以构成假想齿条的齿面（图6-18）。砂轮做高速旋转，同时沿工件轴向做往复运动，以便磨出全齿宽。工件则严格地按照一齿轮沿固定齿条做纯滚动的方式，边转动边移动。如图6-18所示，当工件逆时针方向旋转并向右移动时，砂轮的右侧面磨削齿间1的右齿面；当齿间1的右齿面由齿根至齿顶磨削完毕后，机床使工件得到与上述完全相反的运动，利用砂轮的左侧面磨削齿间1的左齿面。当齿间1的左齿面磨削完毕后，砂轮自动退离工件，工件自动进行分度。分度后，砂轮进入下一个齿间2，重新开始磨削。如此自动循环，直至全部齿间磨削完毕。

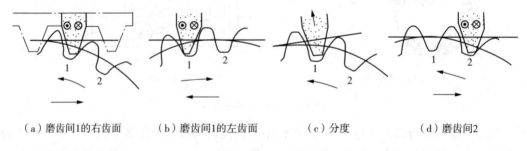

（a）磨齿间1的右齿面　　（b）磨齿间1的左齿面　　（c）分度　　　　（d）磨齿间2

图6-18　用双斜边砂轮磨齿

用两个碟形砂轮磨齿（图6-19），需把两个砂轮倾斜一定角度，其端面构成假想齿条两个（或一个）齿不同侧的两个齿面，同时对轮齿进行磨削。其加工原理与用双斜边砂轮磨齿完全相同,所不同的是用两个砂轮同时磨削一个齿间的两个齿面或两个不同齿间的左右齿面。此外,为了磨出全齿宽而进行必需的轴向往复运动,是由工件来完成的。

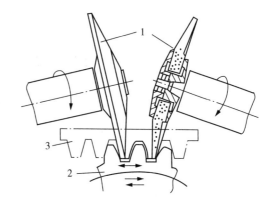

图 6 - 19　用两个碟形砂轮磨齿
1—碟形砂轮;2—被加工齿面;3—假想齿条

以上两种磨齿方法,加工精度较高,一般可达 4～6 级。但齿面是由齿根至齿顶逐渐磨出的,而不像成形法磨一次成形,故生产率低于成形法磨齿。

由于磨齿机的价格昂贵,生产率又低,因此磨齿仅适用于精加工齿面淬硬的高速高精密齿轮。

为了提高磨齿的生产效率,可以采用蜗杆形砂轮磨齿(图 6 - 20),其加工原理与滚齿类似。由于连续分度以及很高的砂轮转速,因此生产率很高。但是,蜗杆形砂轮的修整很困难,故目前应用尚少。

4)研齿

研齿是齿轮的精整加工方法之一,图 6 - 21 为其加工示意图。由电动机驱动的被研齿轮安装在三个研磨轮之间,带动三个轻微制动的研磨轮做无间隙的自由啮合运动,在啮合的齿面间加入研磨剂,利用齿面间的相对滑动,从齿面上切除一层极薄的金属。研磨直齿圆柱齿轮时,三个研磨轮中,一个是直齿圆柱齿轮,另两个是斜齿圆柱齿轮。为了在全齿宽上研磨齿面,工件还要沿其轴向做快速短行程的往复运动。研磨一定时间后,改变旋转方向,研磨另一齿面。

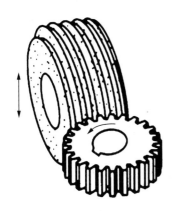

图 6 - 20　蜗杆形砂轮磨齿

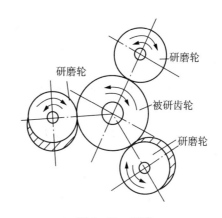

图 6 - 21　研齿

研齿一般只能减小齿面的粗糙度值(Ra 为 $0.2～0.6\ \mu m$),以及去除热处理后产生的氧化皮,并不能提高齿形精度,研齿后的精度主要取决于研齿前的精度。研齿主要用于没有磨齿机或不便磨齿(如大型齿轮等)时,齿面淬硬齿轮的精整加工。

习题与思考题

6-1 在零件的加工过程中,为什么常把粗加工和精加工分开进行?

6-2 成形面的加工一般有哪几种方式? 各有何特点?

6-3 按加工原理的不同,齿轮齿形加工可以分为哪两大类?

6-4 为什么在铣床上铣齿的精度和生产率皆较低? 铣齿适用于什么场合?

6-5 试说明插齿和滚齿的加工原理及运动。

6-6 插齿和滚齿的精度和生产率为什么比铣齿高?

6-7 插齿和滚齿各适用于加工何种齿轮?

6-8 剃齿、珩齿和磨齿各适用于什么场合?

6-9 加工相同材料、尺寸、精度和表面粗糙度的外圆面和孔,哪一个更困难? 为什么?

6-10 试决定下列零件外圆面的加工方案:

(1)紫铜小轴,$\phi20h7$,Ra 值为 0.8 μm;

(2)45 钢轴,$\phi50h6$,Ra 值为 0.2 μm,表面淬火 40～50 HRC。

6-11 下列零件上的孔,用何种方案加工比较合理?

(1)单件小批生产中,铸铁齿轮的孔,$\phi20H7$,Ra 值为 1.6 μm;

(2)大批大量生产中,铸铁齿轮的孔,$\phi50H7$,Ra 值为 0.8 μm;

(3)高速钢三面刃铣刀的孔,$\phi27H6$,Ra 值为 0.2 μm;

(4)变速箱箱体(材料为铸铁)上传动轴的轴承孔,$\phi62J7$,Ra 值为 0.8 μm。

6-12 试决定下列零件上平面的加工方案:

(1)单件小批生产中,机座(铸铁)的底面,$L×B=500\ mm×300\ mm$,Ra 值为 3.2 μm;

(2)成批生产中,铣床工作台(铸铁)台面,$L×B=1250\ mm×300\ mm$,Ra 值为 1.6 μm;

(3)大批大量生产中,发动机连杆(45 钢调质,217～255HBS)侧面,$L×B=25\ mm×10\ mm$,Ra 值为 3.2 μm。

6-13 车削螺纹时,主轴与丝杠之间能否采用带传动? 为什么?

6-14 车螺纹时,为什么必须用丝杠走刀?

6-15 下列零件上的螺纹,应采用哪种方法加工? 为什么?

(1)10000 个标准六角螺母,M10-7H;

(2)100000 个十字槽沉头螺钉,M8×30-8 h,材料为普通碳钢 Q235AF。

(3)30 件传动轴轴端的紧固螺纹,M20×1-6 h;

(4)500 根车床丝杠螺纹的粗加工,螺纹为 T32×6。

6-16 在大批大量生产中,若采用成形法加工齿轮齿形,怎样才能提高加工精度和生产率?

6-17 齿面淬硬和齿面不淬硬的 6 级精度直齿圆柱齿轮,其齿形的精加工应当采用什么方法?

第7章 机械加工工艺过程

本章介绍了机械加工工艺过程的相关概念,讲解了机械加工工艺过程的组成以及生产纲领、生产类型方面的基本知识,详细分析了零件的结构工艺性,系统地讲解了工件的安装和基准的选用原则,重点阐述了加工工艺路线的拟定,并列举了典型零件的工艺过程。

在实际生产中,由于零件的结构形状、尺寸精度、形状精度、技术条件和生产数量等要求的不同,一种零件往往不是在一种机床上用一种加工方法加工出来的,而是要经过一定的加工工艺过程才能完成。因此要求机械加工工艺人员从工厂现有的生产条件和零件的生产数量出发,根据零件的具体要求,在保证加工质量、提高生产率和降低生产成本的前提下对各加工面选择适宜的加工方法,合理地安排加工顺序,拟定合理的加工工艺过程将零件加工出来。

7.1 基本概念

7.1.1 生产过程与机械加工工艺过程

生产过程是由原材料到成品之间各个相互关联的劳动过程的总和。对机械产品的生产而言,它包括:原材料的运输和保存、生产准备工作、毛坯制造、零件的机械加工与热处理、产品的装配、调试、油漆和包装等。

工艺过程是生产过程的一部分,是指把原材料变为成品直接有关的那部分生产过程。例如:毛坯制造、机械加工、热处理和装配等。

机械加工工艺过程是机械产品生产工艺过程中的部分内容,是指用机械加工的方法直接改变毛坯的形状和尺寸,使之变为成品(机械零件)的那部分工艺过程。机械加工工艺过程直接决定了零件及产品的质量和性能,对产品的成本、生产周期都有较大影响,是整个工艺过程的重要组成部分。将比较合理的机械加工工艺过程确定下来,写成并作为施工依据的文件,就是机械加工工艺规程。

7.1.2 机械加工工艺过程的组成

组成机械加工工艺过程的基本单元是工序。

一个或一组工人,在一个固定的工作地点(如机床或钳台等)对一个或几个工件所连续完成的那部分工艺过程,称为工序。工作地、工人、零件和连续作业是构成工序的四个要素,其中任一要素发生变更即构成新的工序。连续作业是指在该工序内的全部工作要不间断地接连完成的作业。

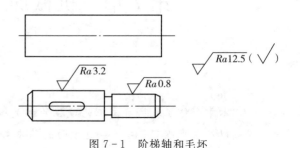

图7-1 阶梯轴和毛坯

如图7-1所示的阶梯轴,若外圆表面的粗车与精车是连续进行的,即粗车外圆后,接着就进行精车,则整个粗、精车外圆为一个工序(表7-1)。

由表7-1和表7-2可以看出,尽管加工内容完全相同,但由于产量不同,加工阶梯轴时所采用的工艺方案与设备均不相同,因而工序的划分和每一工序所包含的加工内容也不尽相同。

表7-1 单件生产阶梯轴的工艺过程

工序编号	工序名称	设备
1	车端面、打中心孔、车外圆、切退刀槽、倒角	车床
2	铣键槽	铣床
3	磨外圆、去毛刺	磨床

表7-2 大批大量生产阶梯轴的工艺过程

工序编号	工序名称	设备
1	铣端面、打中心孔	铣端面、打中心孔
2	粗车外圆	车床
3	精车外圆、倒角、切退刀槽	车床
4	铣键槽	铣床
5	磨外圆	磨床
6	去毛刺	钳工台

由零件加工的工序数就可以知道工作面积的大小、工人人数和设备数量。因此,工序是制定时间定额、配备工人和机床设备、安排作业计划和进行质量检验的基本单元。

工序可以进一步划分为安装、工位、工步和走刀。

1. 安装

安装是工件经一次装夹后所完成的那一部分工序。

在同一工序中,工件在加工位置上可能只需装夹一次,也可能要装夹几次。如图 7-2 所示的阶梯轴零件,在车外圆工序中一般都需进行两次装夹才能把工件上所有的外圆柱表面加工出来。

从减少装夹误差及装夹工件所花费的时间考虑,应尽量减少安装次数。

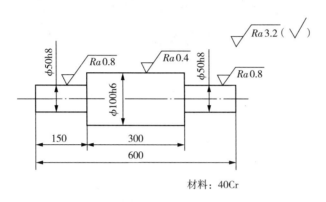

材料:40Cr

图 7-2　阶梯轴

2. 工位

为了完成一定的工序,一次装夹工件后,工件与夹具或设备的可动部分一起相对刀具或设备的固定部分所占据的每一个位置,称为工位。

一个工序可能只包含一个工位,也可能包含几个工位。图 7-3 所示为在具有回转工作台的多工位机床上加工 IT7 级精度孔的工序。工件仅装夹一次,在不同工位上依次完成钻、扩、铰加工。

3. 工步

工步是指在加工表面(或装配时的连接表面)、加工(或装配)工具不变的情况下,所连续完成的那一部分工序。因此,工步是加工表面、切削刀具和切削用量(仅指主轴转速和进给量)等要素都不变的情况下所完成的那一部分工艺过程。变化其中的任一要素就成为另一工步。

在一次安装或一个工位中,可能有几个工步。如图 7-4 所示的在六角车床上加工零件的一个工序中就包括六个工步(其回转刀架的一次转位所完成的工位内容属于一个工步)。

对于连续进行的几个相同的工步,例如在法兰上依次钻四个 ϕ15 的孔,如图 7-5(a)所示,习惯上算作一个工步,称为连续工步。如果同时用几把刀具(或用一把复合刀具),在一次进给中加工不同的几个表面,这也算作是一个工步,称为复合工步,如图 7-5(b)所示。

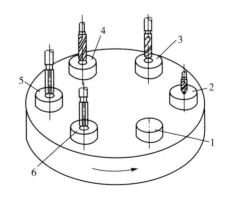

图 7-3　包括六个工位的工序

1—装卸工件工位;2—预钻孔工位;3—钻孔工位;

4—扩孔工位;5—粗铰工位;6—精铰工位

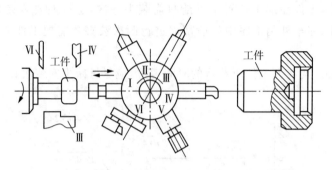

图 7-4　包括六个工步的工序

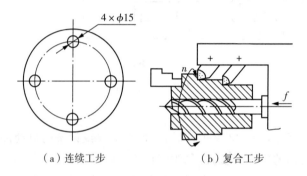

（a）连续工步　　　　　（b）复合工步

图 7-5　连续工步和复合工步示例

4. 走刀

在一个工步中,如果要切去的金属层很厚,则需分几次切削,这时每切削一次就称为一次走刀。图 7-6 所示为用棒料制造阶梯轴的情形,其中第二工步中就包括了两次走刀。

7.1.3　生产纲领和生产类型

1. 生产纲领

生产纲领是指企业在计划期内应生产产品的品种、规格和产量及进度计划。计划期通常为 1 年,所以生产纲领也通常称为年生产纲领。

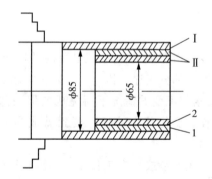

图 7-6　以棒料制造阶梯轴

Ⅰ—第一工步(在 φ85 mm 处);Ⅱ—第二工步(在 φ65 mm 处);
1—第二工步第一次走刀;2—第二工步第二次走刀

2. 生产类型

在编制工艺规程时,一般按产品同种零件的生产纲领分为三种生产类型:单件生产、成批生产和大量生产。

（1）单件生产

生产的产品种类较多,而同一产品的产量很小,工作地点的加工对象经常改变,这种生产称为单件生产。如新产品试制、维修车间的配件制造和重型机械制造等都属于此种生产类型。

（2）大量生产

同一产品的生产数量很大,大多数工作地点经常按一定节拍进行一种零件的某一工序的加工,这种生产称为大量生产。如自行车制造和一些链条厂、轴承厂等专业化生产即属于此种生产类型。

（3）成批生产

产品的种类较少,而同一产品在一年中成批地制造,工作地点的加工对象周期性地轮换,这种生产称为成批生产。如一些通用机械厂、某些农业机械厂、陶瓷机械厂、造纸机械厂、烟草机械厂等的生产即属于这种生产类型。

成批生产中,每批制造相同零件的数量称为批量。根据批量大小又可分为大批生产、中批生产和小批生产。小批生产的工艺特征接近单件生产,大批生产的工艺特征接近大量生产。

根据前面公式计算的零件生产纲领,参考表 7-3 即可确定生产类型。不同生产类型的制造工艺有不同特征,各种生产类型的工艺特征见表 7-4 所列。

表 7-3　划分生产类型的参考表

生产类型		同一零件的年产量/件		
		重型零件 （质量>2000 kg）	中型零件 （质量 100～2000 kg）	轻型零件 （质量<100 kg）
单件生产		<5	<10	<100
成批生产	小批生产	5～100	10～200	100～500
	中批生产	100～300	200～500	500～5000
	大批生产	300～1000	500～5000	5000～50000
大量生产		>1000	>5000	>50000

表 7-4　各种生产类型加工工艺特征

	单件生产	成批生产	大量生产
机床设备	通用（万能）设备	通用和部分专用设备	广泛使用高效率专用设备
夹具	很少用专用夹具	广泛使用专用夹具	广泛使用高效率专用夹具
刀具和量具	一般刀具和通用量具	部分采用专用刀具和量具	高效率专用刀具和量具
毛坯	木模铸造和自由锻	部分采用金属模铸造 和自由锻	机器造型、压力铸造、 模锻、滚锻
对工人的技术要求	需要技术熟练的工人	需要比较熟练的工人	调整工要求技术熟练, 操作工要求熟练程度较低

7.2 零件的工艺性分析

7.2.1 分析和审查产品的装配图和零件图

通过分析研究产品的装配图和零件图,可熟悉该产品的用途、性能及工作条件,明确被加工零件在产品中的位置与作用,了解各项技术要求制定的依据,在此基础上,审查图样的完整性和正确性,例如图样是否有足够的视图,尺寸和公差是否标注齐全,零件的材料、热处理要求及其他技术要求是否完整合理。在熟悉零件图的同时,要对零件结构的工艺性进行初步分析。只有这样,才能综合判别零件的结构、尺寸公差、技术要求是否合理。若有错误和遗漏,应提出修改意见。

零件的技术要求主要包括:被加工表面的尺寸精度和几何形状精度;各个被加工表面之间的相互位置精度;被加工表面的粗糙度、表面质量、热处理要求等。在分析零件的技术要求时,要了解这些技术要求的作用,并从中找出主要的技术要求以及在工艺上难以达到的技术要求,特别是对制定工艺方案起决定作用的技术要求。在分析零件技术要求时,还应考虑影响达到技术要求的主要因素,并着重研究零件在加工过程中可能产生的变形及其对技术要求的影响,以便掌握制定工艺规程时应解决的主要问题,为合理地制定工艺规程做好必要的准备。

7.2.2 分析零件的结构工艺性

对零件进行工艺分析的一个主要内容就是研究、审查机器和零件的结构工艺性。

所谓产品结构工艺性是指所设计的产品在能满足设计功能和精度要求的前提下,制造、维修的可行性和经济性。所谓零件结构工艺性是指所设计的零件在能满足设计功能和精度要求的前提下,制造的可行性和经济性。

对零部件或整个机器的结构,要根据其用途和使用要求进行设计。但是在结构上是否完善合理,还要看它是否符合工艺方面的要求,即在保证产品使用性能的前提下,是否能用生产率高、劳动量少、材料和能源消耗少、对环境造成的危害小、生产成本低的方法制造出来。因此,对于产品及零件的设计就提出了结构工艺性的问题。

结构工艺性是一个相对概念。生产规模不同或生产条件不同,对产品结构工艺性的要求也不同。例如,某些单件生产的产品结构,如要扩大产量改为按流水生产线来加工可能就很困难,若按自动线加工则困难更大,甚至不可能。又如,同样是单件小批生产,若分别以数控机床和万能机床为主,由于两者在制造能力上差异很大,因而对零件结构工艺性的要求就有很大的不同。

事实上,数控加工对传统的零件结构工艺性衡量标准产生了巨大影响。例如,对精度要求很高的复杂曲线、曲面的加工,对传统加工来说是工艺难点,但对于数控加工来说却非常简便。又如,对预备多次改型设计的零件的数控加工而言,通常只需改写部分程序和重新调整机床即可,故其工艺性并无不妥善之处。

特种加工对零件结构工艺性的要求与普通切削、磨削加工的要求差别更大。例如,在普通的切削、磨削加工中,方孔、小孔、弯孔、窄缝等被认为是工艺性很差的典型,有的甚至是"禁区",而特种加工的采用则改变了这种局面。例如,对电火花穿孔、电火花线切割工艺来说,加工方孔和加工圆孔的难易程度是一样的;而对喷油嘴小孔、喷丝头小异形孔、涡轮叶片上大量小冷却深孔、窄缝、静压轴承和静压导轨的内油囊型腔等,采用电火花加工后也变难为易了。

产品及其零部件的制造包括毛坯生产、切削加工、热处理和装配等许多生产阶段,各个生产阶段都是有机地联系在一起的。结构设计时,必须全面考虑,使各个生产阶段都具有良好的工艺性。产生矛盾时,应统筹考虑,抓住矛盾的主要方面,予以妥善解决。

在产品的设计过程中,结构工艺性问题不是一次就能得到解决的。而且,在产品设计的开始阶段,就应充分注意结构设计的工艺性,而不是在产品设计完了以后再来考虑它的工艺性。

目前,对结构工艺性好坏的评判主要采用定性的方式进行,如何将结构工艺性分析建立在定量化基础上尚未解决。

1. 衡量结构工艺性的标准

对于整个机械产品,衡量其结构工艺性主要应从以下几个方面来进行:

(1)零件的总数。虽然零件的复杂程度可能差别很大,但是一般来说,组成产品的零件总数越少,特别是不同名称的零件数目越少,则结构工艺性就越好。另外,在一定的零件总数中利用生产上已掌握的零件和组合件的数目越多(即设计的结构有继承性),或是标准的、通用的零件数目越多,则结构工艺性就越好。

(2)机械零件的平均精度。产品中所有零件要加工的尺寸的平均精度越低,则工艺性就越好。

(3)材料的需要量。制造整个产品所需各种材料的数量,特别是贵重材料、稀有材料和难加工材料的数量也是影响结构工艺性的一个重要因素,因为它影响产品的成本。

(4)机械零件各种制造方法的比例。一些非切削工艺方法如冷冲压、冷挤压、精密铸造、精密锻造等,相对于切削加工来说,可以提高生产率,降低成本。显然机械产品中所采用这类零件的比例越大,则结构工艺性就越好。对切削加工采用加工费用低的方法制造的零件数越多,则产品的结构工艺性也越好。

(5)产品装配的复杂程度。产品装配时,无须任何附加加工和调整的零件数越多,则装配效率高,装配工时少,装配成本低,故其结构工艺性就越好。

2. 结构设计应考虑的几个方面

为了改善零件机械加工的工艺性,在结构设计时应注意以下几个方面:

(1)要保证加工的可能性和方便性,加工表面应有利于刀具的进入与退出。

(2)在保证零件使用性能的条件下,零件的尺寸精度、几何精度和表面粗糙度的要求应经济合理,应尽量减轻重量,减少加工表面面积,并尽量减少内表面加工。

(3)有相互位置要求的各个表面,应尽可能在一次装夹中加工完,这就要求有合适的定位基面。

（4）加工表面形状应尽量简单，并尽可能布置在同一表面或同一轴线上，以减少刀具调整与走刀次数，提高加工效率。

（5）零件的结构要素应尽可能统一，尺寸要规格化、标准化，尽量使用标准刀具和通用量具，减少刀具和量具的种类，减少换刀次数。

（6）零件尺寸的标注应考虑最短尺寸链原则、设计基准的正确选择以及基准的重合原则，以使加工、测量、装配方便。

（7）零件的结构应便于工件装夹，减少装夹次数，有利于增强刀具与工件的刚度。

表7-5列举了零件机械加工工艺性对比的一些典型实例，可供分析零件结构切削、磨削工艺性时参考。

表 7-5 零件机械加工结构工艺性示例

序号	结构工艺性不好	结构工艺性好	说　明
1	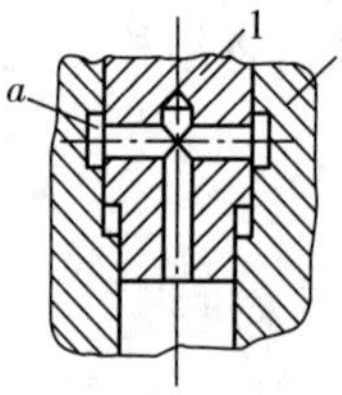 （a）	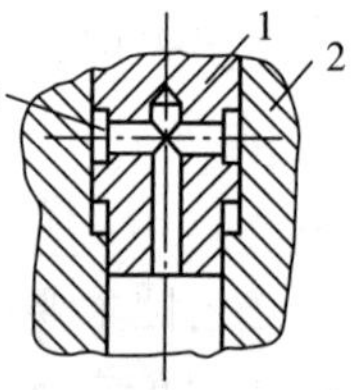 （b）	在图（a）中，件 2 上的凹槽 a 不便于加工和测量。宜将凹槽 a 改在件 1 上，如图（b）所示
2	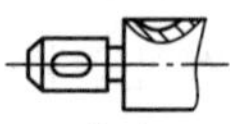 （a）	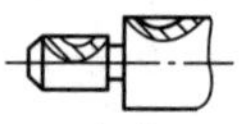 （b）	键槽的尺寸、方位相同，则可在一次装夹中加工出全部键槽，以提高生产效率
3	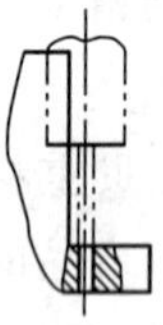 （a）	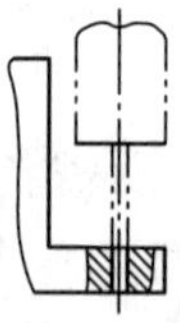 （b）	图（a）中的加工面不便引进刀具
4	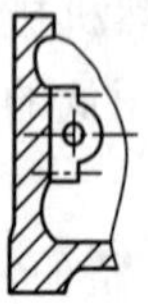 （a）	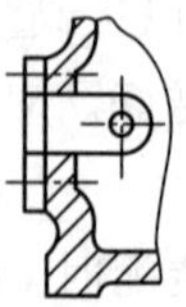 （b）	箱体类零件的外表面比内表面容易加工，应以外部连接表面代替内部连接表面
5	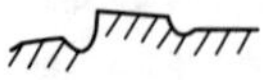 （a）	 （b）	图（b）所示的三个凸台表面，可在一次走刀中加工完毕
6	 （a）	 （b）	图（b）所示底面的加工工作量较小，且有利于装夹平稳、可靠

（续表）

序号	结构工艺性不好	结构工艺性好	说　明
7	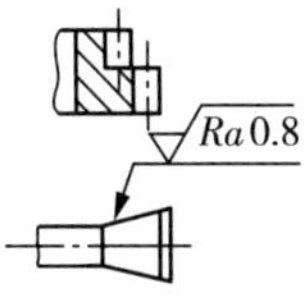 （a）	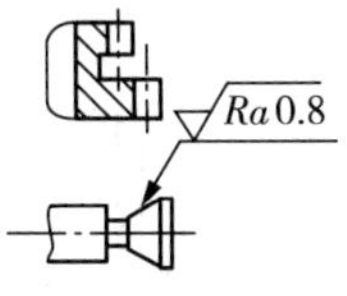 （b）	图（b）所示结构有退刀槽,保证了加工的可能性,并可减少刀具(砂轮)的磨损
8	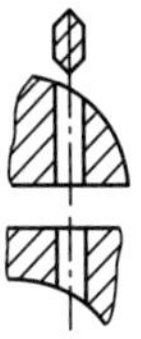 （a）	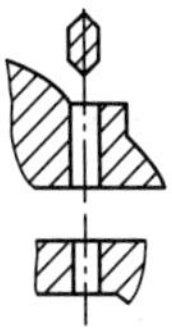 （b）	加工图(a)所示结构上的孔时,钻头容易引偏
9	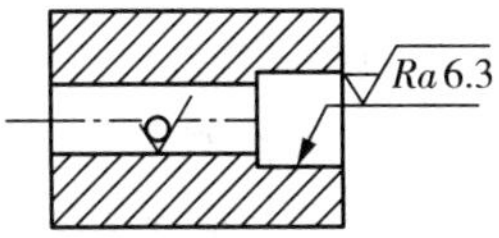 （a）	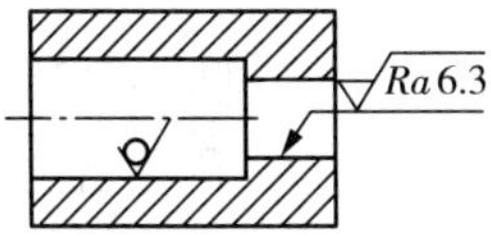 （b）	加工表面与非加工表面之间要留有台阶,便于退刀
10	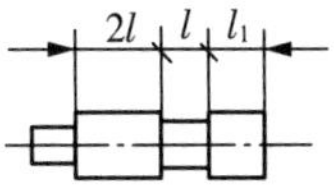 （a）	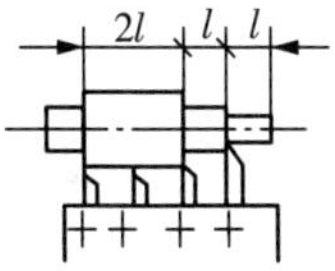 （b）	加工表面长度相等或成倍数,直径尺寸沿一个方向递减,便于布置刀具,可在多刀半自动车床加工,如图(b)所示
11	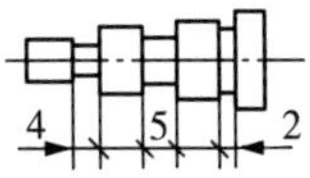 （a）	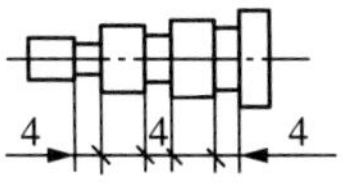 （b）	凹槽尺寸相同,可减少刀具种类,减少换刀时间,如图(b)所示
12	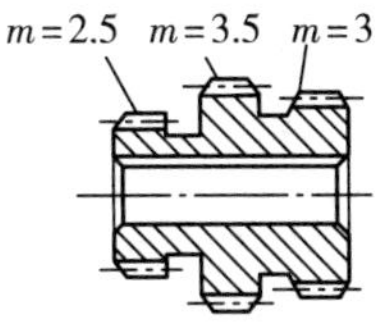 （a）	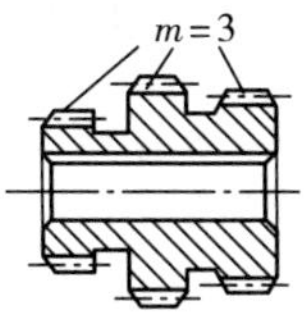 （b）	图(a)所示结构需要三种模数的齿轮刀具,而图(b)所示结构只需要一种
13	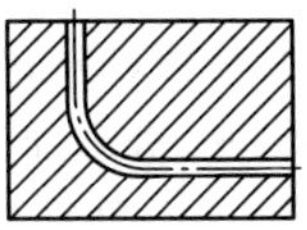 （a） 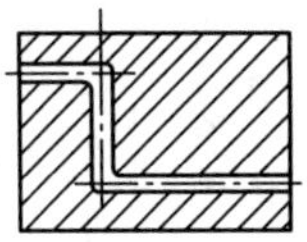　（b）	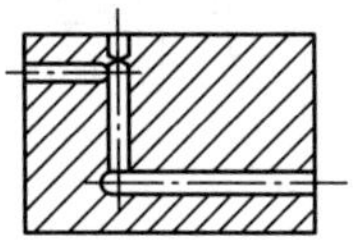 （c）	图(a)、图(b)所示的弯曲孔,不便于切削加工,应改为图(c)所示的结构

（续表）

序号	结构工艺性不好	结构工艺性好	说　明
14	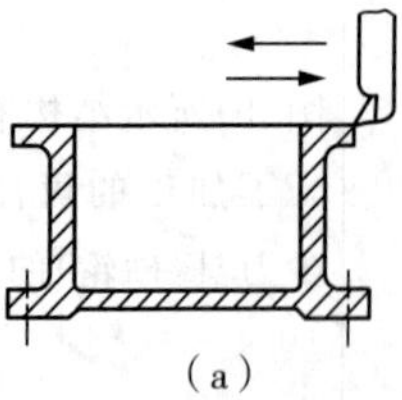 （a）	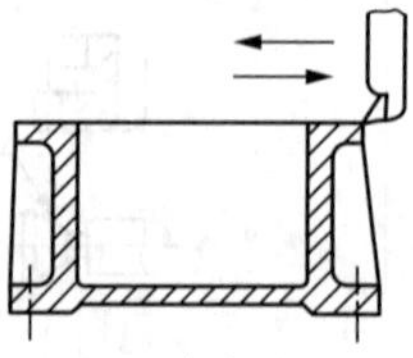 （b）	图（a）所示的零件结构刚度低，刨刀切入的冲击力大，工件易变形，宜改为图（b）所示的结构，其中设置的肋板增强了工件的刚度
	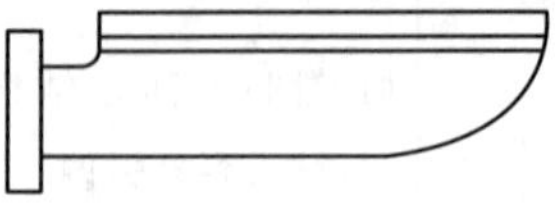 （a）	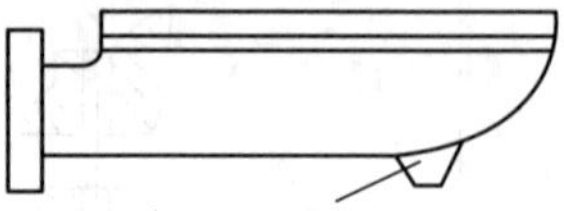 工艺凸台，加工后切除 （b）	图（a）所示的数控铣床床身，刨削上平面时定位困难，改为图（b）所示的有工艺凸台的结构，则很容易定位
15	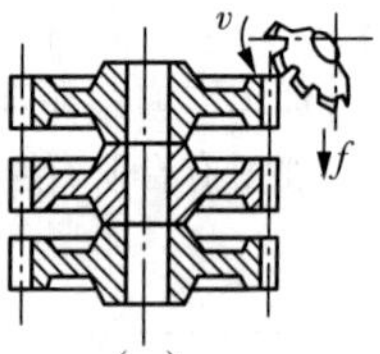 （a）	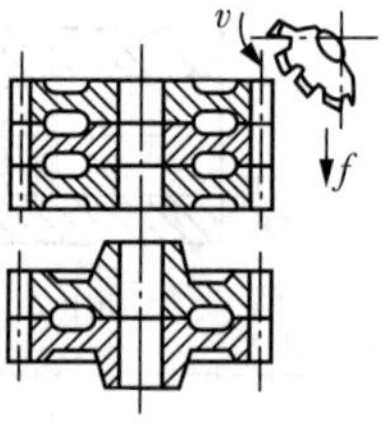 （b）	图（a）所示的齿轮结构，多件滚齿时刚度低，轴向进给行程长。应改为图（b）所示的结构，其刚度高且加工时行程短，可提高生产效率
16	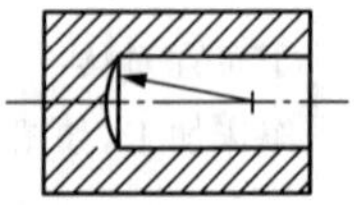 （a）	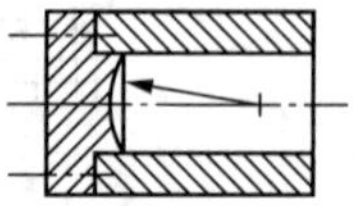 （b）	图（a）所示的零件内部为球面凹槽，很难加工，改为两个零件，凹槽变为外部加工，比较方便，如图（b）所示
	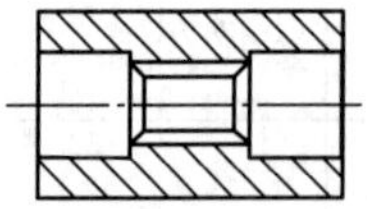 （a）	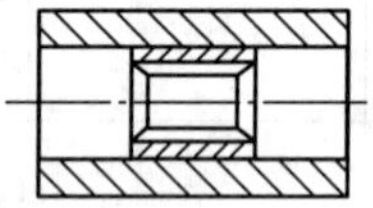 （b）	图（a）所示的滑动轴轴套中部花键孔加工比较困难，改为圆套、花键套，分别加工后再组合比较方便，如图（b）所示
	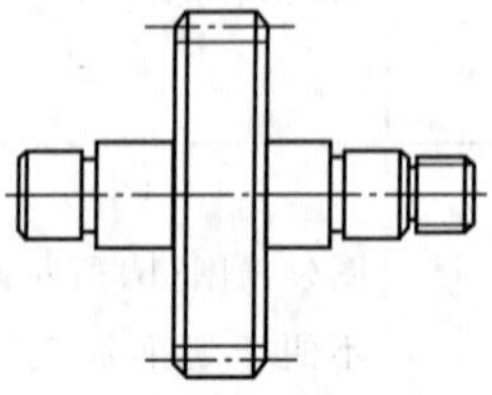 （a）	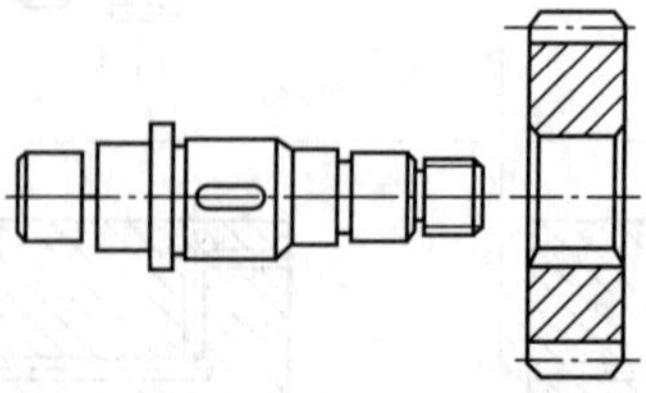 （b）	图（a）所示的连轴齿轮，轴颈和齿轮齿顶圆直径相差甚大，若用整料加工，费工、费料；若采用锻件，也不便于锻造。应改为图（b）所示的轴和齿轮结构，分别加工后用键连接，既节约材料，又便于加工和维修

7.3　工件的安装和基准

在进行机械加工时,把工件放在机床上,使它在夹紧之前就占有一个正确的位置,称为定位。在加工过程中,为了使工件能承受切削力,并保持其正确的位置,还必须把它压紧或夹牢。从定位到夹紧的整个过程,称为安装。

7.3.1　工件的安装

安装的正确与否直接影响加工精度。安装是否方便和迅速,又会影响辅助时间的长短,从而影响加工的生产率。因此,工件的安装对加工的经济性、质量和效率有着重要的作用,必须给予足够的重视。

在各种不同的生产条件下加工时,工件可能有不同的安装方法,但归纳起来大致可以分为直接安装法和利用专用夹具安装法两类。

1. 直接安装法

工件直接安放在机床工作台或者通用夹具(如三爪卡盘、四爪卡盘、平口虎钳、电磁吸盘等标准附件)上,有时,不另行找正即夹紧,例如利用三爪卡盘或电磁吸盘安装工件;有时则需要根据工件上某个表面或划线找正工件,再行夹紧,例如在四爪卡盘或在机床工作台上安装工件。

用这种方法安装工件时,找正比较费时,且定位精度的高低主要取决于所用工具或仪表的精度,以及工人的技术水平,定位精度不易保证,生产率较低,所以通常仅适用于单件小批生产。

2. 利用专用夹具安装法

工件安装在为其加工专门设计和制造的夹具中,无须进行找正,就可以迅速而可靠地保证工件对机床和刀具的正确相对位置,并可迅速夹紧。但由于夹具的设计、制造和维修需要一定的投资,所以只有在成批生产或大量生产中,才能取得比较好的效益。对于单件小批生产,当采用直接安装法难以保证加工精度,或非常费工时,也可以考虑采用专用夹具安装。例如,为了保证车床床头箱箱体各纵向孔的位置精度,在镗纵向孔时,若单靠人工找正,既费事,又很难保证精度要求,因此有条件的话可考虑使用镗模夹具,如图 7-7 所示。

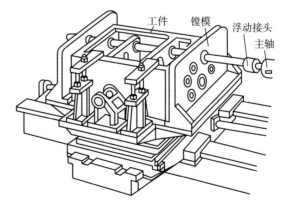

图 7-7　用镗模镗孔

7.3.2　夹具简介

夹具是加工工件时,为完成某道工序,用来正确迅速安装工件的装置。它对保证加工精度、提高生产效率和减轻工人劳动量有很大作用。

1. 夹具的种类

夹具一般按适用范围分类,有时也可按其他特征进行分类。按适用范围的不同,机床夹具通常可以分为两大类:

(1)通用夹具,是指结构已经标准化且有一定适用范围的夹具,这类夹具一般不需特殊调整就可以用于不同工件的装夹,它们的通用性较强,对于充分发挥机床的技术性能、扩大机床的使用范围起着重要作用。因此,有些通用夹具已成为机床的标准附件,随机床一起供应给用户。

(2)专用夹具,是指为某一零件的加工而专门设计和制造的夹具,没有通用性。利用专用夹具加工工件,既可保证加工精度,又可提高生产效率。

2. 夹具的主要组成部分

图 7-8 所示为在轴上钻孔所用的一种简单的专用夹具。钻孔时,工件 4 以外圆面定位在夹具的长 V 形块 2 上,以保证所钻孔的轴线与工件轴线垂直相交。轴的端面与夹具上的挡铁 1 接触,以保证所钻孔的轴线与工件端面的距离。

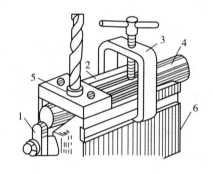

图 7-8　在轴上钻孔的夹具
1—挡铁;2—V 形块;3—夹紧机构;
4—工件;5—钻套;6—夹具体

工件在夹具上定位之后,拧紧夹紧机构 3 的螺杆,将工件夹牢,即可开始钻孔。钻孔时,利用钻套 5 定位并引导钻头。

尽管夹具的用途和种类各不相同,结构也各异,但其主要组成与上例相似,可以概括为如下几个部分:

(1)定位元件。定位元件是指夹具上用来确定工件正确位置的零件,例如图 7-8 所示夹具上的 V 形块和挡铁。常用的定位元件还有平面定位用的支承钉和支承板(图 7-9)、内孔定位用的心轴和定位销(图 7-10)等。

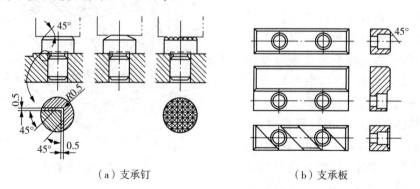

（a）支承钉　　　　　　　　　　　（b）支承板

图 7-9　平面定位用的定位元件

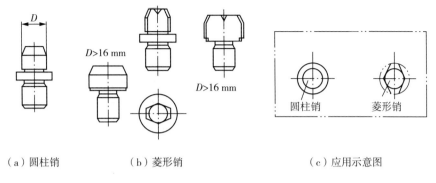

（a）圆柱销　　　　　　（b）菱形销　　　　　　　（c）应用示意图

图 7-10　定位销

（2）夹紧机构。夹紧机构是指工件定位后，将其夹紧以承受切削力等作用的机构。例如，图 7-3 所示夹具上的螺杆和框架等，就是夹紧机构中的一种。常用的夹紧机构还有螺钉压板和偏心压板等（图 7-11）。

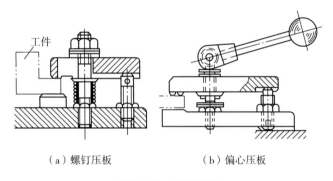

（a）螺钉压板　　　　　　　　（b）偏心压板

图 7-11　夹紧机构

（3）导向元件。导向元件是指用来对刀和引导刀具进入正确加工位置的零件，例如图 7-8 所示夹具上的钻套。其他导向元件还有导向套、对刀块等。钻套和导向套主要用在钻床夹具（习惯上称钻模）和镗床夹具（习惯上称镗模，如图 7-7 所示）上，对刀块主要用在铣床夹具上。

（4）夹具体和其他部分。其是指夹具体是夹具的基准零件，用它来连接并固定定位元件、夹紧机构和导向元件等，使之成为一个整体，并通过它将夹具安装在机床上。

根据加工工件的要求，有时还在夹具上设有分度机构、导向键、平衡铁和操作件等。

工件的加工精度在很大程度上取决于夹具的精度和结构，因此整个夹具及其零件都要具有足够的精度和刚度，并且结构要紧凑，形状要简单，装卸工件和清除切屑要方便等。

7.3.3　定位基准的选择

在机械加工中，无论采用哪种安装方法，都必须使工件在机床或夹具上正确地定位，以便保证被加工面的精度。

任何一个没受约束的物体，在空间都具有六个自由度，即沿三个互相垂直坐标轴的移动（用 $\vec{x}$、$\vec{y}$、$\vec{z}$ 表示）和绕这三个坐标轴的转动（用 $\overset{\frown}{x}$、$\overset{\frown}{y}$、$\overset{\frown}{z}$ 表示），如图 7-12 所示。因此，要使物体在空间占有确定的位置（即定位），就必须约束这六个自由度。

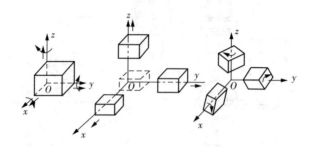

图 7-12　物体的六个自由度

1. 工件的六点定位原理

在机械加工中,要完全确定工件的正确位置,必须有六个相应的支承点来限制工件的六个自由度,称为工件的"六点定位原理"。如图 7-13 所示,可以设想六个支承点分布在三个互相垂直的坐标平面内。其中三个支承点在 Oxy 平面上,限制 $\vec{x}$、$\vec{y}$ 和 $\overset{\frown}{z}$ 三个自由度;两个支承点在 Oxz 平面上,限制 $\vec{y}$ 和 $\overset{\frown}{z}$ 两个自由度;最后一个支承点在 Oyz 平面上,限制 $\vec{x}$ 一个自由度。

如图 7-14 所示,在铣床上铣削一批工件上的沟槽时,为了保证每次安装中工件的正确位置,保证三个加工尺寸 X、Y、Z 就必须限制六个自由度。这种情况称为完全定位。

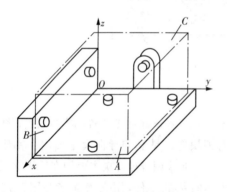

图 7-13　六点定位简图

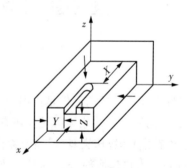

图 7-14　完全定位

有时,为保证工件的加工尺寸,并不需要完全限制六个自由度。如图 7-15 所示,图 7-15(a)为铣削一批工件的台阶面,为保证两个加工尺寸 Y 和 Z,只需限制 $\vec{y}$、$\vec{z}$、$\overset{\frown}{x}$、$\overset{\frown}{y}$、$\overset{\frown}{z}$ 五个自由度即可;图 7-15(b)为磨削一批工件的顶面,为保证一个加工尺寸 Z,仅需限制 $\vec{x}$、$\vec{y}$、$\vec{z}$ 三个自由度。这种没有完全限制六个自由度的定位,称为不完全定位。

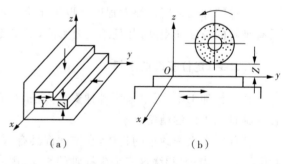

(a)　　　　　　　　(b)

图 7-15　不完全定位

有时,为了增加工件在加工时的刚度,或者为了传递切削运动和动力,可能在同一个自由度的方向上,有两个或更多的定位支承点。如图 7-16 所示,车削光轴的外圆时,若用前后顶尖及三爪卡盘夹住工件较短的一段安装,前后顶尖已限制了 $\vec{x}$、$\vec{y}$、$\vec{z}$、$\widehat{y}$、$\widehat{z}$ 五个自由度,而三爪卡盘又限制了 $\vec{y}$、$\vec{z}$ 两个自由度,这样在 $\vec{y}$ 和 $\vec{z}$ 两个自由度的方向上,定位点多于一个,

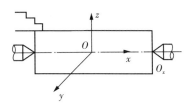

图 7-16　超定位

重复了,这种情况称为超定位或过定位。由于三爪卡盘的夹紧力,会使顶尖和工件变形,增加加工误差,是不合理的,但这是传递运动和动力所需要的。若改用卡箍和拨盘带动工件旋转,就避免了超定位。在加工中,如果工件的定位支承点数少于应限制的自由度数,必然导致达不到所要求的加工精度。这种工件定位点不足的情况,称为"欠定位"。欠定位在实际生产中,是绝对不允许的。

2. 工件的基准

在零件的设计和制造过程中,要确定一些点、线或面的位置,必须以一些指定的点、线或面作为依据,这些作为依据的点、线或面称为基准。按照作用的不同,常把基准分为设计基准和工艺基准两类。

(1)设计基准。即设计时在零件图纸上所使用的基准。如图 7-17 所示,齿轮内孔、外圆和分度圆的设计基准是齿轮的轴线,两端面可以认为是互为基准。

又如图 7-18 所示,表面 2、3 和孔 4 轴线的设计基准是表面 1;孔 5 轴线的设计基准是孔 4 的轴线。

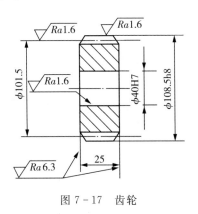

图 7-17　齿轮

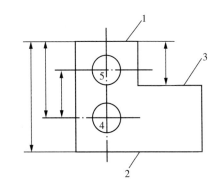

图 7-18　机座简图

(2)工艺基准。即在制造零件和装配机器的过程中所使用的基准。工艺基准又分为定位基准、度量基准和装配基准,它们分别用于工件加工时的定位、工件的测量检验和零件的装配。本节仅介绍定位基准。

例如,车削图 7-17 所示齿轮轮坯的外圆和左端面时,若用已经加工过的内孔将工件安装在心轴上,则孔的轴线就是外圆和左端面的定位基准。

必须指出的是,工件上作为定位基准的点或线,总是由具体表面来体现的,这个表面称为定位基准面。例如,图 7-17 所示齿轮孔的轴线,并不具体存在,而是由内孔表面来体现

的,所以确切地说,上例中的内孔是加工外圆和左端面的定位基准面。

3. 定位基准的选择

合理选择定位基准,对保证加工精度、安排加工顺序和提高加工生产率有着重要的影响。从定位的作用来看,它主要是为了保证加工表面的位置精度。因此,选择定位基准的总原则,应该是从有位置精度要求的表面中进行选择。

1)粗基准的选择

对毛坯开始进行机械加工时,第一道工序只能以毛坯表面定位,这种基准面称为粗基准(或毛基准)。它应该保证所有加工表面都具有足够的加工余量,而且各加工表面对不加工表面具有一定的位置精度。其选择的具体原则如下:

(1)选取不加工的表面作粗基准。如图 7-19 所示,以不加工的外圆表面作为粗基准,既可在一次安装中把绝大部分要加工的表面加工出来,又能够保证外圆面与内孔同轴以及端面与孔轴线垂直。

如果零件上有好几个不加工的表面,则应选择与加工表面相互位置精度要求高的表面作为粗基准。

(2)选取要求加工余量均匀的表面为粗基准。这样可以保证作为粗基准的表面加工时,余量均匀。例如车床床身(图 7-20),要求导轨面耐磨性好,希望在加工时只切去较小而均匀的一层余量,使其表层保留均匀一致的金相组织和物理力学性能。若先选择导轨面作粗基准,加工床腿的底平面,如图 7-20(a)所示,然后再以床腿的底平面为基准加工导轨面,如图 7-20(b)所示,就能达到此目的。

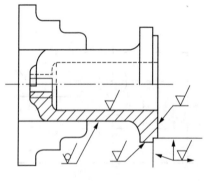

图 7-19　不加工表面作为粗基准

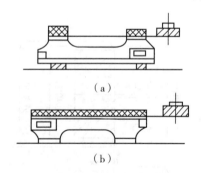

（a）

（b）

图 7-20　床身加工的粗基准

(3)对所有表面都要加工的零件,应选择余量和公差最小的表面作为粗基准,以避免因余量不足而造成废品。

(4)选取光洁、平整、面积足够大、装夹稳定的表面为粗基准。

(5)粗基准只能在第一道工序中使用一次,不应重复使用。这是因为粗基准表面粗糙,在每次安装中位置不可能一致,而使加工表面的位置超差。

2)精基准的选择

在第一道工序之后,应当以加工过的表面为定位基准,这种定位基准称为精基准(或光基准)。其选择原则如下:

（1）基准重合原则。基准重合原则就是尽可能选用设计基准作为定位基准,这样可以避免定位基准与设计基准不重合而引起的定位误差。

例如图 7-21(a)所示的零件(简图),A 面是 B 面的设计基准,B 面是 C 面的设计基准。以 A 面定位加工 B 面,直接保证尺寸 a,符合基准重合原则,不会产生基准不重合的定位误差。

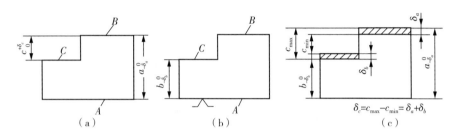

图 7-21　基准重合原则

若以 B 面定位加工 C 面,直接保证尺寸 c,也符合基准重合原则,影响精度的只有加工误差,只要把此误差控制在 δ_c 之内,就可以保证尺寸 c 的精度。但用这种方法定位和加工皆不方便,也不稳固。

如果以 A 面定位加工 C 面,直接保证尺寸 b,如图 7-21(b)和(c),这时设计尺寸 c 是由尺寸 a 和尺寸 b 间接得到的,它取决于尺寸 a 和尺寸 b 的加工精度。影响尺寸 c 精度的,除了加工误差 δ_b 之外,还有加工误差 δ_a,只有当 $\delta_b + \delta_a \leqslant \delta_c$ 时,尺寸 c 的精度才能得到保证。其中 δ_a 是由于基准不重合而引起的,故称为基准不重合误差。当 δ_c 为一定值时,由于 δ_a 的存在,势必减小 δ_b 的值,这将增加加工的难度。

由上述分析可知,选择定位基准时,应尽量使它与设计基准重合,否则必然会因基准不重合而产生定位误差,增加加工的困难,甚至造成零件尺寸超差。

（2）基准同一原则。加工对位置精度要求较高的某些表面时,尽可能选用同一个定位基准,这样有利于保证各加工表面的位置精度。例如,加工较精密的阶梯轴时,往往以中心孔为定位基准车削其各表面,并在精加工之前还要修研中心孔,然后以中心孔定位,磨削各表面。这样有利于保证各表面的位置精度,如同轴度、垂直度等。

（3）互为基准原则。两个表面位置精度要求较高时可采用互为基准原则加工。即以工件的 A 面为精基准加工 B 面,然后再以 B 面为精基准加工 A 面。这样反复互为基准,可逐步提高定位基准的精度,进而提高 A、B 两面的位置精度。

（4）自为基准原则。某些精加工工序要求加工余量小而均匀,则可选加工表面本身作为定位基准。例如,磨削床身导轨面时,以导轨面本身为基准找正定位。又如采用浮动铰刀铰孔、用圆孔拉刀拉孔以及用无心磨床磨外圆等,都是以加工表面本身作为定位基准的实例。

但是,在实际工作中,定位基准的选择要完全符合上述所有的原则,有时是不可能的。因此,应根据具体情况进行分析,选出最有利的定位基准。

7.4 工艺路线的拟订

7.4.1 工艺路线的拟订内容

拟订工艺路线,就是把加工工件所需的各个工序按顺序合理地排列出来,它主要包括确定加工方案和安排加工顺序。

1. 确定加工方案

根据零件每个加工表面(特别是主要表面)的技术要求,选择较合理的加工方案(或方法)。常见典型表面的加工方案(或方法),可参照第五章有关内容来确定。

在确定加工方案(或方法)时,除了表面的技术要求外,还要考虑零件的生产类型、材料性能以及本单位现有的加工条件等。

2. 安排加工顺序

较合理地安排切削加工工序、热处理工序、检验工序和其他辅助工序的先后次序。次序不同将会得到不同的技术经济效果,甚至影响零件的加工质量。

1)切削加工工序的安排

除了"粗、精加工要分开"的原则外,还应遵循如下几项原则:

(1)基准面先加工。精基准面应在一开始就加工,因为后续工序加工其他表面时,要用它定位。

(2)主要表面先加工。主要表面一般是指零件上的工作表面、装配基面等,它们的技术要求较高,加工工作量较大,应先安排加工。其他次要表面如非工作面、键槽、螺钉孔、螺纹孔等,一般可穿插在主要表面加工工序之间,或稍后进行加工,但应安排在主要表面最后精加工或精整加工之前。

2)划线工序的安排

形状较复杂的铸件、锻件和焊接件等,在单件小批生产中,为了给安装和加工提供依据,一般在切削加工之前要安排划线工序。有时为了加工的需要,在切削加工工序之间,可能还要进行第二次或多次划线。但是在大批大量生产中,由于采用专用夹具等,可免去划线工序。

3)热处理工序的安排

根据热处理工序的性质和作用不同,一般可以分为:

(1)预备热处理。是指为改善金属的组织和切削加工性而进行的热处理,如退火、正火等,一般安排在切削加工之前。调质也可以作为预备热处理,但若是以提高材料的力学性能为主要目的,则应放在粗加工之后、精加工之前进行。

(2)时效处理。在毛坯制造和切削加工的过程中,都会有内应力残留在工件内,为了消除它对加工精度的影响,需要进行时效处理。对于大而结构复杂的铸件,或者精度要求很高的非铸件类工件,需在粗加工前后各安排一次人工时效;对于一般铸件,只需在粗加工前或后进行一次人工时效;对于要求不高的零件,为了减少工件的往返搬运,有时仅在毛坯铸造以后安排一次时效处理。

(3)最终热处理。是指为提高零件表层硬度和强度而进行的热处理,如淬火、氮化等,一般安排在工艺过程的后期。淬火一般安排在切削加工之后、磨削之前,氮化则安排在粗磨和精磨之间。应注意在氮化之前要进行调质处理。

4)检验工序的安排

为了保证产品的质量,除了加工过程中操作者的自检外,在下列情况下还应安排检验工序:① 粗加工阶段之后;② 关键工序前后;③ 特种检验(如磁力探伤、密封性试验、动平衡试验等)之前;④ 从一个车间转到另一车间加工之前;⑤ 全部加工结束之后。

5)其他辅助工序的安排

(1)零件的表面处理,如电镀、发蓝、油漆等,一般安排在工艺过程的最后。但有些大型铸件的内腔不加工面,常在加工之前先涂防锈油漆等。

(2)去毛刺、倒棱边、去磁、清洗等,应适当穿插在工艺过程中进行。这些辅助工序不能忽视,否则会影响装配工作,妨碍机器的正常运行。

7.4.2　工艺文件的编制

工艺过程拟订之后,要以图表或文字的形式写成工艺文件。工艺文件的种类和形式多种多样,其繁简程度也有很大不同,要视生产类型而定,通常有如下几种:

1. 机械加工工艺过程卡片

用于单件小批生产,格式如表7-6所示,它的主要作用是概略地说明机械加工的工艺路线。实际生产中,工艺过程卡片内容的简繁程度也不一样,最简单的只列出了各工序的名称和顺序,较详细的则附有主要工序的加工简图等。

2. 机械加工工序卡片

大批大量生产中,要求工艺文件更加完整和详细,每个零件的各加工工序都要有工序卡片。它是针对某一工序编制的,要画出该工序的工序图,以表示本工序完成后工件的形状、尺寸及其技术要求,还要表示出工件的装夹方式、刀具的形状及其位置等。工序卡片的格式和填写要求可参阅原机械工业部指导性技术文件《工艺规程格式及填写规则》(JB/Z 187.3—1988)。生产管理部门按零件将工序卡片汇装成册,以便随时查阅。

3. 机械加工工艺(综合)卡片

主要用于成批生产,它比工艺过程卡片详细,比工序卡片简单且较灵活,是介于两者之间的一种格式。工艺卡片既要说明工艺路线,又要说明各工序的主要内容。原机械工业部指导性技术文件未规定工艺卡片格式,仅规定了幅面格式,各单位可根据需要参考文件要求自定。

7.5　典型零件工艺过程

7.5.1　轴类零件

现以图7-22所示传动轴的加工为例,说明在单件小批生产中一般轴类零件的加工工艺过程。

表 7－6　机械加工工艺过程卡片(JB/T 9165.2—1998)

(单位：mm)

（厂名）		机械加工工艺过程卡片		产品型号		零件图号				共　页	第　页
25				产品名称		零件名称					
材料牌号	30（1）毛坯种类 15	30（2）毛坯外形尺寸	30（3）每毛坯可制件数	（4）10 每台件数		（5）10	备注 10		（6）20		
工序号	工序名称 16 工序内容		车间	工段	设备	工艺装备				工时	
										准终	单件
（7）	（8） 8 （9）		（10）	（11）	（12）	（13）				（14）	（15）
8	10		8	8	20	75				10	10

描图											
描校											
底图号		18 × 8（=144）									
装订号						设计（日期）	审核（日期）	标准化（日期）	会签（日期）		
	标记	处数	更改文件号	签字	日期	标记	处数	更改文件号	签字	日期	

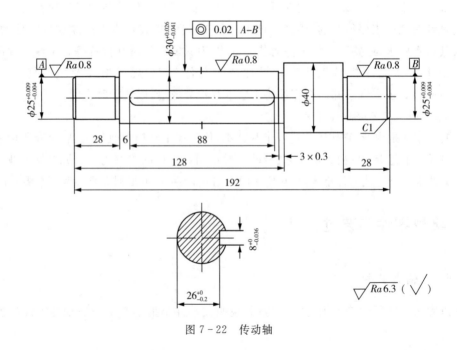

图 7－22　传动轴

1. 零件各主要部分的作用及技术要求

(1)在 $\phi 30$ 轴段上装滑动齿轮,为传递运动和动力开有键槽,轴两端为轴颈,支承于箱体的轴承孔中。表面粗糙度值皆为 0.8 μm。

(2)轴颈对两端轴颈的同轴度允差为 0.02 mm。

(3)工件材料为 45 钢,淬火硬度为 40~45 HRC。

2. 工艺分析

该零件的各配合表面除本身有一定的精度(相当于 IT6)和表面粗糙度要求外,轴线的同轴度还有一定的要求。

根据对各表面的具体要求,可采用如下的加工方案:粗车—半精车—热处理—粗磨—精磨。轴上的键槽,可以用键槽铣刀在立式铣床上铣出。

3. 基准选择

为了保证各配合表面的位置精度,用轴两端的中心孔作为粗、精加工的定位基准。这样,既符合基准同一和基准重合的原则,也有利于生产率的提高。为了保证定位基准的精度和表面粗糙度,热处理后应修研中心孔。

4. 工艺过程

该轴的毛坯用 $\phi 45$ 长 195 mm 的圆钢料。在单件小批生产中,其工艺过程可按表 7-7 安排。

表 7-7　单件小批生产轴的工艺过程

工序号	工序名称	工序内容	加工简图	设　备
I	车	倒头车两端面、钻中心孔		卧式车床
II	车	(1)粗车、半精车右端 $\phi 40$、$\phi 26$ 外圆、槽和倒角,留磨削余量 1 mm; (2)粗车、半精车左端 $\phi 30$、$\phi 26$ 外圆、槽和倒角,留磨削余量 1 mm	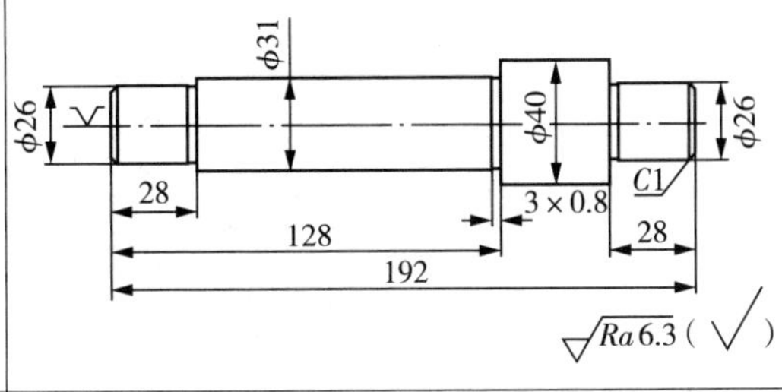	卧式车床
III	铣	粗、精铣键槽	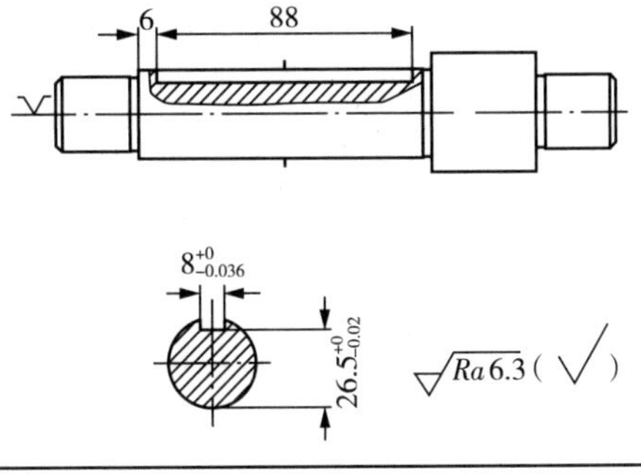	立式铣床

（续表）

工序号	工序名称	工序内容	加工简图	设　备
Ⅳ	热处理	调质 40～45 HRC		
Ⅴ	钳	修研中心孔		
Ⅵ	磨	（1）粗磨、精磨右端 $\phi40$、$\phi25$ 外圆至要求尺寸； （2）粗磨、精磨左端 $\phi30$、$\phi25$ 至要求尺寸		外圆磨床
Ⅶ	检	按图纸要求检验		

注：①加工简图中粗实线为该工序加工表面；

②加工简图中"⋏"符号所指为定位基准。

7.5.2　套类零件

现以图 7-23 所示轴套为例，说明在单件小批生产中套类零件加工的工艺过程。

1. 零件的主要技术要求

(1)$\phi 65^{+0.065}_{+0.045}$ 和 $\phi45\pm0.008$ 对 $\phi 52^{+0.02}_{-0.01}$ 轴线的同轴度允差 $\phi0.04$；

(2)端面 B 和端面 C 对 $\phi 52^{+0.02}_{-0.01}$ 线的垂直度允差 0.02 mm；

(3)工件材料为 HT200，铸件。

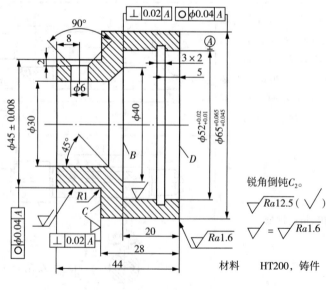

图 7-23　轴套

2. 工艺分析

该轴套要求较高的表面是孔 $\phi 52^{+0.02}_{-0.01}$，外圆面 $\phi 65^{+0.065}_{+0.045}$ 和 $\phi 45 \pm 0.008$，以及内端面 B 和台阶端面 C。孔和外圆面不仅对本身尺寸精度（相当于 IT7）和表面粗糙度有较高要求，而且对位置精度，端面 B、端面 C 的表面粗糙度和位置精度也有一定要求。

根据工件材料性质和具体尺寸精度、表面粗糙度的要求，可以采用粗车—精车的工艺来达到。大端外圆面 $\phi 65^{+0.065}_{+0.045}$ 对孔 $\phi 52^{+0.02}_{-0.01}$ 轴线的同轴度，以及内端面 B 对孔 $\phi 52^{+0.02}_{-0.01}$ 轴线的垂直度要求，可以用在一次安装中车出来保证。本例所要求的位置精度在一般的卧式车床上加工是可以达到的。

小端外圆面 $\phi 45 \pm 0.008$ 对 $\phi 52^{+0.02}_{-0.01}$ 轴线的同轴度，台阶端面 C 对孔 $\phi 52^{+0.02}_{-0.01}$ 轴线的垂直度，可以在精车小端时，以孔和与孔在一次安装中车出的大端端面 D 定位来保证。这就要用定位精度较高的可胀心轴（图 7-24）装夹工件，可胀心轴的定心精度可达 0.01 mm，定位端面对轴线的垂直度也比较高，装夹工件时只要使大端面贴紧可胀心轴的定位端面，就可以保证所要求的位置精度。

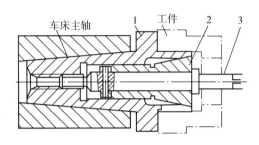

图 7-24　可胀心轴
1—可胀心轴体；2—夹头芯；3—螺杆

3. 基准选择

为了给粗车—精车大端时提供一个精基准，先以工件毛坯大端外圆面作粗基准，粗车小端外圆面和端面。这样也保证了加工大端时余量均匀一致。

然后，以粗车后的小端外圆面和台阶端面 C 为定位基准（精基准），在一次安装中加工大端各表面，以保证所要求的位置精度。

精车小端时，则利用可胀心轴，以孔 $\phi 52^{+0.02}_{-0.01}$ 和大端端面 D 为定位基准。

4. 工艺过程

在单件小批生产中，该轴套的工艺过程可按表 7-8 进行安排。

表 7-8　单件小批生产轴套的工艺过程

工序号	工序名称	工序内容	加工简图	设　备
I	铸	铸造，清理	$R3\sim R5$ $\phi 51$ $\phi 71$ 34 50	

（续表）

工序号	工序名称	工序内容	加工简图	设　备
Ⅱ	车	（1）粗车小端面外圆和两端面至 $\phi47\times16$； （2）钻孔至 $\phi28$，钻通； （3）倒头粗车大端外圆和端面至 $\phi67\times30$； （4）镗孔至 $\phi30$，镗通； （5）粗镗大端孔及粗车内端面至 $\phi50\times20$； （6）倒内斜角至 $\phi41\times45°$； （7）精车大端外圆和端面 D 至 $\phi\,65^{+0.065}_{+0.045}\times29$； （8）精镗大端孔和精车内端面 B 至 $\phi\,52^{+0.02}_{-0.01}\times20$； （9）车槽 3×2； （10）外圆及孔口倒角 $C2$	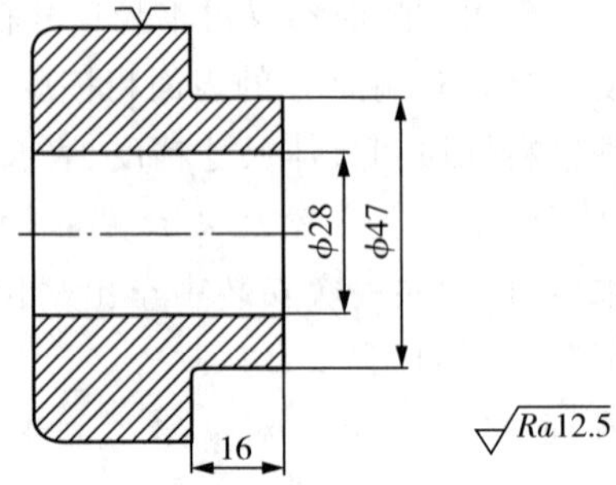 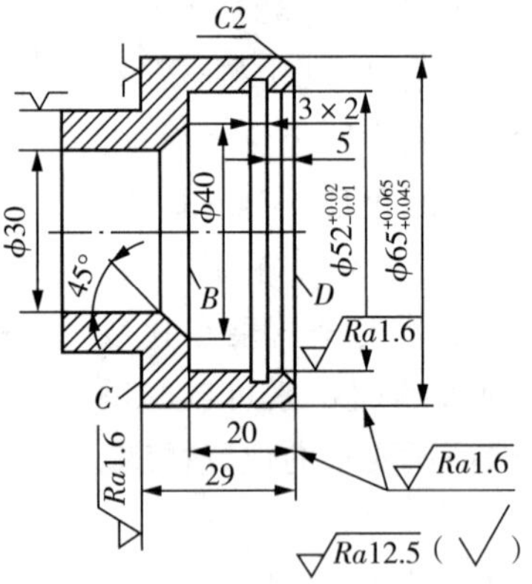	卧式车床
Ⅲ	车	（1）精车小端外圆至 $\phi45\pm0.008$； （2）精车端面 C、端面 E 保证尺寸 44、28 和 $R1$； （3）外圆及孔口倒角为 $C2$ 注：大端端面原设计要求 Ra 为 12.5 μm，但由于精车小端时作为精基准，故工艺要求 Ra 改为 1.6 μm	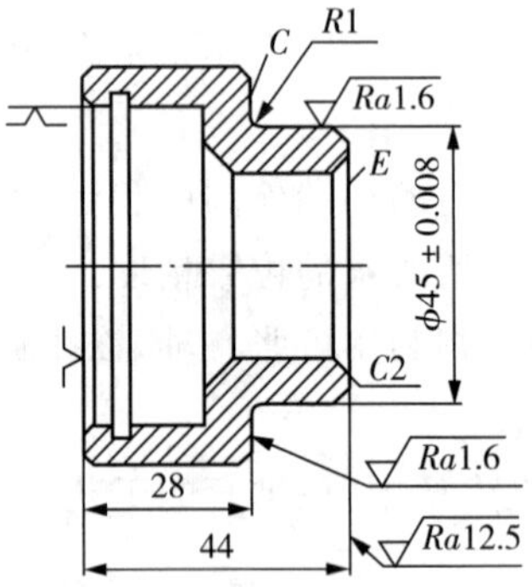	卧式车床
Ⅳ	钳	划 $\phi6$ 孔中心线，保证尺寸 8		卧式车床 （可胀心轴）
Ⅴ	钳	（1）钻 $\phi6$ 孔； （2）锪 $2\times90°$ 倒角	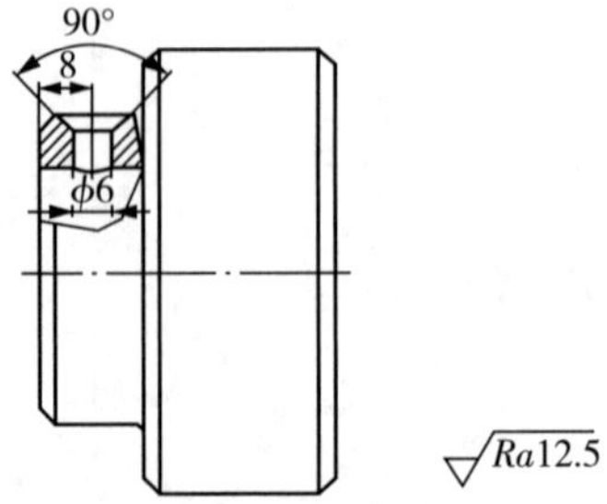	钻　床
Ⅵ	检	按图纸要求检验		

7.5.3　箱体类零件

现以卧式车床床头箱箱体的加工为例,来说明单件小批生产中箱体类零件的工艺过程。

1. 床头箱箱体的结构特点和主要技术要求

卧式车床床头箱箱体是车床床头箱部件装配时的基准零件,在它上面装入由齿轮、轴、轴承和拨叉等零件组成的主轴、中间轴和操纵机构等"组件",以及其他一些零件,构成床头箱部件。装配后,要保持各零件间正确的相互位置,保证部件正常地运转。

床头箱箱体的结构特点是壁薄、中空、形状复杂。加工面多为平面和孔,它们的尺寸精度、位置精度要求较高,表面粗糙度值较小。因此,其工艺过程比较复杂,下面仅就其主要平面和孔的加工,说明它的工艺过程。

图 7 - 25 所示为卧式车床床头箱箱体的剖视简图,主要的技术要求如下:

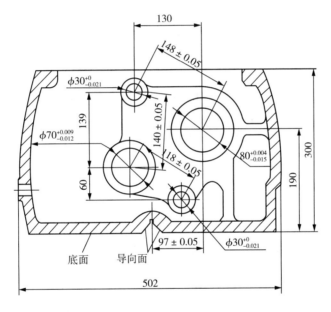

图 7 - 25　卧式车床床头箱箱体的剖视简图

(1)作为装配基准的底面和导向面的平面度允许误差为 0.02～0.03 mm,表面粗糙度 Ra 值为 0.8 μm。顶面和侧面平面度允许误差为 0.04～0.06 μm,表面粗糙度 Ra 值为 1.6 μm。顶面对底面的平行度允许误差为 0.1 mm;侧面对底面的垂直度允许误差为 0.04～0.06 mm。

(2)主轴轴承孔孔径精度为 IT6,表面粗糙度 Ra 值为 0.8 μm;其余轴承孔的精度为 IT7～IT6,表面粗糙度 Ra 值为 1.6 μm;非配合孔的精度较低,表面粗糙度 Ra 值为 6.3～12.5 μm。孔的圆度和圆柱度公差不超过孔径公差的 1/2。

(3)轴承孔轴线间距离尺寸公差为 0.05～0.1 mm,主轴轴承孔轴线与基准面距离尺寸公差为 0.05～0.1 mm。

(4)不同箱壁上同轴孔的同轴度允许误差为最小孔径公差的 1/2;各相关孔轴线间平行度允许误差为 0.06～0.1 mm;端面对孔轴线的垂直度允许误差为 0.06～0.1 mm。

（5）工件材料 HT200。

2. 工艺分析

工件毛坯为铸件，加工余量为底面 8 mm，顶面 9 mm，侧面和端面 7 mm，铸孔 7 mm。

在铸造后机械加工之前，一般应经过清理和退火处理，以消除铸造过程中产生的内应力。粗加工后，会引起工件内应力的重新分布，为使内应力分布均匀，也应经适当的时效处理。

在单件小批生产的条件下，该床头箱箱体的主要工艺过程可做如下考虑：

（1）底面、顶面、侧面和端面可采用粗刨—精刨工艺。因为底面和导向面的精度和粗糙度要求较高，又是装配基准和定位基准，所以在精刨后还应进行精细加工——刮研。

（2）直径小于 40 mm 的孔，一般不铸出，可采用钻—扩（或半精镗）—铰（或精镗）的工艺。对于已铸出的孔，可采用粗镗—半精镗—精镗（用浮动镗刀片）的工艺。由于主轴轴承孔精度和粗糙度的要求皆较高，故在精镗后还要用浮动镗刀片进行精细镗。

（3）其余要求不高的螺纹孔、紧固孔及油孔等，可放在最后加工。这样可以防止由于主要面或孔在加工过程中出现问题（如发现气孔、夹杂物或加工超差等）时，浪费这一部分的工时。

（4）为了保证箱体主要表面精度和粗糙度的要求，避免粗加工时由于切削量较大引起工件变形或可能划伤已加工表面，整个工艺过程分为粗加工和精加工两个阶段。

为了保证各主要表面位置精度的要求，粗加工和精加工时都应采用同一个定位基准。此外，各纵向主要孔的加工应在一次安装中完成，并可采用镗模夹具，这样可以保证位置精度的要求。

（5）整个工艺过程中，无论是粗加工阶段还是精加工阶段，都应遵循"先面后孔"的原则，即先加工平面，然后以平面定位再加工孔。这是因为：第一，平面常常是箱体的装配基准；第二，平面的面积较孔的面积大，以平面定位工件装夹稳定、可靠。因此，以平面定位加工孔，有利于保证定位精度和加工精度。

3. 基准选择

（1）粗基准的选择。在单件小批生产中，为了保证主轴轴承孔的加工余量分布均匀，并保证装入箱体中的齿轮、轴等零件与不加工的箱体内壁间有足够的间隙，以免互相干涉，常常首先以主轴轴承孔和与之相距最远的一个孔为基准，兼顾底面和顶面的余量，对毛坯进行划线和检查。之后，按划线找正粗加工顶面。这种方法，实际上就是以主轴轴承孔和与之相距最远的一个孔为粗基准。

（2）精基准的选择。以该箱体的装配基准（底面和导向面）为统一的精基准，加工各纵向孔、侧面和端面，符合基准同一和基准重合的原则，利于保证加工精度。

为了保证精基准的精度，在加工底面和导向面时，以加工后的顶面为辅助的精基准。并且在粗加工和时效之后，又以精加工后的顶面为精基准，对底面和导向面进行精刨和精细加工（刮研），进一步提高精加工阶段定位基准的精度，利于保证加工精度。

4. 工艺过程

根据以上分析，在单件小批生产中，该床头箱箱体的工艺过程可按表 7-9 进行安排。

表 7 - 9　单件小批生产箱体的工艺过程

工序号	工序名称	工序内容	加工简图	设　备
Ⅰ	铸	清理,退火		
Ⅱ	钳	画各平面加工线	(以主轴轴承孔和与之相距最远的一个孔为基准,并照顾底面和顶面的余量)	
Ⅲ	刨	粗刨顶面,留精刨余量 2 mm	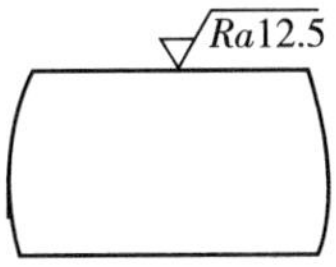 $\sqrt{Ra12.5}$	龙门刨床
Ⅳ	刨	粗刨底面和导向面,留精刨和刮研余量 2~2.5 mm	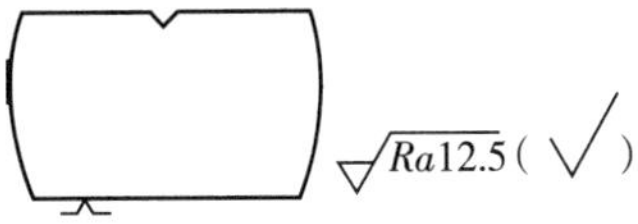 $\sqrt{Ra12.5}$ $(\sqrt{})$	龙门刨床
Ⅴ	刨	粗刨侧面和两端面,留精刨余量 2 mm	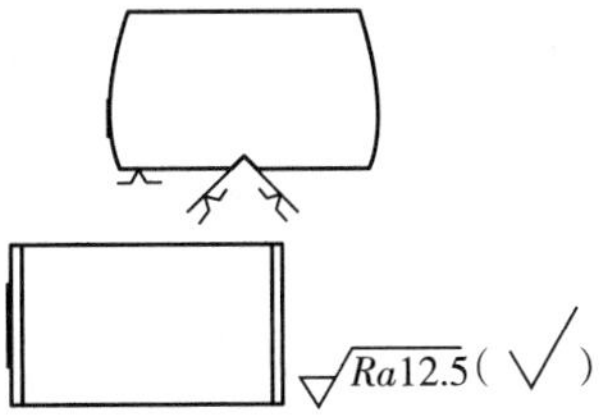 $\sqrt{Ra12.5}$ $(\sqrt{})$	龙门刨床
Ⅵ	镗	粗加工纵向各孔,主轴轴承孔,留半精镗、精镗和精细镗余量 2~2.5 mm,其余各孔留半精、精加工余量 1.5~2 mm(小直径孔钻出,大直径孔用镗刀加工)	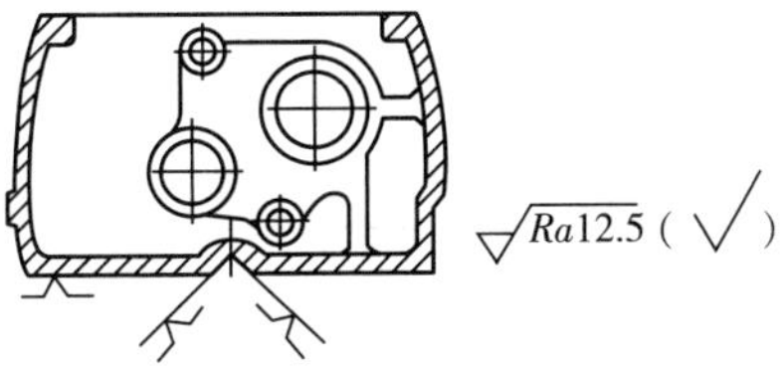 $\sqrt{Ra12.5}$ $(\sqrt{})$	卧式镗床(镗模)
Ⅶ		(时效)		
Ⅷ	刨	精刨顶面至尺寸	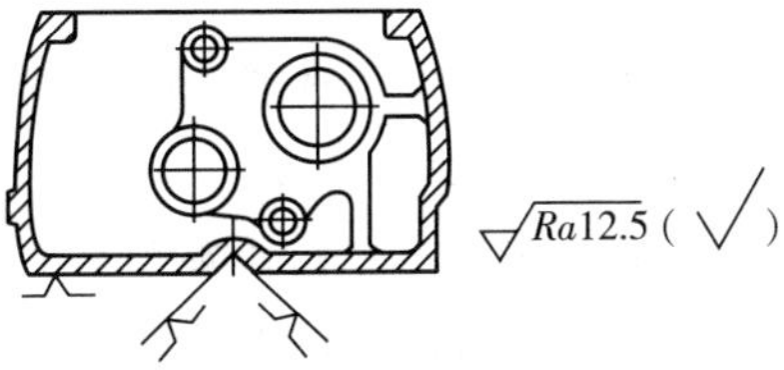 $\sqrt{Ra12.5}$ $(\sqrt{})$	龙门刨床
Ⅸ	刨	精刨底面和导向面,留刮研余量 0.1 mm	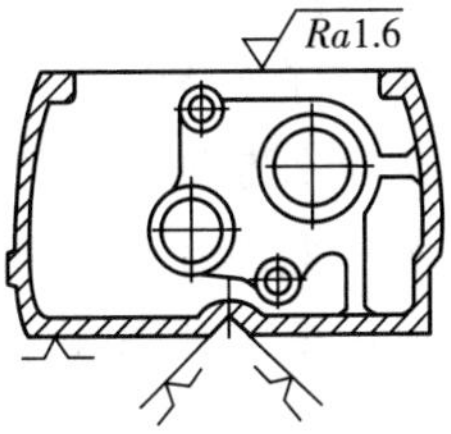 $\sqrt{Ra1.6}$	龙门刨床

（续表）

工序号	工序名称	工序内容	加工简图	设备
X	钳	刮研底面和导向面至尺寸	（25 mm×25 mm 内 8~10 个点）	
XI	刨	精刨侧面和导向面至尺寸	同工序 V（Ra 值为 1.6 μm）	龙门刨床
XII	镗	（1）半精加工各纵向孔，主轴轴承孔，留精镗和精细镗余量 0.8~1.2 mm，其余各孔留精加工余量 0.05~0.15 mm（小孔用扩孔钻，大孔用镗刀加工）； （2）精加工各纵向孔，主轴轴承孔，留精细镗余量 0.1~0.25 mm，其余各孔至尺寸（小孔用铰刀，大孔用浮动镗刀片加工）； （3）精细镗主轴轴承孔至尺寸（用浮动镗刀片加工）	同工序 VI（Ra 值为 1.6 μm 或 Ra 值为 0.8 μm）	卧式镗床
XIII	钳	（1）加工螺纹底孔，紧固孔及油孔等至尺寸； （2）攻丝、去毛刺	底面定位（Ra 值为 6.3~12.5 μm）	钻床
XIV	检	按图纸要求检验		

习 题 与 思 考 题

7-1　什么是机械加工工艺过程？什么叫机械加工工艺规程？

7-2　什么叫工序、工位和工步？

7-3　什么是机床夹具？它包括哪几部分？各部分起什么作用？

7-4　什么是定位？简述工件定位的基本原理。

7-5　什么是过定位？举例说明过定位可能产生哪些不良后果，可采取哪些措施？

7-6　什么叫基准？可分为哪两大类？

7-7　粗基准和精基准有何区别？它们的选择原则有哪些？

7-8　切削加工顺序安排的原则是哪些？

7-9　试分析下图所示三种安装方法工件的定位情况，各限制了哪几个自由度？属于哪种定位？

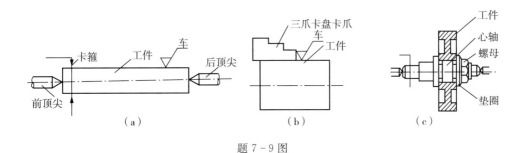

题 7 - 9 图

7 - 10　试分别拟订下图所示零件在单件小批生产中的工艺过程。

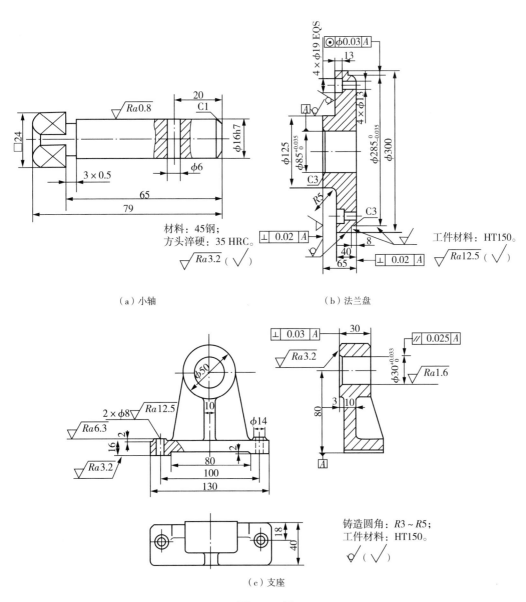

题 7 - 10 图

7-11 如图所示小轴 30 件,毛坯为 $\phi32\times104$ 的圆钢料,若用两种方案加工:①先整批车出 $\phi28$ 一端的端面和外圆,随后仍在该台车床上整批车出 $\phi16$ 一端的端面和外圆;②在一台车床上逐件进行加工,即每个工件车好 $\phi28$ 的一端后,立即掉头车 $\phi16$ 的一端。试问这两种方案分别是几道工序? 哪种方案较好? 为什么?

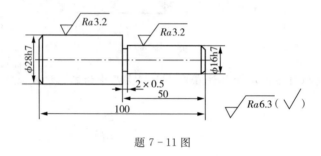

题 7-11 图

第8章　先进制造技术

先进制造技术在传统制造技术的基础上融合了计算机技术、信息技术、自动控制技术及现代管理理念等,涉及内容非常广泛,体现学科交叉融合的"新工科"先进理念。本章从超精密加工技术、纳米加工技术、超高速加工技术、增材制造技术、先进生产模式、特种加工方法等方面论述了各自的原理、特点及其应用,介绍了先进制造技术在武器装备中的应用,体现了先进制造技术的发展方向。

8.1　概　述

进入 21 世纪以来,随着制造技术,特别是先进制造技术的不断发展,精密与特种加工对制造业的影响日益重要,它们解决了传统加工方法所遇到的问题,有着自己独特的特点,已经成为现代工业不可缺少的重要加工方法和手段。

由于材料科学、高新技术的发展和激烈的市场竞争,发展尖端国防及科学研究的急需,使得新产品更新换代日益加快,同时要求产品具有很高的强度质量比和性价比,产品朝着高速度、高精度、高可靠性、耐腐蚀、高温高压、大功率、尺寸大小两极分化的方向发展。为此,各种新材料、新结构、形状复杂的精密机械零件大量涌现,采用的材料越来越难加工,零件形状越来越复杂,加工精度、表面粗糙度及某些特殊要求也越来越高,对机械制造业提出了一系列迫切需要解决的新问题。例如,各种难切削材料的加工;各种结构形状复杂、尺寸或微小或特大、精密零件的加工;薄壁、弹性元件等弱刚度、特殊零件的加工等。对此,采用传统加工方法十分困难,甚至无法加工。在生产的迫切需求下,人们通过各种渠道,借助于多种能量形式,不断研究和探索新的加工方法。精密加工与特种加工等现代的制造方式正是在这种环境和条件下产生和发展起来的。

一方面,通过研究高效加工的刀具和刀具材料、自动优化切削参数、提高刀具可靠性和在线刀具监控系统、开发新型切削液、研制新型自动机床等途径,进一步改善切削状态,提高切削加工水平,并解决了一些问题,朝着高速、超高速、超精密等方向发展。另一方面,冲破传统加工方法的束缚,不断地探索、寻求新的加工方法,一种本质上区别于传统加工的特种加工便应运而生,并不断获得发展。随着新颖制造技术的进一步发展,人们便从广义上来定义特种加工,即将电、磁、声、光、化学等能量或其组合施加在工件的被加工部位上,从而实现材料被去除、变形、改变性能或被镀覆等的非传统加工方法统称为特种加工。

特种加工是 20 世纪 40 年代发展起来的,和传统的切削加工的不同体现在:

(1)特种加工主要依靠电、化学、光、声、热等能量去除金属材料,而不主要依靠机械能,因此与加工对象的机械性能无关。例如,激光加工、电火花加工、等离子弧加工、电化学加工等,与工件的硬度、强度等机械性能无关,故可加工各种硬、软、脆、热敏、耐腐蚀、高熔点、高强度、具特殊性能的金属和非金属材料。

(2)工具硬度可低于被加工材料的硬度。很多特种加工属于非接触加工,加工过程中不一定需要工具,有的虽使用工具,但与工件不接触,因此,工件不承受大的作用力,故工具的硬度可低于被加工材料的硬度,而且便于加工刚性极低的元件及弹性元件。

(3)加工过程中工具和工件之间不存在显著的机械切削力,因此不存在明显的机械应变或热应变,可获得较小的表面粗糙度值,其热应力、残余应力、冷作硬化等均比较小,尺寸稳定性好。

(4)有些特种加工,如超声、电化学、水喷射、磨料流等,加工余量非常细微,因此不仅可以加工尺寸微小的孔或狭缝,还能获得高精度和极小的表面粗糙度值。

(5)两种或两种以上不同类型的能量可以相互组合形成新的复合加工,其综合加工效果明显,且便于推广使用。

总体来说,特种加工可以加工任何硬度、强度、韧性、脆性的金属或非金属材料,且专长于加工复杂、微细表面和低刚度零件。同时,有些方法还可用于进行超精加工、镜面光整加工和纳米级加工。特种加工对简化加工工艺、变革新产品的设计及零件结构工艺性等产生了积极的影响。

8.2 先进制造工艺

8.2.1 超精密加工技术

1. 超精密加工的特征

通常按照加工精度划分,可将机械加工分为一般加工、精密加工和超精密加工。由于技术的不断发展,划分的界限将随着历史进程而逐渐向前推移,过去的精密加工对于今天来说已经是普通加工了。因此,精密和超精密是相对的,在不同的时期有不同的界定。

超精密加工就是在超精密机床设备上,利用零件与刀具之间产生的具有严格约束的相对运动,对材料进行微细切削,以获得极高形状精度和表面质量的加工过程。就目前的发展水平而言,一般认为超精密加工的加工精度应高于 $0.1\,\mu m$,表面粗糙度 Ra 值应小于 $0.025\,\mu m$,因此,超精密加工又称为亚微米级加工。超精密加工正在向纳米级加工工艺发展。

超精密加工包括超精密切削(车削、铣削)、超精密磨削、超精密研磨和超微细加工。每一种超精密加工方法都应针对不同零件的精度要求而选择,其所获得的尺寸精度、形状精度和表面粗糙度是普通精密加工无法达到的。

超精密切削加工主要是指利用金刚石刀具对工件进行车削或铣削加工,主要用于加工对精度要求很高的有色金属材料及其合金,以及光学玻璃、石材和碳素纤维等非金属材料零件,表面粗糙度 Ra 值可达 $0.005\ \mu m$。

超精密磨削是利用磨具上均匀性好、细粒度的磨粒对零件表面进行摩擦、耕犁及切削的过程,主要用于加工硬度较高的金属以及玻璃、陶瓷等非金属硬脆材料。当前的超精密磨削技术能加工出圆度为 $0.01\ \mu m$,尺寸精度为 $0.1\ \mu m$,表面粗糙度 Ra 值为 $0.002\ \mu m$ 的圆柱形零件。

超精密研磨包括机械研磨、化学机械研磨、浮动研磨、弹性发射加工等,主要用于加工高表面质量与低面型精度的集成电路芯片和各种光学平面等。超精密研磨加工出的球面度达 $0.025\ \mu m$。利用弹性发射加工技术,加工精度可达 $0.1\ \mu m$,表面粗糙度 Ra 值可达 $0.5\ nm$。

超精密研磨的关键条件是几乎无振动的研磨运动、高形状精度的研磨工具、精密的温度控制、洁净的环境以及细小而均匀的研磨剂。

超微细加工是指各种纳米加工技术,主要包括激光、电子束、离子束、光刻蚀等加工手段。它是获得现代超精产品的一种重要途径,主要用于微机械或微型装置的加工制作。

2. 超精密加工的设备

超精密机床是超精密加工的基础,它要求具有高静刚度、高动刚度、高稳定性的机床结构。为此,广泛采用高精度空气静压轴承支撑主轴系统,导轨是超精密机床的直线性基准,在超精密机床上,广泛采用的是空气静压导轨或液体静压导轨支撑进给系统的结构模式,液体静压导轨与空气静压导轨的直线性非常稳定,可达 $0.02\ \mu m/100\ mm$。

超精密机床要实现超微量切削,必须配有微量移动工作台,实现微进给和刀具的微量调整,以保证零件尺寸精度。其微进给驱动系统分辨率在亚微米和纳米级,广泛采用压电陶瓷作为微量进给的驱动元件。微量进给装置有机械式微量进给装置、弹性变形式微量进给装置、热变形式微量进给装置、电致伸缩微量进给装置、磁致伸缩微量进给装置及流体膜变形微量进给装置等。

图 8-1 所示为美国最具代表性的大型金刚石切削机床(Large optical diamond turning machine)。该车床是美国加利福尼亚大学的国家实验室 LLNL(Lawrence Livermore National Laboratory)和空军 Wright 航空研究所等单位合作,于 1984 年研制成功的。它采用双立柱立式车床结构,六角刀盘驱动,多重光路激光干涉测长进给反馈,分辨率为 7 nm,定位误差为 $0.0025\ \mu m$,能加工直径 1625 mm、长 508 mm、质量 1360 kg 的大型金属反射镜等光学零件,加工件的圆度和平面度误差达到 $0.013\ \mu m$,表面粗糙度值 Ra 达 $0.0042\ \mu m$。

3. 超精密切削加工的刀具

在超精密切削加工中,通常进行微量切削,即均匀地切除极薄的金属层,其最小背吃刀量小于零件的加工精度。因此,超精密切削刀具必须具备超微量切削特征。超精密切削中所使用的刀具,一般是天然单晶金刚石刀具,它是目前进行超精密切削加工的主要刀具。超精密切削加工的最小背吃刀量是其加工水平的重要标志,影响最小背吃刀量的主要因素是刀具的锋利程度,影响刀具锋利程度的刀具参数是切削刃的钝圆半径 r_ε。目前,国外金刚石刀具刃口钝圆半径已经达到纳米级水平,可以实现背吃刀量为纳米级的连续稳定切削。我

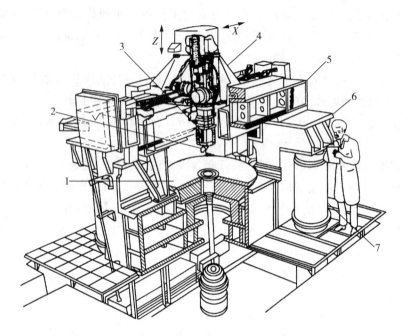

图 8-1　美国 LLNL 的大型金刚石超精密切削机床

1—主轴;2—高速刀具伺服系统;3—刀具轴;

4—X 轴滑板;5—上部机架;6—主机架;7—气动支架

国生产的金刚石刀具切削刃钝圆半径可以达到 0.1 μm,可以进行背吃刀量 0.1 μm 以下的加工。

在超精密切削加工时,为了获得超光滑加工表面,往往不采用主切削刃和副切削刃相交为一点的尖锐刀尖,这样的刀尖很容易崩裂和磨损,而且会在加工表面上留下加工痕迹,使表面粗糙度值增加。由于超精密切削加工的表面粗糙度要求一般为 0.01 μm 左右,所以刀具通常要制成不产生走刀痕迹的形状,在主切削刃和副切削刃之间具有过渡刃,对加工表面起修光作用,如图 8-2 所示。

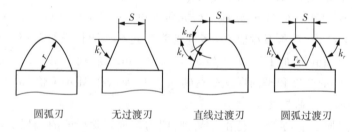

圆弧刃　　无过渡刃　　直线过渡刃　　圆弧过渡刃

图 8-2　金刚石刀具切削刃形状示意图

当参与切削的切削刃与工件轴线平行,且切削刃与工件接触长度大于所选用的进给量时,理论上不会在已加工表面形成残留面积,这时能够获得理想的超光滑加工表面。但直线刃金刚石刀具在使用时也明显存在不足之处:第一,为使切削刃与工件轴线平行,直线刃金刚石刀具对刀时需要花费较长时间精心调整;第二,直线刃金刚石刀具切削刃与工件接触长度相对较大时,加工时易产生切削振动,从而间接增大已加工表面的表面粗糙度值。鉴于上述情况,在实际超精密切削加工时,通常采用圆弧刃金刚石车刀,在任何条件下刀具切削刃都能以一段圆弧与工件直接接触,具有安装、调整和对刀比较方便的特点。当圆弧刃金刚石刀具刀尖圆弧半径 r_ε 较大,主偏角和副偏角都很小时,在已加工表面形成的理论残留面积非常小,其切削状况与直线刃刀具近似,却同时兼有直线刃金刚石刀具所不具备的优点,如安装、调整和对刀方便等。

金刚石车刀的前角 γ_0 一般为 $0°$,后角 α_0 一般选择 $5°\sim8°$,$\kappa_r=45°$。如图 8-3 所示。

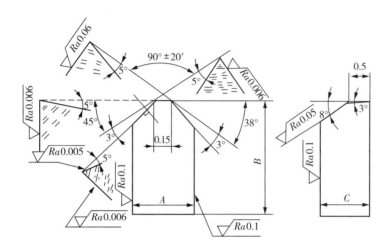

图 8-3　金刚石车刀切削部分示意图

4. 纳米加工技术

1) 纳米技术概述

20 世纪 80 年代诞生的纳米科学技术标志着人类改造自然的能力已延伸到原子、分子水平,标志着人类科学技术已进入一个新的时代——纳米科学技术时代,也标志着人类即将从"毫米文明""微米文明"迈向"纳米文明"时代。纳米科学技术的发展将推动信息、材料、能源、环境、生物、农业、国防等领域的技术创新,将在精密机械工程、材料科学、微电子技术、计算机技术、光学、化工、生物和生命技术以及生态农业等方面产生新的突破。

纳米(Nanometer)技术是在纳米尺度范畴内对原子、分子等进行操纵和加工的技术。其主要内容包括:纳米级精度和表面形貌的测量;纳米级表层物理、化学、力学性能的检测;纳米级精度的加工和纳米级表层的加工——原子和分子的去除、搬迁和重组;纳米材料;纳米级微传感器和控制技术;微型和超微型机械;微型和超微型机电系统和其他综合系统;纳米生物学等。纳米技术是科技发展的一个新兴领域,它不仅仅是将加工和测量精度从微米级提高到纳米级的问题,也代表着人类对自然的认识和改造从宏观领域进入到物理的微观领域,深入了一个新的层次,即从微米层深入到分子、原子级的纳米层次。在深入到纳米层次时,所面临的绝不是几何上的"相似缩小"的问题,而是一系列新的现象和新的规律。在纳米层次上,也就是原子尺寸级别的层次上,一些宏观的物理量,如弹性模量、密度、温度等需要重新定义,在工程科学中习以为常的欧几里得几何、牛顿力学、宏观热力学和电磁学都已不能正常描述纳米级的工程现象和规律,而量子效应、物质的波动特性和微观涨落等已成为不可忽略的因素,甚至成为主导的因素。

2)纳米加工的物理实质

纳米材料的物理、化学性质既不同于微观的原子、分子,也不同于宏观物体,纳米介于宏观世界与微观世界之间。当常态物质被加工到极其微细的纳米尺度时,会出现特异的表面效应、体积效应、量子尺寸效应和宏观隧道效应等,其光学、热学、电学、磁学、力学、化学等性质也就相应地发生十分显著的变化。因此,纳米级加工的物理实质和传统的切削、磨削加工有很大不同,一些传统的切削、磨削方法和规律已不能用在纳米级加工领域。

欲得到 1 nm 的加工精度,加工的最小单位必然在亚微米级。由于原子间的距离为 0.1~0.3 nm,实际上纳米级加工已达到了加工精度的极限。纳米级加工中试件表面的一个个原子或分子成为直接的加工对象,因此纳米级加工的物理实质就是要切断原子间的结合,实现原子或分子的去除。各种物质是以共价键、金属键、离子键或分子结构的形式结合而成的,要切断原子或分子的结合,就要研究材料原子间结合的能量密度,切断原子间结合所需的能量必然要求超过该物质的原子间结合能,因此需要的能量密度是很大的。表 8-1 中是几种材料的原子间结合能量密度。在机械加工中,工具材料的原子间结合能必须大于被加工材料的原子间结合能。

表 8-1 不同材料的原子间结合能量密度

材 料	综合能量密度/(J/cm³)	备 注	材 料	综合能量密度/(J/cm³)	备 注
Fe	2.6×10^3	拉伸	SiC	7.5×10^5	拉伸
SiO_2	5×10^2	剪切	B_4C	2.09×10^6	拉伸
Al	3.34×10^2	剪切	CBN	2.26×10^8	拉伸
Al_2O_3	6.2×10^5	拉伸	金刚石	$1.02 \times 10^7 \sim 5.64 \times 10^8$	晶体各向异性

在纳米级加工中需要切断原子间的结合,故需要 $10^5 \sim 10^6$ J/cm³ 的能量密度。传统的切削、磨削加工消耗的能量密度较小,实际上是利用原子、分子或晶体间连接处的缺陷进行加工的。用传统切削、磨削加工方法进行纳米级加工,要切断原子间的结合是相当困难的。因此直接利用光子、电子、离子等基本能子的加工,必然是纳米级加工的主要方向和主要方法。但纳米级加工要求达到极高的精度,使用基本能子进行加工,如何进行有效的控制以达到原子级的去除,是实现原子级加工的关键。近年来纳米级加工有了很大突破,例如,用电子束光刻加工超大规模集成电路时,已实现 0.1 μm 线宽的加工;离子刻蚀已实现微米级和纳米级表层材料的去除;扫描隧道显微技术已实现单个原子的去除、搬迁、增添和原子的重组。纳米加工技术现在已成为现实的、有广阔发展前景的全新加工领域。

3)纳米加工精度

纳米级加工精度包含:纳米级尺寸精度、纳米级几何形状精度及纳米级表面质量。对不同的加工对象,这三方面各有所侧重。

(1)纳米级尺寸精度

① 较大尺寸的绝对精度很难达到纳米级。零件材料的稳定性、内应力、本身质量造成的变形等内部因素和环境的温度变化、气压变化、测量误差等都将产生尺寸误差。因此,现在的长度基准不采用标准尺为基准,而采用光速和时间作为长度基准。1 m 长的使用基准尺,其精度要达到绝对长度误差 0.1 μm 已经非常不易。

② 较大尺寸的相对精度或重复精度达到纳米级。这在某些超精密加工中会遇到,例如,某些高精度孔和轴的配合,某些精密机械零件的个别关键尺寸,超大规模集成电路制造过程中要求的重复定位精度等,现在使用激光干涉测量法和 X 射线干涉测量法都可以达到 A 级的测量分辨率和重复精度,可以保证这部分加工精度的要求。

③ 微小尺寸加工达到纳米级精度。这是精密机械、微型机械和超微型机械中遇到的问题,无论是加工或测量都需要继续研究发展。

(2)纳米级几何形状精度

纳米级几何形状精度在精密加工中经常遇到,例如,精密轴和孔的圆度和圆柱度;精密球(如陀螺球、计量用标准球)的圆度;制造集成电路用的单晶硅基片的平面度;光学、激光、X 射线的透镜和反射镜,要求非常高的平面度或是要求非常严格的曲面形状。精密零件的几何形状直接影响它的工作性能和工作效果。

(3)纳米级表面质量

表面质量不仅仅指它的表面粗糙度,而且包含其内在的表层的物理状态。例如,制造大规模集成电路的单晶硅基片,不仅要求很高的平面度、很小的表面粗糙度值和无划伤,而且要求无表面变质层或极小的变质层、无表面残留应力、无组织缺陷。高精度反射镜的表面粗糙度、变质层会影响其反射效率。微型机械和超微型机械的零件对表面质量也有极严格的要求。

4)纳米加工中的 LIGA 技术

LIGA(德语中 Lithographie,Galvanoformung,Abformung 三个词的缩写)技术是 20 世纪 80 年代中期由德国 W. Ehrfeld 教授等人发明的,是使用 X 射线的深度光刻与电铸相结合,实现高深宽比的微细构造的微细加工技术,简称光刻电铸。它是最新发展的深度光刻、电铸成形和注塑成形的复合微细加工技术,被认为是一种三维立体微细加工的最有前景的新加工技术,将对微型机械的发展起到很大的促进作用。

采用 LIGA 技术可以制作各种各样的微器件和微装置,工件材料可以是金属或合金、陶瓷、聚合物和玻璃等,可以制作最大高度为 1000 μm,横向尺寸为 0.5 μm 以上,高宽比大于 200 的立体微结构,加工精度可达 0.1 μm。刻出的图形侧壁陡峭、表面光滑,加工出的微器件和微装置可以被大批量复制生产,成本低。

采用 LIGA 技术已研制成功或正在研制的产品有微传感器、微电动机、微执行器、微机械零件、集成光学和微光学元件、真空电子元件、微型医疗器械和装置、流体技术微元件、纳米技术元件及系统等。LIGA 产品涉及的尖端科技领域和产业部门极为广泛,其技术经济的重要性和市场前景以及社会、经济效益是显而易见的。

目前在 LIGA 工艺中有加入牺牲层的方法,使获得的微型器件中有部分可以脱离母体而能移动或转动,这在制造微型电动机或其他驱动器时很重要。还有人研究控制光刻时的照射深度,即使用部分透光的掩膜,使曝光时同一块光刻胶在不同处曝光深度不同,从而使获得的光刻模型可以有不同的高度,用这种方法可以得到真正的三维立体微型器件。

5)原子级加工技术

扫描隧道显微镜(Scanning Tunneling Microscope,简称 STM)发明初期是用于测量试件表面纳米级的形貌,不久又发明了原子力显微镜。在这些显微探针检测技术的使用中发现可以通过显微探针操纵试件表面的单个原子,实现单个原子和分子的搬迁、去除、增添和原子排列重组,实现极限的精加工——原子级的精密加工。

当显微镜的探针对准试件表面某个原子并非常接近时,试件上的该原子受到两方面的力:一方面是探针尖端原子对该原子间作用力,另一方面是试件其他原子对该原子间结合力。如探针尖端原子和该原子的距离小到某极小距离时,探针针尖可以带动该原子跟随针尖移动而又不脱离试件表面,实现了试件表面的原子搬迁。

在显微镜探针针尖对准试件表面某原子时,再加上电偏压或加脉冲电压,使该原子成为离子而被电场蒸发,达到去除原子形成空位。实验证明,无论正脉冲或负脉冲均可抽出单个的 Si 原子,说明 Si 原子既能以正离子也能以负离子的形式被电场蒸发。在有脉冲电压情况下,也可以从针尖上发射原子,达到增添原子填补空位的目标。

近年来原子级加工技术获得了迅速的发展,取得了多项重要成果。例如,美国圣荷塞 IBM 阿尔马登研究所在超真空环境中用 STM 将 Ni 表面吸附的 Xe(氙)原子逐一搬迁,最终以 35 个 Xe 原子排成 IBM 三个字母,每个字母高 5 nm,Xe 原子间最短距离约为 1 nm,如图 8-4(a)所示。这种原子搬迁的方法就是使显微镜探针针尖对准选中的 Xe 原子,使针尖接近 Xe 原子,使原子间作用力达到让 Xe 原子跟随针尖移动到指定位置而不脱离 Ni 的表面。用这种方法可以排列密集的 Xe 原子链。中国科学院化学所的科技人员利用纳米加工技术在石墨表面通过搬迁碳原子而绘制出世界上最小的中国地图,如图 8-4(b)所示。科学家还可以把碳 60 分子每 10 个一组放在铜的表面,组成了世界上最小的算盘,如图 8-4(c)所示。与普通算盘不同的是,算珠不是用细杆穿起来,而是沿铜表面的原子台阶排列的。

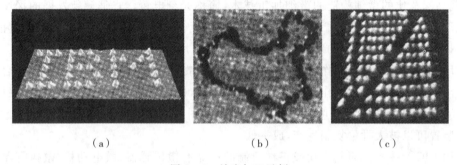

| （a） | （b） | （c） |

图 8-4　纳米加工示例

8.2.2　超高速加工技术

1. 超高速加工技术概述

超高速加工技术是指采用超硬材料刀具和磨具,利用高速、高精度、高自动化和高柔性的制造设备,以提高切削速度来达到提高材料切除率、加工精度和加工质量的先进加工技术。其显著标志是使被加工塑性金属材料在切除过程中的剪切滑移速度达到或超过某一阈值,开始趋向最佳切除条件,使得切除被加工材料时消耗的能量、切削力、工件表面温度、刀具和磨具磨损、加工表面质量等明显优于传统切削速度下的指标,而加工效率则大大高于传统切削速度下的加工效率。

由于不同的工件材料、不同的加工方式有着不同的切削速度范围,因而很难就超高速加工的切削速度范围给定一个确切的数值。目前,对于各种不同加工工艺和不同加工材料,超高速加工的切削速度范围分别见表 8-2 和表 8-3。

表 8-2　不同加工工艺的切削速度范围	
加工工艺	切削速度范围/(m/min)
车削	700~7000
铣削	300~6000
钻削	200~1100
拉削	30~75
铰削	20~500
锯削	50~500
磨削	5000~10000

表 8-3　各种材料的切削速度范围	
加工工艺	切削速度范围/(m/min)
铝合金	2000~7500
铜合金	900~5000
钢	600~3000
铸铁	800~3000
耐热合金	>500
钛合金	150~1000
纤维增强塑料	2000~9000

超高速加工的切削速度不仅是一个技术指标,而且是一个经济指标。也就是说,它不仅仅是一个技术上可实现的切削速度,而且必须是一个可由此获得较大经济效益的高切削速度,没有经济效益的高切削速度是没有工程意义的。目前定位的经济效益指标是在保证加工精度和加工质量的前提下,将通常切削速度加工的时间减少 90%,同时将加工费用减小 50%,以此衡量高切削速度的合理性。

2. 超高速加工的原理

超高速加工的理论研究可追溯到 20 世纪 30 年代。1931 年德国切削物理学家萨洛蒙(Carl Salomon)根据著名的"萨洛蒙曲线"(图 8-5),提出了超高速切削的理论。超高速切削概念示意图如图 8-6 所示。萨洛蒙指出:在常规的切削速度范围内(图 8-6 中 A 区),切削温度随切削速度的增大而升高。但是,当切削速度增大到某一数值 v_{ε} 之后,切削速度再增加,切削温度反而降低;v_{ε} 值与工件材料的种类有关,对每种工件材料,存在一个速度范围,在这个速度范围内(图 8-6 中 B 区),由于切削温度太高,任何刀具都无法承受,切削加工不可能进行,这个速度范围被称为"死谷"(dead valley)。由于受当时试验条件的限制,这一理论未能严格区分切削温度和工件温度的界限,但是他的思想给了后来研究者非常重要的启示:如能越过这个"死谷"而在超高速区(图 8-6 中 C 区)进行加工,则有可能用现有刀具进行超高速切削,大幅度减少切削工时,并成功地提高机床的生产率。Salomon 超高速切削理论的最大贡献在于,创造性地预言了超越 Taylor 切削方程式的非切削工作区域的存在,Salomon 因此被后人誉为"高速加工之父"。

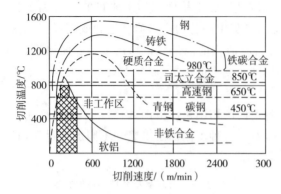

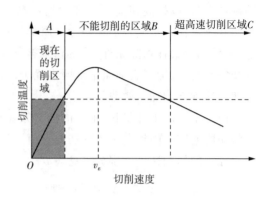

图 8-5 Salomon 提出的切削速度与切削温度曲线　　　图 8-6 超高速切削概念示意图

现在大多数研究者认为：在超高速切削铸铁、铜及难加工材料时，即使在很大的切削速度范围内也不存在这样的"死谷"，刀具寿命总是随切削速度的增加而降低；而在硬质合金刀具超高速铣削钢材时，尽管随切削速度的提高，切削温度随之升高，刀具磨损逐渐加剧，刀具寿命 T 继续下降，且 $T-v$ 规律仍遵循 Taylor 方程，但在较高的切削速度段，Taylor 方程中的 m 值大于较低速度段的 m 值，这意味着在较高速度段刀具寿命 T 随 v 提高而下降的速率减缓。这一结论对于高速切削技术的实际应用有重要意义。

3. 超高速加工技术的优越性

(1)超高速切削加工的优越性

高速切削加工技术与常规切削加工相比，在提高生产率，降低生产成本，减少热变形和切削力以及实现高精度、高质量零件加工等方面具有明显优势。

① 加工效率高。高速切削加工比常规切削加工的切削速度高 5～10 倍，进给速度随切削速度的提高也可相应的提高 5～10 倍，这样，单位时间材料切除率可提高 3～6 倍，因而零件加工时间通常可缩减到原来的 1/3，从而提高了加工效率和设备利用率，缩短生产周期。

② 切削力小。与常规切削加工相比，高速切削加工切削力至少可降低 30%，这对于加工刚度较差的零件(如细长轴、薄壁件)来说，可减少加工变形，提高零件加工精度。同时，采用高速切削，单位功率材料切除率可提高 40% 以上，有利于延长刀具使用寿命，通常刀具寿命可提高约 70%。

③ 热变形小。高速切削加工过程极为迅速，95% 以上的切削热来不及传给工件，而被切屑迅速带走，零件不会由于温升导致弯翘或膨胀变形。因而，高速切削特别适合加工容易发生热变形的零件。

④ 加工精度高、加工质量好。高速切削加工的切削力和切削热影响小，使刀具和工件的变形小，保持了尺寸的精确性。另外，由于切屑被飞快地切离工件，切削力和切削热影响小，从而使工件表面的残余应力小，达到较好的表面质量。

⑤ 加工过程稳定。高速旋转刀具切削加工时的激振频率高，已远远超出"机床—工件—刀具"系统的固有频率范围，不会造成工艺系统振动，使加工过程平稳，有利于提高加工精度和表面质量。

⑥ 良好的技术经济效益。采用高速切削加工将能取得较好的技术经济效益,如缩短加工时间,提高生产率;可加工刚度差的零件;零件加工精度高、表面质量好;提高了刀具寿命和机床利用率;节省了换刀辅助时间和刀具刃磨费用等。

（2）超高速磨削加工的优越性

超高速磨削的试验研究预示,采用磨削速度为 1000 m/s(超过被加工材料的塑性变形应力波速度)的超高速磨削会获得非凡的效益。尽管受到现有设备的限制,但是可以明确超高速磨削与以往的磨削技术相比具有如下突出优越性:

① 可以大幅度提高磨削效率。在磨削力不变的情况下,200 m/s 超高速磨削的金属切除率比 80 m/s 磨削提高 150%,而 340 m/s 时比 180 m/s 时提高 200%。尤其是采用超高速快进给的高效深磨技术,金属切除率极高,工件可由毛坯一次最终加工成形,磨削时间仅为粗加工(车、铣)时间的 5%～20%。

② 磨削力小,零件加工精度高。当磨削效率相同时,200 m/s 时的磨削力仅为 80 m/s 时的 50%。但在相同的单颗磨粒切深条件下,磨削速度对磨削力影响极小。

③ 可以获得低的表面粗糙度值。其他条件相同时,33 m/s、100 m/s 和 200 m/s 速度下磨削表面粗糙度值 Ra 分别为 2.0 μm、1.4 μm、1.1 μm。对高达 1000 m/s 超高速磨削效果的计算机模拟研究表明,当磨削速度由 20 m/s 提高至 1000 m/s 时,表面粗糙度值将降低至原来的 1/4。另外,在超高速条件下,获得的表面粗糙度受切削刃密度、进给速度及光磨次数的影响较小。

④ 可大幅度延长砂轮寿命,有助于实现磨削加工的自动化。在磨削力不变的条件下,以 200 m/s 磨削时砂轮寿命比以 80 m/s 磨削时提高 1 倍,而在磨削效率不变的条件下砂轮寿命可提高 7.8 倍。砂轮使用寿命与磨削速度成对数关系增长,使用金刚石砂轮磨削氮化硅陶瓷时,磨削速度由 30 m/s 提高至 160 m/s,砂轮磨削比由 900 提高至 5100。

⑤ 可以改善加工表面完整性。超高速磨削可以越过容易产生磨削烧伤的区域,在大磨削用量下磨削时反而不产生磨削烧伤。

4. 超高速切削机床

（1）超高速切削的主轴系统

在超高速运转的条件下,传统的齿轮变速和带传动方式已不能适应要求,代之以宽调速交流变频电动机来实现数控机床主轴的变速,从而使机床主传动的机械结构大为简化,形成一种新型的功能部件——主轴单元。在超高速数控机床中,几乎无一例外地采用了主轴电动机与机床主轴合二为一的结构形式,称之为"电主轴"。这样,电动机的转子就是机床的主轴,机床主轴单元的壳体就是电动机座,从而实现了变频电动机与机床主轴的一体化。它取消了从主电动机到机床主轴之间的一切中间传动环节,把主传动链的长度缩短为零。我们称这种新型的驱动与传动方式为"零传动"。这种方式减少了高精密齿轮等关键零件,消除了齿轮的传动误差,同时,简化了机床设计中的一些关键性的工作,如简化了机床外形设计,容易实现高速加工中快速换刀时的主轴定位等。

超高速主轴单元是超高速加工机床最关键的基础部件,包括主轴动力源、主轴、轴承和机架四个主要部分。这四个部分构成一个动力学性能和稳定性良好的系统。现代的电主轴是一种智能型功能部件,可以进行系列化、专业化生产。主轴单元形成独立的单元而成为功能部件以方便地配置到多种加工设备上,而且越来越多地采用电主轴类型。国外高速主轴单元的发展较快,中等规格的加工中心的主轴转速已普遍达到 10000 r/min,甚至更高。

超高速磨削主要采用大功率超高速电主轴。高速电主轴惯性转矩小,振动噪声小,高速性能好,可缩短加减速时间,但它有很多技术难点,如如何减少电动机发热以及如何散热等,其制造难度所带来的经济负担也是相当大的。目前的高速磨削试验可实现 500 m/s 的线速度,超高速磨头可在 250000 r/min 高速下稳定工作。

(2)超高速轴承技术

超高速主轴系统的核心是高速精密轴承。因滚动轴承有很多优点,故目前国外多数高速磨床采用的是滚动轴承,但钢球轴承不可取。为提高其极限转速,主要采取如下措施:

① 提高制造精度等级,但这样会使轴承价格成倍增长。

② 合理选择材料,陶瓷球轴承具有质量小、热膨胀系数小、硬度高、耐高温、超高温时尺寸稳定、耐腐蚀、弹性模量比钢高、非磁性等优点。

③改进轴承结构,德国 FAG 轴承公司开发了 HS70 和 HS719 系列的新型高速主轴轴承,它将球直径缩小至 70%,增加了球数,从而提高了轴承结构的刚性。

日本东北大学庄司研究室开发的 CNC 超高速平面磨床,使用陶瓷球轴承,主轴转速为 30000 r/min。日本东芝机械公司在 ASV40 加工中心上,采用了改进的气浮轴承,在大功率下实现 30000 r/min 的主轴转速。日本 Koyoseikok 公司、德国 Kapp 公司曾经成功地在其高速磨床上使用了磁力轴承。磁力轴承的传动功耗小,轴承维护成本低,不需复杂的密封,但轴承本身成本太高,控制系统复杂。德国 Kapp 公司采用的磁悬浮轴承砂轮主轴,转速达到 100000 r/min,德国 GMN 公司的磁浮轴承主轴单元的转速达 100000 r/min 以上。此外,液体动静压混合轴承也已逐渐应用于高效磨床。

(3)超高速切削机床的进给系统

超高速切削进给系统是超高速加工机床的重要组成部分,是评价超高速机床性能的重要指标之一,是维持超高速切削中刀具正常工作的必要条件。超高速切削在提高主轴速度的同时必须提高进给速度,并且要求进给运动能在瞬时达到高速和瞬时准停等,否则,不但无法发挥超高速切削的优势,而且会使刀具处于恶劣的工作条件下,还会因为进给系统的跟踪误差影响加工精度。在复杂曲面的高速切削中,当进给速度增加 1 倍时,加速度增加 4 倍才能保证轮廓的加工精度要求。这就要求超高速切削机床的进给系统不仅要能达到很高的进给速度,还要求进给系统具有大的加速度以及高刚度、快响应、高定位精度等。

上述要求对传统的"旋转伺服电动机+滚珠丝杠"构成的直线运动进给方式提出了挑战。在滚珠丝杠传动中,由于电动机轴到工作台之间存在联轴器、丝杠、螺母及其支架、轴承及其支架等一系列中间环节,因而在运动中就不可避免地存在弹性变形、摩擦磨损和反向间隙等,造成进给运动的滞后和其他非线性误差。此外,整个系统的惯性质量较大,势必影响系统对运动指令的快速响应等一系列动态性能。当机床工作台行程较长时,滚珠丝杠的长度必须相应加长,细而长的丝杠不仅难于制造,而且会成为这类进给系统的刚性薄弱环节,在力和热的作用下容易产生变形,使机床很难达到高的加工精度。

为解决上述难题,一种崭新的传动方式应运而生,这就是由直线电动机驱动的进给系统,它取消了从电动机轴到工作台之间的一切中间传动环节,把机床进给传动链的长度缩短为零,因此这种传动方式被称作"直接驱动"(Direct-drive),国内也有人称之为"零驱动"。直线电动机这种零驱动的优点主要体现在:

① 惯性小,加速度高,可达 $1\sim10g$;速度高,可达 $60\sim150$ m/min,易于高速精定位。

② 无中间传动环节,不存在反向间隙和摩擦磨损等问题,精度高、可靠性好,使用寿命长。

③ 刚性好,动态特性好。

④ 行程长度不受限制,并且在一个行程全长内可以安装使用多个工作台。

5. 超高速切削的刀具技术

切削刀具材料的迅速发展是超高速切削得以实施的工艺基础。超高速切削加工要求刀具材料与被加工材料的化学亲和力要小,并且具有优异的力学性能、热稳定性、抗冲击性和耐磨性。目前适合于超高速切削的刀具主要有涂层刀具、金属陶瓷刀具、陶瓷刀具、聚晶立方氮化硼刀具(PCBN)、聚晶金刚石(PCD)刀具等。特别是聚晶金刚石刀具和聚晶立方氮化硼刀具的发展推动了超高速切削走向更广泛的应用领域。

8.2.3　增材制造技术

增材制造(Additive Manufacturing,简称 AM)技术,是采用材料逐渐累加的方法制造实体零件的技术,相对于传统的材料去除——切削加工技术,是一种"自下而上"的制造方法。增材制造技术是指基于离散/堆积原理,由零件三维数据驱动直接制造零件的科学技术体系。基于不同的分类原则和理解方式,增材制造技术还有快速原型、快速成形、快速制造、3D打印等多种称谓,其内涵仍在不断深化,外延也不断扩展(图 8-7),本书所指的"增材制造"包含"快速原型"和"3D 打印"。这种成形制造技术被誉为将带来"第三次工业革命"的新技术。

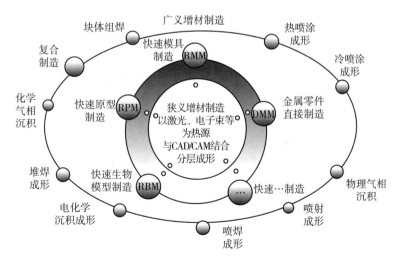

图 8-7　增材制造技术

快速原型(Rapid Prototyping,简称 RP)技术,1988 年诞生于美国,迅速扩展到欧洲和日本,并于 20 世纪 90 年代初期引进我国。它借助计算机、激光、精密传动、数控技术等现代手段,将 CAD 和 CAM 集成于一体,根据在计算机上构造的三维模型,能在很短的时间内直接制造产品样品,无须传统的刀具、夹具、模具。

3D 打印(3D Printing)技术,是一种以数字模型文件为基础,运用粉末状金属或塑料等可黏合材料,通过逐层打印的方式来构造物体的技术。3D 打印工艺之所以被称为打印成型,是因为它以某种喷头作为成型源,其运动方式与喷墨打印机的打印头类似,在台面上做 XY 平面运动,所不同的是喷头喷出的不是传统喷墨打印机的墨水,而是黏结剂、熔融材料或光敏材料等。

1. 增材制造技术的特点

增材制造技术的特点如下:

(1)高度柔性。成形过程无需专用工、模具,它将十分复杂的三维制造过程简化为二维过程的叠加,使得产品的制造过程几乎与零件的复杂程度无关,可以制造任意复杂形状的三维实体,这是传统方法无法比拟的。

(2)成形的快速性。AM 设备类似于一台与计算机和 CAD 系统相连的"三维打印机",将产品开发人员的设计结果即时输出为实实在在可触摸的原型,产品的单价几乎与批量无关,特别适合于新产品开发和单件小批量生产。

(3)全数字化的制造技术。AM 技术基于离散/堆积原理,采用多种直写技术控制单元材料状态,将传统上相互独立的材料制备和材料成形过程合一,建立了从零件成形信息及材料功能信息数字化到物理实现数字化之间的直接映射,实现了从材料和零件的设计思想到物理实现的一体化。

(4)无切割、噪声和振动等,有利于环保。

(5)应用范围广。AM 技术在制造零件过程中可以改变材料,因此可以生产各种不同材料、颜色、机械性能、热性能组合的零件。

2. 增材制造技术的基本原理

传统的零件加工过程是先制造毛坯,然后经切削加工,从毛坯上去除多余的材料得到零件的形状和尺寸。增材制造技术彻底摆脱了传统的"去除"加工法,而基于"材料逐层堆积"的制造理念,将复杂的三维加工分解为简单的材料二维添加的组合,它能在 CAD 模型的直接驱动下,快速制造任意复杂形状的三维实体,是一种全新的制造技术。其基本过程如下:

(1)构造产品的三维 CAD 模型

增材制造系统只接受计算机构造的三维 CAD 模型,然后才能进行模型分层和材料逐层添加。因此,首先应用三维 CAD 软件根据产品要求设计三维模型;或将已有产品的二维图转成三维模型;或在产品仿制时,用扫面机对已有产品进行扫面,通过数据重构得到三维模型(即反求工程)。

(2)三维模型的近似处理

由于产品上往往有一些不规则的自由曲面,加工前必须对其进行近似处理。最常用的方法是用一系列小三角形平面来逼近自由曲面。每个小三角形用三个顶点坐标和一个法向量来描述。三角形的大小是可以选择的,从而得到不同的曲面近似程度。经过上述近似处理的三维模型文件称为 STL 文件,它由一系列相连的空间三角形组成。目前,大多数 CAD 软件都有转换和输出 STL 格式文件的接口。

（3）三维模型的 Z 向离散化

三维模型的 Z 向离散化,即分层处理将 CAD 模型根据有利于零件堆积制造的方位,沿成形高度方向（Z 方向）分成一系列具有一定厚度的薄片,提取截面的轮廓信息。层片之间间隔的大小按精度和生产率要求选定,间隔越小,精度越高,但成形时间越长。层片间隔的范围为 0.05～0.3 mm,常用 0.1 mm。离散化破坏了零件在 Z 向的连续性,使之在 Z 向产生了台阶效应。但从理论上讲,只要分层厚度适当,就可以满足零件的加工精度要求。

（4）处理层片信息,生成数控代码

根据层片几何信息,生成层片加工数控代码,用以控制成形机的加工运动。

（5）逐层堆积制造

在计算机的控制下,根据生成的数控指令,系统中的成形头（如激光扫描头或喷头）在 XY 平面内按截面轮廓进行扫描,固化液态树脂（或切割纸、烧结粉末材料、喷射热熔材料）,从而堆积出当前的一个层片,并将当前层与已加工好的零件部分黏合。然后,成形机工作台面下降一个层厚的距离,再堆积新的一层。如此反复进行直到整个零件加工完毕。

（6）后处理

对完成的原型进行处理,如深度固化、去除支撑、修磨、着色等,使之达到要求。

3. 增材制造的软件系统

增材制造的软件系统一般由三部分组成:CAD 造型软件、分层处理软件和成形控制软件。

（1）CAD 造型软件

CAD 造型软件的功能是进行零件的三维设计及模型的近似处理。另外,在产品仿制、头像制作、人体器官制作等增材制造技术的应用活动中,应用逆向工程技术,采用扫描设备和逆向工程软件获取物体的三维模型。

目前产品设计尤其是新产品开发中已大面积采用三维 CAD 软件来构造产品的三维模型,三维设计也是增材制造技术的必备前提。目前应用较多的有 SolidWorks、Solid Edge、Pro/E、UG、Catia 等。这些三维 CAD 软件功能强大,为产品设计提供了强有力的支持。

（2）分层处理软件

分层处理软件对 CAD 软件输出的近似模型进行检验,确定其合理性并修复错误、做几何变换、选择成形方向,进行分层计算以获取层片信息。

分层处理软件将 CAD 模型以片层方式来描述,无论零件多么复杂,对于每一层来说,都是简单的平面。分层处理软件的功能与水平直接关系到原型的制造精度、成形机的功能、用户的操作等。分层的结果将产生一系列曲线边界表示的实体截面轮廓。分层算法取决于输入几何体的表示格式,根据几何体的输入格式,增材制造中的分层方式分为 STL 分层和直接分层。STL 分层采用小三角平面近似实体表面,从而使得分层算法简单,只需要依次与每个三角形求交即可,因此得到了广泛应用。而在实际应用中,保持从概念设计到最终产品的模型一致将是非常重要的,而 STL 文件降低了模型的精度,而且对于特定用户的大量高次曲面物体,使用 STL 文件会导致文件巨大,分层费时,因此需要抛开 STL 文件,直接由 CAD 模型进行分层。在加工高次曲面时,直接分层明显优于 STL 分层。

（3）成形控制软件

成形控制软件的功能是进行加工参数设定、生成数控代码、控制实时加工。成形控制软件根据所选的数控系统将分层处理软件生成的二维层片信息,即轮廓与填充的路径生成 NC 代码,与工艺紧密相连,是一个工艺规划过程。不同规划方法不仅决定了成形过程能否正常而顺利地进行,而且对成形精度和效率影响很大。增材制造扫描路径规划的主要内容包括刀具尺寸补偿和扫描路径选择,其核心算法包括二维轮廓偏置算法和填充网格生成算法,算法的要求是合理性、完善性和鲁棒性,算法的好坏直接影响数据处理效率的高低,生成结果则直接决定成形加工效率。

8.3 先进生产模式

8.3.1 先进制造生产模式

1. 刚性自动化制造模式

对于大批量、少品种的情况,一般采用自动流水线,包括物流设备和相对固定的加工工艺,这可称为"刚性制造模式"。

自动化流水线通常投资大,设备基本固定,不灵活,只能加工一种零件或者几种相互类似的零件。如果要改变产品的品种,自动流水线要做较大的改动,在投资和时间方面的消耗很大。自动流水线的优点是生产率高,由于设备是固定的,因此设备利用率也高,最终的结果是每一产品的成本很低。追求高生产率,是选择自动流水线最主要的依据。这种生产方式至今仍然用得较多。

2. 柔性自动化制造模式

对于小批量、多品种的情况一般可采用单台数控机床。它可提供加工产品系列的灵活性。从一种类型的零件转换到另一种类型的零件不需要改变机床硬件,仅需要改变控制(Number Control,NC)程序及夹具和刀具。NC 程序是 NC 机床的控制逻辑,表示为指令和加工步骤。NC 机床加工产品的优点是灵活性较大。

对于中等批量、中等品种的情况,就要考虑一个折中方案,在金属制品中,此类情况是最主要的一种现象。根据国外统计资料,在金属加工工业中,这类情况约占 75%。因此如何解决这种情况下的制造问题是一个十分关键的问题。结合自动流水线与 NC 机床的特点,将 NC 机床与物料输送设备通过计算机联系起来,形成一个系统,来解决中等批量、中等品种的加工问题,这就形成了所谓的"柔性制造系统"。其中 NC 机床提供了灵活的加工工艺,物料输送系统将 NC 机床互相联系起来,计算机则不断对设备的动作进行监控,同时提供控制作用并进行工程记录。计算机还可通过仿真来预示系统各部分的行为,并提供必要的准确的测量。

3. 计算机集成制造模式

随着计算机技术的发展,20 世纪 70 年代国外提出了"计算机集成制造"的模式,按该模式构成的制造系统称为计算机集成制造系统。计算机集成制造系统以计算机网络和数据库为基础,利用计算机软硬件将制造企业的经营、管理、计划、产品设计、加工制造、销售及售后服务等全部生产活动集成起来,将各种局部自动化系统集成起来,将各种资源集成起来,将人、机系统集成起来,实现整个企业的信息集成和功能集成。

4. 敏捷制造模式

随着市场竞争的加剧和用户要求的不断提高,大批量的生产方式正在朝单件、多品种方向转化。美国于 1991 年提出了敏捷制造的设想。敏捷制造的基本思想就是通过把灵活的动态联盟、先进的柔性制造技术和高素质的人员进行全面集成,从而使企业能够从容应付快速的和不可预测的市场需求,获得企业的长期经济效益。大规模生产系统是通过大量生产同样产品来降低成本,而采用新的生产系统能获得敏捷性生产,即使用户定做的数量很少,也能得到高质量的产品,并使单件成本降到最低。

敏捷制造(Agile Manufacturing)的基本定义如下:以柔性生产技术和动态组织结构为特点,以高素质、协同良好的工作人员为核心,实施企业间网络集成,形成快速响应市场的社会化制造体系。

在敏捷制造企业中,可以迅速改变生产设备和程序,生产多种新型产品。在大规模生产系统中,即使提高及时生产能力和采用精良生产,各企业仍主张独立进行生产。企业间的竞争促使各企业不得不进行规模综合生产。而敏捷制造系统促使企业采用较小规模的模块化生产设施,促使企业间的合作,每一个企业都将对新的生产能力做出部分贡献。

在敏捷制造系统中,竞争和合作是相辅相成的。在这个系统中,竞争的优势取决于产品投放市场的速度、满足各个用户需要的能力以及对公众给予制造业的社会和环境关心的响应能力。敏捷制造将一些可重新编程、可重新组合、可连续更换的生产系统结合成一个新的、信息密集的制造系统,以使生产成本与批量无关。对于一种产品,生产 10 万件统一型号的产品和生产 10 万件不同型号的产品,其成本相同,敏捷制造企业不是采用以固定的专门部门为基础的静态结构,而是采用动态结构。其敏捷性是通过将技术、管理和人员三种资源集成为一个协调的、相互关联的系统来实现的。

敏捷制造企业的特点就是多个企业在信息集成基础上的合作与竞争。信息技术是支持敏捷制造的一个有力的关键技术。所以,基于开放式计算机网络的信息集成框架是敏捷制造的重要研究内容。在计算机网络和信息集成基础结构之上构成的虚拟制造环境中,根据客户需要和社会经济效益组成虚拟公司或动态联合公司,是未来企业的最高形式,它完全是由市场机遇驱动而组织起来的。这使企业的组成和体系结构具备前所未有的柔性。

敏捷制造企业具有许多传统企业所不具备的特征,下面分别从组织和管理方面、技术方面、员工素质方面、工作环境方面和社会环境方面列出敏捷制造企业应具备的主要特征。

(1)敏捷制造企业的组织和管理系统

① 柔性可重构的模块化组织机构;

② 采用并行工作方式的多功能工作组;

③ 适当地下放权力;

④ 十分简化的组织机构和很少的管理层次;

⑤ 动态多方合作；

⑥ 具有远见卓识的领导群体；

⑦ 管理、技术和人的集成。

(2)敏捷制造企业的技术系统

① 先进的设计制造技术；

② 产品设计的一次成功；

③ 敏捷模块化的技术装备；

④ 公开的信息资源；

⑤ 开放的体系结构；

⑥ 先进的通信系统；

⑦ 清洁的生产技术。

(3)敏捷制造企业的产品

① 技术先进、功能使用无冗余；

② 产品终生质量保证；

③ 模块化设计；

④ 绿色产品。

(4)敏捷制造企业的员工

① 高素质的雇员；

② 尊重雇员；

③ 员工的继续教育；

④ 充分发挥一线员工的作用。

(5)敏捷制造企业的工作环境

① 工作环境的宜人性；

② 工作环境的安全性。

(6)敏捷制造企业的外部环境

① 四通八达的国际企业网；

② 良好的社会环境。

5. 智能制造模式

(1)智能制造的定义

智能制造技术是指在制造工业的各个环节以一种高度柔性与高度集成的方式，通过计算机模拟人类专家的智能活动，进行分析、判断、推理、构思和决策，旨在取代或延伸制造环境中人的部分脑力劳动，并对人类专家的制造智能进行收集、存储、完善、共享、继承与发展的技术。基于智能制造技术的智能制造系统(Intelligent Management System，IMS)则是一种借助计算机，综合人工智能技术、智能制造技术、材料技术、现代管理技术、制造技术、信息技术自动化技术和系统工程技术，在国际标准化和互换性的基础上，使得制造系统中的经营决策、生产规划、作业调度、制造加工和质量保证等各个子系统分别智能化，成为网络集成的高速自动化制造系统。

智能制造系统的特点突出表现在以下几方面：

① 制造系统的自组织能力

自组织能力是指 IMS 中的各种智能设备能够按照工作任务的要求，自行集结成一种最合适的结构，并按照最优的方式运行。完成任务后，该结构随即自行解散，以备在下一个任务中集结成新的结构。自组织能力是 IMS 的一个重要标志。

② 制造系统的自律能力

IMS 能根据周围环境自身作业状况的信息进行监测和处理，根据处理结果自行调整控制策略，并采用最佳运行方案。这种自律能力使整个制造系统具备抗干扰、自适应和容错等能力。

③ 自学习和自维护能力

IMS 能以原有的专家知识为基础，在实践中不断进行学习，完善系统知识库，并删除库中有误的知识，使知识库趋向最优。同时，还能对系统故障进行自我诊断、排除和修复。

④ 整个制造环境的智能集成

IMS 在强调各生产环节智能化的同时，更注重整个制造环境的智能集成。这是 IMS 与面向制造过程中特定环节、特定问题的"智能化孤岛"的根本区别。IMS 覆盖了产品的市场、开发、制造、服务与管理整个过程，把它们集成为一个整体，系统地加以研究，实现整体的智能化。

IMS 的研究是从人工智能化在制造中的应用开始的，但又有所不同。人工智能在制造领域的应用是面向制造过程中特定对象的，研究结果导致了"智能化孤岛"的出现，人工智能在其中起辅助和支持的作用。而 IMS 以部分取代制造中人的脑力劳动为目标，并且要求系统能在一定的范围内独立地适应周围环境，开展工作。同时，IMS 不同于计算机集成制造系统（Computer Integrated Manufacturing System，CIMS），CIMS 强调的是企业内部物流的集成和信息流的集成，而 IMS 强调的则是更大范围的整个制造过程的自组织能力。但两者又是密切相关的，CIMS 中众多研究内容是 IMS 发展的基础，而 IMS 又将对 CIMS 提出更高的要求。集成是智能的基础，而智能又推动集成达到更高水平，即智能集团。因此，有人预言，21 世纪制造工业将以智能和集成为标志。

（2）智能制造研究的内容

① 智能制造理论和系统设计技术

智能制造概念的正式提出至今时间还不长，其理论基础与技术体系仍在形成过程中，它的精确内涵和关键技术仍需进一步研究。其内容包括：智能制造的概念体系、智能制造系统的开发环境与设计方法以及制造过程中的各种评价技术等。

② 智能制造单元技术的集成

人们在过去的工作中，以研究人工智能在制造领域中的应用为出发点，开发出了众多的面向制造过程中特定环节、特定问题的智能单元，形成了一个个"智能化孤岛"。它们是智能制造研究的基础。为使这些"智能化孤岛"面向智能制造，使其成为智能制造的单元技术，必须研究它们在 IMS 中的集成，并进一步完善和发展这些智能单元。它们包括：智能设计、生长过程的智能规划、生产过程的智能调度、智能检测和诊断、生产过程的智能控制、智能质量控制、生产与经营的智能决策等。

③ 智能机器的设计

智能机器是 IMS 中模拟人类专家智能活动的工具之一,因此,对智能机器的研究在 IMS 研究中占有重要地位。IMS 常用的智能机器包括智能机器人、智能加工中心、智能数控机床和自动导引小车等。

6. 绿色制造模式

(1)绿色制造的概念

20 世纪 60 年代以来,全球经济以前所未有的高速度持续发展。但由于忽略了环境污染,带来了全球变暖、臭氧层破坏、酸雨、空气污染、土地沙化等恶果。传统的治理方法是末端治理,但不能从根本上实现对环境的保护。要彻底解决这些环境污染问题,必须从源头上进行治理。具体到制造业,就是要考虑产品整个生命周期对环境的影响,最大限度地利用原材料、能源,减少有害废物和固体、液体、气体的排放物,改进操作安全,减轻对环境的污染。产品的生命周期分为:产品开发、产品制造、产品使用及最后的产品处置。基于生命周期的概念,绿色制造可定义为:在不牺牲产品功能、质量和成本的前提下,系统考虑产品开发制造及其活动对环境的影响,使产品在整个生命周期中对环境的负面影响最小,资源利用率最高,并使企业经济效益和社会效益协调优化。

传统制造企业的追求目标几乎是唯一的,即追求最大的经济效益。企业为了追求最大的经济效益有时甚至不惜牺牲环境,另外,对资源消耗企业主要算经济账,而很少考虑人类世界有限的资源如何节约的问题。绿色制造的实施要求企业要考虑经济效益,更要考虑社会效益。于是企业追求目标从单一的经济效益优化变革到经济效益和社会效益协调优化。从上述定义可以看出,绿色制造具有非常深刻的内涵,其要点如下:

① 绿色制造涉及的问题领域包括三部分:一是制造问题,包括产品生命周期全过程;二是环境影响问题;三是资源优化问题。绿色制造就是这三部分内容的交叉和集成。

② 绿色制造中的"制造"涉及产品整个生命周期,是一个"大制造"概念。同计算机集成制造、敏捷制造等概念中的"制造"一样,绿色制造体现了现代制造科学的"大制造、大过程、许可交叉"等特点。

③ 由于绿色制造是一个面向产品生命周期全过程的大概念,因此近年来提出的绿色设计、绿色工艺规划、清洁生产、绿色包装等可看作是绿色制造的组成部分。

④ 资源、环境、人口是当今人类社会面临的三大主要问题,绿色制造是一种充分考虑前两种问题的现代制造模式。

⑤ 当前人类社会正在实施全球化的可持续发展战略,绿色制造实质上是人类社会可持续发展战略在现代制造业中的体现。

(2)绿色制造技术研究的内容

① 绿色设计技术,主要包括:面向环境的产品设计,面向环境的制造、设计或重组,面向环境的工艺设计,面向环境的产品包装方案设计;

② 制造企业的物能资源优化技术;

③ 绿色管理模式和绿色供应链;

④ 绿色制造数据库和知识库；

⑤ 绿色制造的实施工具和产品；

⑥ 绿色集成制造系统的运行模式；

⑦ 制造系统环境影响评估系统；

⑧ 绿色制造的社会化问题研究。

8.4　特种加工方法

随着科学进步与生产技术的发展，一些高强度、高硬度的新材料不断出现，如钛合金、硬质合金等难加工材料，陶瓷、人造金刚石、硅片等非金属材料，以及特殊、复杂结构的型面加工，如薄壁、小孔、窄缝等，都对机械加工提出了挑战。

传统的切削加工很难解决上述问题，有些甚至无法加工。特种加工正是在这种新形势下迅速发展起来的。

传统的切削加工方法都是采用比工件材料硬的刀具，依靠机械力进行加工的。20 世纪40 年代发明的电火花加工，开始出现了用硬度低于工件的工具，不靠机械力来加工硬工件的方法。20 世纪 50 年代后又先后出现了电子束加工、等离子束加工、激光加工等，逐步形成了特种加工的新领域。

特种加工是相对于传统切削加工而言的。传统的切削加工是利用刀具从工件上切除多余的材料，而特种加工是直接借助电能、热能、声能、光能、化学能等方法对工件材料进行加工的一系列加工方法的总称。

与传统的切削加工方法相比，特种加工的主要特点如下：

(1)特种加工的工具与被加工零件基本不接触，工具材料的硬度可低于工件材料的硬度，加工时不受工件的强度和硬度的制约，故可加工超硬脆材料和精密微细零件。

(2)加工时主要用电能、热能、声能、光能、化学能等去除多余材料，而不是靠机械能切除多余材料。

(3)加工机理不同于一般金属切削加工，不产生宏观切屑，不产生强烈的弹、塑性变形，故可获得很低的表面粗糙度值，其残余应力、冷作硬化、热影响度等也远比一般金属切削加工小。

(4)加工能量易于控制和转换，故加工范围广、适应性强。

由于特种加工方法具有其他加工方法无可比拟的优点，现已成为机械制造的一个新的重要领域，并在现代加工技术中占有越来越重要的地位。

8.4.1　电火花加工

电火花加工是在具有一定绝缘性能的液体介质(如煤油、矿物油等)中，利用工具电极和工件电极之间瞬时火花放电所产生的高温熔蚀工件表面材料的方法来实现加工的，又称为放电加工、电蚀加工、电脉冲加工等。在特种加工中，电火花加工的应用最为广泛，尤其在模具制造、航空航天等领域占据着极为重要的地位。

1. 电火花加工的原理

电火花加工原理如图 8-8 所示。加工时如图 8-8(a)所示,将工具电极 5 与工件 4 置于具有一定绝缘强度的工作液 7 中,并分别与脉冲电源 8 的正、负极相连接。自动进给机构和间隙调节装置 6 控制工具电极 5,使工具电极 5 与工件 4 之间经常保持一个很小的间隙(一般为 0.01~0.05 mm)。当脉冲电源不断发出脉冲电压(直流 100 V 左右)作用在工件、工具电极上时,由于工具电极和工件的微观表面凹凸不平,极间相对最近点电场强度最大,最先击穿,形成放电通道,使通道成为一个瞬时热源。通道中心温度可达 1000 ℃ 左右,使电极表面放电处金属迅速熔化,甚至汽化。

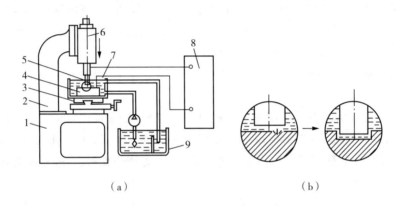

图 8-8　电火花加工原理

1—床身;2—立柱;3—工件台;4—工件;5—工具电极;

6—自动进给机构和间隙调节器;7—工作液;8—脉冲电源;9—工作液循环过滤系统

上述放电过程极为短促,具有爆炸性质。爆炸力把熔化和汽化的金属抛离电极表面,被液体介质迅速冷却凝固,继而从两极间被冲走。每次火花放电后使工件表面形成一个小凹坑,如图 8-8(b)所示。在自动进给机构和间隙调节装置 6 的控制下,工具电极不断地向工件进给,脉冲放电将不断进行下去,得到由无数小凹坑组成的加工表面,最终工具电极的形状相当精确地"复印"在工件上。生产中可以通过控制极性和脉冲的长短(放电持续时间的长短)控制加工过程。

在电火花加工过程中,不仅工件被蚀除,工具电极也同样遭到蚀除,但两极的蚀除量不一样,工件应接在蚀除量大的一极。当脉冲电源为高频(即用脉冲宽度小的短脉冲做精加工)时,工件接正极;当脉冲电源输出频率低(即用脉冲宽度大的长脉冲做粗加工)时,工件应接负极;当用钢作工具电极时,工件一般接负极。

2. 电火花加工的特点及应用

(1)适用的材料范围广

电火花加工可以加工任何硬、软、韧、脆、高熔点的材料,只要能导电,就可以加工。由于电火花加工是靠脉冲放电的热能去除材料的,材料的可加工性主要取决于材料的热学特性,如熔点、沸点、比热容、导热系数等,而几乎与其力学性能(硬度、强度等)无关。这样就能以柔克刚,实现用软的工具加工硬韧的工件的目标。工具电极一般采用紫铜或石墨等。

(2)适宜加工特殊及形状复杂的零件

由于加工中工具电极和工件不直接接触,没有机械加工的切削力,因此适宜加工低刚度工件及微细加工。由于可以简单地将工具电极的形状复制到工件上,因此特别适用于复杂几何形状工件的加工。所以,一些难以加工的小孔、窄槽、薄壁件和各种特殊及复杂形状截面的型孔、型腔等,如加工形状复杂的注塑模、压铸模及锻模等,都可以方便地进行加工。

(3)电脉冲参数调整范围大

脉冲参数可以在一个较大的范围内调节,可以在同一台机床上连续进行粗加工、半精加工及精加工。一般粗加工时表面粗糙度值 Ra 为 3.2~6.3 μm,精加工时粗糙度值 Ra 为 0.2~1.6 μm。电火花加工的表面粗糙度与生产率之间存在很大矛盾,如粗糙度值 Ra 从 1.6 μm 提高到0.8 μm,生产率要下降 10 多倍。因此应适当选用电火花加工的表面粗糙度等级。一般电火花加工的尺寸精度可达 0.01~0.05 mm。

(4)电火花加工的局限性

电火花加工的加工速度较慢和工具电极存在损耗,影响了加工效率和成形精度。

3. 电火花线切割加工

电火花加工机床已有系列产品。根据加工方式,可将其分成两种类型:一种是用特殊形状的工具电极加工相应工件的电火花成形加工机床;另一种是用线(一般为丝、钨丝或铜丝)电极加工二维轮廓形状工件的电火花线切割机床。

电火花线切割加工是在电火花加工基础上发展起来的一种新的工艺形式,是用金属丝(铝丝或铜丝)作为工具电极,靠金属丝和工件间产生脉冲火花放电对工件进行切割的,故称为电火花线切割。

(1)电火花线切割加工的原理

电火花线切割加工简称线切割加工,它是利用一根运动的细金属丝(ϕ0.02 mm 至 ϕ0.3 mm的钼丝)作为工具电极,在工件与金属丝间通以脉冲电流,靠火花放电对工件进行切割加工,其工作原理如图 8-9 所示。

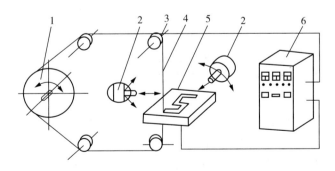

图 8-9 线切割机床的工作原理图

1—储丝筒;2—工作台驱动电机;3—导向轮;

4—电极丝;5—工件;6—脉冲电源

加工前在工件上预先打好穿丝孔,电极丝穿过该孔后,经导向轮 3 由储丝筒 1 带动金属丝以 8～10 m/s 的速度不断地做往复运动,带动电极丝 4 相对工件 5 上下移动。脉冲电源 6 的两极分别接在工件 5 和电极丝 4 上,使电极丝 4 与工件 5 之间发生脉冲放电,对工件 5 进行切割。工件安放在数控工作台上,由工作台驱动电机 2 按预定的控制程序,在 X、Y 两个坐标方向上做伺服进给移动,将工件加工成所需的形状。加工时,需在电极丝和工件间不断浇注工作液。

线切割加工的加工机理和使用的电压、电流波形与电火花加工相似。但线切割加工不需要特定形状的工具电极,减少了工具电极的制造费用,缩短了生产准备时间,从而比电火花穿孔加工生产率高,且加工成本低;加工中工具电极损耗很小,可获得高的加工精度;加工小孔、异形孔、小槽、窄缝,以及凸、凹模可一次完成;多个工件可叠起来加工。但线切割加工不能加工盲孔和立体成形表面。图 8－10 所示为电火花加工产品实例。

（a）电火花加工产品　　　　　　　　　　（b）线切割加工产品

图 8－10　加工产品实例

（2）电火花线切割加工的特点及应用

① 可以切割各种高硬度的导电材料,如各种淬火模具钢和硬质合金模具、磁钢等。

② 由于切割工件图形的轨迹采用数控,只对工件进行图形轮廓加工,因而可以切割出形状很复杂的模具或直接切割出工件。加工工件形状和尺寸不同时,只要重新编制程序即可。目前大都采用微机编程,使数控编程工作简单易行。

③ 由于切割时几乎没有切削力,故可以用于切割极薄的工件或用于加工易变形的工件。

④ 电火花线切割加工无须制造成形电极,而是用金属丝作为工具电极。由于线切割加工中是用移动着的长电极丝进行加工的,可不必考虑电极丝损耗。由于电极丝直径很细,用它切断贵重金属可以节省材料。此外,还可用于加工窄缝、窄槽(0.07～0.09 mm)等。

⑤ 电火花线切割加工的尺寸精度可达 0.003(最高)～0.02(平均)mm,表面粗糙度值 $Ra0.2$ 可达(最高)～1.6(平均)μm。

由于具有上述突出的特点,电火花线切割加工在国内、国外发展都较快,已经成为一种高精度和高自动化的特种加工方法,在成形刀具与模具制造、难切削材料和精密复杂零件加工等方面得到了广泛应用。

8.4.2　电解加工

1. 电解加工的基本原理

电解加工是利用金属在电解液中产生阳极溶解的电化学原理去除工件材料,以进行成形加工的一种方法。电解加工的原理与过程如图 8－11 所示。

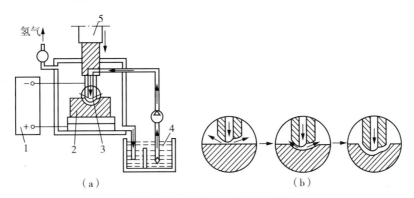

图 8－11　电解加工的基本原理
1—直流电源;2—工件;3—工具电极;4—电解液;5—进给机构

工件 2 接直流电源 1 的正极作为阳极,工具电极 3 接直流电源的负极作为阴极。此时在进给机构 5 的控制下,工具电极 3 向工件 2 缓慢进给,使两极间保持较小的加工间隙(0.1～8 mm)。具有一定压力(0.5～2.5 MPa)的电解液 4(质量分数 10%～20% 的 NaCl)从两极间的间隙中高速(15～60 m/s)流过。电解液 4 在低电压(5～24 V)、大电流(500～2000 A)作用下使作为阳极的工件 2 的表面金属材料不断地溶解。阳极工件 2 表面的金属逐渐按阴极型面的形状溶解。电解产物被高速电解液带走,于是在工件 2 表面上加工出与阴极型面基本相似的形状,直到工具电极 3 的形状相应地"复印"在工件 2 上,即加工尺寸及形状符合要求时为止。

电解加工时电化学反应是比较复杂的,它随工件材料、电解液成分、工艺参数等加工条件的不同而不同。

电解加工常用的工具电极(阴极)材料有黄铜、不锈钢等。常用的电解液有 NaCl、$NaNO_3$、$NaClO_3$ 三种水溶液,其中以 NaCl 应用最普及。

电解液的主要作用是导电;在电场作用下进行电化学反应,使阳极溶解顺利进行;及时地把加工间隙内产生的电解物及热量带走,起净化与冷却作用。

2. 电解加工的工艺特点和应用

电解加工的应用范围和发展速度仅次于电火花加工,已成功地应用于机械制造领域。

(1)电解加工的特点

与其他加工方法相比,电解加工的主要特点如下:

① 电解加工范围广泛,不受金属材料本身硬度和强度的限制,可加工高硬度、高强度和高韧性等难切削的金属材料。

② 能以简单的进给运动一次加工出形状复杂的型面或型腔(如锻模、叶片等),生产率较高,其加工速度为电火花加工的 5～10 倍、机械切削加工的 3～10 倍。

③ 加工过程中无切削力和切削热,工件不产生内应力和变形,适合于加工易变形和薄类零件。

④ 加工过程中工具电极基本上没有损耗,可长期使用。

电解加工工艺的应用范围很广,适宜于加工型面、型腔、穿孔套料以及去毛刺、刻印等。电解抛光专用于提高表面质量,对于复杂表面和内表面特别适合。

(2)电解加工的弱点和局限性

① 加工稳定性不高,不易达到较高的加工精度。

② 加工复杂型腔和型面时,工具的制造费用较高,一般不适合于单件和小批量生产。

③ 电解加工设备初期投资较大。其电解液过滤、循环装置庞大,占地面积大,电解液对设备有腐蚀作用。

④ 电解液及电解产物容易污染环境。

3. 电解加工精度和表面质量

由于影响电解加工的因素较多,难以实现高精度(± 0.03 mm 以上)的稳定加工,很细的窄缝、小孔以及棱角很尖的表面加工也比较困难。

电解加工精度与被加工表面的几何特征有关。其大致范围为:尺寸精度对于内孔或套料可以达到 $\pm(0.03\sim0.05)$ mm、锻模加工可达 $\pm(0.02\sim0.05)$ mm,扭曲叶片型面加工可达 ±0.02 mm。

影响加工精度的因素除加工间隙及稳定性外,工具阴极的精度和定位精度对加工亦有一定影响。

电解加工的表面粗糙度 Ra 值可以达到 $0.2\sim1.6$ μm。

8.4.3 激光加工

激光加工是自 20 世纪 60 年代随着激光技术的发展而出现的一种新型特种加工方法。激光加工具有加工速度快、效率高、表面变形小、不需要加工工具的特点,可以加工各种硬淬和难溶的材料,应用非常广泛。

1. 激光加工原理

激光加工是指利用光能经过透镜聚焦后形成能量密度很高的激光束,照射在零件的加工表面上,依靠光热效应来加工各种材料的一种加工方法。

激光是由受激辐射产生得到的加强光,具有强度高、单色性好(波长或频率确定)、相干性好(相干长度长)、方向性好(几乎是一束平行光)四大特点。当把激光束照射到零件的加工表面时,光能被零件吸收并迅速转化为热能,温度可达 10000 ℃以上,使材料瞬间(千分之几秒或更短的时间)熔化甚至汽化而形成小坑。随着激光能量的不断吸收和热扩散,斑点周围材料也熔化,材料小坑内金属蒸汽迅速膨胀,压力突然增大产生微型爆炸,在冲击波的作用下将熔融材料喷射出去,并在零件内部产生一个方向性很强的反冲击波,于是在零件加工表面打出一个具有一定锥度(上大下小)的小孔。

激光加工就是利用这种原理蚀除材料进行加工的。为了帮助排除蚀除物,还需对加工区吹氧(加工金属用)或吹保护性气体,如二氧化碳、氮气等(加工可燃材料时用)。

对工件的激光加工由激光加工机完成。激光加工机通常由激光器 1、电源 7 以及光栅 2、反射镜 3、聚焦镜 4 等光学系统和工作台 6 等机械系统组成,如图 8-12 所示。

激光器(常用的有固体激光器和气体激光器),把电能转化为光能,产生所需的激光束,经光学系统聚焦后,照射在工件表面上进行加工。工

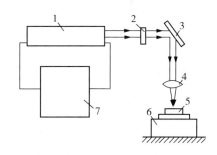

图 8-12　激光加工机示意图
1—激光器;2—光栅;3—反射镜;
4—聚焦镜;5—工件;6—工作台;7—电源

件则固定在三坐标精密工作台上,由数控系统控制和驱动,完成加工所需的进给运动。

2. 激光加工的工艺特点及应用

(1)工艺特点

① 加工范围广。由于激光加工的功率密度高($10^5 \sim 10^7$ W/cm²),几乎可以加工各种金属和非金属材料,如高温合金、钛合金、石英、金刚石、橡胶等。

② 能聚焦成极细的激光束,可进行精密细微加工。激光加工一般打孔孔径为 $\phi 0.1$ mm 至 $\phi 1$ mm,最小可达 $\phi 0.001$ mm,且孔的长径比可达 $50 \sim 100$。切割时,切缝宽度只有 $0.1 \sim 0.5$ mm,切割金属的厚度可达 10 mm 以上。

③ 加工速度快,效率高,打一个孔只需千分之一秒。热影响区很小,属非接触加工,无加工变形和工具损耗,且易实现自动化加工。

④ 可通过空气、惰性气体或光学透明介质(如玻璃等)对工件进行加工,如焊接真空管内部的器件等。

(2)加工应用

① 激光打孔

利用激光打微型小孔,主要应用于某些特殊零件或行业。例如,火箭发动机和柴油机的喷油嘴,化学纤维的喷丝头,金刚石拉丝模,钟表及仪表中的宝石轴承,陶瓷、玻璃等非金属材料和硬质合金、不锈钢等金属材料的微细小的加工。

激光打孔的尺寸精度可达 IT7 级,表面粗糙度值 Ra 为 $0.1 \sim 0.4$ μm。值得注意的是,激光打孔以后,被蚀除的材料会重新凝固,少部分可能会黏附在孔壁上,甚至黏附到聚焦的物镜及工件表面上。为此,大多数激光加工机都采取了吹气或吸气措施,以排除蚀除产物。

② 激光切割

激光切割时,工件与激光束要相对移动,工件与激光束之间要依据所需切割的形状沿 XY 方向进行相对移动。小型工件多由机床工作台的移动来完成。

为了提高生产效率,切割时可在激光照射部位同时喷吹氧气(对金属)、氮气(对非金属)等气体,吹去熔化物并提高加工效率。对金属吹氧,还可利用氧气与高温金属的反应促进照射点的熔化;对非金属喷吹氮气等惰性气体,则可利用气体的冷却作用防止切割区周围部分

材料的熔化和燃烧。

激光切割不仅具有切缝窄、速度快、热影响区小、成本低等优点,而且可以十分方便地切各种曲线形状。目前已用激光切割加工飞机蒙皮、蜂窝结构、直升机旋翼、发动机机匣和火焰筒及精密元器件的窄缝等,并可进行激光雕刻。大功率二氧化碳气体激光器输出的连续激光,可切割铁板、不锈钢、钛合金、石英、陶瓷、塑料、木材、布匹、纸张等。

③ 激光焊接

激光焊接时不需要使工件材料汽化蚀除,而只要将激光束直接辐射到材料表面,使材料局部熔化,以达到焊接的目的。因此,激光焊接所需要的能量密度比激光切割要低。

激光焊接具有诸多的优点,其最大优点是焊接过程迅速,不但生产效率高,而且被焊材不易氧化,热影响区及变形很小;激光焊接无焊渣,也不需要去除工件的氧化膜;激光不仅能焊接同类材料,而且还可以焊接不同种类的材料,甚至可以透过玻璃对真空管内的零件进行焊接。

激光焊接特别适合于微型精密焊接及对热敏感性很强的晶体管元件的焊接。激光焊接还为高熔点及氧化迅速材料的焊接提供了新的工艺方法。例如用陶瓷作为基体的集成电路,由于陶瓷熔点很高,又不宜施加压力,采用其他焊接方法很困难,而使用激光焊接则比较方便。

④ 激光热处理

用大功率激光进行金属表面热处理是近年来发展起来的一项新工艺。当激光的功率密度为 $10^3 \sim 10^5$ W/cm^2,便可对铸铁、中碳钢,甚至低碳钢等材料进行激光表面淬火。激光淬火层的深度一般为 $0.7 \sim 1.1$ mm。淬火层的硬度比常规淬火约高 20%,可达硬度 60 HRC以上,而且产生的变形小,解决了低碳钢的表面淬火强化问题。

激光热处理由于加热速度极快,工件不产生热变形;无须淬火介质便可获得超高硬度的表面;激光热处理不必使用炉子加热,特别适合大型零件的表面淬火及形状复杂零件(如齿轮)的表面淬火。

8.4.4 超声波加工

声波是人耳能够感受的一种纵波,其频率在 $16 \sim 16000$ Hz 范围内。当频率超过 16 kHz就称为超声波。超声波的能量比声波大得多,它可以给传播方向以很大压力,能量强度达到每平方厘米几百瓦。超声波加工就是利用超声波的能量对工件进行成形加工的,特别是在加工硬脆材料等方面有其独特的优越性。加工用的超声波频率为 $16 \sim 25$ kHz。

1. 超声波加工的工作原理

超声波加工是利用超声频振动的工具端面冲击工作液中的悬浮磨料,由磨料对工件表面撞击抛磨使局部材料破碎,从而实现对工件加工的一种方法。其加工原理如图 8-13 所示,在工件 7 和工具 6 之间注入液体(水或煤油等)和磨料混合为磨料悬浮液 8,使工具 6 对工件 7 保持一定的进给压力,超声波发生器 1 将工频交流电能转变为有一定功率输出的超声频电振荡,通过换能器 4 将此超声频电振荡转变为超声机械振动,借助振幅扩大棒 5 把振动的位移幅值由 $0.005 \sim 0.01$ mm 放大到 $0.01 \sim 0.15$ mm,驱动工具 6 振动。

工具 6 的端面在振动中冲击工作液中的悬浮磨粒,使其以很高的速度不断地撞击、抛磨

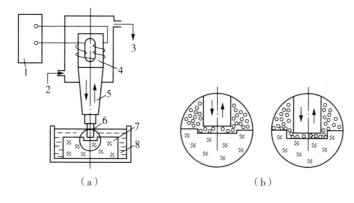

图 8-13　超声波加工原理示意图

1—超声波发生器；2,3—冷却水；4—换能器；

5—振幅扩大棒；6—工具；7—工件；8—磨料悬浮液

被加工表面,把加工区域的材料粉碎成很细的微粒后打击下来。虽然每次打击下来的材料很少,但由于每秒打击的次数为 $1.6×10^4$ 次以上,所以仍具有一定的加工速度。由于磨料悬浮液 8 的循环流动,被打击下来的材料微粒会被及时带走。随着工具的逐渐伸入,其形状便"复印"在工件上,直至达到所要求的尺寸和形状为止。

在工作中,超声振动还使悬浮液产生空腔,空腔不断扩大直至破裂或不断被压缩至闭合。这一过程时间极短。空腔闭合压力可达几百兆帕,爆炸时可产生水压冲击,引起加工表面破碎,形成粉末。

磨料悬浮液由水或煤油加入磨料组成。磨料硬度越高,加工速度越快。加工硬度不太高的材料时可用碳化硅磨料;加工硬质合金、淬火钢等高硬脆材料时,宜采用碳化硼磨料;加工金刚石、宝石等超硬材料时必须采用金刚砂磨料。制作工具的材料一般采用 45 钢。

2. 超声波加工的工艺特点及应用

(1)超声波加工的工艺特点

① 适宜加工各种硬脆材料,特别是电火花加工和电解加工难以加工的不导电材料和半导体材料,如玻璃、陶瓷、石英、锗、硅、玛瑙、宝石、金刚石等;对于导电的硬质合金、淬火钢等也能加工,但加工效率比较低;对于脆性和硬度不大的韧性材料,由于它对冲击有缓冲作用则不易加工。

② 适宜超声波加工的工件表面有各种型孔、型腔及成形表面等。

③ 加工精度高,表面质量好。因为主要靠极细磨料连续冲击去除材料,不会引起变形,加工精度可达 $0.01～0.02\ \text{mm}$,表面粗糙度值 Ra 可达 $0.1～0.8\ \mu\text{m}$。

④ 由于采用成形法原理加工,只需按一个方向进给,故机床结构简单,操作维修方便。

(2)超声波加工的应用

超声波加工的生产率一般低于电火花加工和电解加工,但加工精度和表面质量都优于前者。更重要的是,它能加工前者所难以加工的半导体和非导体材料。

① 目前超声波加工主要用于加工硬脆材料的圆孔、异形孔和各种型腔,以及进行套料、

雕刻和研抛等。

② 半导体材料（锗、硅等）又硬又脆，用机械切割非常困难，采用超声波切割则十分有效。

③ 由于超声波在液体中会产生交变冲击波和超声空化现象，这两种作用的强度达到一定值时，产生的微冲击就可以使被清洗物表面的污渍遭到破坏并脱落下来。加上超声作用无处不入，即使是小孔和窄缝中的污物也容易被清洗干净。目前，超声波清洗不但用于机械零件或电子器件的清洗，而且国外已利用超声振动去污原理，生产出超声波洗衣机。

8.4.5 电子束加工

电子束加工是在近几年得到较大发展的新型特种加工，尤其是在微电子领域应用较多。

1. 电子束加工的原理

电子束加工是在真空条件下，电子枪利用电流加热阴极发射电子束，带负电荷的电子束高速飞向阳极，途经加速极加速，并通过电磁透镜聚焦，使能量密度非常集中，可以把1000 W或更高的功率集中到直径为 $5\sim10~\mu m$ 的斑点上，获得 $10~W/cm^2$ 左右的功率密度。

高速电子撞击工件材料时，因电子质量小、速度大，动能几乎全部转化为热能，使工件材料被冲击部分的温度在百万分之一秒的时间内升高到几千摄氏度以上。热量还来不及向周围扩散就已把局部材料瞬时熔化、汽化直到蒸发去除，从而实现加工的目的，如图 8-14 所示。这种利用电子束热效应的加工方法，称为电子束热加工。

2. 电子束加工的特点及应用

（1）电子束的加工特点

① 能量密度很高，焦点范围小（能聚焦到 $0.1~\mu m$），加工速度快，效率高，适于精微深孔、窄缝等加工，如图 8-15 所示。

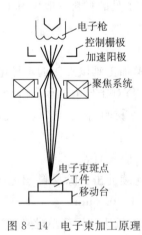

图 8-14 电子束加工原理

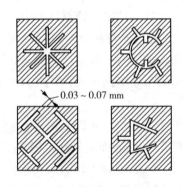

图 8-15 电子束加工异形孔

② 工件不受机械力作用，不产生应力和变形，且不存在工具损耗。因此，可加工脆性、韧性、导体、非导体及半导体材料，特别适合加工热敏材料。

③ 由于电子束加工在真空中进行，因而污染少，加工表面不氧化，特别适用于加工易氧

化的金属及合金材料,以及对纯度要求极高的半导体材料。

④ 可以通过磁场或电场对电子束的强度、位置、聚焦等进行直接控制,便于实现自动化,其位置精度能精确到 0.1 μm 左右。

⑤ 加工设备投资高,因而生产应用不具有普遍性。

(2)电子束加工的应用

电子束加工可用于打孔、切割槽缝、焊接、热处理、蚀刻和曝光加工等。

电子束打孔最小直径可达 0.001 mm 左右。孔径在 0.5~0.9 mm 时,其最大孔深已超过 10 mm,即孔的深径比大于 10∶1。在厚度为 0.3 mm 的材料上加工出直径为 0.1 mm 的孔,其孔径公差为 9 μm。通常每秒可加工几十到几万个孔。电子束不仅可以加工各种直的型孔(包括锥孔和斜孔)和型面,也可以加工弯孔和曲面。

利用电子束在磁场中偏转的原理,使电子束在工件内部偏转,即可加工出斜孔。控制电子速度和磁场强度,即可控制曲率半径,加工出弯曲的孔。图 8-15 所示为电子束加工的喷丝头异型孔截面的一些实例。其缝宽可达 0.03~0.07 mm,长度为 0.80 mm,喷丝板厚度为0.6 mm。为了使人造纤维具有光泽、松软有弹性、透气性好,喷丝头的异型孔都是特殊形状的。用电子束切割的复杂型面,其切口宽度为 3~6 μm,边缘表面粗糙度可控制在±0.5 μm。

电子束焊接是利用电子束作为热源的一种焊接工艺。由于电子束焊接对焊件的热影响小,变形小,焊接速度快,焊接金属的化学成分纯净等,故可在工件精加工后进行焊接。又由于它能够实现异种金属焊接,且焊缝的机械强度很高,因此,可将复杂的工件分成几个零件,最后焊成一体。

电子束热处理是把电子束作为热源,并适当控制电子束的功率密度,使金属表面加热而不熔化,达到热处理的目的。

8.4.6　离子束加工

离子束加工是一种新兴的微细加工方法,在亚微米至纳米级精度的加工中很有发展前途。

1. 离子束加工的原理

离子束加工原理与电子束加工类似,也是在真空条件下,把氩气(Ar)、氪气(Kr)、氙气(Xe)等惰性气体通过离子源产生离子束并经过加速、集束、聚焦后,投射到工件表面的加工部位上,依靠机械冲击作用去除材料的高能束加工。与电子束加工所不同的是离子的质量比电子的质量大千万倍,例如最小的氢离子,其质量是电子质量的 1840 倍,氩离子的质量是电子质量的 7.2 万倍。由于离子的质量大,故在同样的电场中加速较慢,速度较低,但一旦加速到最高速度时,离子束比电子束具有更大的能量。因此,离子束加工主要是通过离子微观撞击的动能轰击工件表面而进行加工,这种加工方法又称为

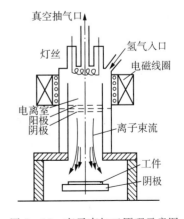

图 8-16　离子束加工原理示意图

"溅射"。图8-16所示为离子束加工原理示意图。

离子束加工的物理基础是离子束射到材料表面时所发生的撞击效应、溅射效应和注入效应。图8-17所示为各类离子束加工的示例图。具有一定动能的离子斜射到工件材料（靶材）表面时，可以将表面的原子撞击出来，这就是离子的撞击效应和溅射效应。如果将工件放置在靶材附近，靶材原子就会溅射到工件表面而被溅射沉积吸附，使工件表面镀上一层靶材原子的薄膜，如图8-17(a)所示。如果离子能量足够大并垂直工件表面撞击时，离子就会钻进工件表面，这就是离子的注入效应，如图8-17(b)所示。

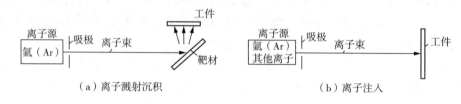

（a）离子溅射沉积 （b）离子注入

图8-17 离子束加工示例

2. 离子束加工的特点与应用

(1)离子束加工的特点

① 加工精度高，易精确控制

离子束通过离子光学系统进行扫描，使微离子束聚焦到光斑直径1 μm以内进行加工，并能精确控制离子束流注入的宽度、深度和浓度等，因此能精确控制加工效果。

② 污染少

离子束加工在真空中进行，离子的纯度比较高，适合于加工易氧化的材料。加工时产生的污染少。

③ 加工应力、变形极小

离子束加工是一种原子级或分子级的微细加工。作为一种微观作用，其宏观压力很小，适合于各类材料的加工，而且加工表面质量高。离子束加工是所有特种加工中最精密、最微细的加工方法，是当代纳米加工技术的基础。

(2)离子束加工的应用

离子束加工可将工件材料的原子一层一层的剥蚀去除，其尺寸精度和表面粗糙度均可达到极限的程度。目前，用于改变零件尺寸和表面物理力学性能的离子束加工技术主要有以下4种，即利用离子撞击和溅射效应的离子束刻蚀、离子溅射镀膜和离子镀，以及利用离子注入效应的离子注入。

离子束刻蚀是通过具用一定能量的离子轰击工件，将工件材料原子从工件表面去除的工艺过程，是一个撞击溅射过程。为了避免入射离子与工件材料发生化学反应，必须用惰性元素的离子。离子束刻蚀在高精度加工、表面抛光、图形刻蚀、石英晶体振荡器以及各种传感器件的制作等方面应用较为广泛。

离子镀膜加工包括溅射镀膜和离子镀两种方式。

① 离子溅射镀膜

离子溅射镀膜是基于离子溅射效应的一种镀膜工艺，不同的溅射技术所采用的放电方式是不同的。离子溅射镀膜工艺适用于合金膜和化合物膜等的镀制。在各种镀膜技术中，溅射沉积最适合镀制合金膜。离子溅射还可用于制造薄壁零件，其最大特点是不受材料限制，可以制成陶瓷和多元合金的薄壁零件。

② 离子镀

离子镀是在真空蒸镀和溅射镀膜的基础上发展起来的一种镀膜技术。离子镀时，工件不仅接受靶材溅射来的原子，还同时接受离子的轰击。离子镀膜附着力强，膜层不易脱落。离子镀的可镀材料相当广泛，可在金属或非金属表面上镀制金属或非金属材料，各种合金化合物、某些合成材料、半导体材料、高熔点材料均可镀覆。目前，离子镀技术已用于镀制耐磨膜、耐热膜、耐蚀膜、润滑膜和装饰膜等。

8.5　先进制造技术的军事应用

8.5.1　炮管微焊接涂层技术

炮管的工作环境包括脉冲高温、腐蚀气体和烧蚀颗粒等，环境极其恶劣。多年来，炮管一直采用电镀工艺沉积硬铬涂层进行保护，但这种工艺中的六价铬是有毒致癌物质，政府法规正在限制使用这种涂层工艺，要求火炮制造业减少使用这种含六价铬的电镀工艺技术。

除了环境问题以外，炮管镀铬材料本身还存在许多缺陷，电镀状态下的硬铬涂层与炮管之间仅仅是机械结合，不是化学结合，而且大部分硬铬涂层表面都有微裂纹，还会朝炮钢材料界面发展，火炮发射时，这些裂纹还会受到发射药高温腐蚀性气体和微粒的作用，造成炮管镀铬层的剥落和烧蚀。另外，如果电镀硬铬涂层的厚度不均匀还会影响炮管的寿命和发射精度。

1. 涂层微焊接技术基本情况

最近美国提出一种专利方法，能够直接在滑膛炮管和线膛炮管内沉积保护性涂层，这种涂层采用了微焊接技术进行制备，例如采用电火花沉积、脉冲熔接等技术，然后对涂层再进行表面锻造或珩磨等加工，提高表面光洁度。

与常规电镀铬技术不同的是，这种微焊接涂层沉积工艺技术能够将涂层熔化到炮管上，而且沉积材料的采用并不局限于硬铬涂层，还包括冶金结合沉积的陶瓷、金属陶瓷和难熔金属等涂层。此外，微焊接工艺技术还能够形成纳米晶粒结构涂层，形成耐磨、耐烧蚀和抗高温的陶瓷、金属陶瓷和难熔金属合金等防护性涂层，实现提高强度和耐磨耐烧蚀性、延长炮管寿命的目标。通过在空气、惰性气体或活性气体、液体介质、全部真空或部分真空等条件下进行微焊接涂层沉积，可以控制陶瓷、金属陶瓷和难熔金属合金等材料的组分和纯度。

这种工艺除了具有可应用的涂层材料选择范围广等优点之外，还可以形成纳米晶粒的涂层结构，这与具有相同化学成分而晶粒尺寸较大的涂层结构相比，其防护性和力学性能会更好。该工艺还可以用于沉积润滑性材料，例如微焊接钼或其他润滑性难熔材料，可以减小炮管摩擦。

另外,该工艺可以在线膛炮管内沉积涂层,直接将涂层微焊接到有膛线的炮管内,也可以在滑膛炮管内先沉积毛坯涂层然后再加工膛线,这期间,微焊接的涂层可以大部分或全部保持,加工完膛线以后,还可以再进行珩磨等加工。

该技术适用于形成微焊接涂层的炮管直径范围是 5.56～150 mm,炮管长度范围是 50.8～9144 mm。为了满足炮管内沉积涂层的精确性要求,可以通过各种多轴设备控制焊接头,完成各种微焊接工艺操作步骤,例如可以采用多轴机器人、X-Y-Z 工作台、车床和磨床等。该技术提供了一种在炮管内表面微焊接沉积防护性涂层并进行加工的方法。

2. 涂层微焊接工艺的具体技术描述

在炮管内表面实施微焊接涂层工艺时,炮管绕纵轴旋转(炮管材料可以是钢、钛或其他金属),微焊接电极组件在炮管内可沿纵轴移动,微焊接电极头部为圆盘状,其孔内有一个由绝缘管保护的导电杆。在微焊接过程中,炮管旋转,微焊接电极组件可以在炮管内纵向移动,或者是电极组件旋转,炮管可以固定不动,也可以旋转。电极组件也可以保持固定不动,而使炮管纵向移动。一般情况下,电极材料为盘形或其他形状。

微焊接防护性涂层的厚度范围是 2.5～254 μm,一般是 13～51 μm。微焊接涂层材料包括过渡金属的碳化物、硼化物和氮化物,难熔合金如 Stellite 钨铬钴合金、高镍含铬 Colmonoy 合金、Tribolite 合金、TZM 合金等,包括添加钛和锆合金化元素,钼铼合金、钨合金和钽合金等。这些材料可以与钼或铱等高温润滑材料或合金结合使用。在炮管的全长度可以沉积一种合金,也可以在炮管局部沉积某种特殊合金,其余部分沉积另外的合金,例如,炮管一半长度沉积 Stellite 21 合金,另一半长度沉积钼/铼合金。

炮管基体材料包括钢、钛或其他金属或合金。炮管长度范围是 50.8～9144 mm,炮管内径范围是 5.56～155 mm,炮管可以是各种口径的手枪、半自动武器、自动武器、迫击炮、机关炮、链式炮和用于远射程的坦克炮、轻型火炮和重型火炮等。

用于制备炮管防护性涂层的微焊接技术包括:电火花沉积、脉冲熔接和其他技术。

在电火花沉积工艺中,通过控制电极和炮管内表面之间的短时间、大电流、高频率放电,会导致该电极材料在炮管内表面上沉积,因此形成微焊接涂层。在电火花沉积涂层工艺过程中,电极可以旋转、振动或摇摆,这种微焊接工艺可以在任何环境下进行操作,例如在空气中、保护气中、液体或真空中等。

焊接电极的主要控制参量包括:电极电流、电压、能量输入脉冲宽度、焊接电极的旋转、振动、冷却和电极的化学成分等。在沉积过程中,消耗性电极直接与工件接触形成涂层,这种涂层的沉积过程可以用计算机进行控制。该工艺在电极涂层和基体金属之间提供了一个完全冶金结合的涂层,在基体合金中没有热影响区,涂层中形成非晶态或纳米晶粒结构。可以沉积涂层的最小枪管内径为 5 mm,能够进行非视线区的涂层沉积。该工艺还很容易与多轴机床相结合,成为高度可再现的制造工艺技术。

涂层是通过焊接电极材料的消耗形成的,焊接电极可以通过粉末烧结、机械加工、线切割或者粉末热喷涂等方法制造。沉积厚度可以达到 6 mm,当电弧在炮管表面放电时,这些混合粉末材料还能够形成新合金。电极可以制造成直杆状、盘状或其他合适的形状,要能够插到炮管里才能够在内膛沉积涂层。这种电极可以做到在 5.8 mm 直径的枪管内应用。电极可以选择使用柔软的电极,能够到达任何非视线区域并且可以与电极一起安装一个柔性光纤照相机,检验涂层沉积的情况。最终涂层产物的晶粒尺寸范围从非晶态到纳米晶,其中纳米晶粒材料的平均晶粒尺寸小于 100 nm,包括 5 nm、10 nm、50 nm。电极原始材料的晶粒尺寸可能是任何商业供货的大晶粒尺寸。利用焊接系统脉冲模式的优点,能够形成陶瓷和金属涂层,不会向炮管基体传递大量的热。例如,当沉积厚度较厚,达到 254 μm 时,最高温度仅 77 ℃。从涂层到基体合金的硬度试验结果表明,基体合金的硬度基本上保持不变,即使在距离涂层 3 μm 处,基体合金仍然保持着最初性能。

炮管沉积涂层后还可以进行例如旋转锻造这样的加工操作,这时微焊接涂层可以形成炮管的膛线。另外,炮管沉积涂层后还可以用标准的珩磨技术进行珩磨,包括挤压珩磨或者在炮管使用时利用炮弹珩磨。在具体应用实例中,炮管沉积涂层后处于一种毛坯炮管状态,在旋转锻造形成膛线之前,炮管表面是光滑的,在膛线加工之前沉积炮管涂层,锻造加工后,涂层更光滑,密度也更均匀。

3. 实例说明

微焊接电极材料包括钽钨碳化物、钽钛碳化物、二硼化钛、碳化钨、钽 10 钨合金、钼铼合金、钨等,其中某些电极涂层材料性能和组分见表 8-4。

表 8-4　电极涂层材料、硬度、合金性能、组成

电极涂层材料	硬度(Knoop)	合金性能	组　分			
Tribolite	680	高硬度,润滑性	硼化物/钼/硅			
钼铼合金	395	高韧性	52.5%钼　47.5%铼			
钼 TZM	520	高韧性	98.21%钼　0.55%钛　1.2%锆　0.04%碳			
7473 碳化物	850	高硬度,高耐磨性	碳化钨/碳化钽/钴			
7422 碳化物	630	高硬度,高耐磨性	碳化钨/碳化钽/碳化钛/钴			

用上述每种电极涂层材料都可以制造成小直径的盘状电极,能够进入炮管但又不会与炮管内壁接触。这种盘状电极中心有孔,能够安装在一个用绝缘套管保护的导电金属杆上,这种组件连接在电火花合金焊炬上并安装到车床上。该车床可以使电极精确地从炮管毛坯的一端移动到另一端,同时炮管毛坯以恒定转速旋转。为了获得均匀的涂层质量,必须对这种组合运动进行优化,通过控制电压和焊接电流、脉冲宽度和频率,可以使涂层获得最佳的附着性和均匀性,该工艺可以在炮管基体合金上沉积 38~50.8 μm 陶瓷/难熔金属涂层。

微焊接涂层可以利用光学显微分析、扫描电子显微镜、显微硬度和 X 射线微观分析等冶金学分析技术进行评估。要求沉积的涂层化学组分均匀、在基体金属中的热影响区小或者无影响,涂层的密度高,厚度均匀。在该工艺中的这一阶段并不要求涂层完全致密,因为后续的加工锻造工艺还可以提高涂层的致密性。微焊接工艺可以获得完全的冶金结合以及独特微晶尺寸的涂层,可以发生塑性变形而不会在陶瓷或难熔金属涂层中造成微裂纹。

在进行锻造之前,对沉积了涂层材料的枪管毛坯进行微观组织检验,包括对在钢制枪管上沉积了 Tribolite 和 7473 微焊接涂层的显微图像分析。

在后续旋转锻造工艺中,该枪管毛坯直径从 7.87 mm 压缩到了 5.56 mm。在该工艺过程中,枪管内放置了一个坚固的碳化物芯轴模具,该模具上有加工好的膛线结构,在锻造挤压的过程中,膛线结构转移到了枪管上,该锻造芯轴模具的尺寸决定了沉积了涂层的枪管毛坯锻造后的最终膛线尺寸。碳化钨芯轴模具可以用金刚石涂层进行处理,提高旋转锻造期间的耐磨性。

为了验证涂层的冶金结合性以及其他性能,要对涂层枪管进行破坏性试验,对经过旋转锻造和挤压珩磨后的枪管横截面进行显微分析。

涂层后枪管的旋转锻造可以按照下面步骤进行:锻造前,在 7.8 mm 内径枪管毛坯上沉积涂层,然后对枪管毛坯进行挤压珩磨形成光滑涂层,再用具有金刚石涂层的芯轴对毛坯进行锻造,达到要求的尺寸。检测标准包括阳线直径、阴线直径、缠角、直线度和外径。表 8-5 列出了试验样品和对涂层枪管加工后的检测数据,所有枪管都达到了内膛检测、缠角和直线度标准。

表 8-5 试验枪管涂层材料、阳线直径、阴线直径和外径

试验	涂层材料	阳线直径/mm	阴线直径/mm	外径/mm
1	Stellite20	5.561～5.563	5.681～5.684	22.05
2	Stellite20	5.553～5.556	5.677～5.681	22.09
3	Tribolite	5.554～5.562	5.678～5.681	22.07
4	钼铼合金	5.551～5.559	5.674～5.679	22.06
5	钼-TZM	5.551～5.553	5.675～5.680	22.04
6	7422 碳化物	5.558～5.561	5.681～5.686	22.04
7	Tribolite	5.555～5.560	5.683～5.690	22.05
8	Tribolite	5.553～5.556	5.682～5.684	22.04
9	Tribolite	5.554～5.558	5.684～5.685	22.05
10	Tribolite	5.554～5.560	5.683	22.05
11	钼铼合金	5.549～5.553	5.678～5.681	22.06
12	钼铼合金	5.552～5.554	5.678～5.682	22.06
13	钼铼合金	5.551～5.554	5.677～5.680	22.04
14	钼铼合金	5.551～5.552	5.677～5.680	22.04
15	钼-TZM	5.548～5.551	5.676～5.680	22.05
16	钼-TZM	5.546～5.551	5.677～5.680	22.06
17	钼-TZM	5.549～5.555	5.677～5.680	22.06
18	钼-TZM	5.552～5.553	5.677～5.680	22.03

炮管可以进行寿命发射试验,每种涂层成分试验两根炮管,发射 2000 发炮弹,可以按照

4 发炮弹 1 发曳光弹的比例进行试验发射,因为已知发射曳光弹可以加速炮管的可见磨损。炮管可以采用标准的发射方案进行发射,即每 3 发间隔停顿 2～4 s,每 200 发后换炮管发射,根据保养手册,每 4000 发后进行一次清洗保养。在发射时,可以看到从药室端开始向前,炮管的涂层表面逐渐被烧蚀,平均烧蚀约 25 μm,炮口磨损约 2.5 μm,发射试验后炮管横截面微观照片显示其耐磨性非常好。利用该项技术,各种尺寸和口径的炮管都可以受益,包括手枪、半自动/自动武器、步枪、迫击炮、机关枪、链式炮、大口径炮(包括坦克炮和远程火炮)的炮管等。

微焊接涂层技术除了用于炮管之外,还可以用于其他部件的内表面,例如发动机缸套、刹车汽缸、轴衬和塑性成型挤压管等。

8.5.2　火炮身管膛线的先进制造工艺

1. 火炮身管膛线加工中电子凸轮控制方法

在采用数字化控制技术改造传统的机械加工火炮膛线的研制过程中,用电子凸轮来代替机械凸轮,通过修改电子凸轮的控制参数取代复杂的调整机械凸轮位置,这是火炮膛线的数字化过程中的一个重要环节。

(1)传统的机械靠模加工中的机械凸轮

在机械靠模加工火炮膛线的过程中,对驱动箱的移动采用直流调速电机为执行机构,在控制驱动箱移动过程中,涉及近端硬限位 2、近端硬限位 1、近端换向凸轮、近端终点凸轮、远端终点凸轮、近端减速凸轮、近端刀检凸轮、冷却泵凸轮、远端刀检凸轮、远端减速凸轮、远端换向凸轮、远端硬限位 1、远端硬限位 2 等多个机械凸轮。

凸轮开关的位置对膛线的正常加工很重要。均采用机械挡块与行程开关间的相互作用关系来产生相应的电气信号,从而控制 Z 轴的速度与位置的对应变化关系。这种直接电气信号的产生与传递,需要较多的连线,可靠性差,且对新产品调整这些凸轮的位置将是一件烦琐、费事的工作。虽然调整好位置,但并不能适应 Z 轴移动速度较大的变化,其灵活性差,且一旦更换膛线线型,必须调整。

(2)数字化控制中的电子凸轮

电子凸轮全采用软设置控制方式,灵活设置相对位置,并可定义附属特性(凸轮类型:普通电子凸轮、专用电子凸轮;禁止/使能;动作方式:正向动作、负向动作)。通过这些点在 Z 轴上的不同位置,将机械坐标设定到指定编号的电子凸轮上,并可定义其动作使能及条件。一旦 Z 轴运动,由硬件通过光栅尺检测位置状况,如果条件满足,则直接产生中断信号通知从机控制程序,以完成其他控制动作,或直接产生控制动作。对不同线型的膛线,只需重新调整相应的电子凸轮位置而不用调整其他机械开关的位置就可完成相关的准备工作。

为方便用户使用,系统控制程序只需用户设置其中的少数几个最为重要的电子凸轮(例如近端终点电子凸轮),而其他电子凸轮的位置信息由系统程序根据膛线加工工艺参数自动设置,或示教设置,设置结果显示在屏幕上,以供用户参考。

在数控系统中,电子凸轮的柔性化控制参数采用如下数据结构来描述:

```
Typedef struct
```

{Unsigned char Type:1;//凸轮类型:0 通用,1 专用

Unsigned char ActivePN:2;//凸轮动作方向://0 正向,1 负向,2 双向动作,3 不动作

Unsigned char IntSwitch:1;//凸轮中断:0 禁止,1 允许

Unsigned char IntLockSt:1;

//凸轮开关锁存状态:0 保持,1 清除

Unsigned char IntSt:1;

//凸轮开关中断状态:0 无中断,1 有中断

Unsigned char Reserve:2;//保留

Long Positon;//凸轮的位置

}ECMPORPERITY;//凸轮属性定义

对每个电子凸轮,均有上述定义的一个属性,在现场调试中,根据实际加工的火炮身管膛线方程、膛线有效长度、远端换向与近端换向所必须预留的距离、其他电子凸轮位置,系统将依内部的升降速参数设置近端和远端减速电子凸轮位置,而其他属性则根据控制特点进行一次性完成设置。具体控制时,系统按电子凸轮的属性设置来初始化对应的数字化控制寄存器。在电子凸轮处理服务程序中,根据各自的功能属性完成相应的控制,见表 8-6。

表 8-6　电子凸轮功能属性及其控制作用

序号	定义	属性	意义
1	近端换向点	专用电子凸轮,正向动作,允许中断	膛线加工中,驱动箱所允许达到的近端最右位置
2	近端减速点		膛线加工中,驱动箱正向运动时减速位置凸轮
3	近端刀检点	专用电子凸轮,负向动作,允许中断	膛线加工中,驱动箱负向运动时刀具缩回到位检测点
4	返程低速导入点		膛线加工中,驱动箱负向运动时,刀杆头低速导入保持点
5	近端终点	专用电子凸轮,双向动作,允许中断	膛线加工中,驱动箱运动时进给方式(增量进给与增量保持进给)转换点
6	远端终点		膛线加工中,驱动箱运动时进给方式(增量进给与增量保持进给)转换点
7	远端刀检测	专用电子凸轮,正向动作,允许中断	膛线加工中,驱动箱正向运动时,刀具张开到位检测点
8	低速切削保持点		膛线加工中,驱动箱正向运动时,低速切入保持点
9	远端减速点	专用电子凸轮,负向动作,允许中断	膛线加工中,驱动箱负向运动时,在远端的减速点
10	远端换向点		膛线加工过程中,驱动箱负向运动时,在远端所能达到的最远位置

该控制方法已成功应用到国家 863 计划"火炮身管膛线数控拉线机项目"中,减少凸轮开关信号产生所必需的电气连线,节省了时间,提高了生产效率,是值得推广应用的控制方法。

2. 火炮身管膛线加工实时性保证技术

传统的机械靠模加工火炮身管膛线可靠、快速,是当今国内火炮膛线主要的加工方式。

而用数字化控制方案对传统的机械靠模进行改造,控制过程的实时性则为系统成功的关键。

1)膛线加工过程分析

传统的机械靠模加工火炮身管膛线,依赖 Z 轴往复直线运动过程中,利用机械靠模形状的辅助运动控制刀杆旋转,从而完成预定缠角的膛线加工。而机械靠模形状,是根据对膛线的理论分析,采用 3～5 mm 的步长对膛线进行细分,最后采用机加方式加工出靠模的外形。不同的膛线线型,则对应有不同的靠模形状。

刀杆的每次径向进刀的循环由返程与切削来完成。返程时刀具全部收回到位,切削时,刀具伸出给定长度,从而将炮管的阴线深度沿径向切深。由于每次进刀量很少,且涉及多组膛线,则要完成 1 根炮管膛线的加工过程,需要 200 个循环;再则机床本身行程较长,每个循环的时间也较长,所以快速要求成为重要的技术指标。而实际中返程使用的工作速度为 10000～24000 mm/min,切削使用的工作速度为 3000～6000 mm/min。当采用数字化的控制方式后,将膛线采用微直线逼近,则要求数据连续不断地提供给硬件插补,则涉及的请求送数中断发生的周期计算如下:

假设微直线的步长为 1 mm。按预定速度执行完该段,则所需时间为

$$t = s \times 60 \times 1000 / v \tag{8-1}$$

其中,v 为速度,单位为 mm/min;s 为步长,单位为 mm;t 为时间,单位为 ms。

如果 $v = 24000$ mm/min,则 $t = 2.5$ ms,则要求送数的时间间隔小于该时间长度。

2)实时性保证技术

(1)数据离线预处理方法

在启动自动加工前,将用户选定的膛线加工数据按微直线进行粗插补,其结果按帧结构,存放入主机扩展内存中指定位置。而在动态过程中,只从扩展内存中取数据即可,而不再动态进行粗插补。即解决因主机在自动加工循环不确定的周期过程中不能及时分解数据的问题。帧数据结构描述如下:

Typedef struct

{long Kc;//C/Z 的联动关系比例

long Inc_Z;//Z 轴给定增量

}

RIFLEDATAFRAMESTR;

(2)采用高速并行的数据传递技术

由于从机储存容量远不能完全存储膛线细分后的数据,动态加工过程的数据须由主机实时向从机传递。在主从机间采用大容量的 FIFO_DP 队列,以实现数据的并行传递,提高数据传递的速度。

(3)膛线加工数据多级缓冲预读技术

① 软缓冲控制技术:主要用在从机控制程序上。在从机内部 RAM 区中,建立起大小合适的双循环缓冲队列,从机自动加工主循环通过 FIFO_DP 队列从主机取得数据,将其保存到内部双循环队列中,而从机请求送数中断服务例程则从该循环队列中取得加工数据,直接写入硬件准备缓冲区控制 Z 轴和 C 轴的运动。而无论是近端换向点还是远端换向点,主从机间

通过数据交换协议保证,首先尽可能将从机的双循环队列填充满,系统控制流程再继续下行。

② 硬缓冲控制技术是指在从机硬件设计时,已充分考虑数据加工实时性的重要,对每个轴的运动数据采用两级缓冲的控制技术。后者为当前硬件细插补所需数据缓冲区,而前者则为执行缓冲区的数据源。执行缓冲区的数据一旦执行完成,则通过硬件自动将准备缓冲区的有效数据移到执行缓冲区中,并同时产生请求送数中断,以通知控制程序再向准备缓冲区写入下一组有效数据,直到膛线的最后一帧数据被移到执行缓冲区,从而保证数据在执行时的连续性。

(4)其他保证技术

① 主机采用主频 300 MHz 的 IPC 为主控 CPU;

② 从机采用主频为 40 MHz 的 TMS320 F2407A 的 DSP 为主控 CPU,指令周期为 2.5 ns;

③ 膛线分解步长参数化设置。

上述实时性保证技术已成功应用到 863 计划项目中。在膛线的整个加工过程中,从未出现由于数据准备不及时而引发的技术问题。

8.5.3 新一代航空发动机的先进制造工艺与应用

作为飞机的心脏,航空发动机是决定飞机性能的主要因素之一。涡轮风扇发动机一直处于航空发动机的技术前沿,已成为歼击机和民用干线飞机的主要动力。目前推重比为 10 的发动机在国外已装备部队,推重比为 15~20 的发动机预研已经开始,有望在 2020 年左右进行型号研制。

航空动力技术的进步对航空工业的迅猛发展起到了关键性的作用,特别是对军用飞机,动力的好坏直接影响战斗机的作战使用性能与飞行安全。在未来的高科技战争中,装配先进动力的航空武器是争夺制空权和决定战争胜负的决定因素之一,因此,先进的航空动力是体现一个国家军事实力的重要标志。

1. 国外高性能航空发动机采用的主要新技术

美国和英国都在进行相应的高性能涡轮发动机研究计划,以充分利用流体动力学、结构分析、传热、冷却、新材料和新工艺以及电子调节等方面的新成就,实现推重比为 15~20 的战斗机用发动机的研制,使推进系统能力在现有基础上提高 1 倍。新一代航空发动机的主要技术特点如下:

(1)在风扇设计上,通过采用掠形或掠形+大小叶片设计技术,使激波损失减到最小,大大提高叶尖速度和绝热效率;通过采用纤维增强复合材料、空心结构和整体结构的形式将压气机由 3 级减为 1 级,实现减重增压的目的。

(2)在高压压气机的设计上,将推重比为 10 的发动机由 5~6 级减为 3 级。其中第 1 级采用掠形或掠形+大小叶片设计技术;采用鼓筒式无盘结构和 Ti 基复合材料实现减重 70%以上。

(3)在燃烧室的设计上,采用计算流体动力学设计手段,大大降低出口温度场分布的不均匀性;采用高温分段式火焰筒,由耐热合金改用陶瓷基复合材料,目前已经在 1925 ℃的环境下进行试验,并有可能实现变几何结构设计。

（4）在涡轮的设计上，高、低压涡轮均为单级且对转，以取消高、低压涡轮之间的导向器；采用先进的传热冷却技术，更加精确、可靠地预估叶片的温度分布和冷却需求，从而大大减少所需的冷却气量；采用带冷却叶片的整体涡轮叶盘结构，减重 30% 以上；因涡轮前燃气温度提高到 2270～2470 K，必须采用陶瓷基或碳-碳复合材料。

（5）在尾喷管的设计上，将改用轻质碳-碳复合材料的 360° 全方位偏转矢量喷管。

新一代航空发动机中大量新材料、新结构和复杂零部件的研制和应用，对制造工艺提出了更高的要求。因此，一系列适用于高性能航空发动机研制和批产的关键制造技术及工艺涌现出来，主要表现在复杂零部件的制造工艺与应用、发动机零部件的先进检测技术、先进的生产线技术以及作为上述制造技术集成手段和平台的信息化技术。

2. 新一代航空发动机的制造工艺与应用

（1）精密毛坯制造技术

目前，先进精密毛坯制造技术正在向近净成形方向发展。近净成形技术已成为材料加工领域的一项重要技术，具有成本低、操作灵活及进入市场周期短等特点。为解决航空发动机制造业中一批关键制造技术与共性问题，提高生产效率，实现节材、节能目标，精密铸造技术、精密连接技术、精密塑性成形技术以及精密模具制造技术的研究与应用得到逐步的推广。近净成形技术建立在新材料、精密模具技术、模拟仿真技术等基础之上，从传统的粗糙成形发展到高效、高精成形，使成形的零部件具有精确的外形、较高的尺寸精度和表面质量。

航空发动机的精密制坯技术主要采用精密锻压、精密铸造和粉末冶金技术制造零件毛坯。采用精密锻压技术制造发动机的盘、轴、叶片等，可获得精确的毛坯外形；等温模锻和超塑性等温模锻用于锻造发动机中的高温合金和钛合金涡轮盘、压气机盘和整体涡轮毛坯；熔模铸造技术在发动机制造中发展很快，已用于制造切削余量小甚至无余量的空心涡轮叶片、整体涡轮和导向器以及钛合金零件等。其中，值得一提的是涡轮叶片的单晶精铸技术。为提高涡轮的运转效率并能够更为高效地实现涡轮叶片的冷却，在新一代高推重比航空发动机的研制中，单晶叶片精铸技术已成为其关键制造技术之一。在国外的航空发动机中，F119 的涡轮叶片即采用了第 3 代单晶技术。图 8-18 为 F119 涡轮发动机。

图 8-18　F119 涡轮发动机

随着发动机涡轮进口温度要求的不断提高,低成本 3 代单晶合金、新型单晶材料、高温结构陶瓷等材料和工艺将逐步在航空发动机涡轮叶片中得到应用。

(2)先进的切削技术

切削加工一直是航空发动机关重件的主要制造手段。高的推重比要求钛合金、高温合金以及金属基复合材料的应用比例越来越高,而这些材料都属于典型的难加工材料。同时发动机关键零部件往往型面复杂,对加工精度和表面完整性的要求极高,因此在新一代航空发动机的切削加工中迫切需要采用新型刀具材料、刀具结构以及高效的工艺方法,同时这种需求也大大推动了具有高刚度、高精度和大驱动功率的专用机床和通用机床的发展。

数控加工技术在航空发动机的制造中主要用于压气机及涡轮机的各类机匣、压气机盘及涡轮盘、涡轮轴和压气机轴等复杂构件的加工。高端数控装备及技术作为国家战略性物资,对提高发动机制造业整体制造水平起着举足轻重的作用,如美国洛克希德·马丁公司在研制 JSF 联合攻击机时,采用五坐标数控加工方法,将约 1.5 t 的钛合金锻锭数控铣削加工成重约 99 kg 的大型升力风扇整体叶盘,其切除率超过 93%。

在高推重比的发动机中,薄壁复杂结构、难加工材料的零件应用较多,这些零部件的加工对数控技术提出了新的要求。高效精密切削技术、变形补偿技术、自适应加工技术以及抗疲劳制造技术等的研究和应用在新一代发动机的加工中需求迫切;同时,加工过程的知识积累对于提高加工效率、加工质量和加工的自动化水平非常重要,应围绕发动机关重件和典型材料的高效数控加工建立相应的切削数据库。

(3)新材料的磨削技术

随着航空发动机推重比的不断提高,特别是质量的不断减轻,发动机制造将越来越多地依赖于高比强度、低密度、高刚度和耐高温能力强的新材料。在磨削加工技术的研究中,为了获得高加工效率,世界发达国家开始尝试高速、强力磨削技术,如利用强力磨削可一次磨出涡轮叶片的榫头齿形。

目前,磨削技术的发展趋势是发展超硬磨料磨具,研究精密及超精密磨削、高速高效磨削机理并开发其新的磨削加工技术,研制高精度、高刚性的自动化磨床。作为先进制造技术的两项全新实用技术,高速和超高速磨削技术已引起我国航空发动机行业的极大重视,但在针对具体材料的高速磨削工艺的研究和应用方面与国外相比仍有很大差距。

(4)摩擦焊接技术

先进焊接连接技术作为确保航空发动机结构完整性不可缺少的手段,其研究、开发与应用直接关系到新一代航空发动机的质量、寿命和可靠性。对于航空发动机而言,摩擦焊接是其中的一项关键技术,近 10 年来欧美已相继用摩擦焊取代电子束焊用于第 3 代航空发动机的粉末冶金等温锻造盘—盘及盘—轴一体化焊接。摩擦焊接技术可分为惯性摩擦焊、线性摩擦焊和搅拌摩擦焊技术。

① 惯性摩擦焊

在国外新一代航空发动机的应用中,惯性摩擦焊技术主要用于发动机转子鼓筒的焊接,从而取代传统的榫齿、榫槽、螺栓、法兰等机械紧固件,可以降低滚筒质量和应力集中水平,这对于提高推重比、减少压气机和涡轮级数有着重要意义。

② 线性摩擦焊

线性摩擦焊连接技术主要用于整体叶盘零件的研制。整体叶盘技术是第 4 代航空发动机的典型新结构之一,目前主要以整体锻坯通过机械加工的方式实现,但这种加工方式存在材料利用率低、贵金属浪费严重和加工周期长、成本高的缺点。线性摩擦焊技术是解决上述问题最有效的方法。研究表明,线性摩擦焊的应用在减少加工机时的同时可以节约贵金属 88% 以上。

③ 搅拌摩擦焊

作为一种固相连接手段,搅拌摩擦焊可以实现熔焊难以保证质量的、裂纹敏感性强的焊接材料的高质量连接,并且焊接温度低、变形小。与传统焊接方式相比,搅拌摩擦焊的焊接接头力学性能(包括抗疲劳、拉伸和弯曲的能力)优良。这种焊接工艺的焊前及焊后处理非常简单,焊接过程中的摩擦和搅拌可以有效去除焊件表面氧化膜及附着杂质;而且焊接过程中不需要保护气体、焊条及焊料,有利于实现焊接过程的自动化。

(5)特种加工技术

以高能束流(激光、等离子、电子束等)加工为代表的特种加工技术,在完成新研发动机的众多零件的缺陷发生率低,传统熔焊时在焊接打孔、开槽、焊接、涂层等关键工艺上发挥了不可替代的作用,已经成为航空发动机制造的重要支撑技术和关键技术。特种加工技术主要包括电火花加工、电化学加工、激光加工、电子束加工、离子束加工、等离子加工、电解加工、超声波加工、化学加工、磨粒流加工和高压水射流切割等。

电火花加工凭借其非接触、无切削力去除材料的独特加工特性,在航空制造领域占有重要地位,在航空发动机领域的应用主要包括叶片型面、散热用窄槽、小孔、燃烧室气膜小孔、零件上的异型孔、型槽以及密封零件(如封严环)的加工及零件毛刺去除等。特别是近年来,多轴数控系统与电火花加工技术的结合使得电火花加工技术发展成为一种高水平的特种精密加工工艺。现代电火花加工技术已经达到高精度(微米级)、低表面粗糙度(Ra 为 $0.8\sim$ $1.6~\mu m$)、无表面微裂纹的水平,如今已经应用到小型航空涡轮发动机的整体涡轮,特别是带冠整体涡轮的加工制造中。

将电解加工与数控技术相结合的数控电解加工技术,特别适合航空发动机中大而薄、刚性差的钛合金风扇叶片、机匣等壳体件,还为整体叶盘制造提供了一种优质、高效、低成本且具有快速响应能力的新加工技术。整体叶盘的数控电解加工技术具有电解加工的优点,即工具阴极无损耗,无宏观切削力,适宜加工各种难切削材料和长、薄叶片及狭窄通道的整体叶盘,加工效率高,表面质量好,因此非常适合于用数控铣削、精密铸造难加工或不能加工(如小直径、多叶片、小叶间通道)的零件、难切削材料变截面扭曲叶片整体叶轮以及数控铣无法加工的带冠整体叶轮等。

高性能航空发动机的发展对制造装备和工艺的要求越来越高,我们必须下大力气开展对高性能航空发动机制造技术的研究。在先进制造技术的大背景之下,结合航空发动机行业的实际需要,在加大对先进工艺装备投入的同时要充分发挥现有装备的制造能力。积极探索适用于我国航空发动机行业的工艺管理理念,强化产、学、研合作的程度和渠道,不断提高我国航空发动机制造工艺技术水平,从而逐步形成既能满足行业需求又能带动国民经济发展的先进工艺体系。

习 题 与 思 考 题

8-1 目前技术条件下,精密加工和超精密加工是如何划分的?

8-2 简述超高速磨削的特点及关键技术。

8-3 3D打印技术及其基本工艺流程是什么?

8-4 增材制造的主要特点是什么? 其与传统加工相比的区别及优势是什么?

8-5 简述电火花加工的原理和应用。

8-6 简述超声波加工的基本原理及应用范围。

8-7 简述智能制造模式的研究内容及特点。

参 考 文 献

[1] 谭豫之,李伟. 机械制造工程学[M]. 2版. 北京:机械工业出版社,2016.

[2] 庞国星. 工程材料与成形技术基础[M]. 3版. 北京:机械工业出版社,2018.

[3] 陈德生,曹志锡. 机械工程基础[M]. 北京:机械工业出版社,2013.

[4] 邓文英,郭晓鹏,邢忠文. 金属工艺学:上册[M]. 六版. 北京:高等教育出版社,2017.

[5] 李永刚. 机械制造技术基础[M]. 北京:清华大学出版社,2014.

[6] 熊良山. 机械制造技术基础[M]. 3版. 武汉:华中科技大学出版社,2017.

[7] 张而耕. 机械工程材料[M]. 上海:上海科学技术出版社,2017.

[8] 郭兰申,王阳. 机械制造工程学[M]. 北京:化学工业出版社,2015.

[9] 徐坚,张建国. 机械工程材料[M]. 北京:电子工业出版社,2016.

[10] 杨叔子. 机械加工工艺师手册[M]. 2版. 北京:机械工业出版社,2011.

[11] 宾鸿赞. 机械工程学科导论[M]. 武汉:华中科技大学出版社,2011.

[12] 王先逵. 机械制造工艺学[M]. 4版. 北京:机械工业出版社,2013.

[13] 欧长劲. 机械CAD/CAM[M]. 西安:西安电子科技大学出版社,2007.

[14] 邓之英,宋力宏. 金属工艺学:下册[M]. 六版. 北京:高等教育出版社,2007.

[15] 陈刚,王涛,魏泽峰. 机械制造技术[M]. 北京:海潮出版社,2010.

[16] 陈刚,胡立明,张卫忠. 先进制造技术及其军事应用[M]. 北京:蓝天出版社,2014.